高等学校理工科化学化工类规划教材

过程控制系统及仪表

（第四版）

主　审／邵　诚
主　编／李　琦
副主编／刘　颖　朱　理

GUOCHENG KONGZHI XITONG JI YIBIAO

大连理工大学出版社
Dalian University of Technology Press

图书在版编目(CIP)数据

过程控制系统及仪表 / 李琦主编．—4 版．—大连：大连理工大学出版社，2023.6

高等学校理工科化学化工类规划教材

ISBN 978-7-5685-4071-1

Ⅰ．过…　Ⅱ．李…　Ⅲ．①过程控制—高等学校—教材 ②自动化仪表—高等学校—教材　Ⅳ．①TP273 ②TH86

中国版本图书馆 CIP 数据核字(2022)第 251054 号

大连理工大学出版社出版

地址：大连市软件园路 80 号　邮政编码：116023

发行：0411-84708842　邮购：0411-84708943　传真：0411-84701466

E-mail：dutp@dutp.cn　URL：https://www.dutp.cn

大连图腾彩色印刷有限公司印刷　　大连理工大学出版社发行

幅面尺寸：185mm×260mm　印张：17.5　字数：404 千字

1999 年 2 月第 1 版　2023 年 6 月第 4 版

2023 年 6 月第 1 次印刷

责任编辑：于建辉　王晓历　责任校对：贾如南

封面设计：奇景创意

ISBN 978-7-5685-4071-1　定　价：57.80 元

前　言

《过程控制系统及仪表》是一本系统介绍生产过程自动化知识的教学用书。随着工艺生产和科学技术的飞速发展，生产过程自动化的水平越来越高，过程控制系统及仪表已经成为现代过程工业不可分割的重要组成部分。因此，作为工艺技术人员，全面地学习和掌握生产过程自动化方面的知识，对于强化生产工艺，优化生产操作，加强生产管理和提高生产率都是十分有益的。

本书自出版以来，经过多次修订和长期教学实践，教材内容紧凑，教学效果较好。本次修订在蕴含专业知识的基础上，着重考虑将思想政治教育元素有机融入教材，通过介绍老一辈科学家对控制科学与工程的贡献事迹，承载了浓浓的家国情怀、公民素养教育情感，是对实施“课程思政”的有效探索。本书响应二十大精神，推进教育数字化，建设全民终身学习的学习型社会、学习型大国，及时丰富和更新了数字化微课资源，以二维码形式融合纸质教材，使得教材更具及时性、内容的丰富性和环境的可交互性等特征，使读者学习时更轻松、更有趣味，促进了碎片化学习，提高了学习效果和效率。

本书特色如下：

(1)努力反映自动化领域的新技术和新成果

近年来，自动化技术的发展日新月异，各种先进的控制系统和新型的自动化仪表层出不穷。本书对那些已显陈旧的内容进行了删减，增加了新型仪表和先进控制系统方面的内容，以反映自动化领域的新技术和新成果。

(2)语言简洁，层次清晰，可读性强

过程控制系统及仪表的分析和设计需要较多的理论基础，但对工艺技术人员来说，需要了解和掌握的是控制系统和仪表的基本原理及应用特性。本书用较少的数学推导，简洁的文字，配以适量的图片来呈现过程控制系统及仪表的基本内容和知识，通俗易懂。

(3)突出重点，注重实用

过程控制系统及仪表的内容十分丰富，本书以突出重点、注重实用为原则，力求反映基本概念、基本内容及新成果，达到学以致用、融会贯通的目的。

(4)配套课件,方便教学

本书配套资源丰富,包含多媒体课件和题库课件等。在使用过程中,编者将对配套课件逐渐升级,完善服务。

全书共分4篇。第1篇过程控制基础知识,主要介绍过程控制的基本概念,并对被控对象的特性给予分析。第2篇过程自动化装置,综合讲述了各种检测仪表和控制装置的工作原理、特点、选型及使用方法。第3篇过程控制系统,讨论简单控制系统和复杂控制系统的组成原理及实际应用,并且介绍过程控制领域中应用的先进控制系统内容。第4篇计算机控制系统,重点介绍计算机控制系统基础,以及主要计算机控制系统的基本原理、结构特点和应用功能。

参加本书编写与修订的有:大连理工大学李琦、刘颖、朱理、李亚芬、孙旭东、王晓芳。全书由李琦策划和统稿,邵诚教授主审。

由于作者水平所限,缺点和错误在所难免,恳请广大读者批评指正。

编　者
2023年6月

所有意见和建议请发往:dutpbk@163.com
欢迎访问高教数字化服务平台:https://www.dutp.cn/hep/
联系电话:0411-84708445　84708462

目　录

第1篇　过程控制基础知识

第2篇　过程自动化装置

第 3 篇　过程控制系统

微课资源展示

二维码	名称	教材页码	二维码	名称	教材页码
	方框图	7		中国科学院院士张钟俊先生	149
	一阶对象建模	21		简单控制系统概述	151
	钱学森对控制论的贡献	33		串级控制系统	172
	热电偶	41		中国科学院院士关肇直先生	219
	热电阻	47		计算机控制系统基础	221
	比例积分控制	93		分散控制系统	239
	调节机构	136		中国科学院和工程院院士宋健先生	253

第 1 篇
过程控制基础知识

在生产过程中，为了保证安全生产、产品质量和实现生产过程自动化，对各工艺过程的一些物理量（称为工艺变量）都有一定的控制要求。有些工艺变量直接表征生产过程，对产品的数量和质量起着决定性的作用。例如，精馏塔的塔顶和塔釜温度，必须保持一定，才能得到合格的产品；加热炉出口温度的波动不能超过允许范围，否则影响后序工段的效果；化学反应器的反应温度必须保持平稳，才能使效率达到指标。有些工艺变量虽然不直接影响产品的数量和质量，然而保持变量稳定是使生产过程良好运行的前提条件。例如，中间储槽的液位、温度和气相压力，必须维持在允许的范围之内，才能使物料平衡，保持生产均衡进行。有些工艺变量是决定安全生产的因素，起着至关重要的作用。例如，锅炉汽包水位以及受压容器的压力等，不允许超出规定的限度，否则将威及生产安全。为此，在生产过程中，对于上述各种类型的工艺变量，都必须加以必要的控制，实现生产过程的自动化。

生产过程自动化是一门综合性的技术科学，涉及自动控制技术、检测技术、计算机技术以及生产工艺机理等相关知识。本篇主要介绍过程控制的基本概念和过程控制的系统构成，并对被控对象的特性加以分析，为后续学习提供基础。

第1章

绪 论

1.1 生产过程自动化概述

生产过程自动化是指石油、化工、电力、冶金、轻工等工业部门以连续性物流为主要特征的生产过程的自动控制，主要解决生产过程中的温度、压力、流量、液位（或物位）、成分（或物性）等参数的自动监测和控制问题。通过在生产设备、装置或管道上配置的自动化装置部分或全部地替代现场工作人员的手动操作，使生产过程能在不同程度上自动地进行。这种用自动化装置来管理连续或间歇生产过程的综合性技术就称为生产过程自动化，简称为过程控制（Process Control）。

1.1.1 生产过程及其特点

过程控制所面对的生产过程多种多样，在生产设备的类型和规模上差别较大，过程进行的方式与方法也完全不同。只有对这些生产过程的特性进行深入的了解，才能有效地对它们实施自动控制。

连续生产过程主要有以下几种形式：

1. 传热过程

通过冷热物流之间的热量传递，达到控制介质温度、改变介质相态或回收热量的目的。热量的传递方式有三种：热传导、对流和热辐射。在实际传热过程中，经常是几种方式同时发生。常见的传热设备有：各种换热器、蒸汽加热器、再沸器、冷凝冷却器、加热炉等。

2. 燃烧过程

通过燃料与空气混合后燃烧为生产过程提供动力和热源。其中空气与燃料的比例是控制燃烧过程的关键因素。燃烧过程在过程工业中应用极广，比如，热电厂的加热蒸汽锅炉、冶炼厂的各种冶炼炉及热处理炉、石化企业的加热炉、建材行业的干燥炉和各种窑炉等。

3. 化学过程

由两种或多种物料反应生成一种或多种更有价值的产品的反应过程。反应条件的选择和控制对化学反应的质量至关重要。化学过程通常是在各类化学反应器设备中进行的，某些化学反应会在无任何外界干扰下，突然发生变化，给生产过程造成事故或破坏。

4. 精馏过程

精馏是一种提纯或分离的过程。整个过程是在多层塔板构成的精馏塔内进行的。由于塔板层数较多,塔内的精馏过程作用很慢,而对来自外界的干扰却很敏感,是一种难以自动控制的过程。

5. 传质过程

不同组分的分离和结合,如液体和气体之间的解吸、汽提、去湿或润湿,不同非溶液体的萃取、结晶、蒸气或干燥等都是传质过程。其目的是获得纯的出口物料。因为该过程的最终检验指标是物料的成分,故对产品成分的测量和控制有较高要求。

上述各种生产过程虽然在工作机理上截然不同,但并不是孤立存在的。在大多数生产工艺中经常是几种过程同时发生。比如,燃烧过程伴随着传热过程,精馏过程伴随着传热和传质过程,化学过程伴随着传热过程等。而且影响任何生产过程的参数都不止一个,不同参数的变化规律各异,对过程的影响作用也极不一致。即便对于同一个过程,在不同的操作条件或工况下,有时也会表现出完全不同的工作特性。有些生产过程的特性至今仍无法准确地用数学表达式来描述,只能用适当的简化方法来近似处理。这些分析说明,生产过程具有复杂性、关联性、时变性、非线性以及不确定性,在某些高温高压或有害介质存在的场合,还具有相当的危险性。生产过程的这些特点极大地促进了过程控制技术的发展,使得过程控制在自动控制领域乃至国民经济中都占有极其重要的地位。

1.1.2 生产过程对控制的要求

工业生产对过程控制的要求是多方面的,随着工业技术的不断进步,生产工艺对控制的要求也愈来愈高。在目前的发展阶段,主要可以归结为三个方面:安全性、稳定性和经济性。

(1)安全性

是指在整个生产运行过程中,能够及时预测、监控和防止发生事故,以确保生产设备和操作人员的安全,这是最重要也是最基本的要求。为此,必须采用自动检测、故障诊断、越限报警、联锁保护以及容错技术等措施加以保证。

(2)稳定性

是指当工业生产环境发生变化或受到随机因素的干扰或影响时,生产过程仍能不间断地平稳运行,并保持产品质量稳定。生产过程中采用的各类控制系统主要是针对各种干扰而设计的,它们对生产过程的平稳运行起到关键性的作用。

(3)经济性

是指在保证生产安全和产品质量的前提下,以最小的投资、最低的能耗和成本,使生产装置在高效率运行中获取最大的经济收益。这是随着市场竞争的日益加剧,对过程控制提出的一项高标准要求,正在受到前所未有的重视。

目前,生产过程全局最优化的问题已经成为亟待解决的迫切任务,大系统的协调控制、最优控制以及决策管理系统正在研究之中,并逐渐走向成熟。

过程控制的任务就是在了解、掌握工艺流程和生产过程的各种特性的基础上,根据工艺生产提出的要求,应用控制理论对控制系统进行分析、设计和综合,并采用相应的自动化装置和适宜的控制手段加以实现,最终达到优质、高产、低耗的控制目标。

生产过程自动化,对于保证生产的安全和稳定、降低生产成本和能耗、提高产品的产量和质量、改善劳动生产条件、提高生产设备的使用率、促进文明生产和科技进步、提高企业的经济效益和市场竞争力等都具有十分重要的意义，是科学与技术进步的显著特征。目前，自动化装置已成为大型生产设备不可分割的重要组成部分，没有自动控制系统，大型生产过程根本无法长时间正常运行。实际上，生产过程自动化的程度已成为衡量工业企业现代化水平的一个重要标志。

1.1.3 生产过程自动化的发展历程

生产过程自动化的发展与生产过程本身的发展有着密切联系，它经历了一个从简单形式到复杂形式，从局部自动化到全局自动化，从低级经验管理到高级智能决策的发展过程。回顾生产过程自动化的发展历史，大致可分为三个发展阶段。

1. 初级阶段

20 世纪 50 年代以前，工业生产的规模比较小，设备也相对简单，大多数生产过程处于手工操作状态。生产过程自动化局限于简单的检测仪表和笨重的基地式仪表，因此，只能在局部生产环节就地实现一些简单的自动控制。控制系统设计仅仅凭借实际经验，过程控制的主要目的是为了维持生产的平稳运行。

2. 仪表化阶段

20 世纪 50～60 年代，随着人们对生产过程机理认识的深化和各种单元操作技术的开发，使得工业生产朝着大型化、连续化和综合化的方向迅速发展。为了适应工业生产发展的客观需要，各种自动化仪表应运而生，先后出现了单元组合仪表和巡回检测仪表。与此同时，现代控制理论也取得了惊人的进展，控制系统的设计不再完全依赖于经验，各种较为复杂的过程控制系统相继投运成功。由单元组合仪表组成的常规控制系统已经从原来分散的单个设备向装置级的规模发展，并实现了集中监视和操作，为强化生产过程和提高设备效率起到了重要作用。尽管当时计算机集中控制系统已经在生产过程中有了应用，但单元组合仪表无疑是这一时期生产过程自动化的主角。

3. 综合自动化阶段

20 世纪 70 年代以来，由于大规模集成电路的研制和微处理器的问世，为生产过程实现高水平的自动化创造了强有力的技术条件，不仅各种多功能组装仪表、数字仪表和智能仪表层出不穷，而且适合工业自动化要求的商品化控制计算机系列也相继推出。尤其是 20 世纪 70 年代中期出现的以微处理器为核心，以集中管理和分散控制为特征的集散型计算机控制系统，给生产过程自动化的发展带来了深远的影响，使其进入了全车间、全厂甚至整个企业全面实现自动化的新时期。这一时期的过程控制已经突破了局部控制的旧模式，实现了过程控制最优化和生产调度与经营管理自动化相结合的管理控制一体化新模式，并且正在向着高度智能化的计算机集成生产系统的方向发展。

总之，生产过程自动化是自动控制理论、计算机科学、仪器仪表技术和生产工艺知识相结合而构成的一门综合性的技术科学。它是适应工业生产发展的需要而发展起来的。在现代过程工业中，自动化装置与生产工艺及设备之间相互依存，相互促进，并已结合成为有机的整体。因此，作为工艺技术人员，学习和掌握生产过程自动化方面的知识，对于研究和开发新的生产工艺，解决生产操作中的关键技术问题，合理确定控制方案，保证生产优质、高产、低耗地顺利运行，促进生产企业的现代化管理等都具有十分重要的作用。

1.2 过程控制系统的组成及分类

1.2.1 过程控制系统的组成

工业生产过程在运行中会受到各种干扰因素的影响，使得工艺参数经常偏离所希望的数值。为了保证生产安全、优质、高产地平稳运行，必须对生产过程实施有效地控制。尽管人工操作也能控制生产，但由于受到生理上的限制，人工控制满足不了大型现代化生产的需要。在人工控制基础上发展起来的自动控制系统，可以借助于一整套自动化装置，自动地克服各种干扰因素对工艺生产过程的影响，使生产能够正常运行。我们把以温度、压力、流量、液位和成分等工艺参数作为被控变量的自动控制系统称为过程控制系统。

下面我们以液体贮槽的液位控制为例来说明过程控制系统的基本构成。

在生产中液体贮槽常用做进料罐、成品罐或者中间缓冲容器。从上一道工序来的物料连续不断地流入槽中，而槽中的液体又被连续不断地送至下一道工序进行处理。为了保证生产过程的物料平衡，工艺上要求将贮槽内的液位控制在一个合理的范围。由于液体的流入量受到上一道工序的制约，是不可控的。流入量的变化是影响槽内液体波动的主要因素，严重时会使槽内液体溢出或抽空。解决这一问题的最简单方法，就是根据槽内液位的变化，相应地改变液体的流出量。

如图 1-1(a)所示，采用人工控制时，人眼观察玻璃管液位计(测量元件)的指示高度，通过神经系统传入大脑；大脑将观察的液位高度与所期望的液位高度进行比较，判断出液位的偏离方向和程度，并经过思考估算出需要改变的流出量，然后发出动作命令；手根据大脑的指示，改变出口阀门的开度，相应地增减流出量，使液位保持在合理的范围内。

如图 1-1(b)所示，采用自动控制时，槽内液体的高度由液位变送器检测并将其变换成统一的标准信号后送到控制器；控制器将接收到的变送器信号与事先置入的液位期望值进行比较，并根据两者的偏差按某种规律运算，然后将结果发送给执行器(调节阀)；执行器将控制器送来的指令信号转换成相应的位移信号，去驱动阀门动作，从而改变液体流出量，实现液位的自动控制。

上述液位的人工控制和自动控制的工作原理是相似的，操作者的眼睛类似于测量装置；操作者的大脑类似于控制器；而操作者的肌体类似于执行器。

现在结合液体贮槽液位控制的例子，先介绍几个过程系统中常用的术语。

(1)被控对象

需要控制的设备、机器或生产过程称为被控对象，简称对象。如本例中的液体贮槽。当需要控制的工艺参数只有一个时，则生产设备与被控对象是一致的；当需要控制的参数不止一个，且同时有几个控制系统存在时，被控对象就不一定是整个生产设备，可能是与某一控制系统相对应的那一部分。

(2)被控变量

对象中需要进行控制(保持数值在某一范围内或按预定规律变化)的物理量称为被控变量。如本例中的液体贮槽液位。

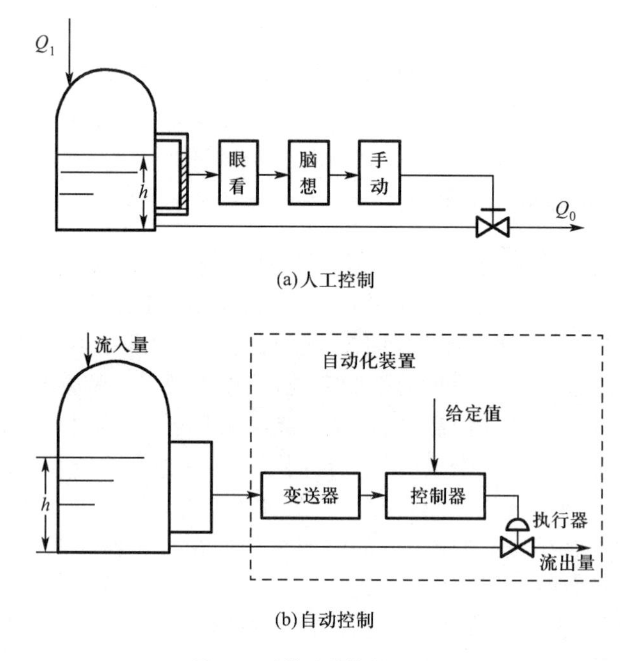

图 1-1 贮槽液位控制原理图

(3)操纵变量

受到控制装置的操纵,用以使被控变量保持在设定数值的物料或能量称为操纵变量。如本例中的液体流出量。

(4)干扰(扰动)

除操纵变量外,作用于对象并使被控变量发生变化的因素称为干扰(扰动)。如本例中的液体流入量。由系统内部因素变化造成的扰动称为内扰,其他来自外部的影响统称为外扰。不论是内扰还是外扰,过程控制系统都应对其有较好的抑制作用。

(5)给定值(设定值)

按照生产工艺的要求为被控变量规定的所要达到或保持的数值称为给定值(设定值)。如在本例中,为了防止槽内液体溢出或抽空,规定液体贮槽液位保持在贮槽 50%的高度比较合理。

(6)偏差

在理论上偏差应该是给定值与被控变量的实际值之差。但是我们能够直接获取的信息是被控变量的测量值而非实际值。在过程控制系统分析中通常把测量值与给定值之差称为偏差。

由液体贮槽液位控制可知,实现液位的自动控制需要三大环节,即测量与变送装置、控制器、执行器。测量与变送装置的作用是自动检测被控变量的变化,并将其转换成统一的标准信号后传送给控制器。控制器的作用是根据偏差的大小、方向以及变化情况,按照某种预定的控制规律计算后,发出控制信号。执行器的作用是将控制信号转换成位移,并驱动阀门动作,使操纵变量发生相应的变化。如果把测量与变送装置、控制器、执行器统称为自动化装置,则过程控制系统由被控对象和自动化装置两部分组成。显然,不论被控对象是什么,作为生产过程自动化装置必须具备测量、比较、决策、执行这些基本功能。过程控制系统的任务就是当被控对象受到干扰使被控变量(温度、压力、流量、液位、成分等)产生偏差时,能够及时检测，并通过合理地调节操纵变量使被控变量回到给定值。

1.2.2 过程控制系统的分类

过程控制系统的分类方法很多，每一种分类方法只反映出过程控制系统在某一方面的特点。比如，按被控变量的名称来分类，有温度控制系统、压力控制系统、流量控制系统及液位控制系统等。按被控变量的数量来分类，有单变量控制系统和多变量控制系统。按控制系统的难易程度分类，有简单控制系统和复杂控制系统。按控制系统所完成的功能分类，有反馈控制系统、串级控制系统、前馈控制系统、比值控制系统等。按控制系统处理的信号分类，有模拟控制系统和数字控制系统。按控制系统的结构分类，有开环控制系统和闭环控制系统。按控制系统的自动化装置分类，有常规仪表控制系统和计算机控制系统等。当我们分析自动控制系统的特性时，经常将控制系统按照被控变量的给定值的不同情况来分类。这可分成以下三类。

1. 定值控制系统

定值控制系统是被控变量的给定值始终固定不变的控制系统。它的主要作用是克服来自系统内部或外部的随机干扰，使被控变量长期保持在一个期望值附近。图 1-1 所讨论的液体贮槽液位控制就是一个定值控制系统，它可以使液体贮槽液位在一个合理的小范围内波动。在工业生产过程中，大多数工艺参数(温度、压力、流量、液位、成分等)都要求保持恒定。因此，定值控制系统是工业生产过程中应用最多的一种控制系统。我们将要介绍的各种过程控制系统，如果没有特别说明，都属于定值控制系统。

2. 随动控制系统

随动控制系统是被控变量的给定值随时间不断变化的控制系统，且给定值的变化不是预先规定的，是未知的时间函数。随动控制系统的目的是使被控变量快速而准确地随着给定值变化。例如，在锅炉的燃烧控制系统中，为了保证燃料充分燃烧，要求空气量与燃料量保持一定比例。为此，可以采用燃料量与空气量的比值控制系统，使空气量跟随燃料量变化。由于燃料量的负荷是随机变化的，相当于空气量的给定值也是随机变化的，所以是一个随动控制系统。

3. 程序控制系统(又称顺序控制系统)

程序控制系统是被控变量的给定值按预定的时间程序变化的控制系统。这类控制系统多用于工业炉、干燥设备和周期性工作的加热设备中。例如，合成纤维锦纶生产中的熟化缸的温度控制和冶金工业中金属热处理的温度控制，其给定值都是按预定的升温、恒温和降温等程序而变化的，它们都属于程序控制系统。

1.3 过程控制系统的方块图与工艺控制流程图

1.3.1 过程控制系统的方块图

方块图

过程控制系统的方块图(简称方块图)是从信号流的角度出发，依据信号的流向将组成控制系统的各个环节相互连接起来的一种图解表达方式。在方块图中不仅明确表明了每个环节在系统中的作用，而且能够清楚地看出自动控制系统中各组成环节之间的相互关系以及信号在系统中的流动情况。我们在对过程控制系统进行分析研究时，经常用方块图来表示一个过程控制系统的组成。

图 1-2 表示的是一个简单的方块图单元。图中的方块表示控制系统的一个组成部分，称为“环节”。箭头指向方块的信号 x 表示该环节的输入，称为输入变量。箭头离开方块的信号 y 表示该环节的输出，称为输出变量。箭头所指的方向就是信号的流向，它表明信号的作用方向。对于一个环节来说，它的输入变量与输出变量之间具有因果关系。输入信号就是作用于该环节的信号，它一定会影响输出变量。输出变量则是输入变量施加于该环节后所产生的结果，它不会反过来影响输入变量，但它可能是下一个环节的输入变量。该环节可以理解为输入变量与输出变量之间的某种函数关系，它表达的是环节本身的特性，而不是一个具体的物理结构。因此，许多物理性质不同，但特性相同的系统，可以用同一种形式的方块图来表达。

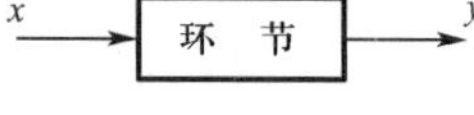

图 1-2　方块图单元

在方块图中有两种形式的交点，即相加点和分支点。相加点如图 1-3 所示，表示两个以上具有相同单位的变量（或信号）之间的加和运算。箭头指向圆圈的信号为需要相加的变量。箭头离开圆圈的信号为相加后的和。至于具体进行的是加法还是减法运算，则由标注在箭头旁边的符号来决定。如图 1-3(a)表示 $e=r-z$；如图 1-3(b) 表示 $x=x_1+x_2$。为了简化起见，通常将“+”号省略。在有些资料中，相加点中的圆圈是以 ⊗ 表示的。分支点如图 1-4 所示，当一个变量（或信号）要同时作用于几个不同的环节时，就应使用分支点。由分支点引出的各路信号都相等。

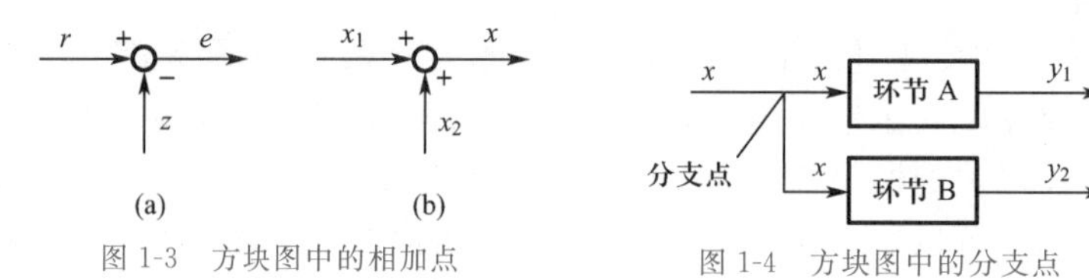

图 1-3　方块图中的相加点

图 1-4　方块图中的分支点

有了方块图，我们就可以根据变量间的相互作用，按照信号的流向较方便地将系统中的各个环节连接起来，构成一个完整的过程控制系统。以图 1-1 所示的液体贮罐液位自动控制系统为例，画出自动控制系统的方块图如图 1-5 所示。从图中可以看出，该系统由 4 个环节组成。其中对象环节就是液位贮槽，它的输出变量是被控变量 y，即液位。当进料流量作为主要干扰因素发生波动时，必然影响液位的变化，所以干扰是作用于对象的输入变量。另外，作为操纵变量的出料流量，其变化受到执行器阀门开度的制约。显然，它是执行器环节的输出变量。与此同时，出料流量的变化又影响液位的变化，所以它又是对象环节的输入变量。出料流量 q 在方块图中将执行器和对象两个环节连接在一起。同理，贮槽液位信号作为测量变送环节的输入变量，经过变送器转换所得到的测量值 z，便是该环节的输出变量。测量值 z 在相加点（又称比较机构）与给定值 r 经过运算比较后，产生偏差信号 e，并送往控制器，作为输入信号。比较机构实际上是控制器的一个组成部分，并不是一个独立元件，我们把它单独画出来，目的是更清楚地说明比较的功能。控制器对输入的偏差信号 e 按一定的规律进行运算后，其结果便是输出的控制信号 u，该信号作用于执行器，使出料流量发生相应地改变以抵消干扰对被控变量（液位）造成的影响。

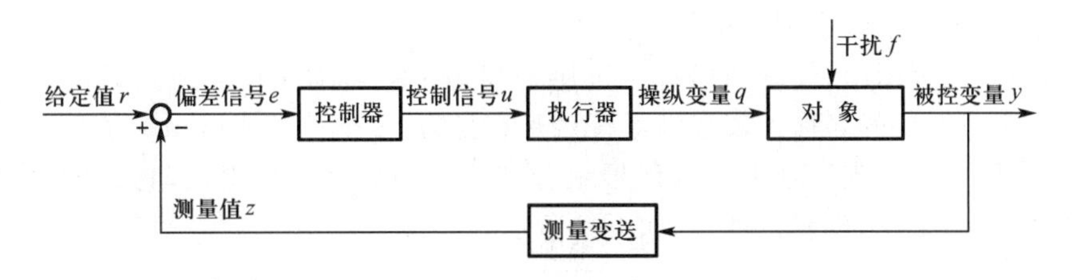

图 1-5 自动控制系统的方块图

为了便于分析，有时将控制器以外的各个环节（包括执行器、被控对象、测量变送）组合在一起作为一个对象看待，称为广义对象，这样，图 1-5 的方块图就可以简化成图 1-6 的形式。如果从自动控制系统的整体角度来考查，可以发现，影响系统的干扰 f 和给定值 r 是系统的输入变量，而系统的输出变量则是被控变量 y（或其测量值 z）。

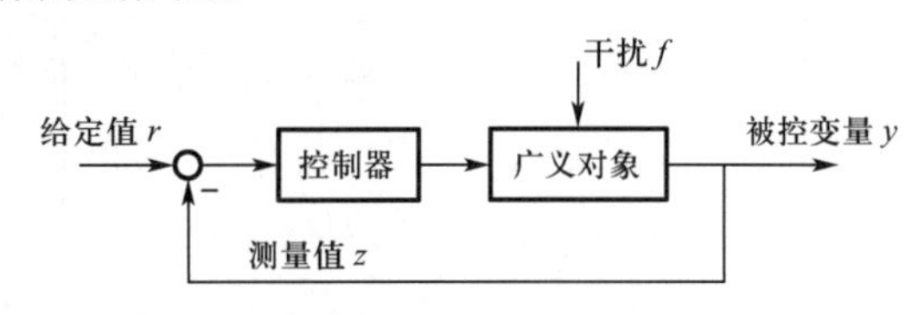

图 1-6 自动控制系统的简化方块图

从自动控制系统的方块图可以看出，组成系统的各个环节在信号传递关系上形成了一个闭合回路。其中任何一个信号，只要沿箭头方向流动，最终总会回到它的起始点。我们把这样的系统称为闭环控制系统，而不具备这种特性的系统则称为开环控制系统。在一个闭环控制系统中，其输出变量（或信号）沿着回路中的信号流动方向总会返回到系统的输入端，与给定值进行比较。这种把系统（或方块）的输出信号引回到系统输入端的做法叫作反馈。若反馈信号（被控变量的测量值 z）与给定值信号的方向相反，即反馈信号 z 取负值，则叫作负反馈。反之，测量信号与给定值信号方向相同，则叫作正反馈。闭环控制系统靠负反馈达到控制的目的。如，当被控变量 y 受到干扰 f 作用后，若使测量得到的反馈信号 z 高于给定值信号 r 时，得到的偏差值 e 为负值，控制器将根据偏差的大小向执行器发出相应信号使其动作，其控制作用的方向与干扰作用正好相反，以抵消干扰作用对被控变量的影响。闭环控制系统实质上是利用负反馈原理，根据偏差进行工作的。因此，闭环控制系统又称为反馈控制系统。

1.3.2 过程控制系统的工艺控制流程图

在进行过程控制系统的工程设计时，自控专业人员必须与工艺专业人员协作，按工艺流程的顺序和要求，将所确定的控制方案标注到工艺流程图中。这种将控制点和控制系统与工艺流程图相结合的图形文档就称为工艺控制流程图，或称为带有控制点的工艺流程图。在工艺控制流程图中，各种工艺参数的控制方案一目了然。对于工艺专业人员来说，读懂工艺控制流程图，有利于全面把握生产流程的自动化水平，加深对生产工艺的了解以及正确地操作生产过程。

图 1-7 是液体贮槽的工艺控制流程图。可以看出，工艺控制流程图主要是由工艺设备、管道、元件以及构成控制系统的仪表及信号线等图形符号组成。

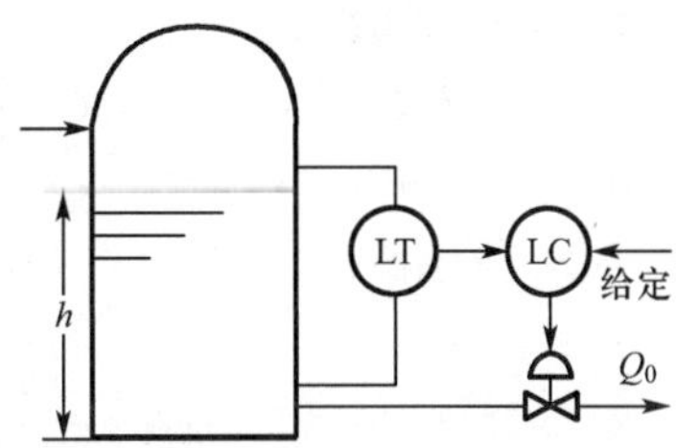

图 1-7 液体贮槽的工艺控制流程图

下面重点介绍一下仪表图形符号。

在工艺控制流程图中,仪表图形符号可用来表达工业自动化仪表所处理的被测变量和功能,以及仪表或元件的名称。仪表图形符号是直径为12 mm(或10 mm)的细实圆圈,并在其中标有仪表位号。仪表位号由字母代号组合和阿拉伯数字编号组成,它能清楚地标识出控制回路中的每一个仪表(或元件)。如下例所示。

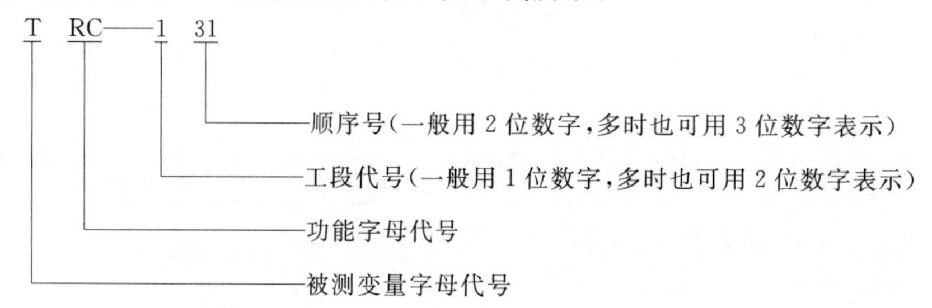

仪表位号按被测变量不同进行分类,即同一个装置(或工段)的同类被测变量的仪表位号中顺序号是连续的,中间允许有空号;不同被测变量的仪表位号应分别编号。

在工艺控制流程图上,标注仪表位号的方法是:字母代号填写在圆圈上半圆中,数字编号填写在下半圆中,如图1-8所示。在本教材所画的工艺控制流程图中,由于回路数较少,故将数字编号省略。

(a)集中仪表盘面安装仪表　(b)就地安装仪表

图1-8　常见仪表图形符号及位号的标注

表1-1列出了在仪表位号中用到的被测变量和仪表功能的字母代号。表1-2给出了常见的字母组合。从表中我们可以查出在液体贮槽的液位控制回路(图1-7)中,采用了一台液位变送器(LT),一台液位控制器(LC)和一个用于控制液位的执行器(LV)。

表1-1　字母代号的含意

字母	被测变量	修饰词(第一位字母)	功能(后继字母)	字母	被测变量	修饰词(第一位字母)	功能(后继字母)
A	分析		报警	P	压力、真空	连接点、测试点	
B	烧嘴、火焰			Q	数量	积算、累计	
C	电导率		控制(调节)	R	核辐射		记录
D	密度	差		S	速度、频率	安全	开关、联锁
E	电压(电动势)		检测元件	T	温度		传送
F	流量	比(分数)		U	多变量		多功能
H	手动		高	V	黏度		阀、挡板、百叶窗
I	电流		指示	W	重力		套管
J	功率			Y	事件、状态		继动器、计算器、转换器
K	时间或时间程序	变化速率					
L	物位		低	Z	位置、尺寸		驱动器、执行器或终端执行机构
M	水分式湿度	瞬动					

表 1-2　常见字母组合

第一位字母	被测变量或引发变量	控制器			读出仪表		开关和报警装置			变送器			电磁阀继动器	检测元件	最终执行元件
		记录	指示	无指示	记录	指示	高	低	高低组分	记录	指示	无指示			
A	分析	ARC	AIC	AC	AR	AI	ASH	ASL	ASHL	ART	AIT	AT	AY	AE	AV
D	密度	DRC	DIC	DC	DR	DI	DSH	DSL	DSHL		DIT	DT	DY	DE	DV
F	流量	FRC	FIC	FC	FR	FI	FSH	FSL	FSHL	FRT	FIT	FT	FY	FE	FV
FQ	流量累计	FQRC	FQIC		FQR	FQI	FQSH	FQSL			FQIT	FQT	FQY	FQE	FQV
FF	流量比	FFRC	FFIC	FFC	FFR	FFI	FFSH	FFSL							FFV
H	手动		HIC	HC					H						HV
L	物位	LRC	LIC	LC	LR	LI	LSH	LSL	LSHL	LRT	LIT	LT	LY	LE	LV
P	压力真空	PRC	PIC	PC	PR	PI	PSH	PSL	PSHL	PRT	PIT	PT	PY	PE	PV
PD	压力差	PDRC	PDIC	PDC	PDR	PDI	PDSH	PDSL		PDRT	PDIT	PDT	PDY		PDV
T	温度	TRC	TIC	TC	TR	TI	TSH	TSL	TSHL	TRT	TIT	TT	TY	TE	TV
TD	温度差	TDRC	TDIC	TDC	TDR	TDI	TDSH	TDSL		TDRT	TDIT	TDT	TDY		TDV

1.4　过程控制系统的过渡过程和性能指标

1.4.1　过程控制系统的过渡过程

过程控制系统在运行中有两种状态。一种是系统的被控变量不随时间而变化的平衡状态，称为静态（或稳态）；另一种是系统的被控变量随时间而变化的不平衡状态，称为动态。

当系统处于静态时，没有受到任何外来的干扰，给定值也保持恒定，系统中控制器和执行器的输出都维持不变，因此被控变量不会发生变化，整个系统处于稳定状态。需要指出的是，过程控制系统的静态，是指系统中的各变量（或信号）的变化率为零，而不是指物料或能量处于静止的不流动状态。因此，对于连续生产过程，静态特性反映出物料平衡、能量平衡或化学反应平衡的规律，其本质是一种动态的平衡。例如，图 1-7 所示的液位控制系统，不论进料量与出料量有多大，只要两者相等，且保持不变，则液位是恒定的，这种平衡状态就是静态。

当系统受到外来的干扰，或者在改变了给定值后，原来的稳定状态便遭到破坏，使被控变量产生波动，偏离给定值。这时，控制器和执行器产生相应的动作，来改变操纵变量，使被控变量尽快回到给定值，以恢复平衡状态。从干扰的发生或给定值的改变，直到系统重新建立平衡的整个过程，系统中各环节的输入输出变量都处于不断变化的状态之中，因此，在这段时间里，系统处于动态。我们将系统从一个平衡状态（稳态）到达另一个平衡状态（稳态）的动态历程称为过渡过程，它反映了被控变量随时间而变化的规律。由于在生产过程中，被控对象总是不断地受到各种外来干扰的影响，控制系统要不断地克服这些干扰，就要使系统经常处于动态变化之中。要想评价一个过程控制系统的质量，只看静态特性是不够的，还应考核系统的动态过渡过程。

过程控制系统由一个平衡状态到达另一个平衡状态时，其系统的输出随时间变化的规律与系统输入信号的作用方式有很大关系。为了便于了解控制系统的动态特性，通常是在系统的输入端施加一些特殊的试验输入信号，然后研究系统对该输入信号的响应。最常采用的试验信号是阶跃输入信号，其作用方式如图 1-9 所示。

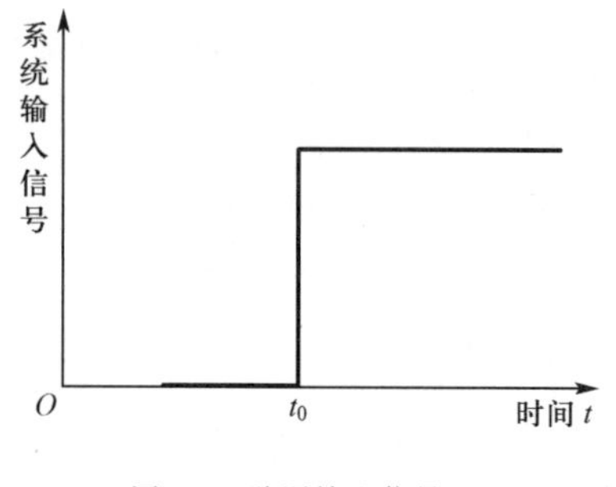

图 1-9 阶跃输入信号

由于阶跃输入信号是突然阶跃式地施加于系统之上，而且作用的时间长，它对受控变量的影响是比较大的。如果一个控制系统对这类输入信号具有良好的动态响应特性，那么它对其他比较平缓的干扰信号就有更强的抑制力。

对于一个定值控制系统来说，当系统受到阶跃干扰作用时，系统的过渡过程有如图1-10所示的几种典型形式。

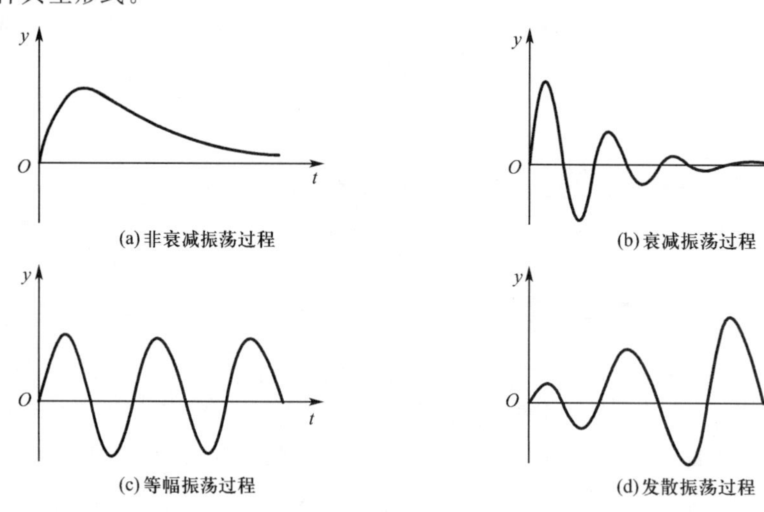

图 1-10 过渡过程的几种典型形式

如图 1-10(a)所示为非衰减振荡过程，其特点是被控变量在给定值的某一侧缓慢变化，没有来回波动，最后稳定在某一数值上。如图 1-10(b)所示为衰减振荡过程，其特点是被控变量在给定值附近上下波动，但幅度逐渐减小，经过几个振荡周期后，逐渐收敛到某一数值。以上这两种过渡过程都属于稳定的过渡过程，即经过一段时间的调节后，系统总能克服外界干扰，使被控变量最终回到给定值上。但是，对于非衰减振荡过程，由于被控变量长时间偏离给定值，恢复平衡状态的变化过程较慢，所以调节效果不够理想。相比之下，衰减振荡过程能够较快地对外界干扰做出反应，使系统恢复平衡的时间较短。因此，在多数情况下，我们希望过程控制系统在干扰作用下，能够保持如图 1-10(b)所示的动态响应特性。

如图 1-10(c)所示为等幅振荡过程，其特点是被控变量在给定值附近来回波动，且波动幅度保持不变，既不衰减又不发散。这种过渡过程反映出控制系统处于稳定与不稳定的边界状态，由于被控变量始终不能稳定下来，一般认为等幅振荡过程是一种不稳定的过渡过程。在实际生产系统中,除了某些对控制质量要求不高的场合外,我们不希望得到这样的过渡过程。

如图1-10(d)所示为发散振荡过程,其特点是当干扰进入系统后,使被控变量产生振荡,控制作用不仅无法将被控变量稳定到给定值,反而使振荡的幅度越来越大,并最终超出工艺允许的范围,直至引起生产事故。显然,这是一种不稳定的过渡过程,是生产工艺所不允许的,应竭力避免。

1.4.2 过程控制系统的性能指标

过程控制系统的性能指标要根据工业生产过程对控制的要求来制定,这种要求可概括为稳定性、准确性和快速性。在多数情况下,我们希望得到略有振荡的衰减过程,通常取衰减振荡过程的形式来讨论控制系统的性能指标。下面我们主要针对时间域中的一些性能指标进行讨论。

假设性能指标的出发点是以控制系统原先所处的平衡状态时刻的被控变量 $y(0)$ 作为基准值,且被控变量等于给定值。从 $t=0$ 时刻开始,系统受到阶跃输入作用,于是被控变量开始变化。经过一段时间的衰减振荡后,最终达到新的平衡状态,使被控变量稳定在 $y(\infty)$。在干扰或给定值作阶跃变化时,被控变量的响应曲线分别如图1-11(a)和图1-11(b)所示。通常用以下几个特性参数作为衡量控制系统的主要性能指标。

1. 最大偏差 e_{max}(或超调量 σ)

最大偏差和超调量是描述被控变量偏离给定值程度的物理量。对于干扰作用下的定值控制系统来说,最大偏差是指在过渡过程中,被控变量的第一个波峰值与给定值的差。在图1-11(a)中,$e_{max}=B+C$。但对于给定值变化的随动系统来说,通常采用超调量来表示被控变量偏离给定值的程度。超调量的定义为

$$\sigma=\frac{y(t_p)-y(\infty)}{y(\infty)-y(0)}\times 100\% \tag{1-1}$$

在图1-11(b)中,超调量 $\sigma=\frac{B}{C}\times 100\%$

最大偏差或超调量表示被控变量瞬间偏离给定值的最大偏差,它是衡量控制系统动态准确性的重要指标。从准确性的角度考虑,通常希望它越小越好,至少不应超过工艺生产所允许的极限值。

2. 余差 $e(\infty)$

余差,又称残余偏差,是指在过渡过程终了时,系统的给定值与被控变量新的稳态值之间的差值。在图1-11(a)中,余差 $e(\infty)=C$;在图1-11(b)中,余差 $e(\infty)=r(t)-y(\infty)$。余差是衡量控制系统稳态准确性的重要指标。从自动控制的角度来看,余差越小越好,只要控制器设计的合理,是完全有可能消除余差的。但在实际生产中,有些系统允许存在一定的余差,比如液体贮槽的液位控制对余差的要求不是很高。在这种情况下,我们可以采用一些相对简单的控制方式达到自动控制的目的,从而降低系统的成本。

3. 衰减比 n

衰减比是衡量控制系统稳定性的一个动态指标,它反映了一个振荡过程的衰减程度,它

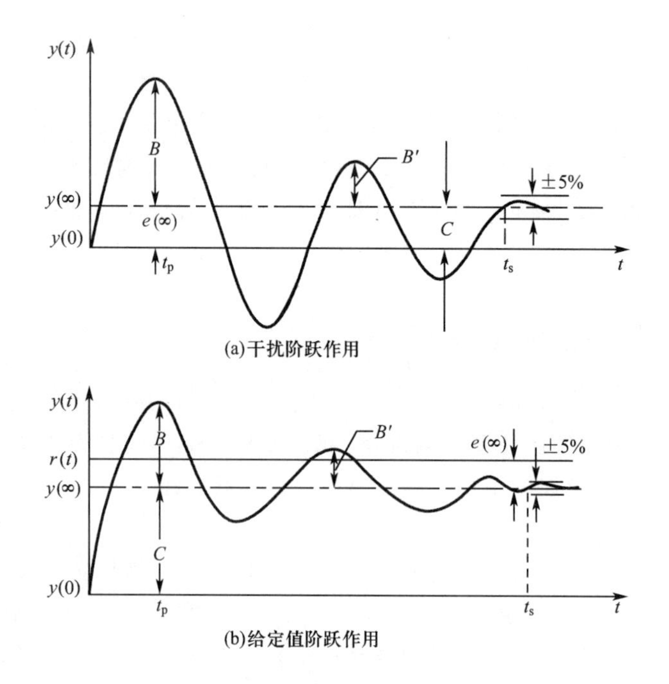

图 1-11 系统输入阶跃信号下的响应曲线

等于两个相邻的同向波峰值之比。在图 1-11 中，衰减比 $n = B/B'$，习惯上表示为 $n:1$。显然，对衰减振荡而言，n 恒大于 1。n 越小意味着控制系统的振荡幅度越剧烈，稳定性越差；当 $n = 1$ 时，控制系统的过渡过程就是一个等幅振荡过程；反之，n 越大，则控制系统的稳定性越好，当 n 趋于无穷大时，控制系统的过渡过程接近于非振荡过程。此时，尽管系统的波动很小，但过渡过程可能过于缓慢。衰减比究竟多大合适，没有确切的定论。根据实际操作经验，为使控制系统快速达到新的平衡状态，同时保持足够的稳定性，一般希望衰减比在 4：1 到 10：1 的范围内。

4. 过渡时间 t_s

过渡时间，又叫控制时间，或回复时间，它是控制系统在受到外界作用后，被控变量从原来的稳态值达到新的稳态值所需的时间。从理论上讲，被控变量达到新的平衡状态需要无限长的时间。但实际上，当被控变量的变化幅度衰减到足够小，并保持在一个极小的范围内，所需的时间还是有限的。一般认为当被控变量已进入其新稳态值的±5%(或±2%)的范围内，并不再越出时，就认为控制系统已经重新回复到稳定状态。在图 1-11 中，过渡时间以 t_s 表示。过渡时间是衡量控制系统快速性的一个指标。过渡时间短，说明过渡过程结束得比较快，这时即使干扰频繁出现，系统也有较强的适应力。反之，控制系统的过渡过程时间就会拖得很长，出现前波未平、后波又起的现象，使被控参数长期偏离工艺规定的要求，影响生产。

上述介绍的都是单项性能指标，有时候各指标之间可能是相互矛盾的。比如，当系统的稳态精度要求很高时，可能会引起动态的不稳定；解决了稳定问题之后，又可能因反应迟钝而失去快速性。对于不同的控制系统，这些性能指标各有其重要性，要高标准的同时满足全部各项指标是相当困难的。我们应根据工艺生产的具体要求，分清主次，统筹兼顾，保证优先满足那些对生产起主导作用的性能指标。

5. 偏差积分性能指标

除了以上各种单项指标外，人们时常还采用一些综合性指标来衡量控制系统的性能，偏差积分性能指标就属于这类综合性指标。偏差积分性能指标是过渡过程中被控变量偏离其新稳态值的误差沿时间轴的积分，误差幅度大或是时间拖长都会使偏差积分增大，因此，它能综合反映出控制系统的工作质量，我们希望它愈小愈好。偏差积分性能指标主要有以下几种形式：

(1)偏差绝对值的积分(*IAE*)

$$IAE = \int_0^\infty |e(t)| \mathrm{d}t \tag{1-2}$$

(2)偏差平方的积分(*ISE*)

$$ISE = \int_0^\infty e^2(t) \mathrm{d}t \tag{1-3}$$

(3)时间与偏差绝对值乘积的积分(*ITAE*)

$$ITAE = \int_0^\infty t |e(t)| \mathrm{d}t \tag{1-4}$$

(4)时间与偏差平方乘积的积分(*ITSE*)

$$ITSE = \int_0^\infty te^2(t) \mathrm{d}t \tag{1-5}$$

采用以上几种偏差积分性能指标对控制系统的过渡过程进行优化时，其侧重点是不同的。例如，*IAE* 和 *ISE* 对于偏差的幅值比较敏感，着重于抑制过渡过程中的较大偏差；而 *ITAE* 和 *ITSE* 对偏差所持续的时间长短比较敏感，它们着重于抑制过渡过程拖得过长。

习 题

1-1 何谓生产过程自动化，它有什么重要意义？

1-2 连续生产过程主要有哪几种形式？

1-3 简述过程控制的任务？

1-4 简述生产过程自动化的发展历程。

1-5 哪种自动控制系统被称为过程控制系统？

1-6 过程控制系统中常用术语有哪些？

1-7 试述在过程控制系统中，测量变送装置、控制器、执行器的作用？

1-8 按给定值形式不同，自动控制系统可分成哪几类？

1-9 何谓定值控制系统？其输入量是什么？

1-10 自动控制系统的方块图主要由什么构成？并说明各部分的作用。

1-11 试说明广义对象由哪些环节组成？

1-12 什么是反馈？负反馈在自动控制系统中有何重要意义？

1-13 已知贮槽水位控制系统如图1-12所示。

(1)试分析当出水量突然增大时，该系统如何实现水位调节？

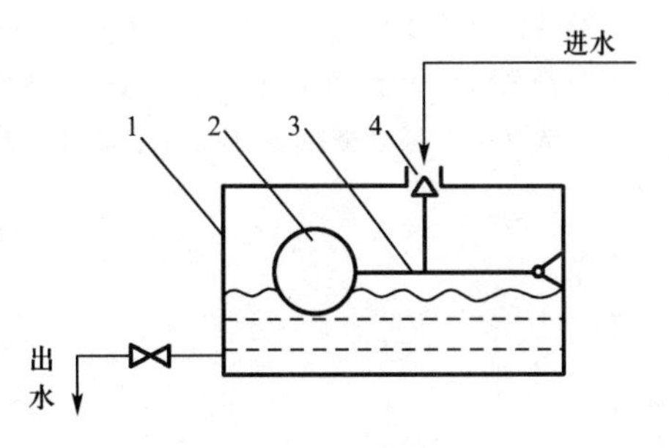

图1-12 贮槽水位控制系统

1—贮槽；2—浮球；3—杠杆；4—针形阀

(2)试画出该系统的组成方块图。

1-14 在控制点工艺流程图中,字母代号和数字编号各有什么含义?

1-15 何谓过程控制系统的静态与动态?为什么说研究过程控制系统的动态比研究其静态更为重要?

1-16 图 1-13 所示形式的过渡过程:

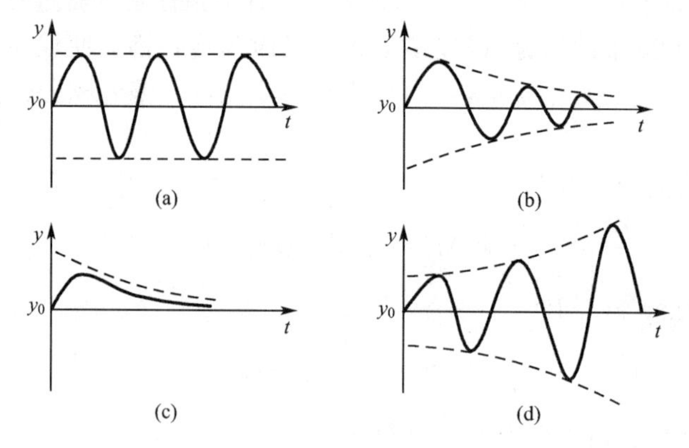

图 1-13 过渡过程曲线

(1)试指出哪些过程基本能满足控制要求?哪些不能?为什么?

(2)你认为哪个过渡过程最理想?为什么?

1-17 过程控制系统衰减振荡过程的性能指标有哪些?简述其含义及其对过渡过程质量的影响。

1-18 图 1-14 所示为换热器出料温度控制系统。

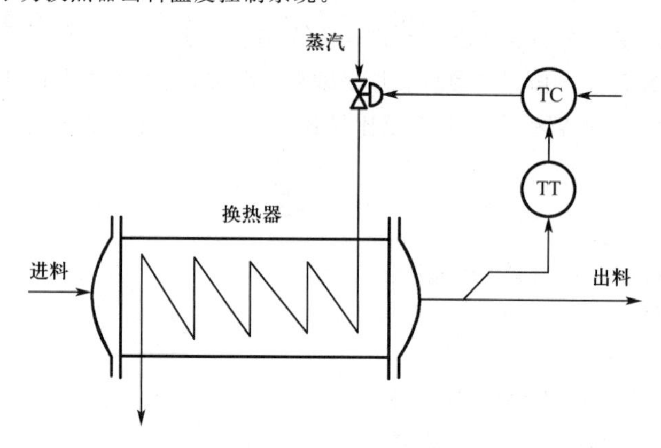

图 1-14 换热器温度控制系统

(1)试画出该控制系统的具体组成方块图。

(2)试指出该系统的被控对象、被控变量,操纵变量是什么?

(3)若蒸汽压力 p_s 突然增大 Δp_s 后,简述该系统是怎样实现控制作用的?

(4)试画出上述衰减振荡过程的过渡过程曲线。

第2章

被控对象的特性

2.1 概　述

2.1.1 基本概念

过程控制系统的控制品质，是由组成系统的各环节的特性所决定的，特别是被控对象的特性对整个控制系统运行的好坏有着重大影响。人们在对各种生产过程进行自动控制时，之所以得到不同的控制效果，归根结底，在于被控对象本身的特性。只有依据被控对象的特性进行控制方案的设计和控制器参数的选择，才可能获得预期的控制效果。因此，研究被控对象的特性，对控制系统的分析、设计和运行十分重要。

在过程控制中，常见的被控对象有各种类型的换热器、反应器、精馏塔、加热炉、贮罐及流体输送设备等。尽管这些对象的几何形状和尺寸各异，内部所进行的物理、化学过程也各不相同，但是，从控制的观点来看，它们在本质上有许多共性，这便是我们研究被控对象的特性的基础。

被控对象中所进行的过程大都离不开物质或能量的流动，可以把被控对象视为一个具有储能特性的隔离体。从外部流入对象内部的物质或能量为流入量，从对象内部流出的物质或能量为流出量。当物质或能量经过时，对象内要储备一定的物质或能量，其数量的多少可通过一个或多个工艺参数(温度、压力、流量、液位等)反映出来。显然，当流入量与流出量保持平衡时，对象便处于平衡状态，内部所储存的物质或能量没有变化，对应的工艺参数也是稳定的。而一旦平衡关系遭到破坏，必然会引起某个(些)工艺参数的变化，例如，液位的变化反映出物料平衡关系遭到破坏，温度的变化则意味着热量平衡关系遭到破坏。只要从被控对象的这个主要特点出发，就不难发现它们的内在规律。

被控对象的特性是指对象的输入变量与输出变量之间的关系，对象的特性有静态与动态之分。静态特性是指对象的输入变量与输出变量达到平衡时的关系。动态特性则是指对象的输出变量在输入变量影响下的变化过程。对象特性的数学描述则称为对象的数学模型。与对象的特性相对应，数学模型也有静态数学模型和动态数学模型之分。动态数学模型描述了对象的输出变量与输入变量之间随时间而变化的规律。可以认为，静态数学模型是动态数学模型达到平衡的一个特例。

过程控制中被控对象的输出变量通常就是控制系统的被控变量，而所有对被控变量有影响的变量都可看作被控对象的输入变量。具有多个输入变量时，一般只选一个输入变量作为操纵变量（u），而其余输入变量都作为扰动变量（f_i），这种被控对象称为多输入单输出对象，如图 2-1 所示。有些被控对象可能有多个被控变量，这种被控对象称为多输入多输出对象。在这样的被控对象（过程）中，执行器和被控变量的数量（m）相等，且大于 1，如图 2-2 所示。

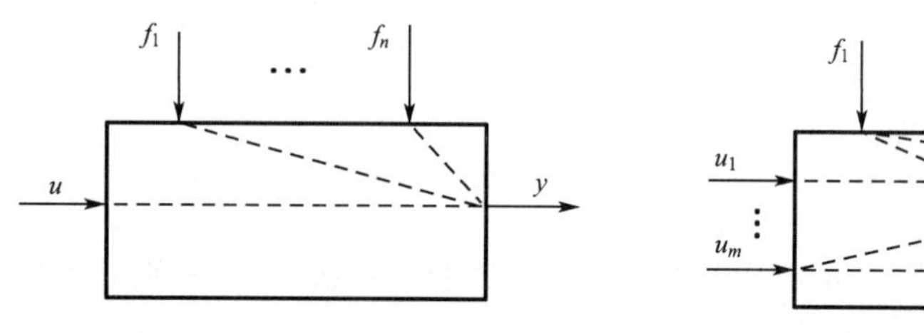

图 2-1　多输入单输出对象

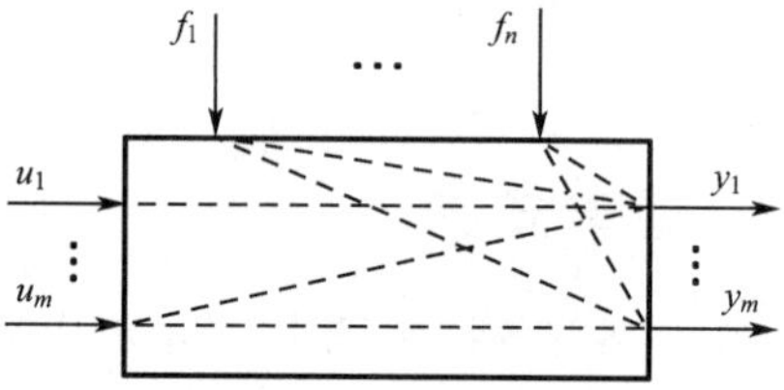

图 2-2　多输入多输出对象

对象的输入变量与输出变量的信号关系称为通道。控制作用（操纵变量）至被控变量的通道称为调节通道；干扰作用（干扰变量）至被控变量的通道称为干扰通道。对于同一个对象，调节通道的特性描述操纵变量与被控变量之间的关系；干扰通道的特性描述干扰变量与被控变量之间的关系。这两个特性在许多场合下是不同的。由于扰动作用对被控变量的影响是短暂且随机的，而控制作用对被控变量的影响却是反复不断地进行，认识和掌握调节通道的特性更为重要。

用数学表达式来精确地描述被控对象的特性，即建立被控对象的数学模型，是一项艰巨而困难的工作，目前主要有机理建模和实测建模两类方法。机理建模是根据被控对象（或过程）内在的物理或化学规律，通过静态与动态物料和能量平衡关系，用数学分析的方法求取对象特性的数学表达式。这种建模方法，不依赖于工艺设备，在设备投产之前就可得到对象的数学模型，但需要对生产过程的机理有比较深入的了解。显然，对于那些复杂的生产过程来说，做到这一点是相当困难的。实测建模是根据实验测试或日常累积得到的对象输入和输出数据，通过参数估计与辨识处理后得到的对象的数学模型。这种方法不需要深入掌握对象的内部机理，但只有在设备投产后才能得到，同时还需要考虑测试对生产所造成的影响。与机理建模相比，实测建模相对简单。在许多应用场合，尤其是那些复杂的工艺过程中广泛应用实测建模。

被控对象的特性往往具有非线性的特征，为了便于研究，常常对数学模型进行一些简化，把非线性特性线性化。当输入变量和输出变量在一个小范围内变化时，这种简化的假设是可以成立的。如果输入变量和输出变量的变化范围较大，则可将其分成若干个小的区域，在每个相应的区段内仍可认为对象是线性的。线性对象的一个重要特征就是满足叠加原理，即当对象同时受到多个输入变量的作用时，它的输出（被控变量）所受的影响等于每个输入变量单独作用所引起的效果之和。这样，只要分别研究对象的每个输入变量与输出变量之间的关系，然后再运用叠加原理，就可得到对象的完整特性。

2.1.2　被控对象的阶跃响应特性

在研究被控对象的特性时，用被控变量对阶跃输入信号的响应曲线来描述对象的动态特性是最简捷、常用的方法之一。下面介绍两种常见对象的阶跃响应特性。

1. 有自衡能力对象的动态特性

对于有自衡能力的对象，当它受到阶跃干扰作用使平衡状态遭到破坏后，在没有任何外力作用（即不进行控制）下，依靠对象自身的能力，对象的输出（被控变量）便可自发地恢复到新的平衡状态。

在图 2-3 中，当进料阀的开度突然开大时，进料量将阶跃增加。此时，由于出料阀的开度并没有变化，进料量大于出料量，破坏了贮槽原有物料的平衡状态。此时，多余的进料量便在贮槽内蓄积起来，使贮槽的液位迅速升高。但在液位上升的过程中，出料量也因静压头的增加而逐渐增大。这样，进、出料量之差会逐渐减小，液位的上升速度也逐渐变慢，最后，当液位上升到一定高度时，出料量便等于进料量，建立起一种新的平衡状态，液位也就稳定在一个新的位置上。由于这种平衡是自发形成的，因此，这是一个有自衡能力的对象。

图 2-4 所示的蒸汽加热器也有类似特性。在初始状态下，进入系统的热量与流出系统的热量相等，被加热冷流体的出口温度恒定在 $\theta(0)$。当蒸汽阀突然开大，流入的蒸汽流量阶跃增大时，热平衡被破坏。由于流入热量大于流出热量，多余的热量便先开始加热换热管壁，继而又使管内被加热流体的温度升高，出口温度也随之升高。这样，随着流出热量的不断增大，流入与流出热量之差会逐渐减小，被加热流体的出口温度的上升速度也随之逐渐变慢。最终加热系统自发地建立起新的热量平衡，出口温度稳定在一个新的数值上。

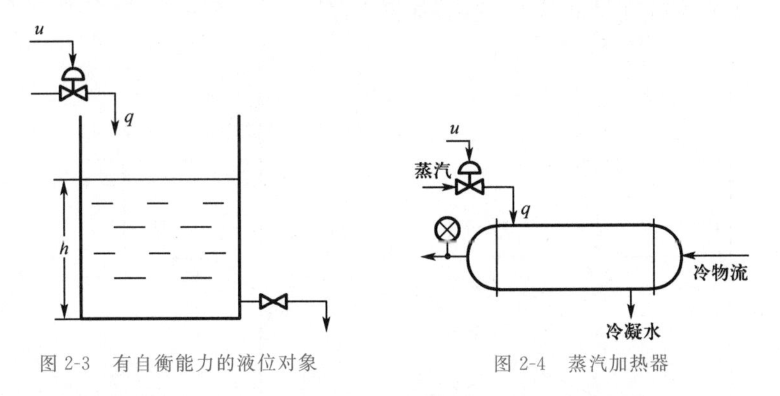

图 2-3　有自衡能力的液位对象　　图 2-4　蒸汽加热器

以上两个有自衡能力的对象在阶跃输入下的响应曲线分别如图 2-5(a)和图 2-5(b)所示。有自衡能力的对象在过程控制系统中最为常见，而且也比较容易控制。

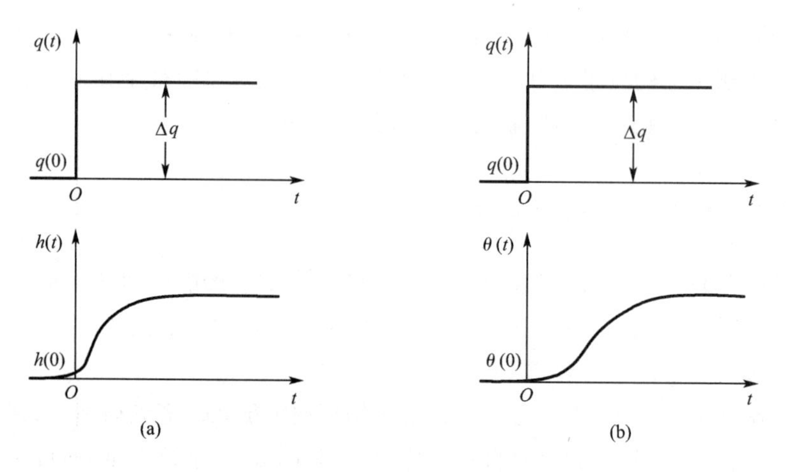

图 2-5 有自衡能力对象的阶跃响应曲线

2. 无自衡能力对象的动态特性

如果一个被控对象(或过程)在受到阶跃输入干扰作用使平衡状态遭到破坏后,在没有其他外力的作用下,依靠自身能力无法再达到新的平衡状态,则该对象就是无自衡能力对象。

图 2-6 所示也是一个液体贮槽,它与图 2-3 所示的液体贮槽的差别在于出料不是用阀门控制,而是用定量泵抽出。因此,该贮槽的出料量是始终恒定的,当进料阀的开度突然开大,使进料量阶跃增加后,物料平衡被破坏,多余的进料量便在贮槽内蓄积起来。由于出料量不受液位高度的影响,始终保持不变,系统无法建立起新的物料平衡,液位呈现等速上升状态,直至溢出。显然,这个对象是一个无自衡能力对象,它的阶跃响应曲线如图 2-7(a)所示。有些无自衡能力对象的阶跃响应特性呈非线性变化,如图2-7(b)所示。

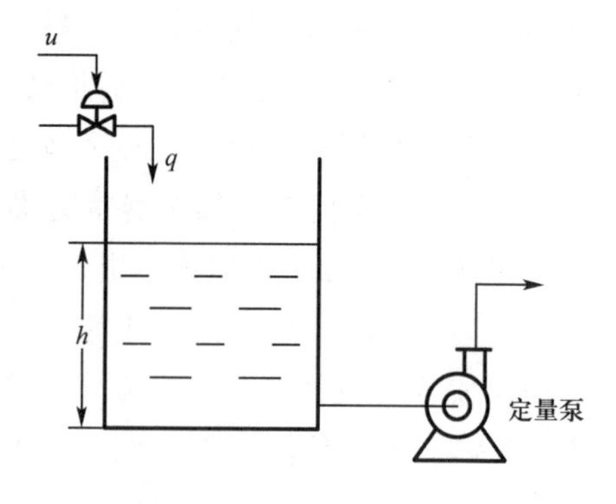

图 2-6 无自衡能力的液位对象

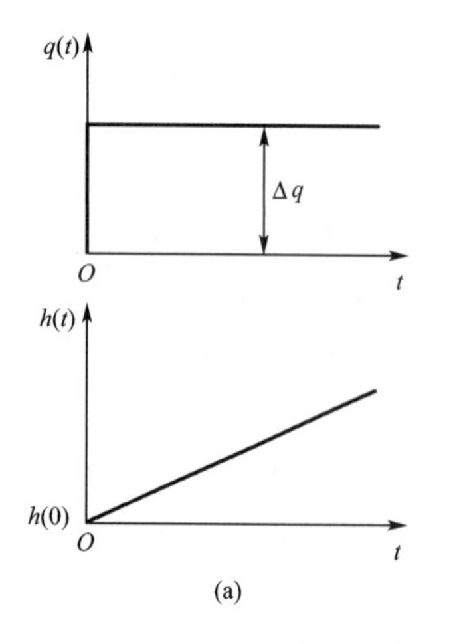

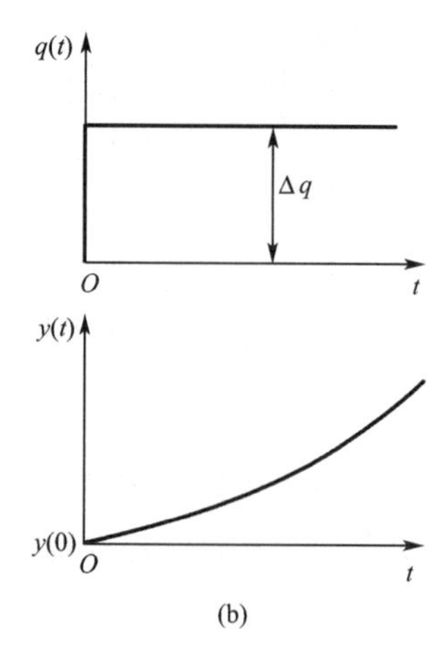

图 2-7 无自衡能力对象的阶跃响应曲线

无自衡能力对象在过程控制中也时常见到。总体上看,它比有自衡能力对象难以控制。

2.2　被控对象特性的数学描述

被控对象特性的数学描述有多种表达形式,常见的有微分方程、传递函数、差分方程以及状态方程等,各种表达形式之间,在一定条件下可以互相转化。本节将主要介绍单输入单输出线性微分方程的数学表达形式,它属于机理建模方法。

2.2.1　一阶对象的机理建模及特性分析

1. 一阶对象的数学模型

当对象的动态特性可以用一阶线性微分方程描述时,该对象一般称为一阶对象或单容对象。下面以一个简单的单容对象(水槽)为例,推导出一阶对象的数学模型。

图 2-8 是一个单容水槽的示意图。液体经过阀门 1 不断流入水槽,同时槽内的水又由阀门 2 不断流出,液体流入量 Q_i 由阀门 1 的开度控制,流出量 Q_o 则根据工艺需要通过阀门 2 的开度来改变,液位 h 的变化反映了 Q_i 和 Q_o 不相等时引起槽中蓄水或泄水的变化过程。如果阀门 2 的开度已经调好,并保持不变,则当阀门 1 的开度改变引起流入量 Q_i 变化时,将引起液位的变化。在这种情况下,液位 h 是对象的输出变量,流入量 Q_i 是对象的输入变量。下面推导表征 h 与 Q_i 之间关系的数学表达式。

根据动态物料平衡关系,有

$$\frac{\mathrm{d}M}{\mathrm{d}t}=Q_i-Q_o \tag{2-1}$$

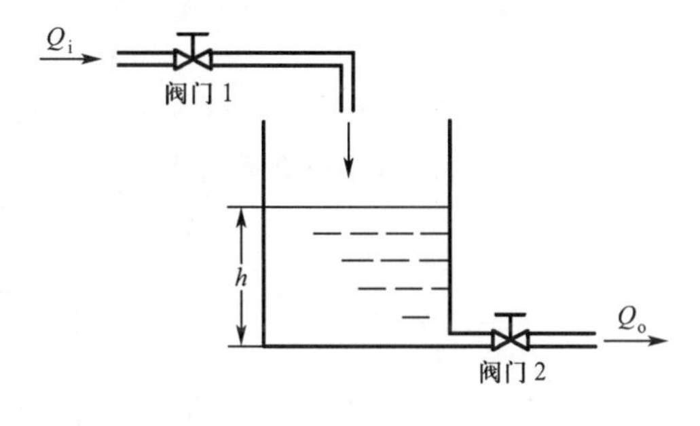

图 2-8　单容水槽

式中,M 为槽中的储液量。该式的物理意义是槽中储液量的变化率为单位时间内液体的流入量与流出量之差。

若贮槽的横截面面积 A 为一常数,则有 $M=Ah$。假设在输入量 Q_i 阶跃变化之前的平衡状态下,液位为 h_0,流入量和流出量均为 Q_s,则阶跃变化后这些变量分别为

$$h=h_0+\Delta h,\quad Q_i=Q_s+\Delta Q_i,\quad Q_o=Q_s+\Delta Q_o$$

将这些变量代入式(2-1)中,就可得到

$$A\frac{\mathrm{d}\Delta h}{\mathrm{d}t}=\Delta Q_i-\Delta Q_o \tag{2-2}$$

在式(2-2)中,我们还不能清楚地看出 h 与 Q_i 的关系。由工艺设备的特性可知,Q_o 与 h 的关系是非线性的。考虑到 h 和 Q_o 的变化量相对较小,假定 ΔQ_o 与 Δh 成正比,与出水阀的阻力系数 R(简称液阻)成反比(在出水阀开度不变时,R 可视为常数),即

$$\Delta Q_o = \frac{\Delta h}{R} \tag{2-3}$$

将式(2-3)代入式(2-2)中,整理可得

$$AR\frac{\mathrm{d}\Delta h}{\mathrm{d}t} + \Delta h = R\Delta Q_i \tag{2-4}$$

令 $T = AR$,$K = R$,得

$$T\frac{\mathrm{d}\Delta h}{\mathrm{d}t} + \Delta h = K\Delta Q_i \tag{2-5}$$

如果式(2-5)中各变量都以各自的稳态值为起算点,即 $h_0 = Q_s = 0$,则可去掉式中的增量符号,直接写成

$$T\frac{\mathrm{d}h}{\mathrm{d}t} + h = KQ_i \tag{2-6}$$

式(2-5)或式(2-6)就是描述简单水槽对象特性的数学模型。它是一个一阶常系数微分方程。其中,T 为时间常数,K 为放大系数。所有的一阶对象的数学模型都有类似的结构形式,但时间常数 T 和放大系数 K 是不同的。

2. 一阶对象的特性分析

为了求得单容水槽对象的输出 h 在输入 Q_i 作用下的变化规律,可以对式(2-5)进行求解。假定输入变量 Q_i 为阶跃作用,即

$$\begin{cases} \Delta Q_i = 0, & t = 0 \\ \Delta Q_i = \Delta Q, & t > 0 \end{cases} \tag{2-7}$$

则式(2-5)的通解为

$$\Delta h(t) = K\Delta Q + C\mathrm{e}^{-t/T} \tag{2-8}$$

将初始条件 $\Delta h(0) = 0$ 代入上式,得

$$\Delta h(t) = K\Delta Q(1 - \mathrm{e}^{-t/T}) \tag{2-9}$$

式(2-9)就是单容对象受到阶跃输入作用后,其输出随时间的变化规律。所有的一阶对象都具有这种动态特性,其阶跃响应曲线如图 2-9 所示。

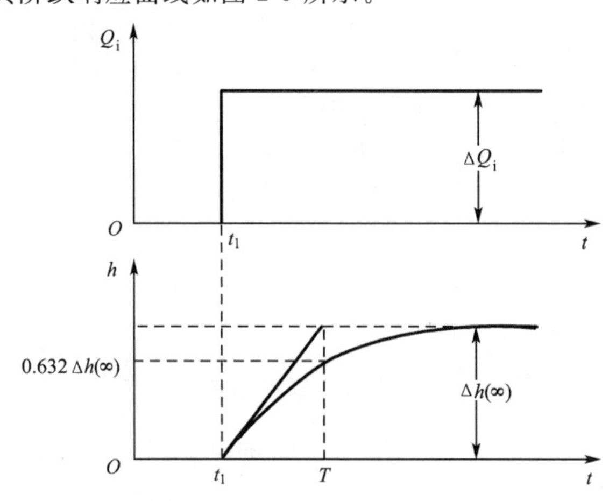

图 2-9 一阶对象的阶跃响应曲线

为了进一步认识一阶对象的特性，可以对式(2-9)做以下分析。

(1)对象输出的变化特点

对式(2-9)求导，可以得到液位 h 在 t 时刻的变化速度，即

$$\frac{\mathrm{d}\Delta h}{\mathrm{d}t}=\frac{K\Delta Q}{T}\mathrm{e}^{-t/T} \tag{2-10}$$

当 $t=0$ 时，得 h 的初始变化速度

$$\left.\frac{\mathrm{d}\Delta h}{\mathrm{d}t}\right|_{t=0}=\frac{K\Delta Q}{T}=\frac{\Delta h(\infty)}{T} \tag{2-11}$$

当 $t=\infty$ 时，得 h 的最终变化速度

$$\left.\frac{\mathrm{d}\Delta h}{\mathrm{d}t}\right|_{t=\infty}\to 0$$

以上几式说明，一阶对象在阶跃输入作用后，输出变量在输入变量变化的瞬间具有最大的变化速度。随着时间增加，变化速度逐渐变缓。当时间趋于无穷大时，变化速度趋近于零，这时输出参数达到新的稳态值。换句话说，一阶对象的输出变量具有单调变化的特点，并能最终稳定下来。

(2) 放大系数 K

由式(2-9) 可以看出，在阶跃输入 ΔQ_i 的作用下，随着时间 $t\to\infty$，液位将达到新的稳态值，其最终的变化量为 $\Delta h(\infty)=K\Delta Q$。这就是说，一阶水槽的输出变化量与输入变化量之比是一个常数。即

$$K=\frac{\Delta h(\infty)}{\Delta Q} \tag{2-12}$$

放大系数 K 的物理意义可以理解为：如果有一定的输入变化量 ΔQ，通过对象就被放大了 K 倍，最终变为输出变化量 $\Delta h(\infty)$。它只与对象从一个平衡状态到另一个平衡状态时的稳态值有关，而与中间的变化过程无关。K 是反应对象静态特性的参数。

K 的大小，反映了对象的输入对输出影响的灵敏程度，K 越大，对被控变量的影响就越大。如果对象的数学模型描述的是干扰通道的特性，则对应的 K 为干扰通道的放大系数；如果描述的是调节通道的特性，则对应的 K 为调节通道的放大系数。显然，调节通道的 K 越大，抑制外界干扰的能力就越强；而干扰通道的 K 越小，则越有利于生产的稳定。因此，在设计过程控制系统时，应充分考虑 K 的影响。

(3) 时间常数 T

在建立单容水槽的数学模型时，我们曾经定义一阶水槽对象的时间常数 $T=AR$，即 T 与水槽的横截面面积 A 以及出口阀的阻力系数 R 有关。由一般的工艺常识可知，在进口流量发生同样变化的情况下，如果阀门开度一定，则水槽的横截面面积越大，储水能力就越强，惯性也就越大，液位需经较长时间才能达到稳态值；反之，水槽的横截面面积越小，储水能力就越差，只需较短的时间就趋于稳态值。对于阻力系数 R 的分析，也可得到同样的结论。由此可见，时间常数 T 是反映对象响应速度的一个重要的动态特性参数，T 越小，对象输出变量的变化就越快；T 越大，对象输出变量的变化就越慢。

从图 2-9 的阶跃响应曲线可以看出，该曲线在起始点处切线的斜率，就是由式(2-11) 计算出的液位初始变化速度 $\Delta h(\infty)/T$，这条切线与新的稳态值的交点所对应的时间正好等于

T。因此，可以把时间常数 T 的物理意义理解为：当对象受到阶跃输入作用后，对象的输出变量始终保持初始速度变化而达到新的稳态值所需要的时间。由于对象输出的变化速度越来越小，输出变量达到新稳态值所需要的实际时间要比 T 长得多。理论上说，需要无限长的时间，即只有当 $t \to \infty$ 时，才有 $\Delta h(\infty) = K\Delta Q$。但是，当我们分别把时间 T，$2T$，$3T$ 和 $4T$ 代入式(2-9)，就会发现：

$$\Delta h(T) = K\Delta Q(1 - \mathrm{e}^{-1}) \approx 0.632K\Delta Q = 0.632\Delta h(\infty)$$
$$\Delta h(2T) = K\Delta Q(1 - \mathrm{e}^{-2}) \approx 0.865K\Delta Q = 0.865\Delta h(\infty)$$
$$\Delta h(3T) = K\Delta Q(1 - \mathrm{e}^{-3}) \approx 0.950K\Delta Q = 0.950\Delta h(\infty)$$
$$\Delta h(4T) = K\Delta Q(1 - \mathrm{e}^{-4}) \approx 0.982K\Delta Q = 0.982\Delta h(\infty)$$

也就是说，在加入阶跃输入后，只需经过时间 $3T$，液位已经变化了全部变化范围的95%。这时，可以近似认为动态过程基本结束，即便是按照严格的 $\pm 2\%$ 的指标来计算过渡时间，也只需要时间 $4T$。

对于干扰通道的特性来说，时间常数 T 大些有一定的好处，相当于对扰动信号进行了滤波，使干扰作用对输出变量的影响比较平缓，容易被控制作用所克服；相反，如果调节通道的时间常数太大，则会使控制作用不及时，引起较大的动态偏差，过渡时间会很长。因此，调节通道的时间常数小一点，有利于获得较好的控制质量。但是，如果调节通道的时间常数过小，响应太快，容易引起振荡，系统的稳定性将会下降。

【例 2-1】 某直接蒸汽加热器具有一阶对象特性，当热物料的出口温度从 70 ℃提高到 80 ℃时，需要将注入的蒸汽量在原有基础上增加 10%。在蒸汽量阶跃变化 10%后，经过 1 min，出口温度已经达到 78.65 ℃。试写出相应的微分方程式，并画出该对象的输出阶跃响应曲线。

解 设该对象的输出为出口温度 y(℃)，输入为蒸汽量 x(%)。已知输入的阶跃幅值 $\Delta x = 10\%$，输出的最终变化量

$$\Delta y = 80\ ℃ - 70\ ℃ = 10\ ℃$$

则有

$$K = \frac{\Delta y}{\Delta x} = \frac{10}{10} = 1\left(\frac{℃}{\%}\right)$$

当 $t = 60$ s 时，输出变化量 $\Delta y = 78.65\ ℃ - 70\ ℃ = 8.65\ ℃$，则有

$$8.65 = 10(1 - \mathrm{e}^{-\frac{60}{T}})$$

解得

$$T \approx 30\ \mathrm{s}$$

由此可写出描述该对象的微分方程为

$$30\frac{\mathrm{d}\Delta y}{\mathrm{d}t} + \Delta y = \Delta x$$

该对象的输出阶跃响应曲线如图 2-10 所示。

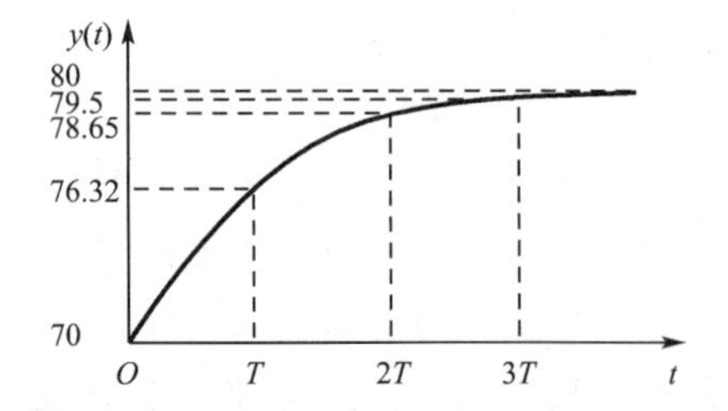

图 2-10　直接蒸汽加热器输出阶跃响应曲线

2.2.2　二阶对象的机理建模及特性分析

1. 二阶对象的数学模型

在过程工业中，有一些对象或元件的特性需用二阶微分方程来近似地描述，这类对象称为二阶对象或双容对象。

下面就以两串联水槽为例，推导二阶对象的数学模型。

图 2-11 所示为两串联水槽对象，其数学模型的建立和单容水槽对象的情况类似。假定对象的输入变量为 Q_i，输出变量为 h_2，且各变量都以其稳态值为起算点，现在来研究当输入变量 Q_i 发生阶跃变化时，第二个水槽的液位 h_2 随时间变化的情况。假设对象的输入和输出变量在平衡状态附近变化，则可以近似地认为，水槽的液位与输出变量之间具有线性关系，即

$$Q_1 = \frac{h_1}{R_1} \tag{2-13}$$

$$Q_2 = \frac{h_2}{R_2} \tag{2-14}$$

式中，R_1、R_2 分别表示第一个和第二个水槽出水阀的阻力系数。

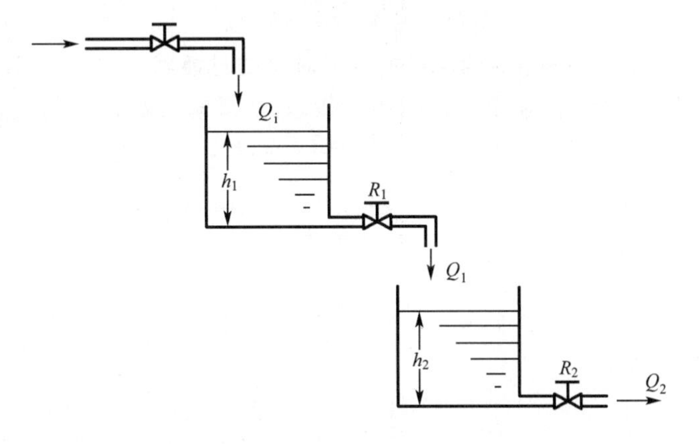

图 2-11　双容水槽对象

假定两个水槽的横截面面积均为常数，分别用 A_1 和 A_2 来表示，则对于每个水槽，都具有与式(2-2) 相同的物料平衡关系，即

$$A_1 \frac{\mathrm{d}h_1}{\mathrm{d}t} = Q_i - Q_1 \tag{2-15}$$

$$A_2 \frac{\mathrm{d}h_2}{\mathrm{d}t} = Q_1 - Q_2 \tag{2-16}$$

将式(2-13)和式(2-14)代入式(2-15)和式(2-16)中，得

$$A_1 \frac{\mathrm{d}h_1}{\mathrm{d}t} = Q_i - \frac{h_1}{R_1} \tag{2-17}$$

$$A_2 \frac{\mathrm{d}h_2}{\mathrm{d}t} = \frac{h_1}{R_1} - \frac{h_2}{R_2} \tag{2-18}$$

将式(2-17)与式(2-18)相加,整理得

$$\frac{\mathrm{d}h_1}{\mathrm{d}t}=\frac{1}{A_1}(Q_i-A_2\frac{\mathrm{d}h_2}{\mathrm{d}t}-\frac{h_2}{R_2}) \tag{2-19}$$

对式(2-18)求导,得

$$A_2\frac{\mathrm{d}^2h_2}{\mathrm{d}t^2}=\frac{1}{R_1}\frac{\mathrm{d}h_1}{\mathrm{d}t}-\frac{1}{R_2}\frac{\mathrm{d}h_2}{\mathrm{d}t} \tag{2-20}$$

将式(2-19)代入式(2-20),整理得

$$A_1R_1A_2R_2\frac{\mathrm{d}^2h_2}{\mathrm{d}t^2}+(A_1R_1+A_2R_2)\frac{\mathrm{d}h_2}{\mathrm{d}t}+h_2=R_2Q_i \tag{2-21}$$

令 $T_1=A_1R_1, T_2=A_2R_2, K=R_2$,并代入式(2-21)中,得到

$$T_1T_2\frac{\mathrm{d}^2h_2}{\mathrm{d}t^2}+(T_1+T_2)\frac{\mathrm{d}h_2}{\mathrm{d}t}+h_2=KQ_i \tag{2-22}$$

上式就是用来描述双容对象串联水槽的数学表达式,它是一个二阶常系数微分方程。式中,T_1、T_2 分别为两个水槽的时间常数,K 为整个对象的放大系数。

2.二阶对象的特性分析

要知道以上二阶微分方程式所代表的对象具有什么性质,比较直观的方法,是分析阶跃输入作用后输出变量变化的过渡过程,为此需要对上述二阶常系数微分方程进行求解。

上述二阶常系数微分方程的通解是

$$h_2(t)=h_{2t}(t)+h_{2s}(t) \tag{2-23}$$

其中,$h_{2t}(t)$ 为对应的齐次方程的通解,它决定了对象的过渡状态;$h_{2s}(t)$ 为非齐次方程的一个特解,它决定了当 $t\to\infty$ 时,输出变量的最终状态。如果输入变量 Q_i 为阶跃函数,且幅值为 A,则当对象达到新的稳态值时,可以作为一个特解。此时,$h_2(t)$ 的各阶系数均为零,因此,有

$$h_{2s}(t)=KA \tag{2-24}$$

由于齐次方程的特征方程为

$$T_1T_2S^2+(T_1+T_2)S+1=0$$

可求得两个特征根分别为

$$S_1=-\frac{1}{T_1},\quad S_2=-\frac{1}{T_2}$$

故齐次方程的通解为

$$h_{2t}(t)=C_1\mathrm{e}^{-\frac{t}{T_1}}+C_2\mathrm{e}^{-\frac{t}{T_2}} \tag{2-25}$$

式中,C_1、C_2 是待定系数,可由初始条件确定。

将式(2-24)和式(2-25)代入式(2-23)中,得到

$$h_2(t)=C_1\mathrm{e}^{-\frac{t}{T_1}}+C_2\mathrm{e}^{-\frac{t}{T_2}}+KA \tag{2-26}$$

可以证明,当 $t=0$ 时,$h_2(0)=0, h_2'(0)=0$,将这些初始条件代入式(2-26)中可解得

$$C_1=\frac{T_1}{T_2-T_1}KA \tag{2-27}$$

$$C_2=-\frac{T_2}{T_2-T_1}KA \tag{2-28}$$

将式(2-27)和式(2-28)代入式(2-26)中，最终可得

$$h_2(t)=KA\left(1+\frac{T_1}{T_2-T_1}\mathrm{e}^{-\frac{t}{T_1}}-\frac{T_2}{T_2-T_1}\mathrm{e}^{-\frac{t}{T_2}}\right) \tag{2-29}$$

式(2-29)便是双容对象串联水槽在阶跃输入作用下，输出随时间变化的规律。该式所对应的阶跃响应曲线如图 2-12 所示。从图中可以看出，$t=0$ 和 $t\to\infty$ 时，曲线的斜率均为零。这说明在输入变量作阶跃变化的瞬间，输出变量的变化速度等于零。以后随着时间的增加，变化速度逐渐增大，但当 t 大于 t_1 时，变化速度开始慢慢减小，直至 $t\to\infty$ 时，变化速度趋近零。因此，根据这一特点，我们可以从阶跃响应曲线的形态，来区别对象是一阶对象还是二阶对象。

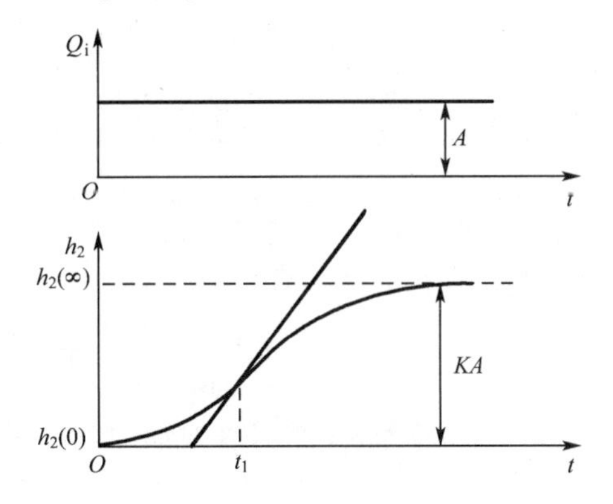

图 2-12　二阶对象的阶跃响应曲线

2.2.3　纯滞后对象的机理建模及特性分析

在连续生产中，有的被控对象或过程，在输入变量发生变化后，输出变量并不立刻随之变化，而是一段时间后才产生响应。我们把具有这种特性的对象称为纯滞后对象，输出变量落后于输入变量变化的这段时间称为纯滞后时间，常用 τ 表示。

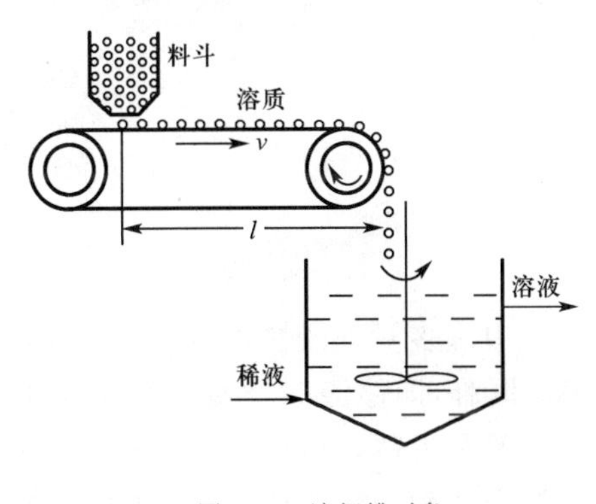

图 2-13　溶解槽对象

对象产生纯滞后的原因有多种，其中物料传输过程所引起的滞后是最常见的。在如图 2-13 所示的溶解槽对象中，料斗中的固体溶质由皮带输送机送至加料口。若在料斗处突然加大送料量，溶解槽中的溶液浓度并不会马上改变，只有当增加的固体溶质被输送到加料口，并落入槽中后，溶液浓度才开始变化。也就是说，溶液浓度变化落后溶质变化一个输送时间。假设皮带输送机的传送速度为 v，传送距离为 l，则输送时间为 $\frac{l}{v}$，该时间就是纯滞后时间 τ。

造成对象滞后特性的另一个原因是被控变量的测量滞后问题。比如测量点的位置选择不当，测量元件安装不合适等是最常见的问题，尤其在测量成分参数时，纯滞后时间尤为突出。因为多数成分测量仪表本身就存在较长的响应时间，再加上有些仪表还有取样系统或预处理系统，这些都导致输出变量测量滞后。

纯滞后对象的动态特性与一阶对象或二阶对象的特性类似，数学模型的形式也基本相同，只不过输出的响应相对于输入向后平移了时间 τ 。

如果一阶无纯滞后对象的数学模型为

$$T\frac{\mathrm{d}y(t)}{\mathrm{d}t}+y(t)=Kx(t)$$

则一阶纯滞后对象的数学模型为

$$T\frac{\mathrm{d}y(t)}{\mathrm{d}t}+y(t)=Kx(t-\tau) \tag{2-30}$$

如果二阶无纯滞后对象的数学模型为

$$T_1T_2\frac{\mathrm{d}^2y(t)}{\mathrm{d}t^2}+(T_1+T_2)\frac{\mathrm{d}y(t)}{\mathrm{d}t}+y(t)=Kx(t)$$

则二阶纯滞后对象的数学模型为

$$T_1T_2\frac{\mathrm{d}^2y(t)}{\mathrm{d}t^2}+(T_1+T_2)\frac{\mathrm{d}y(t)}{\mathrm{d}t}+y(t)=Kx(t-\tau) \tag{2-31}$$

式(2-30)和式(2-31)所对应的阶跃响应曲线分别如图 2-14(a)和图 2-14(b)所示。

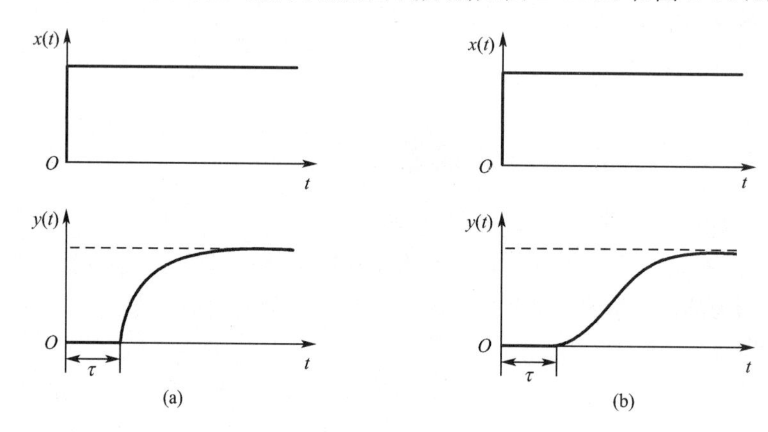

图 2-14 纯滞后对象的阶跃响应曲线

2.3 被控对象的实验测试建模

机理建模方法具有较大的普遍性。但是,实际生产过程中许多对象的机理较为复杂,直接从机理分析出发推导出描述对象特性的数学表达式相当困难,即使能够得到对象特性方程,有时也难以求解。另外,在建模过程中,经常要做一些假设和近似,省略一些表面上看是次要的因素。这些简化可能与实际情况不完全相符,或者原来认为是次要的因素,由于工作条件的改变变成了主要因素。因此,在实际工程应用中,常常采用实验测试的方法获取对象的数学模型。

实验测试建模的主要特点是把所研究的工业过程(对象)视为一个黑匣子,完全从外部特性上测试和描述其动态性质,即在对象的输入端加入某种测试信号,然后测得对象的输出响应数据,最后通过某种数学方法对这些输入输出数据进行处理,得到对象的数学模型。

实验测试建模大致可分成经典辨识法和现代辨识法两大类。

经典辨识法一般不考虑测试数据中偶然性误差的影响,输入测试信号比较简单,它只需对少量的测试数据进行较简单的数学处理,计算工作量小。这类方法主要包括:阶跃信号测试法,矩形脉冲信号测试法以及正弦波信号测试法等。

现代辨识法的特点是可以消除测试数据中的偶然性误差，即噪声的影响，为此需要处理大量的测试数据。测试所用信号通常为伪随机信号，它可以在生产正常运行期间进行，不会对生产造成影响。该方法所涉及的内容极为丰富，已形成一个专门的学科分支。

下面我们以阶跃信号测试法为例介绍实验测试建模的一般原理。必须指出的是，由于实验测试建模是在实际生产装置上进行的，输入测试信号通常是施加在调节阀上，而对象的输出响应曲线则是通过测量仪表和记录装置得到。由实验测试建模得到的对象特性，通常是广义对象的特性，它包括了调节阀、被控对象以及测量变送三个环节，其对应的响应曲线一般都具有 S 形状，很少得到标准的一阶对象。实验测试建模实际上求的是广义对象的等效时间常数、放大系数及纯滞后时间。

2.3.1　阶跃响应曲线的获取

测取阶跃响应曲线的原理很简单，如前所述，只要使阀门的开度作一阶跃变化，然后通过记录仪就能得到测试结果。然而，在实际测试中会遇到许多具体问题。例如，如何使测试过程对正常生产不会产生太严重的干扰，怎样才能减少其他干扰因素的影响，如何考虑系统中的非线性因素等。为了得到可靠的测试结果，应注意以下事项：

(1)合理选择阶跃测试信号的幅度。信号过大，会使生产超过正常的操作范围，严重时还会造成事故；信号过小，测试结果失真，模型的可信度下降。通常取阶跃信号幅度为正常输入信号的 5%～15%，以不影响生产为宜。

(2)测试开始前要确保被控对象处于某一选定的稳定工况，并在记录纸上标注好开始施加阶跃输入的准确时刻。

(3)在测试期间设法避免其他与测试无关的扰动发生，并制定好异常情况出现时的应急措施。

(4)实验应在相同的测试条件下重复几次，至少应获得两次比较接近的响应曲线，以避免随机干扰对测试的影响。

(5)考虑到实际对象的非线性，测试工作点应该在工艺生产额定负荷的平衡点附近选取，以保证所测得的特性具有代表性。

为了能够施加比较大的扰动幅度又不至于严重干扰正常生产，可以用矩形脉冲输入代替通常的阶跃输入，即在较大幅度的阶跃扰动施加一小段时间后立即将它切除。虽然这样得到的响应曲线不同于正规阶跃响应，但是两者之间有密切联系，可以从中间接获得所需的阶跃响应曲线，如图 2-15 所示。

由图 2-15 可以看出，矩形脉冲输入 $u(t)$ 相当于两个阶跃扰动 $u_1(t)$ 和 $u_2(t)$ 的叠加，它们的幅度相等，方向相反，且开始作用的时间相差 Δt。这两个输入信号的阶跃响应之间的关系为 $y_2(t)=-y_1(t-\Delta t)$，如果对象在测试点附近没有明显的非线性，则实测的矩形脉冲响应 $y(t)$ 就是两个阶跃响应 $y_1(t)$ 和 $y_2(t)$ 的和。即

$$y(t)=y_1(t)+y_2(t)=y_1(t)-y_1(t-\Delta t) \tag{2-32}$$

因此，所需的阶跃响应即为

$$y_1(t)=y(t)+y_1(t-\Delta t) \tag{2-33}$$

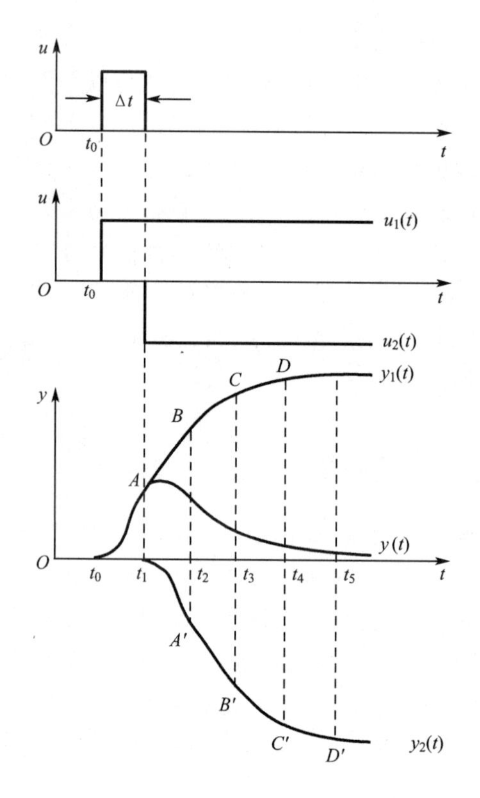

图 2-15　由矩形脉冲响应确定阶跃响应

根据式(2-33)可以用逐点递推的作图方法得到阶跃响应 $y_1(t)$ 的曲线。

2.3.2　一阶纯滞后对象特性参数的确定

由实验测试得到的阶跃响应曲线大多是一条如图 2-16 所示的 S 形单调变化曲线。其特点是输出变量在阶跃响应的开始和达到新的稳态时，变化速度为 0，而中间各点的变化速度经历了一个由小到大，又由大到小的过程，中间出现一个拐点。这种对象可用一阶纯滞后或二阶对象的数学模型描述。用一阶纯滞后模型描述，则模型的结构形式为

$$T\frac{\mathrm{d}y(t)}{\mathrm{d}t}+y(t)=Kx(t-\tau)$$

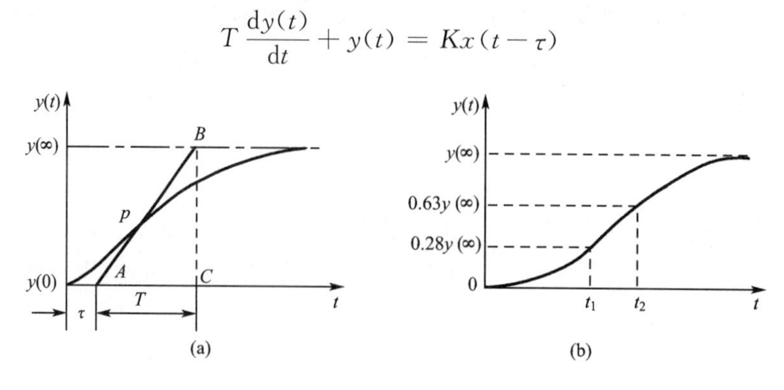

图 2-16　用作图法确定 T、τ

假设阶跃输入量为 Δu，则放大系数 K 可以按下式求得

$$K=\frac{y(\infty)-y(0)}{\Delta u} \tag{2-34}$$

时间常数 T 和纯滞后时间 τ 可以通过作图法得到。

在图 2-16(a)中响应曲线的拐点 p 处作切线，它与时间轴交于点 A，与曲线稳态值的渐近线交于点 B，点 B 在时间轴上的投影点为点 C。这样就可由图确定 T 和 τ 的数值。

当阶跃响应曲线的拐点不易确定时，也可以用两点法来求取参数 T 和 τ。其具体做法是：直接在阶跃曲线上测得阶跃响应曲线达到稳态变化幅度的 28% 和 63% 所对应的时间 t_1 和 t_2，联立求解下面的方程组，即可得 T 和 τ。

$$\begin{cases} t_1=\tau+\dfrac{T}{3} \\ t_2=\tau+T \end{cases} \tag{2-35}$$

2.3.3　二阶对象特性参数的确定

在用一阶纯滞后模型拟合阶跃响应曲线时，作图法和两点法都存在一定的随意性。如果得到的结果不理想，可以考虑采用二阶对象模型来拟合。由于二阶对象是由两个一阶环节组成的，因此，可以期望拟合得更好。在这种情况下，数学模型具有以下结构形式：

$$T_1T_2\frac{\mathrm{d}^2y(t)}{\mathrm{d}t^2}+(T_1+T_2)\frac{\mathrm{d}y(t)}{\mathrm{d}t}+y(t)=Kx(t)$$

其中，K 的求法与式(2-35)完全相同，时间常数 T_1 和 T_2 则可利用两点法求取。经验表明，取输出最终变化量的 40% 和 80% 点来拟合结果比较理想。如果这两点分别对应于时间 t_1 和 t_2，如图 2-17 所示，则可以运用如下联立方程近似计算 T_1 和 T_2：

$$\begin{cases} T_1+T_2\approx\dfrac{t_1+t_2}{2.16} \\ \dfrac{T_1T_2}{(T_1+T_2)^2}\approx 1.74\dfrac{t_1}{t_2}-0.55 \end{cases} \tag{2-36}$$

式(2-36)适用于 $0.32<\dfrac{t_1}{t_2}<0.46$ 的二阶对象环节。

当 $\dfrac{t_1}{t_2}=0.32$ 时，$T_2=0$，此时可以用一阶对象环节来近似，其时间常数 T_1 为

$$T_1=\frac{t_1+t_2}{2.16} \tag{2-37}$$

当 $\dfrac{t_1}{t_2}=0.46$ 时，$T_1=T_2=T$，对象的数学模型可表示成如下形式：

$$T^2\frac{\mathrm{d}^2y(t)}{\mathrm{d}t^2}+2T\frac{\mathrm{d}y(t)}{\mathrm{d}t}+y(t)=Kx(t)$$

其中

$$T=\frac{t_1+t_2}{2\times 2.16} \tag{2-38}$$

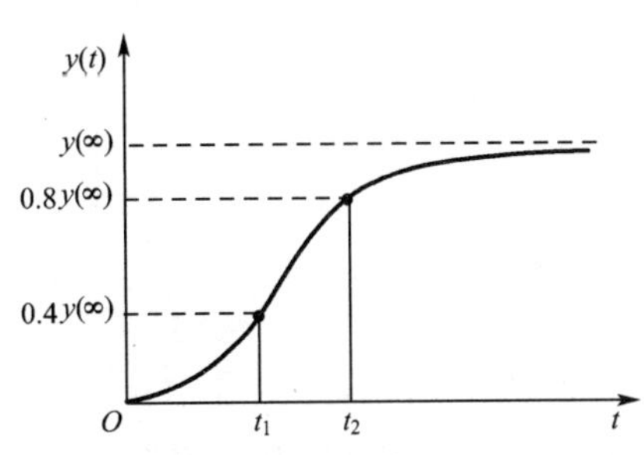

图 2-17　用两点法确定 T_1 和 T_2

而当$\frac{t_1}{t_2} > 0.46$，或用二阶对象模型仍然不能较好地拟合测试的阶跃响应曲线时，则只可用更高阶的对象模型拟合。

习　题

2-1　何谓对象特性？为什么要研究对象特性？

2-2　通道和干扰通道是如何定义的？

2-3　简要说明机理建模法和实测建模法的特点。

2-4　试分别阐述有自衡能力或无自衡能力对象的性质，并举例说明。

2-5　已知一个对象为一阶对象，其时间常数为5，放大系数为10，试写出描述该对象特性的一阶微分方程式。

2-6　为什么说放大系数K描述了对象的静态特性？而时间常数T则反映的是对象的动态特性？

2-7　简述时间常数T的物理意义，试分别说明当对象受到阶跃输入作用后，$t=T$、$2T$、$3T$时输出变量达到新稳态值的程度？

2-8　简述造成对象的纯滞后和测量滞后的原因及其对调节过程的影响。

2-9　带有滞后的对象的动态特性与无滞后的对象的动态特性是否相同？数学模型的表现形式有何不同？试举例说明。

2-10　反映对象特性的参数有哪些？它们对自动控制系统有怎样的影响？

2-11　实验测试对象特性有何重要意义？

2-12　为确定某对象的动态特性，实验测得其响应曲线如图2-18所示。

(1) 试判断被控对象有无“自衡”能力？

(2) 根据图中给定的数据，试估算该对象的特性参数(K，T，τ)值？

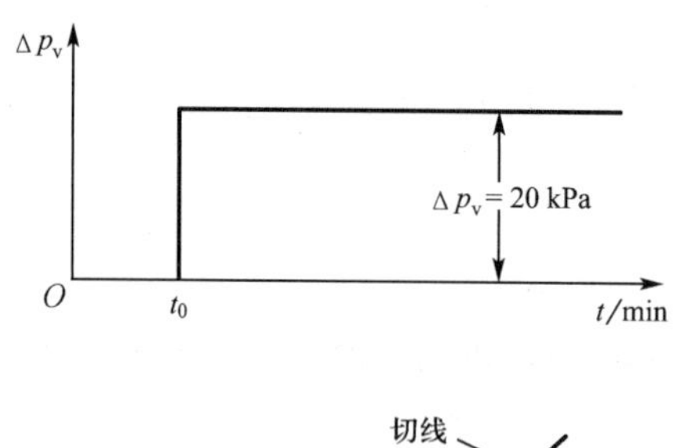

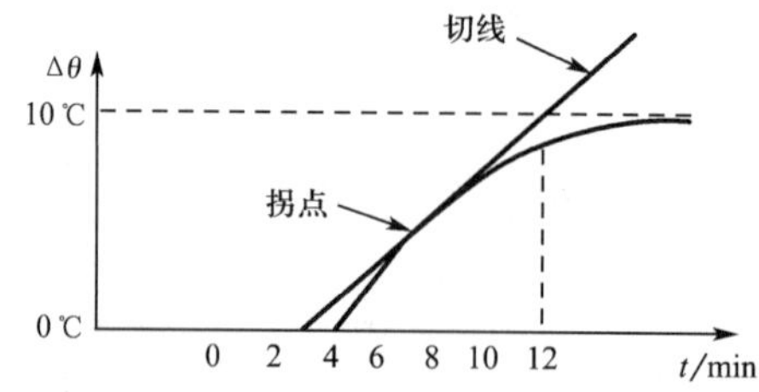

图2-18　实验测得对象响应曲线

2-13　为了测定重油预热炉的对象特性，在某瞬间(假定为$t_0=0$)突然将燃料气量从2.5 t/h增加到3 t/h，重油出口温度记录得到的阶跃反应曲线如图2-19所示。试写出描述该重油预热炉特性的微分方程式(分别以温度变化量与燃料量变化量作为输出量与输入量)，并解出燃料量变化量为阶跃函数时的温度变化量的函数表达式。

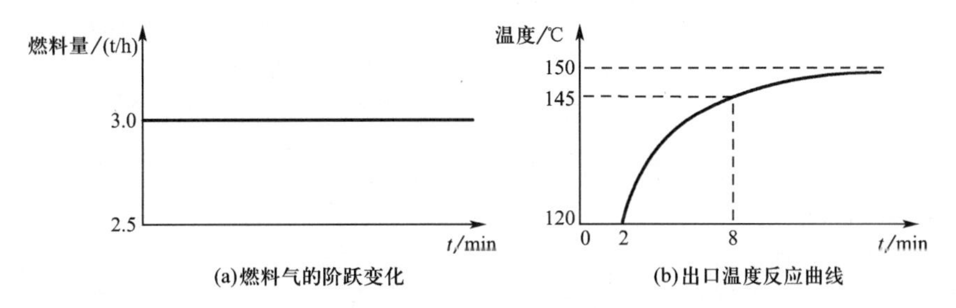

图 2-19　重油预热炉的阶跃反应曲线

拓展阅读

钱学森对控制论的贡献

第2篇 过程自动化装置

过程自动化仪表主要用于对生产过程中的温度、压力、流量、液位及成分等工艺参数进行自动测量和控制，在过程控制的发展中占有极其重要的地位，也是企业实现生产过程自动化必不可少的技术工具。

过程自动化仪表的种类繁多。按使用能源分类，有气动仪表和电动仪表；按结构分类，有基地式仪表、单元组合仪表和组装式仪表等；按信号类型分类，有模拟仪表和数字仪表；按功能分类，有测量仪表、显示仪表、控制仪表和执行器等。各类仪表都有自己的特点和应用范围。其中电动和气动单元组合仪表在生产过程自动化中的应用最广。

气动单元组合仪表，简称QDZ仪表。整套仪表由变送(B)、调节(T)、显示(X)、给定(G)、计算(J)、转换(Z)和辅助(F)7个单元组成，全部以0.14 MPa压缩空气为能源，各单元之间以统一的0.02～0.1 MPa气压标准信号联系。QDZ仪表具有结构简单、价格便宜、性能稳定和本质安全等优点，20世纪60～70年代，在石化企业中使用较多。但由于该类仪表体积庞大，信号传输慢，又不利于远传，近年来已较少采用。

电动单元组合仪表，简称DDZ仪表。它比QDZ仪表多了一个执行单元(K)。DDZ仪表经历了Ⅰ型(电子管)、Ⅱ型(晶体管)和Ⅲ型(集成电路)三个发展阶段。Ⅰ型仪表早已停产。Ⅱ型仪表采用220V交流电源，各单元间以0～10 mA DC为统一联络信号，采用电流传输、电流接收的串联制信息系统，四线制接法，其现场仪表具有隔爆性能。目前在某些场合还能见到这种仪表。Ⅲ型仪表在信号制上采用国际通用标准，以24V DC为电源，以4～20 mA DC为现场传输信号，以1～5 V DC为控制室联络信号，采用电流传输、电压接收和并联制信息系统，两线制接法。由于Ⅲ型仪表通用性强、集成化程度高、易于断电识别、与计算机的互联性好、无扰切换方便，现场仪表具有防爆性能，可以构成本质安全系统等，在生产过程中大量采用。本篇将重点对Ⅲ型仪表变送和调节单元进行介绍。

以微处理器为核心的数字化仪表和智能化仪表在20世纪80年代开始大量涌现。这些新型的过程自动化仪表与单元组合仪表相比，稳定性更好，可靠性更高，功能也更加强大，它们刚一问世就表现出旺盛的生命力，并越来越多地在生产中得到应用。

第3章

过程测量仪表

过程测量仪表主要用于对连续生产过程中温度、压力、流量、液位和成分等参数的测量和获取，它是过程工业实现自动化的最基本工具。通过过程测量仪表检测到的过程参数信息，可以及时而准确地反映生产运行状况，从而为现场工作人员操作及自动控制系统的动作提供可靠的依据。这对于保证生产安全平稳地运行、提高产品质量以及实现工业过程的高度自动化都具有极其重要的意义，过程测量仪表已经在各行各业得到广泛应用。

过程参数的检测是生产过程自动化系统中的难题之一，到目前为止，许多过程参数仍然不能被准确地在线测量和获取，各种新的检测仪表还在不断地研究和发展中，本章仅对一些比较成熟且在过程工业中有普遍应用的检测技术及测量仪表进行讨论。

3.1 测量仪表中的基本概念

3.1.1 测量过程及测量仪表

测量是人类对自然界中客观事物取得数量概念的一种认识过程。在这一过程中，人们借助于专门工具，通过试验和对试验数据的分析、计算求得被测量的值，从而获得对于客观事物的定量概念和内在规律的认识。可以说，测量就是为了取得任一未知参数值而进行的全部工作。

常用的测量仪表有检测元件、传感器和变送器。

检测元件是能够灵敏地感受被测变量并做出响应的元件。为了获得被测变量的精确数值，检测元件的输出响应与输入被测变量之间最好是单值函数。如果是线性关系，则更便于应用，即使是非线性关系，只要这种关系不随时间而变化，也可以满足检测的要求。

传感器不但对被测变量敏感，而且具有把它对被测变量的响应传送出去的能力。也就是说，传感器不只是一般的敏感元件，它的输出响应还必须是易于传送的物理量。由于它的信号更便于远传，因此，绝大多数传感器的输出是电量形式，如：电压、电流、电阻、电感、电容、频率等。也可利用气压信号传送信息，这种方法在抗电磁干扰和防爆安全方面比电传感器要优越，但投资大，传送速度低。

变送器是从传感器发展起来的，凡是能输出标准信号的传感器就称为变送器。标准信号是指在物理量的形式和数值范围等方面都符合国际标准的信号。例如,4～20 mA 的直流电,20～100 kPa 的空气压力都是当前通用的标准信号,它与被测参数的性质和测量范围无关。我国目前在生产过程控制中还有不少变送器以 0～10 mA 直流信号为输出信号。输出标准信号的变送器能与其他标准单元仪表组成检测和控制系统。

过程工业中所用的测量方法虽然种类繁多,但从测量过程的本质来看,主要包括两个过程。一是将被测参数进行一次或多次能量形式的变换和传递;二是将变换后的被测参数与同性质的标准量进行比较。

一个过程检测系统包括检测环节、变换传送环节和显示环节三大部分,如图 3-1 所示。

图 3-1 过程检测系统的组成

检测环节直接与被测量联系,感受被测量的变化,并将其转换成适于测量的电量或机械量信号,检测环节主要由检测元件来实现。变换传送环节将检测环节产生的可测信号经过变换处理后传送给显示环节。传感器和变送器都属于变换传送环节,有时甚至包括检测环节。显示环节将获得的被测量与相应的标准量进行比较,并最终以指针位移,数字或图形、曲线等方式表现出来,以便观察者读取。

3.1.2 检测系统的基本特性及性能指标

检测系统的基本特性是指检测系统的输出与输入的关系。其基本特性包括静态特性和动态特性。检测系统的静态特性是指系统的输入量处于不随时间变化的状态时,输出与输入之间的关系。检测系统的动态特性是指系统的输入量处于随时间变化的状态时,输出与输入之间的关系。检测系统的性能指标很多,工程上常用以下几个指标衡量仪表或系统的品质。

1. 灵敏度 S

灵敏度 S 表征了检测仪表对被测量变化反应的灵敏程度。常以仪表稳定后,仪表的输出变化量 Δy 与输入变化量 Δx 之比来表示。即

$$S=\frac{\Delta y}{\Delta x} \tag{3-1}$$

可以看出,在相同输入信号时灵敏度高的仪表会产生较大的输出。对于线性仪表,灵敏度是仪表输入输出曲线的斜率,为常数。对于非线性仪表,灵敏度是变化的。

灵敏度实质上是一个放大倍数,它具有可传递性;对于多个仪表串联构成的检测系统,其总的灵敏度是各个仪表灵敏度之积。

灵敏限,又称分辨率,是反映检测仪表灵敏程度的另一指标。它是指引起仪表输出发生可见变化的最小输入量,即相当于一个分度值。它说明了检测仪表响应与分辨输入量微小变化的能力。在数字式仪表中,是指最后一位有效数字加一时,相应输入参数的改变量,常用多少位数来表示分辨能力。

2. 变差(回差)

变差,又称回差。是指在外界条件不变的情况下,检测仪表在全量程范围内,对应同一

被测量的正行程和反行程输出值间的最大差值。其数值可用同一被测量对应的输出值间的最大差值 Δ''_{max} 与检测仪表的满度值 $Y_{F.S}$ 之比的百分数表示。

$$变差=\frac{\Delta''_{max}}{Y_{F.S}}\times 100\% \tag{3-2}$$

产生变差的原因主要是运动部件的摩擦、弹性元件的弹性滞后、制造工艺上的缺陷所带来的间隙、元件松动等。

3. 线性度(非线性误差)

理论上具有线性特性的检测仪表,由于各种因素的影响,使其实际特性偏离了线性。线性度就是衡量检测仪表输出与输入之间偏离线性程度的一个指标。用非线性误差来表示,即是实际值与理论值之间的绝对误差的最大值 Δ'_{max} 与仪表满度值 $Y_{F.S}$ 之比的百分数。

$$非线性误差=\frac{\Delta'_{max}}{Y_{F.S}}\times 100\% \tag{3-3}$$

为了便于信号间的转换与实现,有利于提高系统准确度,非线性误差越小越好,即希望系统具有良好的线性特性。

4. 准确度

准确度,又称精度,是衡量检测仪表的测量精确性的主要指标。由精度可直接估计结果偏离真值的程度。仪表的准确度通常用误差的大小来表示。

下面介绍几种误差的表示方式。

(1)绝对误差 Δx

绝对误差为检测仪表的输出值 x 与被测参数的真值 x_0 之间的代数差值,即

$$\Delta x=x-x_0 \tag{3-4}$$

由于真值不能得到,实际上用约定真值来代替。通常将标准仪表(准确度等级更高的仪表)的测量结果作为约定真值。

(2)示值相对误差 γ

示值相对误差,简称相对误差,是指仪表的绝对误差与约定真值之比的百分数。即

$$\gamma=\frac{\Delta x}{x_0}\times 100\% \tag{3-5}$$

当测量误差很小时,示值相对误差 γ 可近似计算为

$$\gamma=\frac{\Delta x}{x}\times 100\% \tag{3-6}$$

示值相对误差只能说明不同测量结果的准确程度,不能用来衡量检测仪表本身的质量。

(3)引用误差 q

引用误差是指仪表的绝对误差 Δx 与仪表的量程 L 之比的百分数。即

$$q=\frac{\Delta x}{L}\times 100\% \tag{3-7}$$

(4)最大引用误差 q_{max}

最大引用误差,又称满量程相对误差,是指仪表的绝对误差的最大值 Δx_{max} 与仪表的量

程 L 之比的百分数。即

$$q_{max}=\frac{\Delta x_{max}}{L}\times 100\% \tag{3-8}$$

式中，$L=x_{max}-x_{min}$，x_{max}、x_{min}分别为测量上限值与测量下限值。

(5)仪表基本误差

标准条件下，仪表在全量程范围内输出值误差中绝对值最大者称为仪表基本误差。仪表基本误差是表征仪表准确度的一个重要指标，仪表的其他误差定义也以此为基础。最大引用误差是仪表基本误差的主要形式。

(6)允许误差

允许误差是仪表制造厂为保证仪表不超过基本误差而设的限值。把这个限值与仪表的量程 L 之比的百分数称为仪表的允许误差。即

$$q_{允}=\pm\frac{\Delta x_{允}}{L}\times 100\% \tag{3-9}$$

按照国家有关标准，仪表的准确度划分为若干等级，即准确度等级 G。仪表的允许误差去掉“±”号及“%”号后的数值即为仪表的准确度等级。国家标准规定所划分的等级有：…，0.05，0.1，0.25，0.5，1.0，1.5，2.5，4.0，…。

准确度等级的数字越小，仪表的准确度就越高，或者说仪表的测量误差越小。

【例 3-1】 某台测温仪表，其测量范围为 100～600 ℃，经检验发现仪表的基本误差为 ±6 ℃，试确定该仪表的准确度等级。

解　该仪表的最大引用误差为

$$q_{max}=\pm\frac{6}{600-100}\times 100\%=\pm 1.2\%$$

如果将该仪表的最大引用误差去掉“±”号和“%”号后，其数值为 1.2。国家规定的精度等级中没有 1.2 级的仪表，该仪表的最大引用误差大于 1.0 级仪表的允许误差(±1.0%)，因此，该仪表的准确度等级为 1.5 级。

仪表基本误差越小，准确度越高；而在基本误差不变时，仪表的量程越大，准确度越高，反之越低。

5. 动态响应特性

前面介绍的各种仪表误差或仪表准确度等都是指仪表的稳态(静态)特性。检测系统的动态响应特性则反映系统输出值跟随被测参数随时间变化的能力。一般是给系统输入一个单位阶跃，并给定初始条件，根据系统输出值变化状态及达到或接近稳定值的时间进行评价。对于一阶系统，规定系统的输出值变化量达到稳定值的 63.2% 所需时间为系统的响应时间，通常称为时间常数，用 T 表示，时间常数越小，动态响应特性越好。

6. 其他性能指标

(1)测量范围

测量范围是指检测装置能够正常工作的被测量范围。此范围的最小值和最大值分别称为测量下限和测量上限。

(2)稳定性

稳定性包括两方面，一是时间稳定性，它表示在保持输入信号不变时，系统输出值由于时间的变化而出现的变化量，如电子元件的老化；二是条件稳定性，它表示在保持输入信号不变时，系统输出值由于某个条件的变化而出现的变化量，如放大线路因温度变化出现的温漂、热电偶电极的污染等。

需要指出的是，对性能指标不应过分追求，而要根据工艺生产的实际需要，经济合理地选用。

3.2 温度测量

3.2.1 概 述

温度是表示物体冷热程度的物理量，是工业生产过程中最常见、最基本的参数之一。物质的化学变化和物理变化大都与温度有关，许多生产过程都要求在一定温度条件下进行，温度的变化直接影响到生产的产量、质量、能耗和安全。温度的检测在工业生产和过程控制中占有极为重要的地位。

自然界的许多物质其物理特性如长度、电阻、热电势及辐射能等都随温度而变化。温度测量就是利用物质的这些特性，通过测量某些物理参数的变化量来间接地获得温度值。

在工业生产中，温度的测量范围很广，所用的温度测量方法也很多，各种测量方法在工作原理上有较大差别。从测量元件与被测介质是否接触的角度来看，可将温度测量仪表分为接触式和非接触式两大类。

所谓接触式测温是使感温元件直接与被测物体接触。在两种不同温度的物体相互接触过程中，由于它们之间有温差存在，热量就会从高温物体向低温物体传递。在足够长的时间内两者达到热平衡，此时，两个物体的温度相等。如果其中之一是被测物体，另一个为温度计的感温元件，则感温元件就反映了被测物体的温度，从而实现了对被测物体的温度测量。

接触式测量仪表比较简单，可靠，测量精度高。但由于感温元件在热交换过程中达到热平衡的时间较长，因而产生了测量滞后现象。而且由于感温元件可能与被测物体产生化学反应，因此，不适宜于直接对腐蚀性介质测温。另外，受到耐高温材料的限制，不能用于极高温物体的测量。

所谓非接触式测温就是感温元件与被测物体互不接触，利用物体的热辐射(或其他特性)，通过对辐射能量的检测实现温度测量。

非接触式测温仪表理论上测温范围可以从超低温到极高温，不破坏温度场，测温速度也较快，但这种仪表易受测温现场的粉尘、水汽等因素的影响，测量误差较大，且结构较复杂，价格较高。

表 3-1 列出了各种常见测温仪表及性能。目前在工业生产过程应用最为广泛的是利用热电偶和热电阻作为感温元件的测温仪表。下面重点对这两种测温仪表进行讨论。

表 3-1　　常见测温仪表及性能

测温方式	测温原理		测温仪表名称	测温范围/ ℃	特点及应用场合
接触式测温仪表	体积变化	固体热膨胀	双金属温度计	−50～+600	结构简单，使用保养方便，与玻璃液体温度计相比，坚固、耐震、耐冲击，体积小，但精度低，广泛用于有震动且精度要求不高的机械设备上，并可直接测量气体、液体、蒸汽的温度
		液体热膨胀	玻璃液体温度计	−30～+600 水银 −100～+150 有机液体	结构简单，使用方便，价格便宜，测量准确，但结构脆弱，易损坏，不能自动记录和远传，适用于生产过程和实验室中各种介质温度就地测量
		气体热膨胀	压力式温度计	0～+500　液体型 0～+200　蒸汽型	机械强度高，不怕震动，输出信号可以自动记录和控制，但热惯性大，维修困难，适于测量对铜及铜合金没有腐蚀作用的各种介质的温度
	电阻变化	金属热电阻	铜电阻、铂电阻等	−200～+850 铂电阻 −50～+150 铜电阻 −50～+180 镍电阻	测温范围宽，物理化学性能稳定，测量精度高，输出信号易于远传和自动记录，适用于生产过程中测量各种液体、气体、蒸汽介质温度
		半导体热电阻	锗、碳、金属氧化物热敏电阻	−90～+200	变化灵敏，响应时间短，机械性能强，但复现性和互换性差，非线性严重。常用于温度补偿元件
	热电效应	金属热电偶	铂铑30-铂铑 6，铂铑-铂，镍铬-镍硅，铜-康铜等热电偶	−200～+1600	测量精度较高，输出信号易于远传和自动记录，结构简单，使用方便，测量范围宽，但输出信号和温度示值呈非线性关系，下限灵敏度较低，需冷端温度补偿。广泛地应用于化工、冶金、机械等部门的液体、气体、蒸汽等介质的温度测量
		难熔金属热电偶	钨铼，钨-钼，镍铬-金铁热电偶	0～2200 −270～0	钨铼系列及钨-钼系热电偶可用于超高温的测量，镍铬-金铁热电偶可用于超低温的测量，但未进行标准化，因而使用时需特别标定
非接触式测温仪表	辐射测量	辐射法	辐射式高温计	+20～+2 000	全辐射式温度计，结构简单，结实价廉，反应速度快，但测量误差较大；部分辐射式高温计结构较复杂，测量精度及稳定性也较高。输出信号均可自动记录及远传。适宜测量静止或运动中不宜安装热电偶的物体的表面温度
		亮度法	光学高温计	+800～+2 000	测量精度高，使用方便，测量结果容易引入人为的主观误差，无法实现自动记录，广泛应用于金属熔炼、浇铸、热处理等不能直接测量的高温场合
		比色法	比色高温计	+50～+2 000	仪表示值准确

3.2.2　热电偶温度计

热电偶

热电偶温度计是以热电效应为基础的测温仪表，它以热电偶作为测温元件，再配以连接导线和显示仪表或测量仪表构成。该类测温仪表不仅结构简单，使用方便，测量范围广，测温准确可靠，而且能够将测量信号进行远程传输，便于实现远程监视和自动控制。热电偶温度计是工业生产过程中应用最广泛的测温仪表。

1. 热电偶测温的基本原理

热电偶由具有不同导电特性的两种材料焊接而成。如图 3-2 所示。焊接的一端直接插入被测介质中，感受温度的变化，称为热电偶的工作端，又称热端；另一端与传输导线相连，称为参比端，又称冷端。组成热电偶的两根导体称为热电极。

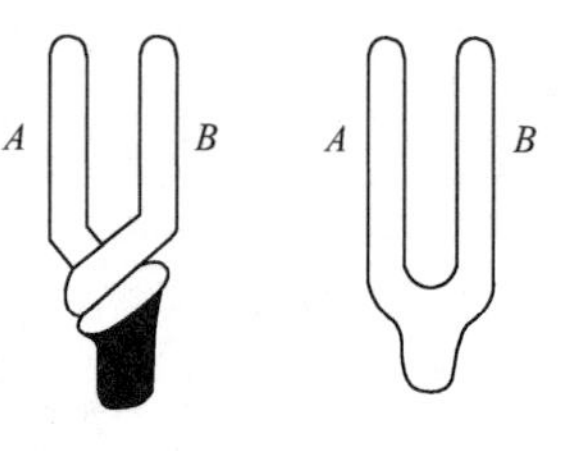

图 3-2 热电偶示意图

实验表明，如果将两种不同材料的金属导线 A 和 B 连成如图 3-3 所示的闭合回路，并将接点一端放入温度为 t 的热源中，使其温度高于另一接点处的温度 t_0，则在该闭合回路中就有电流通过，即有热电势产生，我们把这种现象称为热电效应，或塞贝克效应。

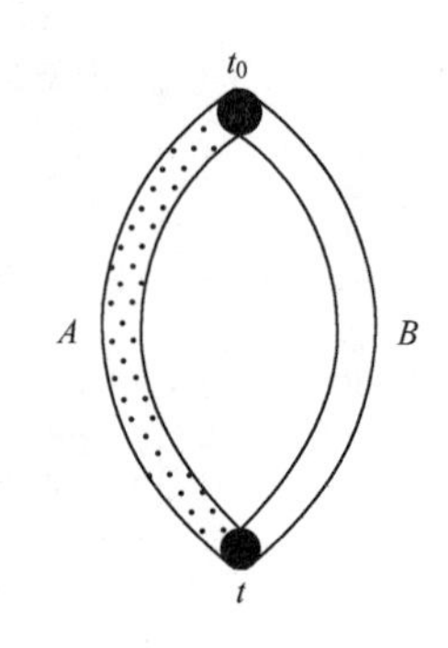

图 3-3 热电偶回路

从物理学的角度分析，热电偶回路中产生的热电势主要是由两种金属在不同温度下的接触造成的。A 和 B 两种导体接触时，由于两种导体的自由电子密度不同，在交界面上便产生电子的互相扩散运动。假如导体 A 中的自由电子密度大于导体 B 中的自由电子密度，则在开始接触的瞬间，由导体 A 向导体 B 扩散的电子数将比由导体 B 向导体 A 扩散的电子数多，因而使导体 A 失去较多的电子而带正电荷，导体 B 得到较多的电子而带负电荷，致使在导体 A、B 接触处产生电场，而这种电场成为电子进一步扩散的阻力，最终两者达到平衡。这时 A、B 两导体间就形成了一个接触电势差。电势差的正极为电子密度大的导体，负极为电子密度小的导体，这个电势差的大小取决于两种导体的材料特性和接点的温度，而且接点的温度越高，自由电子越活跃，形成的电势差就越大。我们把在温度 t 下的接触电势差记作 $e_{AB}(t)$，下标中 A 表示正极金属，B 表示负极金属。

由于在闭合回路中有两个接点，因而就有两个方向相反的热电势，设两个接点的温度分别为 t 和 t_0，则它的等效原理如图 3-4 所示。图中，R_1、R_2 分别为正极和负极金属导体的等效电阻。这样，在整个闭合回路中总的热电势 $E_{AB}(t,t_0)$ 应为热电偶两接点处热电势的代数和，即

$$E_{AB}(t,t_0) = e_{AB}(t) - e_{AB}(t_0) \tag{3-10}$$

式(3-10) 表明，热电偶回路的热电势与组成热电偶的两种导体材料及两接点的温度有关。当两种导体材料确定后，回路的热电势大小就只与两个接点的温度有关。如果将冷端温度 t_0 保持恒定，则 $e_{AB}(t_0)$ 为一个常数，那么回路中的总的热电势 $E_{AB}(t,t_0)$ 就成为工作端温度 t 的单值函数了。这样，只要测出回路中总的热电势，就能确定测量点的温度。这就是利用热电偶测温的基本原理。

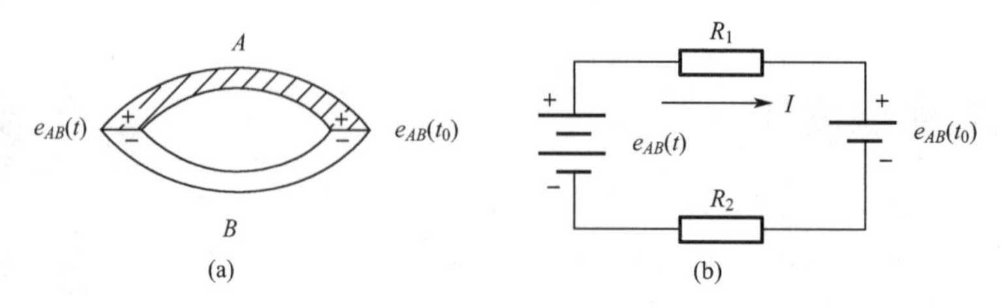

图 3-4 热电偶等效原理

从上述分析可以得出以下结论：

(1)热电偶回路总的热电势只与组成热电偶的两种电极材料及两端温度有关，而与热电极的几何形状和尺寸无关；

(2)只有当热电偶两端温度不同时，才能产生热电势，而当两端温度相同时，回路热电势等于零；

(3)只有用两种不同材料的导体才能构成热电偶，当两个热电极材料相同时，热电偶回路的热电势始终等于零。

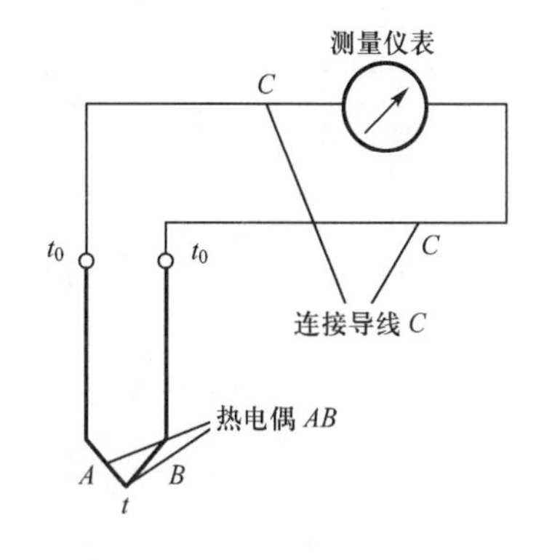

图 3-5　热电偶测温示意图

在实际应用中，为了测量热电偶回路中的热电势，总要在热电偶与测量仪表之间增加连接导线，如图 3-5 所示。这样就在 AB 组成的热电偶回路中加入了第三种导体，并构成了新的接点。这种情况是否会影响热电偶回路的热电势呢?下面就此情况进行分析。

在图 3-5 的测温回路中共有三个接点，且这三个接点的接触电动势分别表示为 $e_{AB}(t)$，$e_{BC}(t_0)$ 和 $e_{CA}(t_0)$，则回路中总的热电势 $E_{ABC}(t,t_0)$ 为

$$E_{ABC}(t,t_0)=e_{AB}(t)+e_{BC}(t_0)+e_{CA}(t_0) \tag{3-11}$$

假设导体 C 与 A 及 B 的接点温度相同。根据热电偶测温原理，当不同金属组成闭合回路时，只要回路中各接点的温度相等，则总的热电势等于零，则有

$$e_{AB}(t_0)+e_{BC}(t_0)+e_{CA}(t_0)=0$$

所以

$$e_{BC}(t_0)+e_{CA}(t_0)=-e_{AB}(t_0) \tag{3-12}$$

将式(3-12)代入式(3-11)中，得

$$E_{ABC}(t,t_0)=e_{AB}(t)-e_{AB}(t_0)=E_{AB}(t,t_0)$$

由此可见，当在热电偶回路中接入第三种金属导体时，只要保证引入线两端的温度相同，则热电偶所产生的热电势保持不变。同理，可以证明，如果回路中串入更多种导线，只要引入线两端的温度相同，热电偶所产生的热电势将保持不变。

2. 常用热电偶的种类

根据热电偶测温原理，任何两种不同的金属或合金将其端点焊接起来，都可构成热电偶。实际上情况并非如此。为了满足测量需要，热电偶电极材料应满足以下要求：

(1)在使用范围内，物理、化学性能稳定；

(2)热电特性稳定，复现性好；

(3)热电势足够大，并且与温度呈线性或简单的函数关系；

(4)比热及电阻温度系数小，电导率高；

(5)材料组织均匀，有韧性，便于加工等。

根据国际电工委员会(IEC)的推荐，目前我国已经为 8 种热电偶制定了标准，这 8 种热电偶称为标准热电偶。各种标准热电偶的热电势与温度的对应关系可以从标准数据表(热电偶分度表)中查到。附录 2 给出了几种常见的热电偶分度表。而各种热电偶也常用其分度号来称谓。表 3-2 中列出了标准热电偶的主要性能。

表 3-2　　标准热电偶的主要性能

热电偶名称	分度号	测温范围/ ℃		特点及应用场合
		长期使用	短期使用	
铂铑10-铂	S	0～1 300	0～1 600	热电特性稳定,抗氧化性强,测温范围广,测温精度高,热电势小,但线性差,价格贵。可作为基准热电偶,可用于精密测量
铂铑13-铂	R	0～1 300	0～1 600	与S型热电偶性能相似,只是热电势大15%左右
铂铑30-铂铑6	B	600～1 600	600～1 800	测量上限高,稳定性好,在冷端低于100 ℃时不用考虑温度补偿问题,热电势小,线性较差,价格贵,使用寿命远高于S型热电偶
镍铬-镍硅	K	−200～1 000	−200～1 200	热电势大,线性好,性能稳定,价格较便宜,抗氧化性强。广泛应用于中高温测量
镍铬硅-镍硅	N	−200～1 200	−200～1 300	在相同条件下,特别是在1 100～1 300 ℃高温条件下,高温稳定性及使用寿命较K型热电偶成倍提高,与S型热电偶相近,其价格仅为S型热电偶的1/10,在−200～1 300 ℃范围内,有全面代替普通金属热电偶和部分代替S型热电偶的趋势
铜-铜镍(康铜)	T	−200～350		准确度高,价格便宜。广泛用于低温测量
镍铬-铜镍(康铜)	E	−200～870		热电势较大,中低温稳定性好,耐腐蚀,价格便宜。广泛应用于中低温测量
铁-铜镍(康铜)	J	−40～750		价格便宜,耐 H_2 和 CO_2 气体腐蚀,在含碳或铁的条件下使用也很稳定。适用于化工生产过程的温度测量

除上述8种标准热电偶外,还有各种用于特殊场合的非标准热电偶。如,镍铬-金铁热电偶,是测量低温和超低温的理想测温元件;钨铼系列热电偶用于高温测量;某些非金属热电偶,其测量上限可达2 500 ℃。非标准热电偶在使用时需要单独校验。

3. 热电偶的结构

普通工业用热电偶的结构如图3-6(a)所示。主要包括4部分:热电偶、绝缘管、保护管和接线盒。

标准热电偶的热电极材料可参见表3-2。热电极的直径根据材料的价格、机械强度、导电率以及用途和测温范围等因素确定。普通金属电极一般为0.5～3.2 mm,贵金属电极为0.3～0.65 mm。其长度视安装条件及插入深度而定,一般为350～2 000 mm。

绝缘管的作用是使两根热电极相互绝缘,并保持一定的机械强度。其材料种类很多,常用的有:橡胶、珐琅、玻璃、石英、瓷、纯氧化铝等,可根据使用温度范围选用。

保护管的作用是使热电偶的热电极不直接与被测介质接触。它不仅可以保护热电极,延长其使用寿命,还可以支撑和固定热电极。常用的保护管材料有无缝钢管、不锈钢管、石英管、陶瓷管等。选用时通常根据测温范围、加热区长度、环境气氛以及时间常数等条件来决定。

接线盒用于连接热电极和补偿导线,通常用铝合金制成。为了防止灰尘和有害气体进入热电偶保护管,接线盒的出线孔和盖子均用垫片和垫圈加以密封。

除普通结构的热电偶外,还有一些特殊结构的热电偶。如铠装热电偶,是将热电偶的两种材料外包围陶瓷粉末之后,穿在不锈钢管中,拉成复合线材,如图3-6(b)所示。这是一种结构牢固,小型化,使用方便的特殊热电偶。这种热电偶的热惰性小,反应快,适用于快速测温或热容量很小的场合。由于其结构特殊，也适用于结构复杂、振动与冲击强烈以及高压设备的测温。

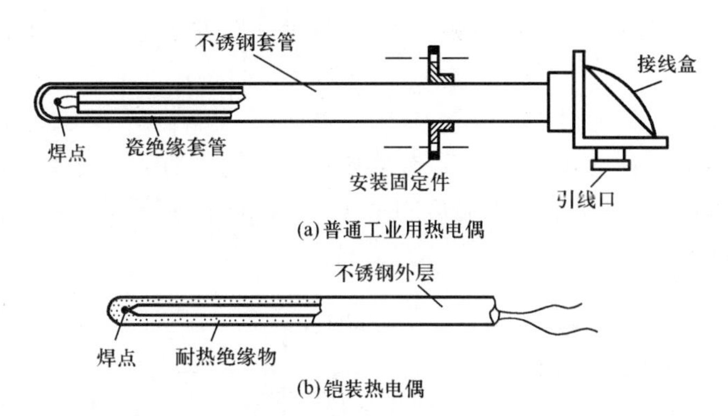

图 3-6　热电偶典型结构

4. 热电偶补偿导线及冷端温度补偿

(1)补偿导线

根据热电偶测温原理，当热电偶冷端温度恒定时，热电势是被测温度的单值函数。实际应用中，热电偶的热电极一般做得较短，热端和冷端靠得比较近，且冷端的温度还受到周围设备、环境温度的影响，因而冷端温度难以保持恒定。如果把热电偶延长并直接引到控制室就可能解决这个问题。但热电偶的热电极价格较贵，这样做很不经济。因此，工业上常采用补偿导线来代替。

补偿导线是用比两根热电极材料便宜得多的廉价金属材料制作而成，其在 0～100 ℃范围内的热电性质与要补偿的热电偶的热电性质几乎完全相同，使用补偿导线犹如将热电偶延长，从而把热电偶的冷端延伸到离热源较远且温度相对恒定的地方。

在使用补偿导线时应注意：为了保证热电特性一致，补偿导线要与热电偶配套使用，极性不能接反，热电偶和补偿导线连接处两接点温度必须保持相同，以免引起测量误差。

常用热电偶的补偿导线见表 3-3。

表 3-3　　常用热电偶的补偿导线

补偿导线型号	常用热电偶		补偿导线			
	名称	分度号	正极		负极	
			材料	颜色	材料	颜色
SC	铂铑10-铂	S	铜	红	铜镍0.6	绿
RC	铂铑13-铂	R	铜	红	铜镍0.6	绿
KC	镍铬-镍硅	K	铜	红	铜镍10	蓝
NX	镍铬硅-镍硅	N	镍铬14硅	红	镍硅 4	蓝
EX	镍铬-铜镍(康铜)	E	镍铬10	红	康铜45	棕
JX	铁-铜镍(康铜)	J	铁	红	康铜45	紫
TX	铜-铜镍(康铜)	T	铜	红	康铜45	白

(2)冷端温度补偿

标准热电偶的分度表及与热电偶配套使用的显示仪表都是按热电偶的冷端温度为 0 ℃

时刻度的。尽管我们利用补偿导线将热电偶的冷端从温度较高和不稳定的地方延伸至温度较低且相对恒定的地方，但冷端温度并不为 0 ℃。必然引入测量和指示误差。因此，实际使用中，还必须采取一些冷端温度补偿措施。冷端温度补偿方法很多，下面介绍几种常用的补偿方法。

①冰点恒温法

将热电偶的冷端经补偿导线延长后，分别插入盛有绝缘油的试管中，然后放入装有冰水溶液的恒温器中，这样就可保证冷端温度在 0 ℃。如图 3-7 所示，这种方法虽然准确，但不够方便，多用在实验室中。

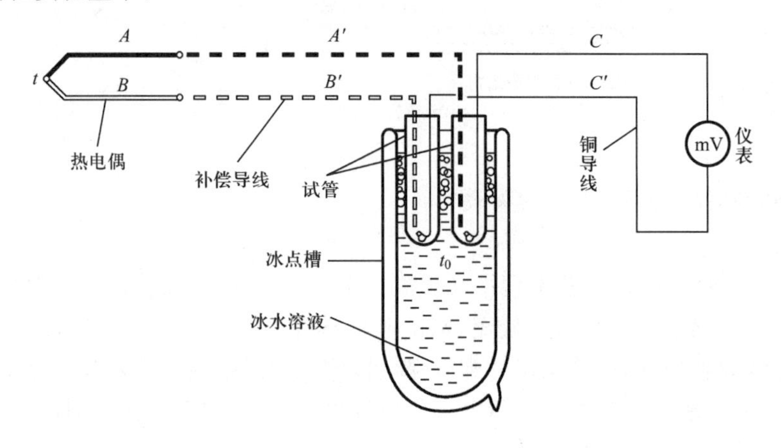

图 3-7 冰点恒温法

②计算校正法

根据热电偶的测温原理，当冷端温度 $t_0 \neq 0$ ℃ 时，可以利用以下修正公式计算热电偶的热电势

$$E_{AB}(t,0) = E_{AB}(t,t_0) + E_{AB}(t_0,0) \tag{3-13}$$

式中，$E_{AB}(t,0)$ 表示热电偶测量端温度为 t（℃），冷端温度为 0 ℃ 时的热电势；$E_{AB}(t,t_0)$ 表示热电偶测量端温度为 t（℃），冷端温度为 t_0（℃）时的热电势，即实际测得的热电势；$E_{AB}(t_0,0)$ 表示将冷端[温度 t_0（℃）]当作工作端，0 ℃ 作为冷端时的热电势，该值可以直接查分度表求得，其中冷端温度 t_0 可以用另一支温度计（如水银温度计）测出。

求得 $E_{AB}(t_0,0)$ 后，根据热电势值再查对应的分度表，就可得到测量端温度的准确值。

【例 3-2】 利用铂铑10-铂热电偶测量某一炉温，已知冷端温度 $t_0 = 20$ ℃，测得的热电势 $E(t,t_0) = 9.819$ mV，求被测炉温的实际值。

解　查铂铑10-铂热电偶分度表得 $E(20\ ℃,0) = 0.113$ mV，则

$$E(t,0) = E(t,20\ ℃) + E(20\ ℃,0) = 9.819 + 0.113 = 9.932\ \text{mV}$$

再查铂铑10-铂分度表，对应 9.932 mV 的温度为 1 030 ℃，此温度即为炉温的实际值。

因为热电偶的热电特性大都为非线性，所以必须将两个热电势相加后，再根据总的电势查分度表，求得所测的真实温度，不能采用温度直接相加的办法。如果求得的热电势 $E(t,0)$ 在分度表中不能直接查到，则可以采用内插法计算求得。

③补偿电桥法

补偿电桥法是利用补偿电桥产生的不平衡电压来抵消热电偶回路冷端 $\neq 0$ ℃ 带来的影

响。补偿电桥的三个桥臂电阻 R_1,R_2,R_3 用电阻温度系数极小的锰铜丝制成,另一个桥臂电阻 R_{Cu} 则是用电阻温度系数较大的铜丝制成,电桥与热电偶按图3-8的方式连接。测量时,补偿桥路与热电偶冷端具有相同温度。

如果设计时使 R_{Cu} 的阻值在某一温度(如0 ℃或20 ℃)下与 R_1,R_2,R_3 完全相同,则电桥处于平衡状态,此时 $U_{ab}=0$。当冷端温度升高时,R_{Cu} 值增加,电桥对角线 ab 间就会产生一个随冷端温度变化而变化的不平衡电压 U_{ab},这时 U_{ab} 与热电偶输出的热电势 $E_{AB}(t,t_0)$ 相叠加输入到测量仪表。由于热电偶的热电势随冷端温度的升高而减小,只要选择合适的桥臂电阻和电势,就可使电桥产生的不平衡电压之值恰好抵消冷端温度波动对测量结果带来的影响。

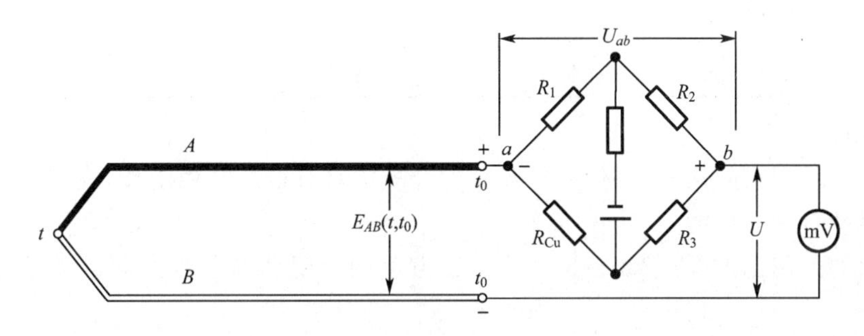

图3-8 补偿电桥原理图

与热电偶配套使用的仪表有电位差计、数字电压表、动圈仪表、自动平衡记录仪及数字温度计、温度变送器等。热电偶的缺点是必须保持冷端温度恒定,因受被测介质的影响或气氛的腐蚀作用,长期使用会使热电特性发生变化。

3.2.3 热电阻温度计

热电阻温度计是基于导体或半导体的电阻值随温度而变化的特性来测量温度的。它的最大特点是测量精度高,在测量500 ℃以下温度时,输出信号比热电偶大得多,不仅灵敏度高,而且稳定性好。因此,在国际实用温标中规定13.8 ~1 034.93 K均采用铂热电阻作为基准仪表,被广泛用于实验室的精密测温。由于热电阻温度计的输出为电信号,易于远传,而且不存在热电偶的冷端温度补偿问题,在工业生产过程的中低温(−200~650 ℃)测量中得到广泛应用。

热电阻

热电阻温度计以热电阻为感温元件,并配以相应的显示仪表和连接导线。注意:为了防止连接导线过长时,导线的阻值随环境温度变化而变化给测量带来附加误差,热电阻连接导线采用三线制接法。

1. 常用热电阻

工业中常用热电阻以金属热电阻为主。尽管许多金属的阻值都随温度而变化,但它们并不都是理想的热电阻材料。一般对金属热电阻有如下要求:电阻温度系数尽可能大而且稳定,物理和化学性能稳定,电阻率较高,复现性良好等。目前工业上常用的热电阻有铂电阻、铜电阻、镍电阻及半导体热敏电阻。其主要性能可见表3-4。

表 3-4 常用热电阻的主要性能

材质	分度号	0 ℃时的电阻值 R_0/Ω		测温范围/℃
		名义值	允许误差	
铜	Cu50	50	±0.1	−50～150
	Cu100	100	±0.1	
铂	Pt10	10	A 级±0.006 B 级±0.012	−200～850
	Pt100	100	A 级±0.06 B 级±0.12	
镍	Ni100	100	±0.1	−50～0 0～180
	Ni300	300	±0.3	
	Ni500	500	±0.5	

(1)铂电阻

铂是一种较理想的热电阻材料,在氧化性介质中具有很高的稳定性,在很宽的温度范围内都可以保持良好的性能。

铂电阻的使用范围是−200～850 ℃。铂电阻的电阻值与温度之间的关系可采用下列公式描述

$$R_t = R_0[1 + At + Bt^2 + Ct^3(t - 100)] \quad -200\ ℃ \leqslant t \leqslant 0 \tag{3-14}$$

$$R_t = R_0(1 + At + Bt^2) \quad 0 < t \leqslant 850\ ℃ \tag{3-15}$$

式中 R_t, R_0—— 分别是铂电阻在 t (℃) 和 0 ℃ 时的电阻值,Ω;

A, B, C—— 常数。$A = 3.908\,02 \times 10^{-3}/℃$, $B = -5.802 \times 10^{-7}/(℃)^2$;

$C = -4.273\,5 \times 10^{-12}/(℃)^3$。

工业铂电阻的公称电阻有 100 Ω 和 10 Ω 两种,分度号分别为 Pt100 和 Pt10。

(2)铜电阻

铜电阻的电阻温度系数大,容易提纯和加工,价格便宜,互换性好。其缺点是铜的电阻率小,为了保持一定阻值往往要求铜丝细而长,使铜电阻体积较大,机械性能较差。

铜电阻的使用温度范围为 −50 ～ 150 ℃,其电阻值与温度之间的关系可用下式描述

$$R_t = R_0(1 + At + Bt^2 + Ct^3) \tag{3-16}$$

式中 R_t, R_0—— 分别为铜电阻在 t ℃ 和 0 ℃ 时的电阻值,Ω;

A, B, C—— 常数。$A = 4.288\,99 \times 10^{-3}/℃$, $B = -2.133 \times 10^{-7}/(℃)^2$,

$C = 1.233 \times 10^{-9}/(℃)^3$。

由于 B 和 C 很小,在某些场合,可用下面的线性关系式近似表示:

$$R_t = R_0(1 + \alpha t) \tag{3-17}$$

式中 α—— 电阻温度系数,$\alpha = 4.25 \times 10^{-3}/℃$。

工业用铜电阻的分度号为 Cu50 和 Cu100 两种,见附录 2。

(3)镍电阻

镍电阻的电阻率及温度系数比铂和铜大得多,因而有较高的灵敏度,且体积可做得较小。

镍电阻的使用温度范围为−50～300 ℃,但当温度超过 200 ℃时,电阻温度系数变化较

大。一般镍电阻使用温度范围为－50～180 ℃。

(4)半导体热敏电阻

半导体热敏电阻，简称热敏电阻。

半导体热敏电阻具有电阻温度系数大，电阻率高，机械性能好，响应时间短，寿命长，构造简单等特点。可根据实际需要制成体积较小、形状各异的产品。但半导体电阻复现性差，互换性差，在作为测温元件与显示仪表配套使用时，需单独标定刻度。

热敏电阻的电阻值与温度之间呈严重非线性关系，而且具有负的温度系数，因此，广泛地作为温度补偿元件。

各种标准热电阻与温度的对应关系可从标准分度表中查到，附录 2 给出了铂电阻和铜电阻的分度表。

2. 热电阻的结构

普通热电阻与普通热电偶外形结构基本相同，根本区别在于内部结构，即用热电阻体代替了热电极丝。热电阻体主要由电阻丝、引出线和支架组成，结构如图 3-9(a)所示。一般情况下，铂电阻体采用平板形结构，铜电阻体采用圆柱形结构，而实验室用的标准铂电阻体大多采用螺旋形结构。为了避免热电阻体通入交流电时产生感应电抗，热电阻体均采用双线无感绕法绕制而成，如图 3-9(b)所示。

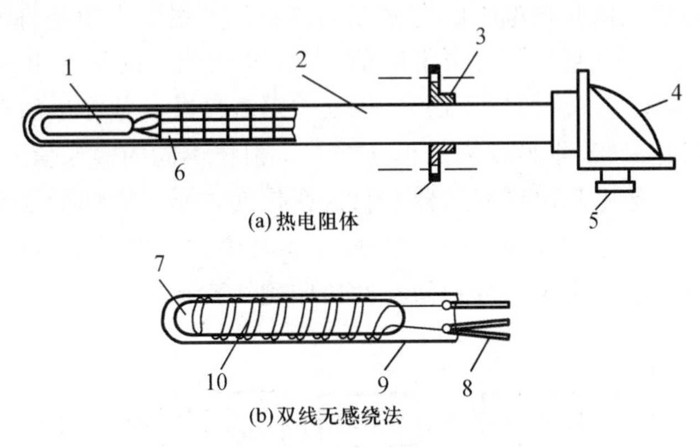

图 3-9　普通热电阻结构

1—电阻体；2—不锈钢套管；3—安装固定件；4—接线盒；5—引线口；
6—瓷绝缘套管；7—芯柱；8—引线端；9—保护膜；10—电阻丝

目前在工业上使用的热电阻除基型产品外，还有铠装热电阻。铠装热电阻是将感温元件装入不锈钢细管内，其周围用氧化镁粉末牢固充填。铠装热电阻与带保护管的热电阻相比，外径尺寸小，抗振，可挠，使用方便，测温响应快以及适于安装在结构复杂的位置，且感温元件与被测介质隔离，使用寿命长。

3.2.4　温度测量仪表的选用

从工程应用角度来说，温度测量仪表的合理选择和正确安装使用是十分重要的。

1. 温度测量仪表的选择

温度测量仪表必须根据生产工艺要求和现场工作条件选择。首先确定温度测量仪表的类型:选用接触式温度计还是非接触式温度计。非接触式温度计价格贵且精度低,只要工作条件允许应尽可能选用接触式温度计。其次,根据测温范围和精度要求合理地选择感温元件。通常在高温段选择热电偶,在低温段选择热电阻。最后根据被测介质的性质合理地选择保护套管的材质、壁厚等以避免测温元件的损坏。

2. 正确安装

仪表安装位置一定要使测温点具有代表性,安装方向和深度要保证检测元件与被测介质有充分的接触;热电偶和热电阻接线盒的出线孔应向下,防止积水及灰尘落入造成不良影响;安装时应格外细心,避免机械损伤和变形;对于具有严重腐蚀、高温和强烈振动的工作环境,还应考虑增加相应的保护措施;信号连接导线应尽量避开交流动力电线等。

3. 合理使用

选用热电偶时,要注意补偿导线与热电偶的连接极性不要接错,同时一定要考虑冷端温度补偿措施。选用热电阻时,应考虑三线制接法,检测元件与信号传输导线的连接要紧密,避免虚接。

3.2.5 温度变送器

温度变送器是与热电偶和热电阻配套使用的仪表。其主要作用是将温度检测元件热电偶、热电阻产生的弱电信号(毫伏信号或电阻信号)转换成统一的标准电信号(如 4～20 mA 直流电流)作为显示或调节仪表的输入信号,以实现对温度及其他参数的自动显示和调节。

Ⅲ型温度变送器是 DDZ-Ⅲ型仪表的单元之一。根据不同的输入信号,主要分为三个品种:热电偶温度变送器、热电阻温度变送器和直流毫伏变送器。它们的线路结构都是由放大单元和量程单元组成。其原理框图如图 3-10 所示。其中放大单元是通用的,量程单元则随品种和测量范围而异。这两个单元分别做在两块印刷线路板上。

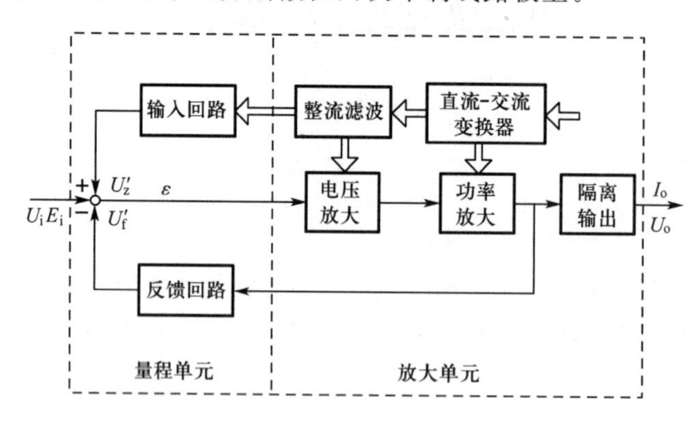

图 3-10 温度变送器原理框图

量程单元共有三种:直流毫伏量程单元、热电阻量程单元和热电偶量程单元。它们分别与三种Ⅲ型温度变送器相对应。各种量程单元都由输入回路和反馈回路两大电路组成,并且都具有零点迁移、量程调整和过流过压保护三个基本功能。此外,每种量程单元还有其特殊功能。直流毫伏量程单元反馈回路采用线性化电阻网络,使得输入输出之间呈线性关系,可以与任何提供线性直流毫伏输入的检测元件或传感器配套使用;热电阻量程单元和热电偶量程单元则分别采用不同的非线性反馈回路来弥补温度与检测信号的非线性关系，使变送器的输出与被测温度之间呈线性变化。热电偶量程单元的输入回路还具有冷端温度补偿功能，热电阻量程单元的输入回路也考虑采用三线制接法。

放大单元由运算放大器、功率放大器、隔离输出回路以及供电电路等组成。量程单元输出的毫伏电压信号经电压放大和功率放大，再由输出回路的整流滤波，最后得到4～20 mA DC或1～5 V DC的变送器输出。同时，输出电流又经隔离反馈部分，转换成反馈电压信号送至量程单元。

Ⅲ型温度变送器具有以下主要性能：

(1)采用低温漂、高增益的集成电路运算放大器件，使仪表具有良好的稳定性和可靠性。精度等级为0.5级。

(2)在热电偶和热电阻温度变送器中采用了线性化电路，使得变送器的输出信号与被测量温度之间呈线性关系。便于与标准显示和记录仪表配套使用。

(3)线路中采用了安全火花防爆措施，可用于危险场合中的温度和毫伏信号的测量，仪表常见的防爆等级有iaⅡCT_5和dⅡBT_3两种。

(4)具有较大的量程调整范围和零点迁移量。直流毫伏变送器最小量程为3 mV，最大量程为10 mV；零点迁移量为－50～50 mV。热电偶变送器最小量程为3 mV，最大量程为60 mV；零点迁移量为－50～50 mV。热电阻变送器测温范围为－100～500 ℃。

(5)仪表的输入与输出回路之间，以及电源与输入输出回路之间均采用隔离措施，且在输入回路中设有断线报警功能。

3.2.6 一体化温度变送器

近几年来，在测量仪表市场上出现了一种小型化的温度变送器。由于它采用了固态封装工艺，并且直接与热电偶和热电阻安装在一起，因此，人们把它称作一体化温度变送器。

一体化温度变送器可分为配热电偶的SBWR型和配热电阻的SBWZ型两类。它们大都采用专门化设计，即不同分度号的热电偶和热电阻需要与不同型号的变送器配对使用，而且不同厂家的产品在性能上差别很大。例如，输出信号有的为0～10 mA DC，有的为4～20 mA DC；有的采用线性补偿环节，有的则没有线性化措施；有的具有输入输出隔离措施；但大多数品种不带有隔离措施。有的量程和零点可调，有的则是固定的等。用户在选择这类仪表时，必须了解仪表的性能。

一体化温度变送器的主要特点是：

(1)体积小巧紧凑，通常为直径几十毫米的扁柱体，直接安装在热电偶或热电阻的保护配管的接线盒中，不必占有额外空间，也不需要热电偶补偿导线或延长线。

(2)直接采用两线制传输，24 V DC电源供电，输出传输信号为0～10 mA DC或4～20 mA DC电流。与传递热电势相比，具有明显的抗干扰能力。

(3)不需要维护。整个仪表采用硅橡胶或树脂密封结构，能适用于较恶劣的工业现场环境，但仪表损坏后只能整体更换。

(4)仪表的量程较小，且量程和零点只能适当地进行微调，有的甚至不可调，因此通用性较差。

(5)仪表的精度与仪表的性能和质量关系较大，一般情况下，基本误差不超过量程的±0.5%。

(6)仪表的价格极为便宜，仅为标准Ⅲ型温度变送器的$\frac{1}{3}$左右。

3.2.7 智能温度变送器

智能温度变送器是新一代智能化仪表家族成员之一，它的核心部件是微处理芯片。由温度传感器检测到的微弱电信号，经模拟/数字转换器变成数字量后读入微处理器中。温度变送器各种功能(如零点迁移、量程调整、冷端温度补偿以及线性化补偿等)都由微处理器以数字计算的处理方式来实现。“智能化”一词正是由此得来。

智能温度变送器仍以24 V DC电源供电，输出信号依旧是模拟量的直流4～20 mA电流信号。但是，在直流信号上叠加了脉冲信号，以便实现数字信息的远程传递和交换，通信距离可达1 500 m。

为了与智能温度变送器进行数字通信，生产厂家提供有便携式手持终端，带有小型键盘和液晶显示器。通过该设备，在控制室中就可直接对任何一台现场智能温度变送器进行查询，显示其测量结果的工程单位数字量和设定各种仪表的工作参数，而不必到现场。还可以用来修改仪表参数，改变检测元件的分度号，改变零点和量程，改变线性化规律等。

智能温度变送器的最大优点是一表多用，灵活方便。所有功能都是由数字编程方式实现的，一台智能温度变送器可以与任一种毫伏信号、热电偶信号或热电阻测温元件配套使用，而无须顾及仪表的分度号及测量范围。这些工作都可以通过便携式手持终端对变送器“编程”加以解决。智能温度变送器具有广泛的通用性，并且仪表精度可达0.1甚至0.05级。随着工厂自动化水平的不断提高，智能温度变送器将会得到越来越多的应用。

3.3 压力测量

3.3.1 概　述

压力的测量与控制在工业生产中极为重要，尤其在炼油和化工生产过程中，压力是关键操作参数之一。特别是那些在高压条件下操作的生产过程，一旦压力失控，超过了工艺设备允许的压力承受能力，轻则发生跑冒滴漏，联锁停车，重则发生爆炸，毁坏设备，引起火灾，甚至危及人身安全。压力的测量在生产过程自动化中，具有特殊的地位。

工程技术中所称的“压力”，实质上就是物理学中的“压强”，是指介质垂直均匀地作用于单位面积上的力。压力常用字母p表示，其表达式为

$$p = F/S \tag{3-18}$$

式中，F，S为分别为作用力和作用面积。

按照国家标准单位制(SI)的规定，压力的单位为帕斯卡，简称帕，符号Pa，表示1牛顿力垂直均匀地作用在1平方米面积上形成的压力。即1 Pa=1 N/m^2(牛顿/米^2)

长期以来，工程技术界广泛使用着一些其他压力计量单位，短期内尚难完全统一。这些单位包括：工程大气压(at)，标准大气压(atm)，毫米汞柱(mmHg)，毫米水柱(mmH_2O)，巴(bar)以及磅力平方英寸($1bf/in^2$)等，这些压力单位与“帕”之间的换算关系见表 3-5。

表 3-5　压力单位换算表①

单位	帕(牛顿/米^2) Pa (N/m^2)	巴 (bar)	毫巴 (mbar)	毫米水柱② (mmH_2O)	标准大气压 (atm)	工程大气压 (at)	毫米汞柱 (mmHg)	磅力/英寸^2 ($1bf/in^2$)
帕(牛顿/米^2) Pa (N/m^2)	1	1×10^{-5}	1×10^{-2}	$1.019\ 716\times10^{-1}$	$0.986\ 923\times10^{-5}$	$1.019\ 716\times10^{-5}$	$0.750\ 062\times10^{-2}$	$1.450\ 377\times10^{-4}$
巴 (bar)	1×10^{5}	1	1×10^{3}	$1.019\ 716\times10^{4}$	0.986 923	1.019 716	$0.750\ 062\times10^{3}$	$1.450\ 377\times10$
毫巴 (mbar)	1×10^{2}	1×10^{-3}	1	$1.019\ 716\times10$	$0.986\ 923\times10^{-3}$	$1.019\ 76\times10^{-3}$	0.750 062	$1.450\ 377\times10^{-2}$
毫米水柱 (mmH_2O)	$0.980\ 665\times10$	$0.980\ 665\times10^{-4}$	$0.980\ 665\times10^{-1}$	1	$0.967\ 841\times10^{-4}$	1×10^{-4}	$0.735\ 56\times10^{-1}$	$1.422\ 334\times10^{-3}$
标准大气压 (atm)	$1.013\ 25\times10^{5}$	1.013 25	$1.013\ 25\times10^{3}$	$1.033\ 227\times10^{4}$	1	1.033 227	0.76×10^{3}	$1.469\ 59\times10$
工程大气压 (at)	$0.980\ 665\times10^{5}$	0.980 665	$0.980\ 665\times10^{3}$	1×10^{4}	0.967 841	1	$0.735\ 56\times10^{3}$	$1.422\ 334\times10$
毫米汞柱 (mmHg)	$1.333\ 224\times10^{2}$	1.333 224	1.333 224	$1.359\ 51\times10$	$1.359\ 51\times10^{-3}$	$1.359\ 51\times10^{-3}$	1	$1.933\ 677\times10^{-2}$
磅力/英寸^2 ($1bf/in^2$)	$0.689\ 476\times10^{4}$	$0.689\ 476\times10^{-1}$	$0.689\ 476\times10^{2}$	$0.703\ 07\times10^{3}$	$0.680\ 46\times10^{-1}$	$0.703\ 07\times10^{-1}$	$0.517\ 15\times10^{2}$	1

注：①表中各单位除帕、巴和毫巴以外，均规定重力加速度是以北纬 45 ℃ 的海平面为标准，其值为 9.806 65 m/s^2。此表是以纵坐标为基准，读出横坐标相对应的数值。②是指水在 4 ℃，密度为 1 000 kg/m^3 时的数值。

随着国家标准单位“帕”的推广，上述这些非法定压力计量单位，终究会逐渐废止。

在工程测量中，常用的压力表示方式有三种，即绝对压力，表压力，负压力(或真空度)。绝对压力是指物体实际所承受的全部压力。表压力是指由压力表测量得到的指示压力。表压力是一个相对压力，它以环境大气压力为参照点，实质上是绝对压力与环境大气压力的差压。在工程中我们习惯于把绝对压力高于环境大气压力的差压称为表压，而把绝对压力低于环境大气压力的差压称为负压(或真空度)。它们之间的关系为

$$p_{表压} = p_{绝对} - p_{大气}$$
$$p_{真空} = p_{大气} - p_{绝对}$$

在工程实际中所说的压力通常是指表压，即压力表上的读数，负压(或真空度) 则是指真空表上的读数。如果我们用 p_{ab} 表示绝对压力、用 p_e 表示表压，用 p_v 表示负压(或真空度) 用 p_{atm} 表示环境大气压力，用 Δp 表示任意两个压力之差，则它们之间的相互关系如图 3-11 所示。

测量压力的仪表种类很多，按其转换原理可大致分为以下 4 种：

1. 液柱式压力表

液柱式压力表是根据静力学原理，将被测压力转换成液柱高度来测量压力的。这类仪表

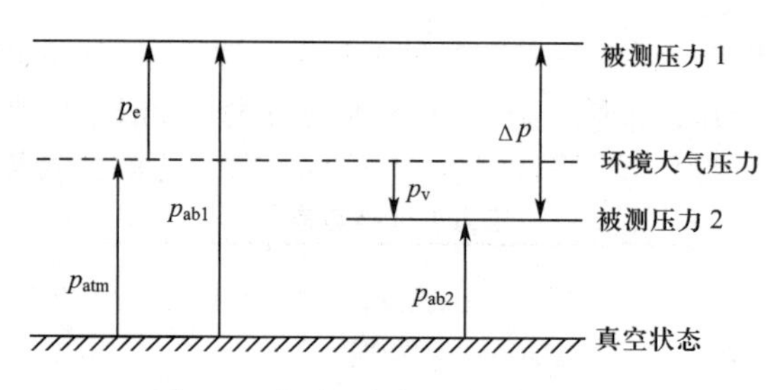

图 3-11 各种压力表示法之间的关系

包括 U 形管压力计、单管压力计、斜管压力计等。常用的测压指示液体有酒精、水、四氯化碳和水银。这类仪表的优点是结构简单，反应灵敏，测量精确；缺点是受到液体密度的限制，测压范围较窄，在压力剧烈波动时，液柱不易稳定，而且对安装位置和姿势有严格要求。一般仅用于测量低压和真空度，多在实验室中使用。

2. 弹性式压力表

弹性式压力表是根据弹性元件受力变形的原理，将被测压力转换成元件的位移来测量压力的。常见的有弹簧管压力表、波纹管压力表、膜片(或膜盒)式压力表。这类测压仪表结构简单，牢固耐用，价格便宜，工作可靠，测量范围宽，适用于低压、中压、高压多种生产场合，是工业中应用最广泛的一类测压仪表。不过弹性式压力表的测量精度不是很高，且多数采用机械指针输出，主要用于生产现场的就地指示。当需要信号远传时，必须配上附加装置。

3. 活塞式压力计

活塞式压力计是利用流体静力学中的液压传递原理，将被测压力转换成活塞上所加砝码的重量进行压力测量的。这类测压仪表的测量精度很高，允许误差可达到 0.02%～0.05%，普遍用作标准压力发生器或标准仪器，对其他压力表或压力传感器进行校验和标定。

4. 压力传感器和压力变送器

压力传感器和压力变送器是利用物体某些物理特性，通过不同的转换元件将被测压力转换成各种电量信号，并根据这些信号的变化来间接测量压力的。根据转换元件的不同，压力传感器和压力变送器可分为电阻式、电容式、应变式、电感式、压电式、霍尔片式等形式。这类测压仪表的最大特点就是输出信号易于远传，可以方便地与各种显示、记录和调节仪表配套使用，从而为压力集中监测和控制创造条件。在生产过程自动化系统中被大量采用。

3.3.2 弹性式压力表

弹性式压力表利用弹性元件在被测压力作用下产生弹性变形的原理度量被测压力。一般弹性压力表中所用感受压力的元件有膜片、波纹管，弹簧管等，如图 3-12 所示。膜片、波纹管等弹性元件一般用于测量中低压及微压。而弹簧管既可测量中、高压，也可作成测量真空度的真空表，因而应用最广泛。下面仅介绍弹簧管压力表。

单圈弹簧管压力表的测量元件是一个弯成圆弧形的空心管子。如图 3-13 所示，其截面一般为扁圆形或椭圆形，管子自由端封闭，作为位移输出端，另一端固定，作为被测压力的输入端。当被测压力从输入端通入后，由于椭圆形截面在压力 p 的作用下将趋于圆形，因而弯

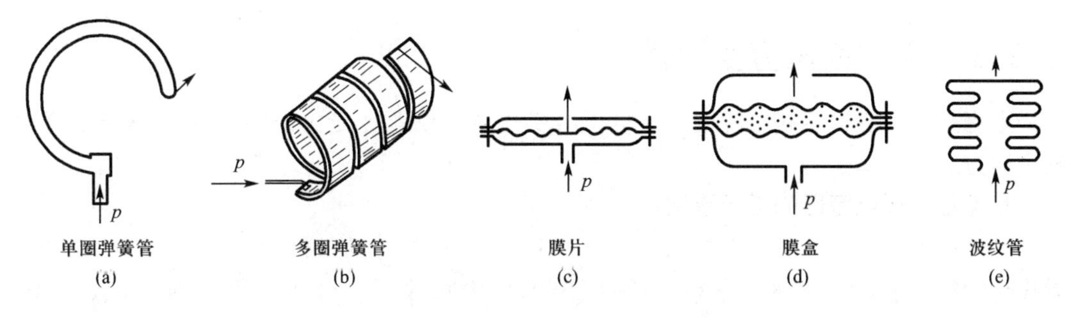

图 3-12　弹性元件

成圆弧形的弹簧管随之产生向外挺直的扩张变形。其自由端就从 B 移到 B'，从而将压力变化转换成位移量。压力越大，位移量越大。

弹簧管压力表的结构如图 3-14 所示。被测压力 p 通入后，弹簧管的自由端向右上方挺直扩张，自由端 B 的弹性变形位移经连杆使扇形齿轮作逆时针转动，与扇形齿轮啮合的中心齿轮作顺时针转动，从而带动了同轴指针，在面板的刻度尺上显示出被测压力 p 的数值。由于在一定范围内，自由端位移与被测压力之间具有比例关系，因此弹簧管压力表的刻度标尺是线性的。

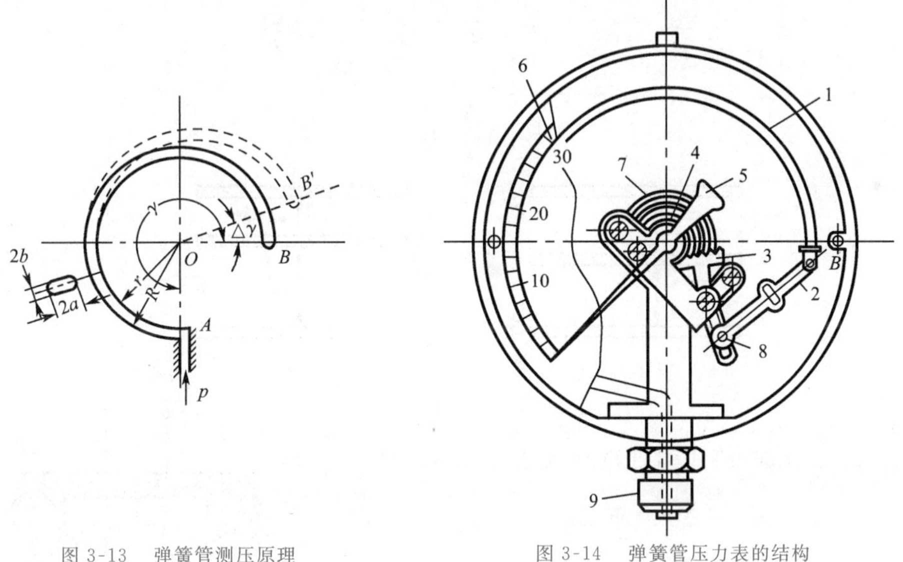

图 3-13　弹簧管测压原理

图 3-14　弹簧管压力表的结构

1— 弹簧管；2— 拉杆；3— 扇形齿轮；4— 中心齿轮；5— 指针；6— 面板；7— 游丝；8— 调整螺钉；9— 接头

弹簧管的材料，根据被测介质的性质，被测压力的高低而不同。一般当 $p < 2 \times 10^7$ Pa 时，可采用磷铜；当 $p > 2 \times 10^7$ Pa 时，则采用不锈钢或合金钢。但是，必须注意被测介质的化学性质。例如，测量氨气的压力时，不可采用铜质材料，而测量氧气的压力时，则一定严禁沾有油脂。

除上述的单圈弹簧管压力表外，为增大位移输出量，还可采用多圈弹簧管压力表，其原理完全相同。当需要进行上下限报警时，可选用电接点式弹簧管压力表。

3.3.3 电容式压力变送器

电容式压力变送器利用转换元件将压力变化转换成电容变化，再通过检测电容的方法测量压力。

1. 差动平板电容器的工作原理

差动平板电容器共有三个极板，其中中间一个极板为活动极板，两端为固定极板。电容器在初始状态下，活动极板正好位于两固定极板的中间，如图 3-15(a) 所示。此时上、下两个电容容量完全相等，其差值为零。每个电容的容量为

$$C_0 = \frac{\varepsilon S}{d_0} \tag{3-19}$$

式中 ε—— 平行极板间介质的介电常数；

d_0—— 平行极板间的距离；

S—— 平行极板的极板面积。

当受到外界作用，使中间的活动极板产生一个微小的位移后，如图 3-15(b) 所示，其两个电容的差值为

$$\begin{aligned}\Delta C = C_1 - C_2 &= \frac{\varepsilon S}{d_0 - \Delta d} - \frac{\varepsilon S}{d_0 + \Delta d} \\ &= \frac{2\varepsilon S}{d_0^2} \cdot \frac{\Delta d}{1 - \left(\frac{\Delta d}{d_0}\right)^2}\end{aligned} \tag{3-20}$$

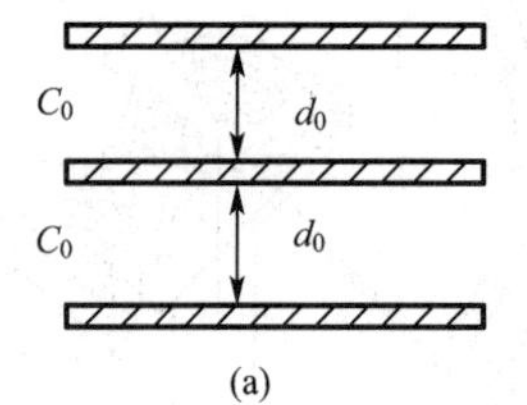

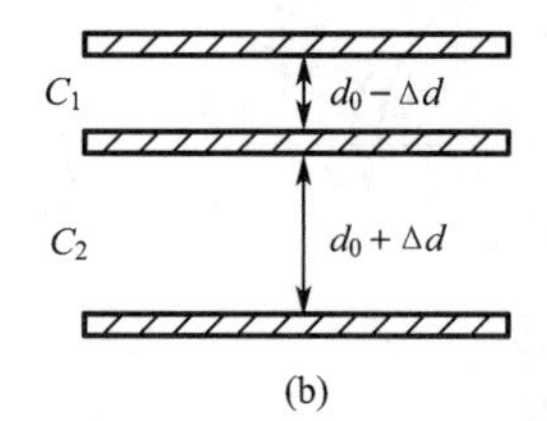

图 3-15 差动平板电容器

当 $\Delta d/d_0 \ll 1$ 时，将式(3-19) 代入式(3-20)，则有

$$\Delta C \approx \frac{2C_0}{d_0}\Delta d = K\Delta d \tag{3-21}$$

式中，$K=\dfrac{2C_0}{d_0}$。

由式(3-21)可知，差动平板电容器的电容变化量与活动极板的位移成正比，而且当位移较小时，近似满足线性关系。电容式压力变送器正是基于这一工作原理而设计的。

2. 电容式差压变送器

从工业生产过程自动化的应用数量来说，差压变送器比压力变送器多。由于在原理和结构上差压变送器和压力变送器基本相同，此处以差压变送器为例进行介绍。

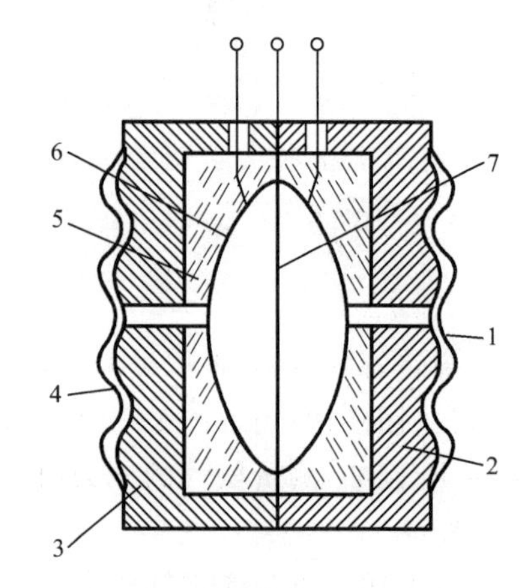

图 3-16 电容式差压传感器的工作原理
1、4—波纹隔离膜片；2、3—不锈钢基座；5—玻璃层；6—金属膜

电容式差压变送器由电容式差压传感器和转换单元两大部分组成。电容式差压传感器工作原理如图 3-16 所示。图中，2 和 3 为电容式差压传感器左右对称的两个不锈钢基座，外侧加工成环状波纹沟槽，并焊上波纹隔离膜片 1 和 4，基座内侧还填有玻璃层 5，并在凹形球表面两侧分别镀以金属膜 6，此金属膜层有导线通往外部，为差动电容器的两个固定极板。在上述对称结构体的中央夹入并焊接一个弹性平膜片，即测量膜片 7，作为电容器的中间活动极板。测量膜片将玻璃层内的空间隔离成对称的两个测量室，并直接与外侧的波纹隔离膜片相连通，整个空间充满硅油。

当左、右两侧隔离膜片分别承受高压 p_H 和低压 P_L 时，由于硅油的不可压缩性和流动性，将压力传送到测量膜片的左、右两侧，并使测量膜片产生变形位移，即向低压侧固定极板靠近，从而使得两侧电容量不再相等（$C_L > C_H$）。这个电容的变化量通过转换单元的检测和放大，转换为 $4 \sim 20$ mA 直流电流信号输出。

电容式差压变送器完全没有机械传动结构，尺寸紧凑，抗振性好，工作稳定可靠，测量精度高，而且调整零点和量程时互不干扰，当低压室通大气时，便可直接测量压力。近年来获得广泛应用。西安仪表厂的 1151 系列和北京远东仪表厂的 1751 系列压力仪表都是引进美国 Rosemount 公司技术生产的，包括压力、差压、绝对压力、带开方的差压等品种，以及高差压、微差压和高静压等规格。

3.3.4　扩散硅压力变送器

扩散硅压力变送器属于应变式压力变送器，基于电阻应变原理测量压力。当电阻体在外力作用下产生机械变形时，其电阻值也将随之发生变化。这种现象称为电阻应变效应。通过对电阻变化量的检测，即可得知其受力情况。

扩散硅压力变送器检测部件的结构如图 3-17(a)所示。它的感压元件叫作扩散硅应变片。这是一种弹性半导体硅片，其边缘有一个很厚的环形，中间部分则很薄，略具杯形，故也称为“硅杯”。在硅杯的膜片上利用集成电路工艺，按特定方向排列四个等值电阻，其电阻布置如图 3-17(b)所示。杯内腔承受被测压力 p，杯的外侧为大气压力。如用来测量差压，则分别接高压和低压对象。

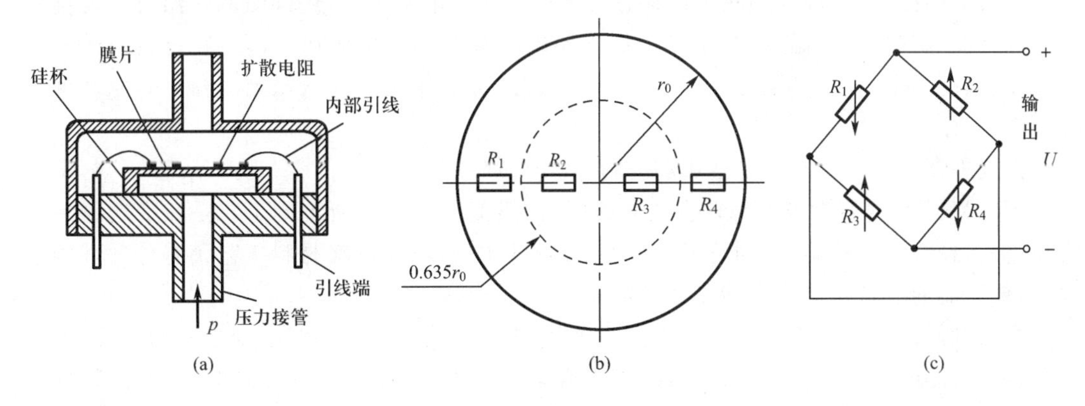

图 3-17　扩散硅压力变送器的测压原理

当被测压力作用于杯的内腔时，硅杯上的膜片将受力而产生变形。其中，位于中间区域

的电阻 R_2 和 R_3 受到拉应力作用而拉伸，电阻值增大；而位于边缘区域的电阻 R_1 和 R_4 则受到压应力作用而压缩，电阻值减小。如果把这四个应变电阻接成如图 3-17(c) 所示的电桥形式，就可得到电压形式的输出量。

当压力为零时，桥路输出为

$$U = \frac{R_2}{R_1 + R_2}E - \frac{R_4}{R_3 + R_4}E \tag{3-22}$$

硅杯设计时，取 $R_1 = R_2 = R_3 = R_4 = R$，所以此时桥路平衡，$U = 0$。当有压力作用时，由于四个电阻的位置经过精确选择，使得电阻变化量相等，即 $\Delta R_1 = \Delta R_2 = \Delta R_3 = \Delta R_4 = \Delta R$，这时桥路失去平衡，输出电压信号为

$$U = \frac{\Delta R}{R}E \tag{3-23}$$

式(3-23)表明桥路的输出电压与应变电阻的变化量成正比。这个信号再经放大和转换，变成 4～20 mA 直流电流信号作为显示和调节仪表的输入。

通常扩散硅压力变送器的硅杯十分小巧紧凑，直径为 1.8 ～ 10.0 mm，膜厚 $\delta = 50 \sim 500\ \mu m$。为了防止被测介质的腐蚀污染，在硅杯的两面都用硅油保护。被测介质的压力或压差通过隔离膜片传给硅油，再作用于硅杯的膜片上。这种压力仪表体积小，重量轻，动态响应快，性能稳定可靠，精度可达 0.2 级，有多种量程范围，能用于低温、高压、水下、强磁场以及核辐射等恶劣的工业场合。

3.3.5 智能差压变送器

智能差压变送器是在普通差压变送器的基础上发展起来的，以微处理器为基础的压力测量仪表。目前世界上主要自动化仪表生产厂家都相继推出了自己的智能化产品。现在我国应用比较广泛的产品有引进霍尼威尔(Honeywell)公司技术生产的 ST3000 系列，引进罗斯蒙特(Rosemount)公司技术生产的 1151 系列，以及西门子(SIEMENS)公司生产的 SITRANSP智能变送器。下面以 ST3000 系列差压变送器为例，做简要介绍。

ST3000 系列差压变送器的压力传感器采用扩散应变电阻原理测压，但与普通扩散硅压力变送器不同的是，在硅杯上除了制作感受差压的应变电阻之外，还同时制作出感受温度和静压的元件，即将差压、温度、静压三个传感器中的敏感元件集成在一起。经过适当的电路将差压、温度 、静压三个参数转换成三路模拟信号，分时采集后送入微处理器。其原理框图如图 3-18 所示。

微处理器的工作主程序是通用的，储存在 ROM 中。

PROM 所存内容则根据每台变送器的压力、温度特性而有所不同。它是在变送器加工完成之后，经过逐台检验，分别写入各自的 PROM 中的，以保证在材料工艺稍有分散性因素之下，依然能通过自行修正达到较高的精确度。

在 EPROM 中存有各种有关变送器工作特性的参数和备份，例如，变送器的位号、测量范围、线性或开方输出、阻尼时间常数、零点和量程校准等，以便在意外停电后，保证数据不失去，并在恢复供电后，自动将所保存的数据转移到 RAM 中，使仪表能正常使用。

ST3000 系列的输出联络信号为 4～20 mA 直流电流，并在其模拟信号上叠加了脉冲数

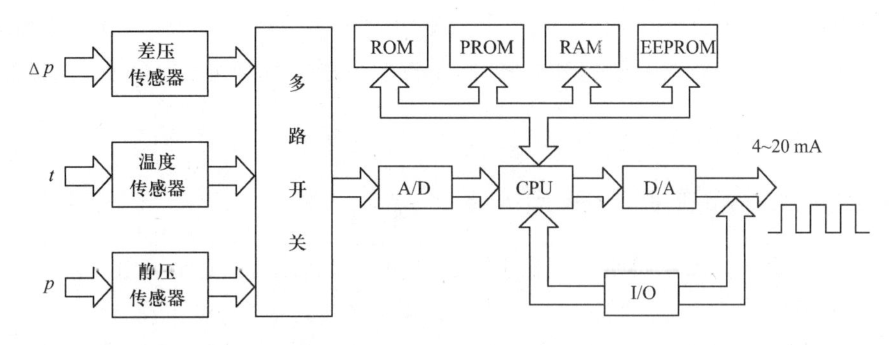

图 3-18　智能差压变送器的原理框图

字信号，因而可以在 1 500 m 的范围内与手持终端式计算机接口电路进行数字通信。手持终端上有液晶显示器及 32 个键的键盘，可以通过软导线在信号连接回路上任何一处接入，来完成各种仪表的设置和编程功能，其连接如图 3-19 所示。ST3000 差压变送器的性能可概括如下：

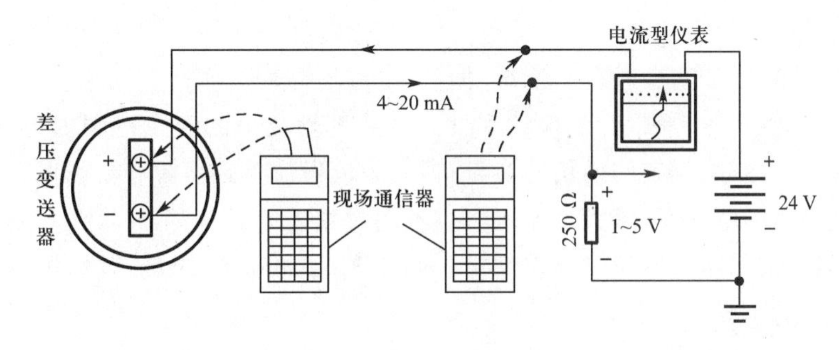

图 3-19　手持终端的连接

(1)精度高，稳定性好

由于变送器的自修正特性，因此能达到 0.1 级的精确度，并且在 6 个月中总漂移不超过全量程的 0.03%。

(2)使用方便

与变送器有关的所有工作特性参数，包括零点迁移和零点调整，均可通过手持终端编程实现，并可随时进行修改。

(3)高量程比

变送器的量程比可达 400∶1，扩大了仪表的使用范围。

(4)维护方便

利用仪表的自诊断功能，不需要到现场，只要通过手持终端就可进行编程检查、通信检查、变送器功能检查、参数异常检查等。

(5)免拆卸校准

不必将变送器拆下送到实验室，也不需要专门设备，便可在装置上对变送器的零点和量程进行校准。

(6)用途广

由于采用复合传感器技术并有开放特性,不仅用于压力测量,还广泛用于流量和液位的测量。

3.3.6 压力表的选择和使用

压力表的正确选择和使用是保证在生产过程中发挥其作用的重要环节。

1. 压力表的选择

压力表的选择应根据具体情况,符合工艺过程的技术要求。同时要本着厉行节约、降低投资的原则。一般选用仪表时,主要考虑以下几项原则:

①被测介质的物理化学性质,如温度高低、黏度大小、脏污程度、腐蚀性,是否易燃易爆、易结晶等。

②生产过程对压力测量的要求,如被测压力范围、精确度以及是否需要远传、记录或上、下限报警等。

③现场环境条件,如高温、腐蚀、潮湿、振动、电磁场等。

此外,对于弹性式压力表,为了保证弹性元件在弹性变形的安全范围内可靠工作,防止过压损坏弹性元件,影响仪表的使用寿命,压力表的量程选择必须留有足够的余地。一般在被测压力比较平稳的情况下,最大工作压力应不超过仪表满量程的3/4,在被测压力波动较大的情况下,最大工作压力不超过仪表满量程的2/3。为了保证测量精度,被测压力最小值应不低于满量程的1/3。

【例 3-3】 选用弹簧管压力表来测量某设备内部的压力。已知被测压力为$(0.7 \sim 1.0) \times 10^6$ Pa。要求测量的绝对误差不得超过0.02×10^6 Pa,试确定该压力表的测量范围及精度等级。(可供选用的测量范围有$0 \sim 0.6 \times 10^6$ Pa,$0 \sim 1 \times 10^6$ Pa,$0 \sim 1.6 \times 10^6$ Pa,$0 \sim 2.5 \times 10^6$ Pa)

解 根据已知条件知被测压力波动较大,即压力表的检测压力波动较大,故选择仪表测量范围时应取大些。

$$\text{仪表上限} = \left(1 \times \frac{3}{2}\right) \times 10^6 = 1.5 \times 10^6 \text{ Pa}$$

选择测量范围$0 \sim 1.6 \times 10^6$ Pa,当压力从0.7×10^6 Pa变化至1.0×10^6 Pa时,正处于满量程的$\frac{1}{3} \sim \frac{2}{3}$。因为要求测量的绝对误差小于$0.02 \times 10^6$ Pa,则要求仪表的允许误差为

$$q_{\text{允}} \leqslant \frac{0.02 \times 10^6}{(1.6 - 0) \times 10^6} \times 100\% = 1.25\%$$

所以应选1.0级精度的压力表。

2. 压力表的使用

为了保证压力测量的准确性,使用压力表时必须注意以下几点:

(1)测量点的选择

所选的测量点应代表被测压力的真实情况。测量点要选在直管段部分,离局部阻力较

远的地方。导压管最好不伸入被测对象内部而应与工艺管道平齐。导压管内径一般为6～10 mm，长度不应大于50 m，否则会引起传递滞后。为了防止导压管堵塞，取压点一般选在水平管道上。当测量液体压力时，取压点应在管道下部，使导压管内不积存气体；当测量气体压力时，取压点应在管道上部，使导压管内不积存液体；若被测液体易冷凝或冻结，则必须加装管道保温设备。

（2）安装

测量蒸汽压力时，应装冷凝管或冷凝器，以使导压管中测量的蒸汽冷凝。当被测流体有腐蚀性或易结晶时，应采用隔离液和隔离器，以免破坏压力测量仪表的测量元件。隔离液应选择沸点高、凝固点低、物理化学性能稳定的液体。压力表尽量安装在远离热源、振动的场所，以避免其影响。在靠近取压口的地方应装切断阀，以备检修压力表时使用。压力表的安装如图3-20所示。

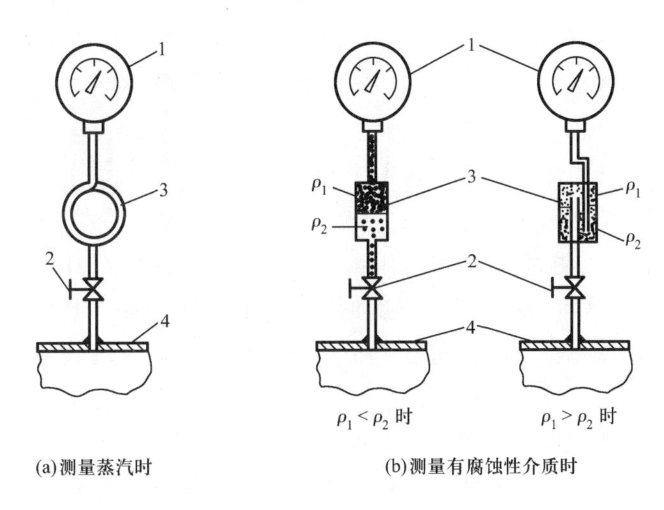

图3-20　压力表的安装

1—压力表；2—切断阀；3—隔离罐（冷凝管）；4—生产设备；ρ_1、ρ_2—隔离液、被测介质的密度

（3）维护

使用过程中，应定期进行清洗，以保持导压管和压力计的清洁。

3.4　流量测量

3.4.1　概　述

在工业生产中，流量是重要的过程参数之一，是判断生产过程的工作状态，衡量设备的运行效率，以及评估经济效益的重要指标。在具有流动介质的工艺流程中，物料（如气体、液体或粉料）通过管道在设备间传输和配比，直接关系到生产过程的物料平衡和能量平衡。为了有效地进行生产操作和控制，就必须对生产过程中各种介质的流量进行测量。另外，在大多数工业生产中，常用测量和控制流量来确定物料的配比与耗量，实现生产过程的自动化和最优化。对其他过程参数(如温度、压力、液位等)的控制,经常是通过对流量的测量与控制实现的。同时,为了进行经济核算,也需要知道一段时间内流过或生产的介质总量。总之,流量的测量和控制是实现生产过程自动化的一项重要任务。

在工程应用中,流量通常指单位时间内通过管道某一截面的流体数量,称为瞬时流量,它可以用体积流量和质量流量来表示。体积流量(q_V),指单位时间内流过管道某一截面流体的体积,其常用单位为 m^3/h。质量流量(q_m),指单位时间内流过管道某一截面流体的质量,其常用单位为 kg/h。体积流量与质量流量之间的关系为

$$q_m = \rho q_V \tag{3-24}$$

式中,ρ 是流体密度。

必须注意,密度是随温度、压力而变化的,在换算时,应予考虑。

除了瞬时流量外,有时候还要求知道在一定的时间间隔内通过管道某一截面的流体数量,称为累积总量。与瞬时流量相对应,累积总量分为体积累积总量 $q_{V总}$(单位为 m^3)和质量累积总量 $q_{m总}$(单位为 kg)。累积总量与瞬时流量的关系为

$$q_{V总} = \int_{t_0}^{t} q_V \mathrm{d}t \tag{3-25}$$

$$q_{m总} = \int_{t_0}^{t} q_m \mathrm{d}t \tag{3-26}$$

流体的性质各不相同,液体和气体在可压缩性上差别很大,其密度受温度、压力的影响也相差悬殊。而且各种流体的黏度、腐蚀性、导电性也不一样。尤其是工业生产过程的情况复杂,某些场合的流体是伴随着高温高压,甚至是气、液两相或固、液两相的混合流体。流量仪表比温度、压力仪表受介质物性的影响要突出得多。这就使得流量测量仪表的设计十分困难。因此,目前所使用的流量测量手段非常多,原理上差别较大,某一测量方法在特定的条件下使用卓有成效,而在另外的场合应用却大为逊色。对流量测量的这一特点必须给予重视。

目前在化工生产过程中常见的流量测量仪表及其性能列于表 3-6 中。

表 3-6　常见的流量测量仪表及其性能

仪表名称	测量精度/级	主要应用场合	说明
差压式流量计	1.5	可测液体、蒸汽和气体的流量	应用范围广,适应性强,性能稳定可靠,安装要求较高,需一定直管道
椭圆齿轮流量计	0.2～1.5	可测量高黏度的液体的流量和总量	计量精度高,范围度宽,结构复杂,一般不适于温度过高或过低的场合
腰轮流量计	0.2～0.5	可测液体和气体的流量和总量	精度高,无须配套的管道
浮子式流量计	1.5～2.5	可测液体、气体的流量	适用于小管径、低流速,没有上游直管道的要求,压力损失较小,使用流体与出厂标定流体不同时,要做流量示值修正

（续表）

仪表名称	测量精度/级	主要应用场合	说明
涡轮流量计	0.2～1.5	可测基本洁净的液体、气体的流量和总量	线性工作范围宽，输出电脉冲信号，易实现数字化显示，抗干扰能力强，可靠性受磨损的制约，弯道型不适于测量高黏度液体
电磁流量计	0.5～2.5	可测各种导电液体和液固两相流体介质的流量	不产生压力损失，不受流体密度、黏度、温度、压力变化的影响，测量范围度宽，可用于各种腐蚀性流体及含固体颗粒或纤维的液体，输出线性；不能测气体、蒸汽和含气泡的液体及电导率很低的液体流量，不能用于高温和低温流体的测量
涡街流量计	0.5～2.0	可测各种液体、气体、蒸汽的流量	可靠性高，应用范围广，输出与流量成正比的脉冲信号，无零点漂移，安装费用较低；测量气体时，上限流速受介质可压缩性变化的限制，下限流速受雷诺数和传感器灵敏度限制
超声波流量计	0.5～1.5	用于测量导声流体的流量	可测非导电性介质，是对非接触式测量的电磁流量计的一种补充，可用于特大型圆管和矩形管道，价格较高
质量流量计	0.5～1.0	可测液体、气体、浆体的质量流量	质量流量计使用性能相对可靠，响应慢

3.4.2　差压式流量计

在流量测量中，差压式流量计是最成熟、应用最广泛的一种流量测量仪表，它以流体力学中的能量平衡与转换理论为根据，通过测量流体流动过程中由于受到节流作用而产生的静差压来实现流量测量。差压式流量计通常由节流装置、引压管和差压计（或差压变送器）及显示仪表组成。

1. 节流装置的流量测量原理

节流装置是指安装在管道中的一个局部节流元件以及相配套的取压装置。连续流动的流体经过节流装置时，由于流束收缩，发生能量的转换，在节流装置的前、后产生静压力差。此压力差与流体的流量有关，流量越大，压力差也越大。下面以孔板节流装置为例详细说明其工作原理。

在水平管道中垂直安装一块孔板，孔板前、后流体的速度与压力的分布情况如图3-21所示。流体在节流件（孔板）上游的截面Ⅰ前，以一定的流速v_1充满管道平行连续地流动，其静压力为p_1'。当流体流过截面Ⅰ后，由于受到节流装置的阻挡，流束开始产生收缩运动，并通过孔板，在惯性的作用下，位于截面Ⅱ处的流速截面达到最小，此处的流速为v_2，其静压力为p_2'。随后流束逐渐摆脱节流装置的影响，逐渐地扩大，到达截面Ⅲ后，完全恢复到原来的流通面积，此时的流速$v_3=v_1$，静压力为p_3'。

根据能量守恒定律，对于不可压缩的理想流体，在管道任一截面处的流体的动能和静压能之和恒定。并且在一定条件下互相转化。由此可知，当表征流体动能的速度在节流装置前、后发生变化时，表征流体静压能的静压力也将随之发生变化。因而，当流体在截面Ⅱ处流束截面达到最小，而流速v_2达到最大时，此处的静压力p_2'则为最小，这样在节流装置前后就会产生静压差$\Delta p=p_1'-p_2'$。而且，管道中流体流量越大，截面Ⅱ处的流速v_2也就越大，节流装置前、后产生的静压差也就越大。只要我们测出孔板前后的压差Δp，就可知道流量的大小。这就是节流装置测量流量的基本原理。

实际中，流体在流经节流装置时，由于摩擦和撞击等原因，部分能量转化为不可逆的热量，散失在流体中，因此，流体通过孔板后，将会产生部分静压损失，即

$$\Delta p = p_1' - p_3' \tag{3-27}$$

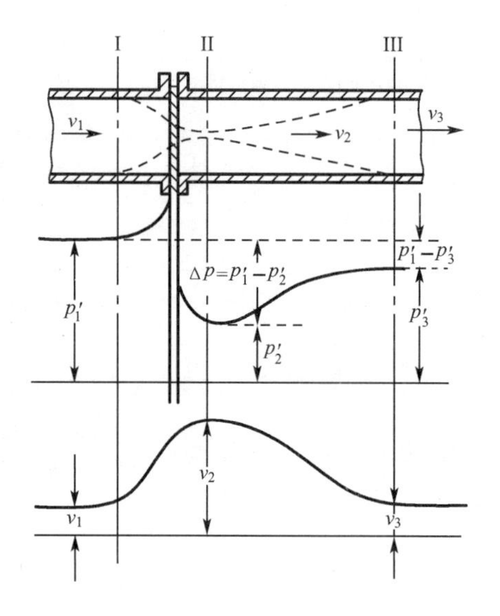

图 3-21 孔板前、后的流体状况

2. 流量公式

根据伯努利方程和流体的连续性方程可以推导出节流装置前后静压差与流量的定量关系式为

$$q_V = \alpha\varepsilon F_0\sqrt{\frac{2}{\rho_1}\Delta p} \tag{3-28}$$

$$q_m = \alpha\varepsilon F_0\sqrt{2\rho_1\Delta p} \tag{3-29}$$

式中 α—— 流量系数，它与节流装置的结构形式、取压方式、流动状态（雷诺数Re）、节流件的开孔截面积与管道截面积之比，以及管道粗糙度等因素有关；

ε—— 膨胀校正系数，用于对可压缩流体（气体和蒸汽）的校正，对于不可压缩的液体$\varepsilon = 1$；

F_0—— 节流件的开孔截面积；

Δp—— 节流件前、后实际测得的静压差；

ρ_1—— 节流件前的流体密度。

由以上流量计算公式可以看出，根据所测的差压来计算流量其准确与否的关键在于α的取值。对于国家规定的标准节流装置，在某些条件确定后其值可以通过有关手册查到的一些数据计算得到。对于非标准节流装置，其值只能通过实际情况来确定。节流装置的设计与应用是以一定的应用条件为前提的，一旦条件改变，就不能随意套用，必须另行计算。否则，将会造成较大的测量误差。

由式(3-26)知，当α、ε、ρ_1、F_0均已选定，并在某一工作范围内均为常数时，流量与差压的平方根成正比，即$Q = k\sqrt{\Delta p}$。用这种流量计测量流量时，为了得到线性的刻度指示，就必须在差压信号之后加入开方器或开方运算。否则，流量标尺的刻度将是不均匀的，并且在起始部分的刻度很密，如果被测流量接近仪表下限值时，误差将增大。

3. 标准节流装置

标准节流装置由节流件、取压装置和节流件上游侧第一、二阻力件，下游侧第一阻力件及它们之间的直管段所组成。对于标准节流装置，已经在规定的流体种类和流动条件下进行了大量实验，求出了流量与差压的关系，形成了标准。同时规定了它们适应的流体种类，流体流动条件以及对管道条件、安装条件、流动参数的要求。如果设计制造、安装、使用都符合规定的标准，则可不必通过实验标定。

节流元件的形式很多，有孔板、喷嘴、文丘里管、偏心孔板、圆缺孔板、道尔管、环形管等。

其中应用最多的是孔板、喷嘴和文丘里管，目前，国际上规定的标准节流装置有标准孔板、喷嘴和文丘里管。孔板结构简单，易于加工和装配，对前后直管段的要求低，但是孔板压力损失较大，可达最大压差的50%～90%，而且抗磨损和耐腐蚀能力较差；文丘里管则正好与之相反，其加工复杂，要求有较长的直管段，但压力损失小，只有最大压差的10%～20%，而且比较耐磨损和防腐蚀；喷嘴的性能介于孔板和文丘里管之间。可根据各种节流装置的特点，考虑实际需要加以选择。

4. 差压计

由节流装置测得的差压信号，只有经过差压计才能转换成所需要的流量信号。根据需要，差压计可配有指示、记录及流量计算等机构以实现流量的显示。

直接利用取压管提供的差压信号构成流量测量仪表的实例不少，这种仪表往往在仪表里直接装有开方机构和电路，使指示流量时有均匀的刻度。至于仪表的动作原理与压力或差压仪表相同，已在前一节做过介绍。

节流装置取压管所提供的差压信号是靠被测介质传递的，不便于远传。为了集中检测和控制，常借助于差压变送器将差压信号转变为标准的电流信号或气压信号。理论上，只要量程合适，各种差压变送器都能用于完成此项功能。事实上，工业生产过程里的流量测量大多由差压变送器与节流装置配套完成。如果需要得到正比于流量的标准信号，只要在变送器之后再接上开方运算器即可。如果采用的是智能差压变送器，则其本身就能实现开方运算。

近年来，以微处理器为基础的各种数字显示仪表大量投入市场。由于这类仪表内部具有数字化的开方运算和总量积算功能，而且比模拟量的开方器运算更加精确，已普遍地与不具备开方功能的普通差压变送器配套使用，大大增强了流量测量仪表的可视化。

5. 差压式流量计的安装和投运

为了保证差压式流量计的测量精度，减小测量误差，除必须按规定的要求进行设计计算、加工制造及仪表选型外，还必须进行正确的安装和使用。

(1)节流装置的安装

采用节流法测量流量，要求被测介质在节流装置的前、后一定保持稳定的流动状态。为此，务必使节流装置前、后保持足够的直管段，在节流装置附近不允许安装测温元件或开取样口，也不允许有弯头、分叉、汇合、闸门等阻力件；节流件的安装方向应使节流件露出部分标有“+”的一侧，逆着流向放置；节流件的开孔与管道的轴线应同心，节流装置的端面与管道的轴线应垂直；节流装置所在的管道内，流体必须充满管道且为单相流；绝对禁止在安装过程中使杂质进入管道将节流孔堵塞。

(2)导压管路的安装

导压管应按最短路线敷设，长度最好在16 m以内。导压管的内径应根据被测流体的性质和导压管的长度等因素综合考虑，一般为6～25 mm。两根导压管之间应尽量靠近，使之处于同一强度下，以免因温度不同引起密度变化而带来测量误差。导压管应垂直或倾斜敷设，其倾斜度不得小于1∶2。取压口一般设置在用于固定节流件的法兰、环室或夹紧环上，其开口方向应保证被测流体为液体时防止气体进入导压管，被测流体为气体时防止水和脏物进入导压管。

在测量蒸汽时，应在导压管路中加装冷凝器，以使被测蒸汽冷凝，并使正、负导压管中的冷凝液面有相同的高度且保持恒定。当被测流体具有腐蚀性，含有易冻结、易析出固体物或者黏度很高时，应使用隔离器和隔离液，防止被测介质直接与差压计或差压变送器接触，破坏仪表的工作性能。隔离液应选择沸点高、凝固点低、物理和化学性质稳定的液体。

(3)差压计的安装

差压计的安装首先要保证现场安装的环境条件与差压计设计时规定的要求条件没有明显的差别。具体安装位置要根据现场情况而定，应尽可能靠近取压口，以提高响应速度，并使被测介质能充满引压管路。为了确保差压计的安全，在导压管与差压计连接之前应先安装三阀组套件，这样既能防止差压仪表瞬间过压，又有利于在必要时将导压管路与工艺主管路完全切断。

(4)差压流量计的安装举例

①测量液体流量时，取压孔应位于管道的下半部，一般与管道中心的水平线呈45°；差压计的安装位置应选在节流装置的下方，导压管从取压口引出后最好垂直向下延伸，以便气泡向上排出，如图3-22(a)所示。如果差压计受现场条件限制不得不装在节流装置的上方，则导压管从节流装置引出后最好也先垂直向下，然后再弯曲向上，以形成U形液封，并在导压管的最高点处安装集气器，如图3-22(b)所示。

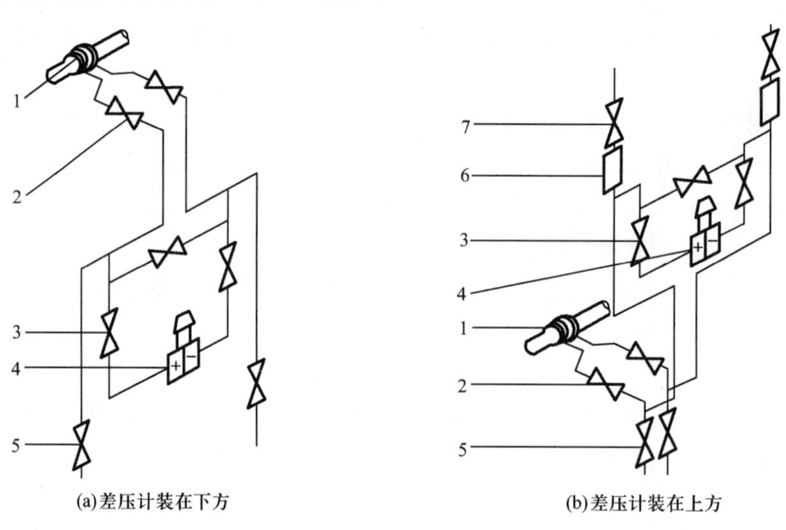

图3-22 测量液体流量时节流装置与差压计的安装

1—节流装置；2—导压阀；3—三阀组；4—差压计；5—排放阀；6—集气器；7—排气阀

②测量蒸汽流量时，取压孔应位于管道的上半部，在靠近节流装置处的连接管路上加装冷凝器(又称平衡器)，并使两个冷凝器位于同一水平面。这样既可防止两根导压管内冷凝液高度的差异和变化带来测量误差，又可避免高温蒸汽直接与差压计接触。具体连接线路如图3-23所示。

③测量气体流量时，取压孔应位于管道上半部，一般与管道的垂直中心线呈45°，方向朝上；差压计应装在节流装置的上方，以防夹杂在气体中的水分进入导压管，如图3-24(a)所示。如果差压计受条件限制不得不装在节流装置的下方，则必须在导压管路的最低处装设

沉降器，以便排出凝液和杂质，如图 3-24(b)所示。

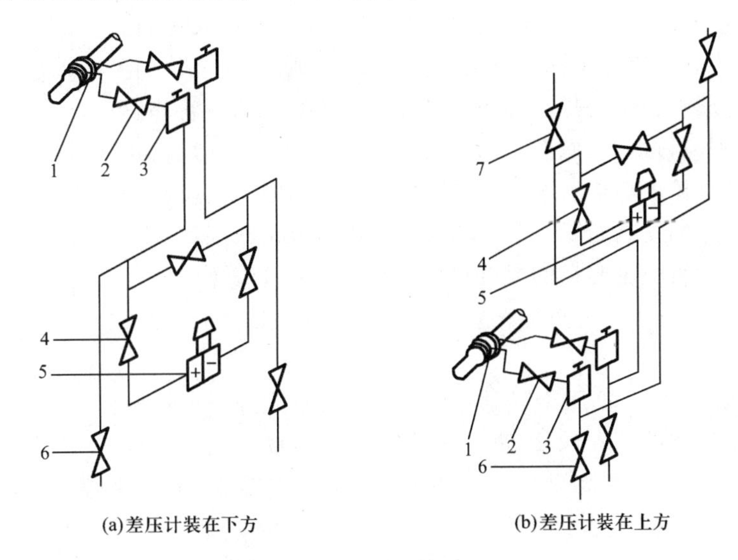

图 3-23 测量蒸汽流量时节流装置与差压计的安装

1—节流装置；2—导压阀；3—冷凝器；4—三阀组；5—差压计；6—排放阀；7—排气阀

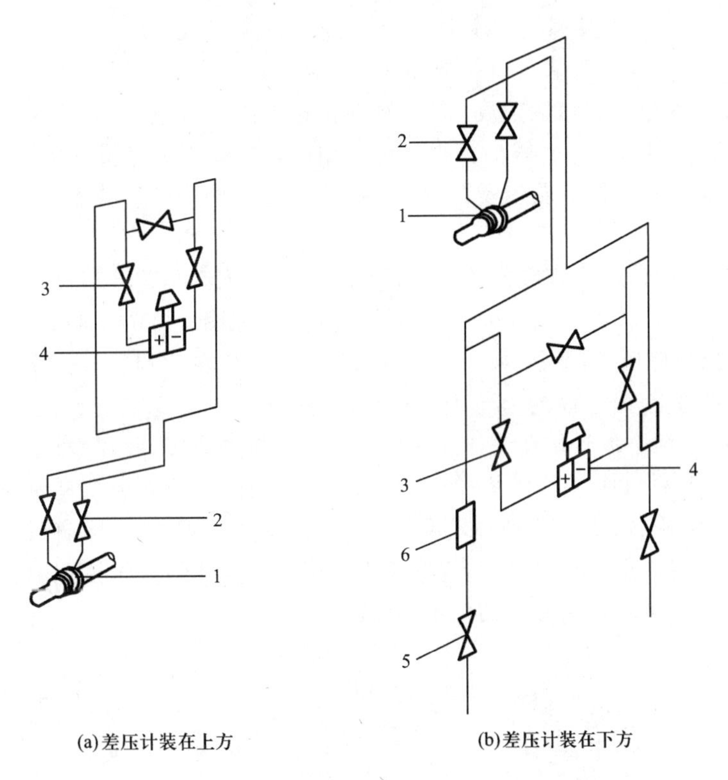

图 3-24 测量气体流量时节流装置与差压计的安装

1—节流装置；2—导压阀；3—三阀组；4—差压计；5—排放阀；6—沉降器

(5)差压计的投运

差压计在现场安装完毕并核查和校验合格后,便可投入运行。开始使用前,首先必须使导压管内充满相应的介质,如,被测液体(正常液体测量)、冷凝液(蒸汽测量)、隔离液(腐蚀介质测量);并将积存在导压管中的空气通过排气阀和仪表的放气孔排除干净。然后,再按照下面介绍的具体步骤正确地操作三阀组,将差压计投入运行。

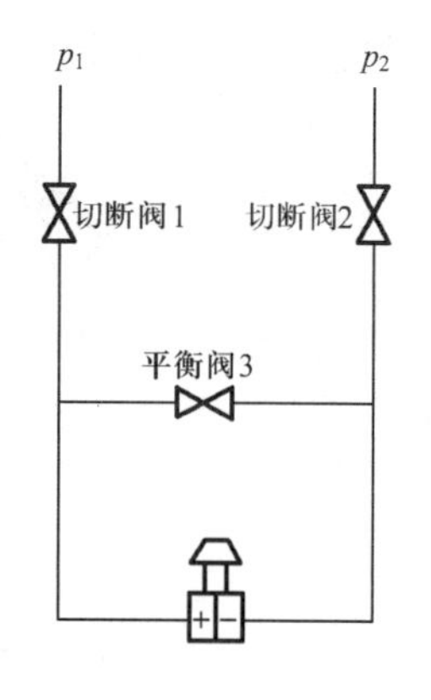

图 3-25　差压计三阀组的安装

差压计三阀组的安装如图 3-25 所示,它包括两个切断阀和一个平衡阀。安装三阀组的主要目的是在开停表时,防止差压计单向受到很大的静压力,使仪表产生附加误差,甚至损坏。使用三阀组的具体步骤是:

先开平衡阀 3,使正、负压室连通;然后再依次逐渐打开正压侧的切断阀 1 和负压侧的切断阀 2,使差压计的正负压室承受同样的压力;最后再渐渐地关闭平衡阀 3,差压计即投入运行。当差压计需要停用时,应先打开平衡阀 3,然后再关闭切断阀 1 和 2。

3.4.3　容积式流量计

容积式流量计,又称定排量流量计,它是利用机械部件使被测流体连续充满具有一定容积的空间,然后再不断将其从出口排放出去,根据排放次数及容积来测量流体体积总量的。容积式流量计具有很高的测量精度,适合测量各类流体,且管道安装条件要求较低,测量范围度很宽(可达 5∶1,10∶1),因而获得广泛应用。特别适用于昂贵介质或需精确计量的场合。容积式流量计有椭圆齿轮流量计、腰轮流量计等,其中椭圆齿轮流量计应用最多。

1. 工作原理

典型的容积式流量计(椭圆齿轮式流量计)的工作原理如图 3-26 所示。互相啮合的一对椭圆形齿轮在被测流体的压力推动下产生旋转运动,在图 3-26(a) 中,p_1 为流体入口侧压力,p_2 为流体出口侧压力,显然 $p_1 > p_2$。下面的椭圆齿轮在两侧压差的作用下,沿逆时针方向旋转,它为主动轮;而上面的齿轮为从动轮,它在下面的齿轮带动下,沿顺时针方向旋转。在图 3-26(b) 中,两个齿轮均在流体压差作用下产生旋转力矩,并在力矩的作用下沿箭头方向旋转。在图 3-26(c) 中,上面的齿轮变为主动轮,下面的齿轮变为从动轮,并沿箭头方向旋转。由于两齿轮的旋转,它们便把齿轮与壳体之间的流体从入口侧移动到出口侧。在一次循环过程中,流量计排出由四个齿轮与壳壁围成的新月形空腔的流体体积。只要计量齿轮的转数即可得知通过仪表的被测流体的体积。其计算公式为

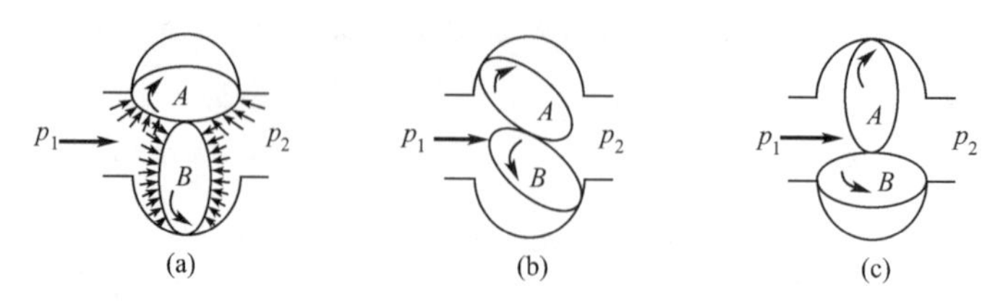

图 3-26　椭圆齿轮式流量计的工作原理

$$Q = 4NV \tag{3-30}$$

式中　Q——某段时间内流过流体的体积流量；

N——某段时间内的齿轮转数；

V——由齿轮及壳壁所构成的新月形空腔的容积。

椭圆齿轮的转动通过磁性密封联轴器及传动减速机构传递给计数器直接指示被测流体总量。附加发送装置，配以电显示仪表则可实现瞬时流量或总量的远传指示。

2. 使用特点

椭圆齿轮式流量计一般用于测量液体介质，其介质工作温度为－30～160 ℃。当被测介质含有脏污物或颗粒时，上游需装设过滤器以避免卡死或早期磨损。在测量含有气体的液体时，必须装设气体分离器，以保证测量的准确性。椭圆齿轮式流量计结构复杂，体积笨重，故一般只适用于中小口径管路。在实际使用中，被测介质的流量、温度、压力、黏度的使用范围必须与流量计铭牌规定的相符，并应按有关规定进行定期检查、维护和校验。

3.4.4　浮子式流量计

浮子式流量计（又称转子式流量计）是以浮子在垂直的锥形管中随流量变化而升降，改变浮子与锥形管之间形成的流通环隙面积来进行测量的流量仪表，也称为变面积流量计。浮子式流量计又分为玻璃管式和金属管式两大类。

1. 工作原理

浮子式流量计由一根自下向上截面积逐渐扩大的垂直锥形管和一个可以上下自由浮动的浮子所组成，其工作原理如图3-27所示。被测流体从下向上运动，流过由锥形管和浮子形成的环隙。由于浮子的存在产生节流作用，故浮子上、下端形成静压力差，使浮子受到一个向上的力。作用在浮子上的力还有重力、流体对浮子的浮力及流体流动时对浮子的黏性摩擦力。当作用在浮子上的这些力平衡时，浮子就停留在某一个位置。如果流量增加，流过环隙的流体平均流速会加大，浮子上、下两端的静压差增大，浮子所受的向上的力会增大，使浮子上升，导致环隙增大，即流通截面积增大，从而使流过此环隙的流速变慢，静压差减小。当作用在浮子上的外力重新平衡时，浮子就稳定在新的位置上。浮子的高度或位移量与被测介质的流量有着一定的对应关系。玻璃管式浮子流量计的流量分度有的直接刻在锥形管外壁，有的在锥形管旁另装标尺，可直接读出流量。而金属管式浮子流量计，则通过磁耦合等方式，将浮子的位移量传递给现场指示器，就地指示流量，并由电转换器转换成相应的信号（二线制4～20 mA DC）输出。可选配DDZ-Ⅲ型电动单元组合仪表，亦可与计算机相连，实现流量的远距离传送、显示、记录或控制。

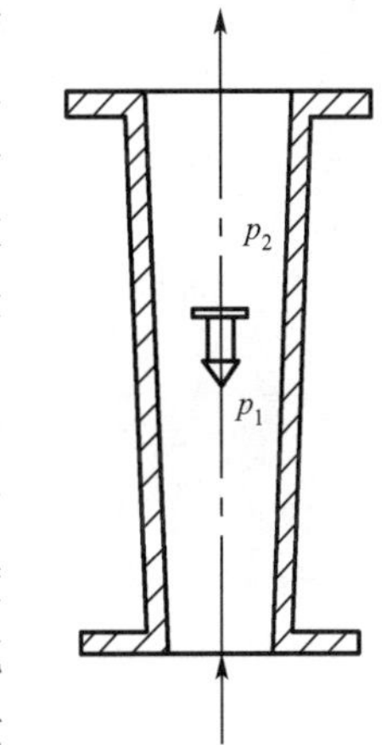

图3-27　浮子式流量计的工作原理

2. 使用特点

浮子式流量计结构简单，工作可靠，压力损失小，可连续测量封闭管道中的气体、液体的体积流量，尤其适合用于小流量的测量场合。一般测量精度为1.5%～2.5%，仪表测量范围度可达 10∶1,输出近似线性。浮子式流量计必须垂直安装,使流体自下向上流动。流量计前后直管段长度要求不很严格,约为 $5D$,如果被测介质含有杂质,仪表上游应安装过滤器,必要时设置冲洗配管,定期冲洗。

对于玻璃管式浮子流量计,一般用于现场的就地指示,要求被测介质清澈透明,由于玻璃管易损,只适用于测量压力小于 0.5 MPa,温度低于 120 ℃的流体。而金属管式浮子流量计的抗冲击性则好得多,既可就地指示,又可远传。对于不同的被测介质可选用不同的浮子式流量计。

另外,浮子式流量计一般在出厂时其刻度是按标准状态下的水或空气标定的。如果在实际使用中的测量介质或条件不符合出厂时的标准条件,就要考虑测量介质的密度、温度的变化产生的影响,必须对仪表的刻度指示值进行重新标定。

3.4.5 电磁流量计

1. 工作原理

电磁流量计是基于电磁感应原理工作的流量测量仪表。根据法拉第电磁感应定律,导体在磁场中作切割磁力线运动时,导体中会产生感应电动势,电动势方向可由右手定则来确定。电磁流量计就是根据这一原理制成的。它主要由内衬绝缘材料的测量管、左右相对安装的一对电极及上下安装的磁极 N 和 S 组成。三者互相垂直,当具有一定导电率的液体在垂直于磁场的非磁性测量管内流动时,液体中会产生电动势,如图 3-28 所示。该感应电动势由两电极引出,其电动势的数值与流量大小、磁场强度、管径等有关,可由下式计算:

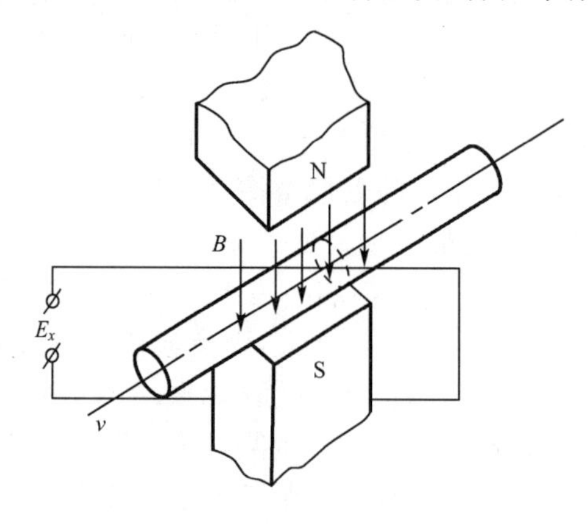

图 3-28　电磁流量计原理图

$$E = KBDv \tag{3-31}$$

式中　E—— 感应电动势,V;

K—— 系数;

B—— 磁感应强度,T;

D—— 测量管内径,m;

v—— 平均流速,m/s。

体积流量 q_V 与流速的关系为

$$q_V = \frac{1}{4}\pi D^2 v \tag{3-32}$$

则

$$E = \frac{4KB}{\pi D} q_V \tag{3-33}$$

当 B 恒定，K 由校验确定后，被测流量完全与电动势成正比。

信号转换器接收来自两电极的电压信号，进行放大、转换后输出模拟电压(0 ～ 5 V) 或模拟电流(4 ～ 20 mA)，可实现流量的显示。

2. 使用特点

电磁流量计不受流体密度、黏度、温度、压力和电导率变化的影响，测量管内无阻碍流动部件，不易阻塞，无压力损失，直管段要求较低，测量范围度大(20 : 1 ～ 40 : 1)，可选流量范围宽，满度值流速可在 0.5 ～ 10 m/s 内选定，零点稳定，精确度较高(可优于 1 级)，口径范围比其他种类流量仪表宽，从几毫米到 3 m，输出线性，用于测量具有一定电导率(> 10.3 s/m) 的液体。尤其适合测量泥浆、矿浆、纸浆等含有固体颗粒的液体，并能测量具有腐蚀性的酸、碱、盐等溶液，在化工、造纸、矿山等工业部门得到广泛应用。

3.4.6　涡街流量计

旋涡式流量检测方法是 20 世纪 70 年代发展起来的，按流体振荡原理工作。目前已经应用的有两种：一种是应用自然振荡的卡门旋涡列原理；另一种是应用强迫振荡的旋涡旋进原理。应用上述原理的流量仪表，前者称为涡街流量计，后者称为旋涡旋进流量计。下面仅介绍涡街流量计。

1. 检测原理

涡街流量计利用流体振荡的原理进行流量测量。当流体流过非流线型阻挡体时会产生稳定的旋涡列。旋涡的产生频率与流体流速有着确定的对应关系。测量频率的变化，就可以得知流体的流量。在流体中垂直于流动方向放置一个非流线型的物体，在它的下游两侧就会交替出现旋涡(图 3-29)，两侧旋涡的旋转方向相反，并轮流地从柱体上分离出来。这两排平行但不对称的旋涡列称为卡门涡列或涡街。由于涡列之间的相互作用，旋涡的涡列一般是不稳定的。实验表明，只有当两列旋涡的间距 h 与同列中相邻旋涡的间距 l 满足 $h/l = 0.281$ 条件时，这两个涡列才是稳定的。并且，在一定的雷诺数范围内，稳定的旋涡产生频率 f 与旋涡发生体处的流速有确定的关系。

$$f = St\,\frac{v}{d} \tag{3-34}$$

式中　St—— 无因次数；
d—— 旋涡发生体的特征尺寸；
v—— 旋涡发生体处的流速。

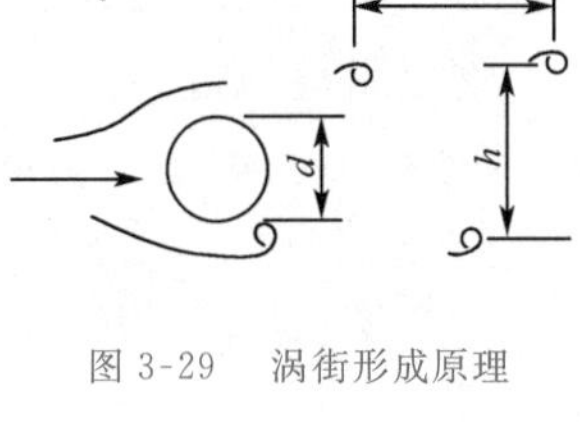

图 3-29　涡街形成原理

St 与旋涡发生体形状及流体雷诺数有关。在一定的雷诺数范围内，St 数值基本不变。旋涡发生体的形状有圆柱体、三角柱体、矩形柱体、T 形柱体以及由以上简单柱体组合而成的组合柱体，不同柱形的 St 不同。如，圆柱体 $St = 0.21$，三角柱体 $St = 0.16$。其中三角柱体旋涡强度较大，稳定性较好，压力损失适中，故应用较多。

当旋涡发生体的形状和尺寸确定后，可以通过测量旋涡产生频率来测量流体的流量，流量方程式为

$$q_V = \frac{f}{K} \tag{3-35}$$

式中　q_V—— 流体流量；

K—— 流量计的仪表系数，一般通过实验获得。

2. 涡街流量计的特点与使用

涡街流量计适用于气体、液体和蒸汽介质的流量测量，其测量几乎不受流体参数（温度、压力、密度、黏度）变化的影响。涡街流量计在仪表内部无可动部件，使用寿命长，压力损失小，输出为频率信号，测量精度也比较高，为 $\pm(0.5\% \sim 1.0\%)$，它是一种正在得到广泛应用的流量仪表。

涡街流量计可以水平安装，也可以垂直安装。在垂直安装时，流体必须自下而上通过，以使流体充满管道。在仪表上、下游要有一定的直管段，下游长度为 $5D$，上游长度根据阻力件形式而定，一般为 $15D \sim 40D$，但上游不应设流量调节阀。

涡街流量计的不足之处主要是流体流速分布情况和脉动情况将影响测量准确度，旋涡发生体被玷污也会引起误差。

3.5　物位测量

3.5.1　概　述

在生产过程中，常常需要了解固体、液体所具有的体积或在容器中积存的高度。通常把固体堆积的相对高度或表面位置称为料位，把液体在各种容器中积存的相对高度或表面位置称为液位。而把在同一容器中由于密度不同且互不相溶的液体间或液体与固体之间的分界面位置称为界位。液位、料位、界位总称为物位。物位一般可由长度单位或百分数表示。

在化工生产过程中，测量物位的目的主要有两个：一是通过测量物位来确定容器或储罐里的原料、半成品或成品的数量，保证生产中各环节之间的物料平衡或进行经济核算等；二是通过测量物位可以及时了解生产的运行情况，以便将物位控制在一个合理的范围内，保证安全生产以及产品的数量和质量。

物位测量与被测介质的物理性质、化学性质以及工作条件关系极大，针对不同的测量对象，应选择不同的物位测量仪表。

目前工业上常用的物位测量仪表按工作原理大致可分为如下几类：

(1)直读式物位仪表

它利用液体的流动特性，直接使用与被测容器连通的玻璃管(或玻璃板)显示容器内物位高度。

(2)浮力式液位仪表

利用漂浮于液面上的浮子的位置随液面而变化，或浸没于液体中的浮筒所受浮力随液位而变化的原理来测量液位。

(3)静压式液位仪表

利用液位高度与液体的静压力成正比的原理测量液位。

(4)电磁式物位仪表

将物位变化转换为电量的变化，并通过对这些电量变化的测量间接测知物位。

(5)声波式物位仪表

基于声学回声原理，通过测量超声波由发射到返回的时间推算物位的高度。

(6)辐射式物位仪表

利用伽马射线穿过介质时，其辐射强度随介质的厚度而衰减的原理测量物位。

除此之外，还有激光式、雷达式、振动式、微波式等物位测量仪表。各种物位测量仪表的性能列于表3-7中。

表3-7 各种物位测量仪表的性能

类型	仪表名称	测量范围/m	主要应用场合	说明
直读式	玻璃管液位计	<2	主要用于直接指示密闭及开口容器中的液位	就地指示
	玻璃板液位计	<6.5		
浮力式	浮球式液位计	<10	用于开口或承压容器液位的连续测量	可直接指示液位，也可输出4～20 mA DC信号
	浮筒式液位计	<6	用于液位和相界面的连续测量，在高温高压条件下的工业生产过程的液位、界位测量和限位越位报警联锁	
	磁翻板液位计	0.2～15	适用于各种贮罐的液位指示报警，特别适用于危险介质的液位测量	有显示醒目的现场指示，远传装置输出4～20 mA DC标准信号及报警器多功能为一体，可与DDZ-Ⅲ型组合仪表及计算机配套使用
	磁浮子液位计	115～60	用于常压、承压容器内液位、界位的测量特别适合于大型贮槽球罐腐蚀性介质的测量	
静压式	压力式液位计	0～0.4～200	可测较黏稠、有气雾、露等液体	压力式液位计主要用于开口容器液位的测量；差压式液位计主要用于密闭容器的液位测量
	差压式液位计	20	应用于各种液体的液位测量	
电磁式	电导式物位计	<20	适用于一切导电液体(如水、污水、果酱、啤酒等)的液位测量	
	电容式物位计	10	用于对各种贮槽、容器液位、粉状料位的连续测量及控制报警	不适合测高黏度液体

（续表）

类型	仪表名称	测量范围/m	主要应用场合	说　明
其他形式	运动阻尼式物位计	1～2,2～3.5 3.5～5,5～7	用于敞开式料仓内的固体颗粒（如矿砂、水泥等）料位的信号报警及控制	以位式控制为主
	超声波物位计	液体 10～34 固体 5～60 盲区 0.3～1	被测介质可以是腐蚀性液体或粉末状固体物料，非接触测量	测量结果受温度影响
	核辐射式物位计	0～2	适用于各种料仓内，容器内高温、高压、强腐蚀、剧毒的固态、液态介质的料位、液位的非接触式连续测量	放射线对人体有损害
	微波式物位计	0～35	适用于罐体和反应器内具有高温，高压、湍动、惰性气体覆盖层及尘雾或蒸汽的液体，浆状、糊状或块状固体的物位测量，适用于各种恶劣工况和易爆、危险的场合	安装于容器外壁
	雷达液位计	2～20	应用于工业生产过程中各种敞口或承压容器的液位控制测量	测量结果不受温度、压力影响
	激光式物位计		不透明的液体粉末的非接触测量	测量不受高温、真空压力、蒸汽等影响
	机电式物位计	可达几十米	恶劣环境下大料仓内固体及容器内液体的测量	

3.5.2　静压式液位计

1. 工作原理

静压式液位计是根据液体在容器内的液位与液柱高度产生的静压力成正比的原理进行工作的。

图 3-30(a)为敞口容器的液位测量原理图。将压力计与容器底部相连，根据流体静力学原理，所测压力与液位的关系为

$$p = H\rho g \tag{3-36}$$

式中　p—— 容器内取压平面上由液柱产生的静压力；

H—— 从取压平面到液面的高度；

ρ—— 容器内被测介质的密度；

g—— 重力加速度。

由式(3-36)知，如果液体介质的密度已知，而且在某一工作条件范围内保持恒定，就可以根据测得的压力按下式计算出液位的高度：

$$H = \frac{p}{\rho g} \tag{3-37}$$

在测量受压密闭容器中的液位时，介质上方的压力影响会产生附加静压力，采用差压法测液位。其原理如图 3-30(b)所示。差压变送器的高压侧与容器底部的取压管相连，低压侧与液面上方容器的顶部相连。如果容器上部空间为干燥的气体，则此时差压变送器高、低压侧所感受的压力分别为

$$p_H = p + H\rho g$$

$$p_L = p$$

差压变送器所受的压差为

$$\Delta p = p_H - p_L = H\rho g \tag{3-38}$$

因此,可以根据差压变送器测得的差压按下式计算出液位的高度

$$H = \frac{\Delta p}{\rho g} \tag{3-39}$$

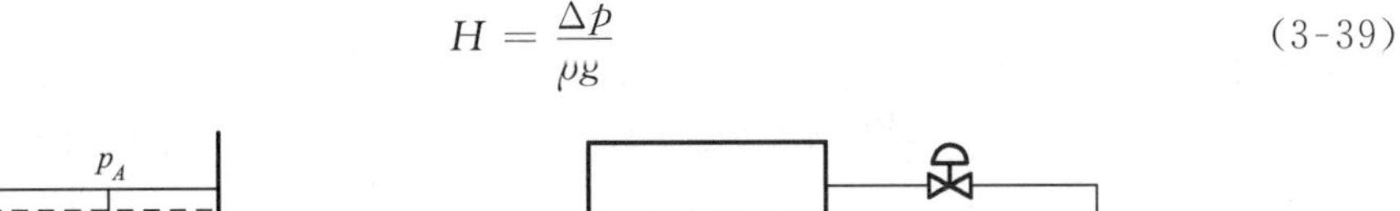

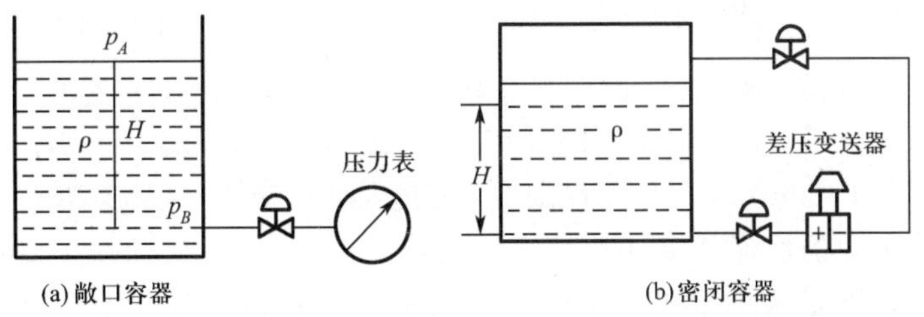

图 3-30　静压式液位计的测量原理图

综上所述,利用静压原理测液位,就是把液位测量分别转化为压力或差压测量。各种压力和差压测量仪表,只要量程合适都可用来测量液位。通常把用来测量液位的压力仪表和差压仪表分别称为压力式液位计和差压式液位计。

2. 零点迁移问题

由差压式液位计的测量原理可知,液柱的静压差 Δp 与液位高度 H 满足式(3-39) 的条件是:

①差压变送器的高压室取压口正好与起始液面($H = 0$) 在同一水平面上;

②差压变送器低压室的导压管中没有任何气体的冷凝液存在;

③被测介质的密度保持不变。

在这种情况下,差压变送器处于理想条件下的无迁移工作状态。假定我们采用的是输出为 4 ～ 20 mA 的差压变送器,则当液位 $H = 0$ 时,变送器输入信号 $\Delta p = 0$,其输出电流为 4 mA,当液位达到测量上限时,变送器的输入信号 $\Delta p = H_{max}\rho g$,其输出电流为 20 mA。

在实际应用中,被测介质的密度一般在稳定工况下基本保持恒定,可以认为是常数,但由于受到现场安装条件等限制,差压变送器的安装位置不能与最低液位处于同一水平面上,如图 3-31(a) 所示。这时差压变送器高、低压室所受压力分别为

$$p_H = p + H\rho g + h\rho g$$

$$p_L = p$$

高低压室所受的压差为

$$\Delta p = p_H - p_L = H\rho g + h\rho g \tag{3-40}$$

与无迁移情况的式(3-38) 相比,式(3-40) 中多出一项 $h\rho g$,即在高压室增加了一个恒定的静压 $h\rho g$。由于它的存在,使得当 $H = 0$ 时,$\Delta p = h\rho g$,此时的变送器输出必然大于 4 mA。为了使变送器输出与被测液位之间仍然保持无迁移情况的对应关系,就必须应用差压变送器的零点迁移功能来抵消这一静压的影响。使得当 $H = 0$,$\Delta p = h\rho g$ 时,变送器输出为 4 mA,由于在这种工作状态下,变送器的起始输入点由零点变为一个正值,因而是正迁移。

在工程应用中还经常遇到负迁移的情况。对于特殊介质的液位测量，为了防止容器内流体和气体进入变送器而造成管路堵塞或腐蚀，并保证低压室的液体高度恒定，常在高、低压室与取压点之间分别装有隔离罐和隔离液，如图 3-31(b) 所示。若被测液体的密度为 ρ_1，隔离液的密度为 ρ_2，且 $\rho_2 > \rho_1$，则变送器高、低压室的压力分别为

$$p_H = p + H\rho_1 g + h_1\rho_2 g$$

$$p_L = p + h_2\rho_2 g$$

高、低压室所受的压差为

$$\Delta p = p_H - p_L = H\rho_1 g - (h_2 - h_1)\rho_2 g \tag{3-41}$$

与无迁移情况的式(3-39) 相比较，总的差压减少了$(h_2 - h_1)\rho_2 g$，即相当于在低压室增加了一个恒定的静压$(h_2 - h_1)\rho_2 g$。由于它的存在，使得当 $H = 0$ 时，$\Delta p = -(h_2 - h_1)\rho_2 g$，此时变送器的输出必然小于 4 mA，当 $H = H_{max}$ 时，变送器的输出也达不到 20 mA。为了使变送器输出与被测液位之间仍然保持无迁移情况的对应关系，就必须借助差压变送器的零点迁移功能来抵消静压力的影响，使得当 $\Delta p = -(h_2 - h_1)\rho_2 g$ 时，变送器的输出为 4 mA。这种情况就是负迁移。

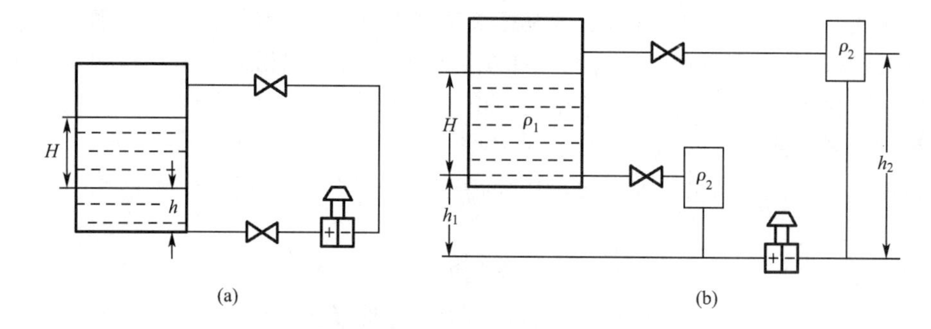

图 3-31　液位测量的零点迁移示意图

针对上述三种情况，如果选用的差压变送器测量范围为 0 ～ 5 kPa，且零点通过迁移功能抵消的固定静压分别为 + 2 kPa 和 − 2 kPa，则这台差压变送器零点迁移特性曲线如图3-32 所示。

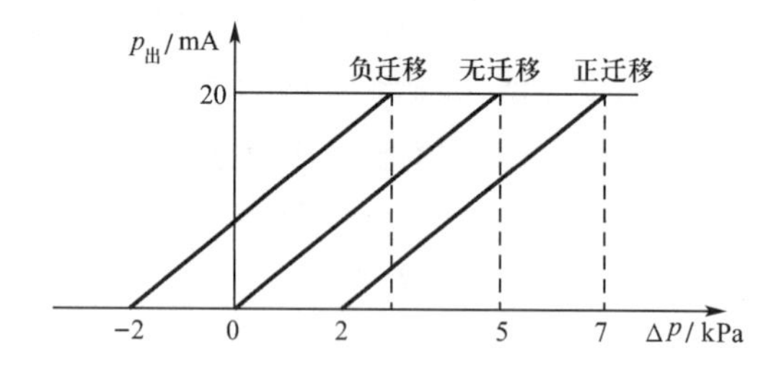

图 3-32　零点迁移特性曲线

3.5.3 磁浮子式液位计

磁浮子式液位计是一种浮力式液位计，它利用浮力原理，靠漂浮于液面上的浮子随液面

升降的位移反映液位的变化。它以磁性浮子为测量元件，经磁耦合系统将容器内液位变化传送到现场指示器或远传。这种液位计的特点是结构简单，设计合理，显示清晰直观。主要用于中小容器和生产设备的液位或界面的测量。在石油、化工、电力、制药等领域得到越来越多的应用。

磁浮子式液位计的结构如图 3-33 所示。在容器内自上而下插入下端封闭的不锈钢管，管内固定有条形绝缘板，板上紧密排列着舌簧管和电阻。在不锈钢管上套有一个可上下滑动的佛珠形浮子，其中装有环形永磁铁氧体。环形永磁体的两面分别为 N 极和 S 极。

当装有环形磁铁的浮子随液位上下移动时，由于磁力线的作用，使得处于管中央的舌簧管吸合导通，而其他的舌簧管则处于开路状态，如图 3-33(a) 所示。如果把不锈钢管内的所有电阻和舌簧管按图 3-33(b) 的原理连接，则随着液位的升降，AC 间或 AB 间的阻值就相继改变。只要配上相应的检测电路，就可将电阻值变为标准的电流信号，从而构成液位变送器。也可以在 CB 间接入恒定的电压，此时 A 端就相当于电位器的滑点，可得到与液位成比例的电压信号。仪表的安装方式如图 3-33(c) 所示。

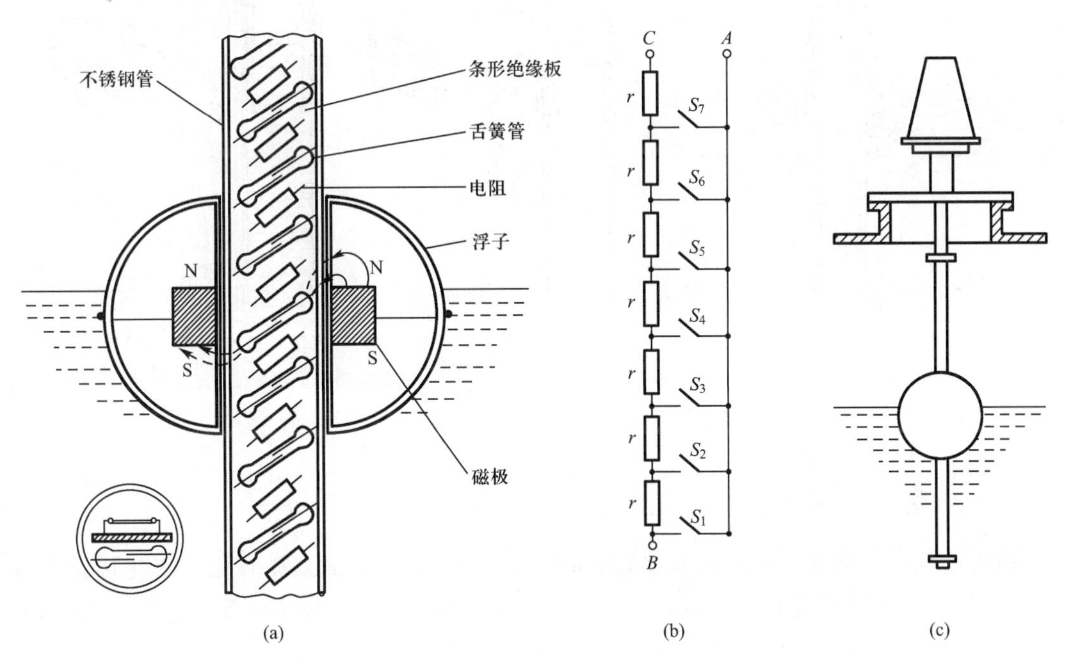

图 3-33　磁浮子式液位计

如果只要求液位越限报警，不必提供液位值，则可以采用如图 3-34 所示的位式结构。在竖管内只装两个舌簧管(2 和 3)，分别处于上、下限报警液位处，并由导线引出，接至报警式位式控制装置，当 A、B 和 A、C 两接点都断开时，说明液位在正常工作范围内。当浮子移到上限液位处时，舌簧管 2 吸合，使 A、C 两点接通，发出上限报警信号。同理，当 A、B 两点闭合时为下限报警，舌簧管 3 吸合，发出下限报警。在竖管外，还有两个固定环(4 和 5)，以防止磁浮子高于舌簧管 2 和低于舌簧管 3 而发出错误的指示信息。

除了以上两种形式外，还有就地指示型的浮子式液位计，其原理如图 3-35 所示。其中图 3-35(a) 为磁翻板液位计的原理图。利用连通原理，将容器内的液体引入装有磁浮子的不锈钢管内。与不锈钢管并排安装一组可以灵活转动的轻型翻板。翻板的一面涂红色，另一面涂白色。翻板上还附有小磁铁，其磁性彼此吸引，并保证同一颜色朝外。当管内的磁浮子随液位移到某一翻板旁边时，由于浮子内磁铁的作用，就会使该翻板转向，从而引起颜色的变化，观察起来与颜色柱的效果一样，非常直观。每个翻板宽度约 10 mm。图 3-35(b) 为磁滚柱液位计的原理图，它与磁翻板液位计的不同之处是改用有水平轴的小柱体代替磁翻板。柱体可以是圆柱形，也可以是六角柱形，直径也是 10 mm。

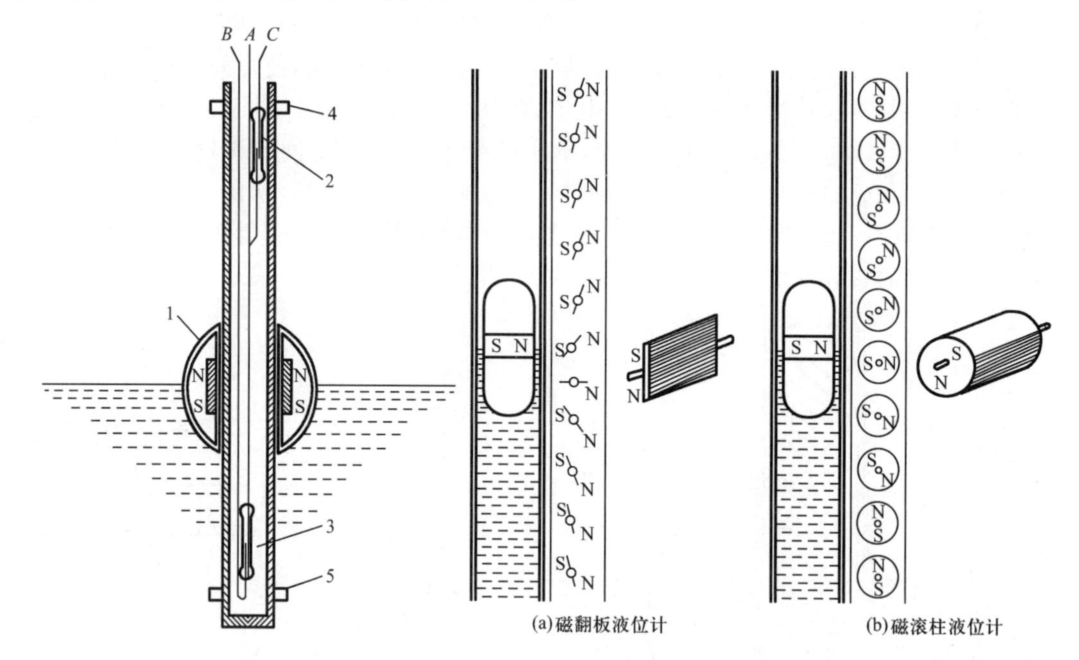

图 3-34　位式磁浮子液位传感器工作原理
1— 浮子；2,3— 舌簧管；4,5— 固定环

图 3-35　就地指示型浮子式液位计工作原理

3.5.4　电容式物位计

电容式物位计是基于圆筒形电容器的原理工作的。它将被测介质料位的变化转化成电容量的变化，并通过对电容的检测与转换将其变为标准的电流信号输出。电容式物位计的工作原理如图 3-36 所示。大致可分成三种工作方式。

图 3-36(a) 适用于立式圆筒形导电容器，且物料为非导电液体或固体粉末的料位测量。在这种应用中，器壁为电容的外电极，沿轴线插入金属棒，作为内电极。（也可悬挂带重锤的软导线作为内电极）。忽略杂散电容和端部边界效应的影响，两极间的总电容 C_x 由料位上部的气体为介质的电容，以及料位下部的物料为介质的电容两部分组成，并且与料位的高度成比例，随物位的变化而变化。

图 3-36(b) 适用于非金属容器，或虽为金属容器，但非立式圆筒形，物料为非导电性液体的液位的测量。在这种应用中，中心棒状电极的外面套有一个同轴金属筒，并通过绝缘支架互相固定，金属筒的上下开口，或整体上均匀分布多个小孔，使筒内外的液位相同。中心棒与金属套筒构成两个电极，电容的中间介质为气体和液体物料。这样组成的电容 C_x 与容器

的形状无关，只取决于液位的高低。由于固体粉末容易滞留在极间，此种电极不适于固体物位的测量。

图 3-36(c) 适用于立式圆筒形导电容器，且物料为导电性液体的液位的测量。在这种应用中，中心棒电极上包有绝缘材料，导电液体和容器壁共同作为外电极。此时两个电极间的距离缩短，仅为绝缘层的厚度，并且绝缘层作为电容的中间介质。其中电容 C_x 由绝缘材料的介电常数和液位高度所决定。

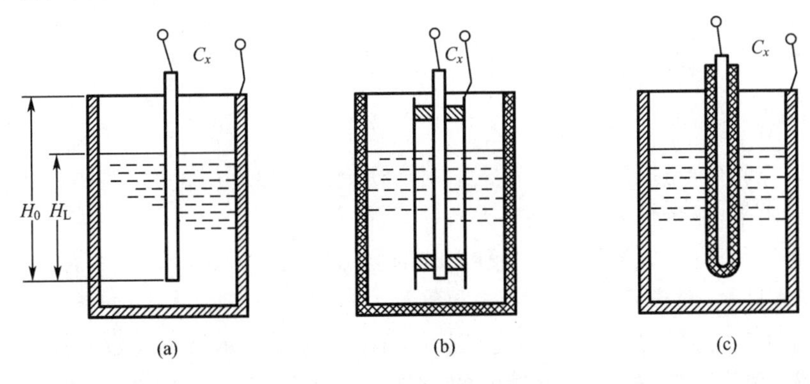

图 3-36　电容式物位计的工作原理

上述三种情况下得到的电容 C_x 或电容变化量 ΔC 都与物位成正比关系，只要测出电容量的变化，便可知道液位高度。传感器的转换部分的测量线路通常是采用交流电桥法或充放电方法将电容变化转换为电流量输出，然后送与有关单元，进行液位的显示或控制。

电容式物位计既可测量液位、粉状料位，也可测界位，结构简单，安装要求低，但当被测介质黏度较大时，液位下降后，电极表面仍会黏附一层被测介质，从而造成虚假液位示值，严重影响测量精度。被测介质的温度、湿度等变化都能影响测量精度，当精度要求较高时，应采取修正措施。

3.5.5　其他物位测量仪表

1. 超声波式物位仪表

超声波式物位仪表是基于回声测距原理设计的。利用超声波发射探头发出超声脉冲，发射波在料位或液位表面反射形成回波，由接收探头将信号接收下来。测出超声脉冲从发射到接收所需时间，根据已知介质中的波速就能计算出探头到料位或液位表面的距离，从而确定物位的高度。

超声波式物位仪表可以对容器内的液位或料位进行非接触式的连续测量，因而可用于测量低温、有毒、有腐蚀性、黏度高、非导电等介质及用于环境恶劣的场合。使用范围广，寿命长，但电路复杂、造价高，且测量精度受电磁场、温度、压力等影响。如果介质对声波吸收能力强，则不能使用这类仪表。

2. 核辐射式物位仪表

核辐射式物位仪表是根据被测物质对放射线的吸收、散射等特性而设计制造的。

不同的物质对放射线的吸收能力不同。当放射线穿过一定的被测介质时，由于介质的吸收作用，会使放射线的辐射强度随着被测介质的厚度而按指数衰减。只要测出通过介质后的辐射强度，就可求出被测介质的厚度，即物位的高度。

核辐射式物位计可以进行无接触式测量，可用于各种场合，环境条件变化不会影响其测量精度。但使用中必须采取防护措施，以免造成人身伤害。

3.6 显示仪表

3.6.1 概　述

在科学研究和生产过程中，为了使人们对所研究的对象有所了解，必须对过程进行检测并将信息显示出来，显示仪表就起到了人机联系的桥梁作用。

为了达到显示目的，人们设计了各种形式的显示仪表。从显示方式上看，可以分为模拟式显示、数字式显示、图形显示以及声、光报警等。

模拟式显示仪表是以指针或记录笔的偏转角或位移量显示被测参数的连续变化。这类仪表简单可靠，价格较低，能反映测量值的变化趋势。但由于其结构上一般都包括信号放大、变换环节，以及指示记录机构等，因此它的测量准确度、测量速度等都受到了限制。平衡式仪表的准确度可达到±0.5%，动圈式只能达到±1%。

数字式显示仪表是以数字形式显示被测参数的。由于避免了模拟式仪表的机械结构，测量速度快，分辨力强，准确度高(分辨力可达 1 μV，准确度可达 10^{-6}级)，读数直观，工作可靠，且有自动报警、自动打印和自动检测等功能，便于和计算机连用，更适于生产的集中监视和控制。

图形显示是将计算机显示系统引进工业自动化系统的结果，由计算机控制的显示终端可以直接把被测参数以文字、符号、数字或图像形式显示出来，并可分页画面显示，大大提高了显示效能。

参数越限报警显示装置，是根据工业过程的要求，为了确保生产安全可靠地进行，对某些重要参数进行监控的手段。

3.6.2 模拟式显示仪表

模拟式显示仪表，简称模拟仪表，主要分为动圈式显示仪表和自动平衡式显示仪表两类。动圈式显示仪表发展较早，可以对直流毫伏信号进行显示，也可以对能转换成电势信号的非电势信号的参量进行显示。它具有结构简单，维修方便，价格低廉，指示清晰，体积少，重量轻等特点。就测量线路而言，由于它是直接变换式的开环结构仪表，因而精度较低，线性刻度较差，灵敏度亦较差，因而近年来应用逐渐减少。自动平衡式显示仪表是采用电动自动补偿的原理构成的，具有准确度高，性能稳定的特点，能自动测量、指示和记录各种电量。若配以热电偶、热电阻或其他变送器，就可连续指示、记录生产过程中的温度、压力、流量、物位及成分等各种参数。附加各种调节器、报警器和积算器等，可以实现多种功能。广泛地应用于工业生产和科学研究等领域。常用的自动平衡式显示仪表有自动平衡式电子电位差计和自动平衡式电子电桥。

1. 自动平衡式电子电位差计

电子电位差计可以与热电偶配套使用，用于对温度参数的显示和记录，也可以与其他能转换成直流电压、直流电流的传感器、变送器等配合使用，对生产过程的其他参数进行显示和记录。电子电位差计主要包括放大器、伺服电机及机械传动系统，如图 3-37 所示。它是基于平衡法原理设计的，即将被测未知电势与已知的标准电势进行比较，当两者差值为零时，被测电势就等于已知的标准电势。其工作过程是：来自热电偶或传感器、变送器的输入直流电压信号 U_x 与补偿电压 U_f（即来自测量桥路的标准电势）相比较，其差值信号经放大器放大后得到足够的功率以驱动伺服电机。伺服电机通过一套机械传动装置，带动测量桥路的滑动电阻的触点，从而改变 U_f 的数值，并同时带动指示、记录机构。当 U_f 与 U_x 相等时，伺服电机停转，仪表指针就指示出被测参数的数值。

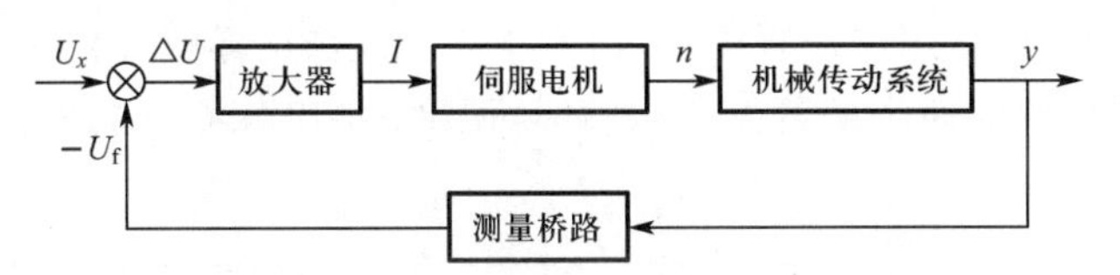

图 3-37　自动平衡式电位差计原理方框图

从原理框图中可以看出，电子电位差计是闭环结构，可以获得较高的精度。国产 XW 系列电子电位差计测量桥路原理图如图 3-38 所示。图中 E 为 1 V 直流稳压电源。I_1，I_2 分别为 4 mA 和 2 mA 。R_P 为滑线电阻，R_B 为工艺电阻，$R_P//R_B = 90\ \Omega$。为了使量程多样化，又并联上量程电阻 R_M，以供调整量程之用。R_G 为起始电阻，由仪表的量程起点所决定，R_4 为限流电阻，与其他几个电阻一起保证上支路电流为一恒定值 4 mA。在与热电偶配套使用的仪表中，R_2 由铜导线绕制，R_2 称为冷端温度补偿电阻，可用 R_{Cu} 表示。R_3 为限流电阻，与 R_2 一起保证下支路电流为一恒定值 2 mA。

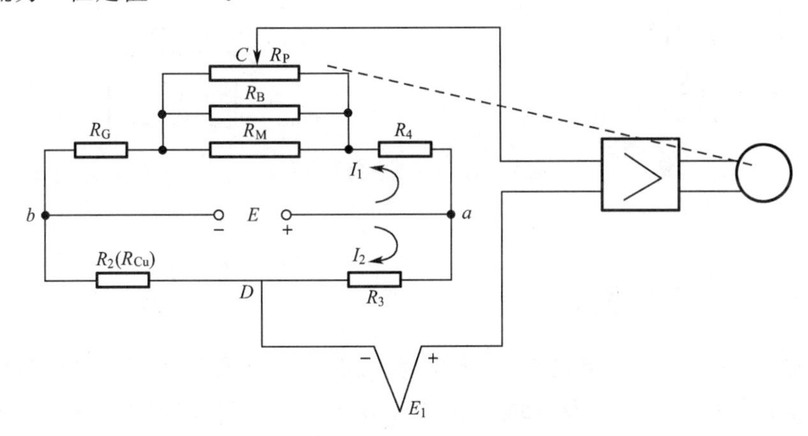

图 3-38　XW 系列测量桥路原理图

假如被测温度为 t，当环境温度为设计值 t_0 时，热电势为 E_t，此时动触点在点 C，系统平衡。当环境温度升高时，虽然被测温度没有变化，热电势却减小了 ΔE_t。如果没有 R_{Cu}，触点将左移，仪表示值偏低，当采用 R_{Cu} 后，由于 R_{Cu} 的阻值随环境温度的升高而增大，点 b 电位亦随之升高，即 U_{ab} 也有所减小。如果参数选择得当，使得在 R_{Cu} 上产生的电压变化量与 ΔE_t 刚好相等，则动触点不动，示值就没有变化，所以 R_{Cu} 的存在使电路能自动补偿冷端温度变化的影响，在使用过程中就不必采用其他温度补偿措施了。需要指出的是，由于热电势和铜电阻随环境温度变化的规律不完全一致，这里只是部分补偿。为了使 R_{Cu} 值与冷端温度保持一致，通常将其装在仪表外壳的接线端子板上。不同的热电偶其热电特性不同，桥路设计时 R_{Cu} 取不同值。使用时注意仪表与测温元件配套。

2. 自动平衡式电子电桥

当仪表与其他传感器配套时，R_2 由锰铜导线绕制。

自动平衡式电子电桥外形结构与自动平衡式电位差计相同，区别仅在于接收信号不同，测量桥路有所区别。它可与热电阻配套使用测量温度，也可与其他能转换成电阻变化的变送器、传感器或检测元件等配套使用，以显示和记录生产过程的其他参数。当电桥与热电阻配用时，由于热电阻安装在距离仪表较远的生产现场，为了减少连接导线电阻随环境温度变化时对测量结果的影响，要采用三线制接法，如图 3-39 所示。这样就可把热电阻两边的连接导线电阻分别连接到相邻的两个桥臂上，受到环境温度影响时，可以抵消一部分，以减小温度误差。

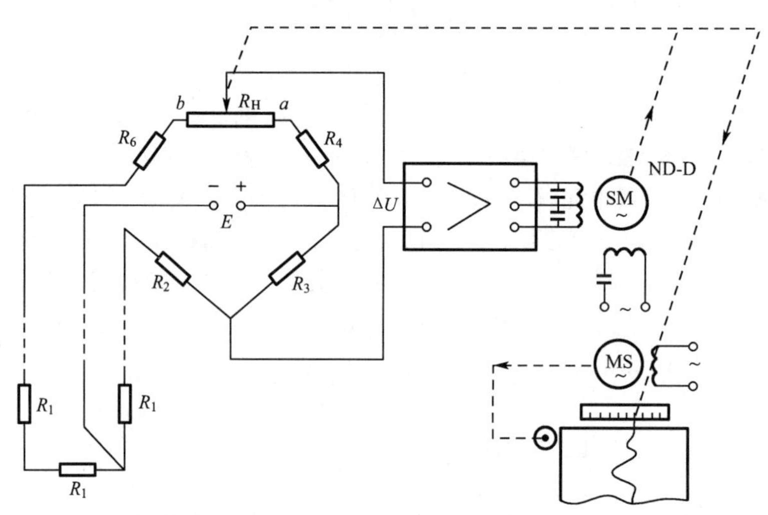

图 3-39 自动平衡式直流电桥原理图

3.6.3 数字式显示仪表

数字式显示仪表，简称数字仪表，是从 20 世纪 50 年代初出现的，随着数字化测量技术、半导体技术及计算机技术在仪表中的应用，数字仪表得到迅速发展和应用。数字仪表的出现适应了科学技术及自动化生产过程中高速、高准确度测量的需要，它与模拟仪表相比，具有如下特点：

①准确度高。一般数字电压表可达 0.05%级，高准确度的数字仪表，准确度可达 10^{-6} 数量级，而模拟仪表，要达到 0.1%的准确度，在制造上要求精度极高，十分困难。

②分辨力高。一般分辨力为 10 μV 或 1 μV，有的可达 0.1 μV。

③无视差。数字仪表以数码形式显示测量结果，读数清晰明了。而模拟仪表由于操作者的主观原因会造成视觉误差。

④数码形式输出，便于与计算机联机，可方便地实现数据处理。

⑤测量速度快。仪表的测量速度可达每秒数次直至每秒几十万次。

1. 数字仪表的基本构成

数字仪表品种繁多，原理各不相同，其基本构成方块图如图 3-40 所示。

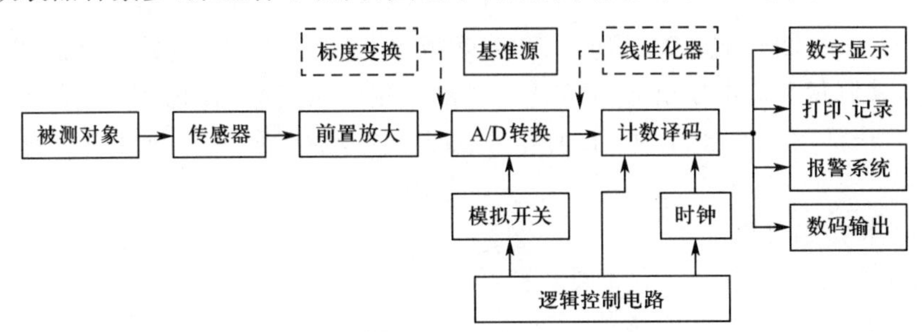

图 3-40　数字仪表的基本构成方块图

在工业过程的检测中被测参数如温度、压力、流量、液位等通过各种传感器或变送器转换成随时间连续变化的模拟电信号，一般情况下，该信号都较弱，且由于传输而含有各种干扰成分，因此需进行滤波、前置放大。滤波放大后的信号送到 A/D(模 / 数) 转换器进行 A/D转换，从而将连续输入的电信号转换成离散的数字量，经译码后送到显示单元进行数字显示，同时也可进行打印、记录或报警。需要时，可以数码形式输出，供计算机进行数据处理。

通常被测参数与传感器或变送器输出的电信号为非线性关系，利用模拟式显示仪表采用非线性刻度的方法可以方便地解决这个问题。但在数字仪表中，常用的二进制或二 - 十进制码其本身是线性递增或递减的，这样在信号转换过程中的非线性问题就直接影响测量的准确性。在数字仪表中必须进行线性化处理，即把仪表非线性化输入信号转换为线性化数字显示过程中都要采用必要的补偿措施。此外，往往还要加上标度变换环节，以使仪表显示的数字量与被测参数的数值一致，非线性补偿与标度变换可以在模拟电路部分实现，也可以在数字电路中实现，在智能仪表中，可用软件来完成。

2. 非线性补偿

非线性补偿方法很多，概括起来可分为：

①模拟非线性补偿法，即在 A/D 转换器之前和模拟电路中进行被测参数的非线性补偿；

②非线性 A/D 转换法，在 A/D 转换过程中实现非线性补偿；

③数字非线性补偿法，在 A/D 转换后的数字电路中实现非线性补偿。

3. 标度变换

由传感器输出的信号经滤波、放大和 A/D 转换后，一般都是以电压量的形式输出，而在化工、石油等工业过程测量中，往往要求以被测参数的形式显示。例如，温度、压力、流量、物位等，这就存在量纲还原问题，通常称之为标度变换。

3.6.4 智能化、数字化记录仪

随着大规模和超大规模集成电路技术和计算机技术的飞速发展，仪表制作也发生了巨大变革，仪表趋于小型化、系统化、智能化。由上海大华仪表厂生产的 XJFA-02 数据记录仪就是其中一例。它是采用微机技术和精密机械生产的高性能、高质量的新型智能混合式记录仪，具有测量数据数字显示，报警通道显示，测量数据的数字记录、模拟记录或数字、模拟定时轮流交替记录，制表记录，报警时间和解除报警时间记录，声音报警及继电器报警输出等功能，可用来测量直流电压信号、过程电流信号，并可与热电偶和热电阻配套对温度参数进行测量。可广泛用于冶金、化工、石油等工业部门以及科学研究中的自动检测、监视、记录和数据采集。

1. 仪表的构成及原理

仪表构成如图 3-41 所示。它主要包括：

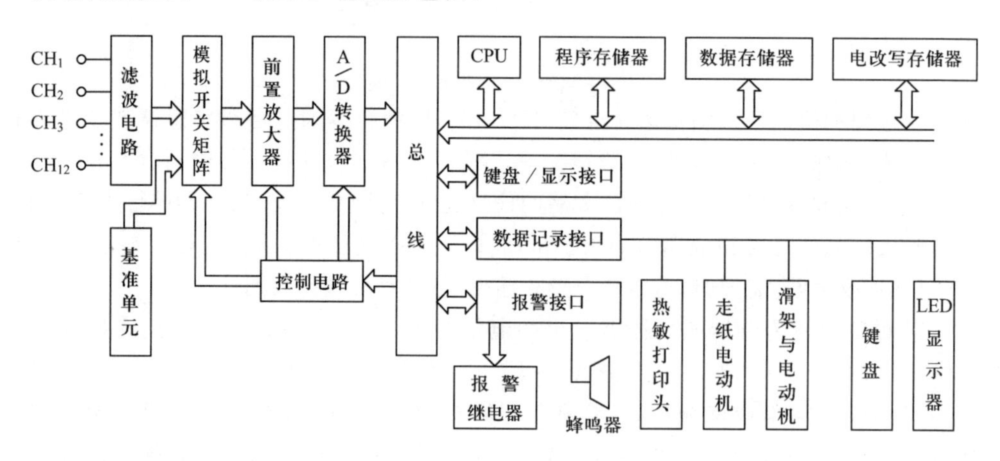

图 3-41 仪表构成框图

(1)数据采集单元电路

由滤波电路、模拟开关矩阵、前置放大器、A/D 转换器等组成。

(2)控制电路

以单片机为核心，并由程序存储器、数据存储器及其外围接口芯片等构成的控制系统。

(3)报警单元

由报警继电器、蜂鸣器等组成。

(4)数据记录单元

包括步进电动机、走纸机构、打印纸等。

(5)键盘/显示单元

仪表面板的下方配有 19 个操作键。各键符号如图 3-42 所示，每次设定过程可通过仪表的 8 位 LED 显示。

在控制单元控制下各通道的模拟输入信号经滤波后，由多路采样开关以每点 0.5 ms 速度进行采样。根据用户对每个通道输入信号类型选择的设定值，仪表对输入放大器的量程进行自动切换。输入信号经放大后总线将转换结果取入内存并由控制软件对 A/D 转换结

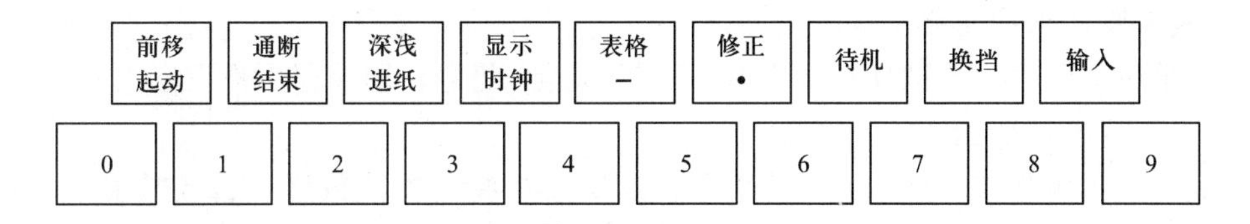

图 3-42　键盘符号示意图

果进行自校处理后，按照设定要求进行标度变换，线性化处理等数值运算，运算结果分别送至相应的缓冲器单元，而后进行数字显示报警和数据或曲线打印。

2. 仪表特点及技术性能

(1)多通道，多量程输入

包括 12 条通道，2 种直流电压输入，5 种热电偶及 2 种直流电流输入，输入量程及范围可灵活设定。表 3-8 给出热电偶直流毫伏输入信号的类型及代码，每个通道可任选其中一种。

表 3-8　热电偶直流毫伏输入信号的类型及代码

输入信号类型		键盘设定码	基准测量范围	单位	显示基本误差
直流	20	0	−20.00～20.00	mA	±0.3%
电压	100	1	−100.0～100.0	mA	±1 数字
热电偶	B	2	0600～1800	℃	±0.5%
	T	3	−150.0～350.0		
	S	4	0000～1300		
	E	5	000.0～900.0		±1 ℃
	K	6	0000～1200		
过程	101	7	00.00～10.00	mA	
电流	201	8	04.00～20.00		

(2)多种数据输出方式

仪表对被测信号可以只进行连续模拟记录，也可对信号只进行定时数字记录，同时还可以自动定时进行数字、模拟轮流交替记录，定时时间可由用户通过键盘设定或随时改变。

数字显示采用 LED(发光二极管)显示器，具有巡回式数点定点显示，可显示通道号、测量数据、报警通道号，还可以通过键盘操作显示指针走纸速度及各设定参数。

能提供各通道量程的打印功能，包括打印年、月、日、时间、曲线、走纸速度、满点修正值、打印深浅度等，具有 4 种打印格式：模拟打印、列表打印、数据打印、报警信息打印。模拟打印和数据打印可设定为单独自动连续进行，也可设定为自动定时交替进行。

(3)具有报警功能

仪表对每个通道可独立建立高或低二个报警点和报警通道显示，并可独立选用四个报警输出继电器中的任一个，还可打印出各报警发出或撤销的标记、时间及选用继电器号，当任一测量值越限时，机内蜂鸣器发出声响，数据打印时，在打印测定数据的同时，还打印出报警标记 H 或 L。

(4)具有断电保护功能

仪表采用 EEPROM,即使在断电时,不需干电池,仍能长期保存用户设定内容。

(5)具有自校正功能

仪表在每次采集数据之前,内部可对输入零漂及放大器倍数进行自动校验,并加以修正,还设有程序自动跟踪启动电路,因此,仪表可长期保持稳定运行。

(6)具有数据处理功能。

由于仪表内部采用 CPU,能实现各种复杂运算,可对测量数据进行加工处理。例如,可进行非线性校正,热电偶冷端温度补偿,标度变换等。

(7)数据通信功能

仪表设置了一个串行通信接口,可与其他微机化仪表和计算机进行数据通信,以便构成不同规模的计算机控制系统。

(8)可操作性强,调整方便

仪表通过简单的键操作(每步操作都有相应的提示符)可随时改变各通道的输入量程、记录情况、打印深浅等,而且对机械满点的调整也仅通过简单的键操作即可实现。

习 题

3-1 过程检测系统包括哪几个部分?简述它们各自的作用?

3-2 按误差出现的规律分类,测量误差可分为哪几种?它们各有何特点?

3-3 测量仪表有哪几个主要品质指标?

3-4 对某参数进行多次重复测量,其测量数据见表 3-9,试求测量过程中可能出现的最大绝对误差。

表 3-9 测量数据

测量值	8.23	8.24	8.25	8.26	8.27	8.28	8.29	8.30	8.31	8.32	8.41
次数	1	3	5	8	10	11	9	7	5	1	1

3-5 简述热电偶测温的基本原理及应用场合?

3-6 对于应用于工业测量的热电偶电极材料有何要求?

3-7 为什么利用热电偶测温时要使用补偿导线?热电偶冷端温度补偿方法有哪几种?工业上常用的是哪种?

3-8 铂铑-铂热电偶测温度,其仪表示值为 600 ℃,而冷端温度为 65 ℃,则实际温度是否为665 ℃?如不是,正确值应为多少?

3-9 常用的工业热电偶有哪几种?各有何特点?

3-10 常用的工业热电阻有哪几种?各有何特点?

3-11 简述热电阻温度计的工作原理?应用场合?

3-12 热电阻温度计的电阻体 R_t 为什么要采用三线制接法?为什么要规定某一数值的外线电阻?

3-13 温度测量仪表的选用应从哪几方面考虑?

3-14 简述温度变送器的工作原理及其作用。

3-15 一体化温度变送器的主要特点是什么?

3-16 智能温度变送器的主要特点是什么?

3-17 何谓绝对压力、大气压力、真空度?其关系如何?

3-18 测压仪表有哪几类?各基于何原理进行工作?

3-19 试述弹性式压力表的主要组成部分及测压过程？

3-20 分析电容式压力传感器、扩散硅压力变送器的工作原理和特点。

3-21 ST3000差压变送器的主要性能有哪些？

3-22 某压力表的测量范围为0～1 MPa，精度等级为1.5级，问此表允许的最大绝对误差是多少？

3-23 某台空压机的缓冲器，其工作压力范围为1.1～1.6 MPa，要求就地观察压力，并要求测量结果的误差不大于工作压力的±5%，试选择合适的压力计(类型，量程，精度等级)。

3-24 简要说明选择压力检测仪表主要应考虑哪些问题？

3-25 压力计安装要注意哪些问题？

3-26 简述差压式流量计测量流量的原理，并说明哪些因素对流量测量有影响？

3-27 何谓标准节流装置？简述标准节流装置组成部分？

3-28 试述浮子式流量计、容积式流量计和电磁流量计测量流量的工作原理、使用特点。

3-29 当被测介质的密度，压力或温度变化时，浮子式流量计的示值如何修正？

3-30 在所介绍的各种流量检测方法中，请指出哪些测量结果受被测流体的密度影响？

3-31 用浮子式流量计测气压为0.65 MPa，温度为40 ℃的CO_2气体流量时，若已知流量计读数为50 m^3/s，求CO_2的真实流量为多少？(已知CO_2在标准状态时的密度为1.976 kg/m^3)

3-32 差压流量计与浮子式流量计测量流量的原理有何不同？

3-33 试述涡街流量计的基本构成及检测原理？

3-34 按工作原理的不同，物位测量仪表有哪些主要类型？它们的工作原理是什么？

3-35 差压式液位零点迁移实质是什么？怎样进行迁移？

3-36 简述电容式液位计的工作原理，在使用过程中应注意哪些问题？

3-37 显示仪表按显示的方式分为哪几类？

3-38 说明自动电子电位差计是如何基于补偿测量法工作的？

3-39 数字式显示仪表主要由哪几部分组成，各部分有何作用？

3-40 有一台数字仪表满度显示为“20060”，此时它从放大器接收的信号为5 V，现与一测压变送器配套测量压力，其输出为0～10 mA DC。它所对应的测压范围为0～20 000 Pa，问应采用什么办法才能使数字表直接显示压力数？

第4章

过程控制仪表

过程控制仪表是实现生产过程自动化的重要工具，广义上讲，过程控制仪表是指除了检测元件、测量变送器以及显示仪表以外的其他自动化工具。本章将重点介绍基本控制规律、模拟式调节器、数字式调节器和可编程控制器等。

4.1 基本控制规律

在自动控制系统中，控制作用主要是通过控制器来实现的。当被控变量受到干扰影响而偏离给定值时，控制器就会根据偏离情况，按照某种数学关系运算后产生新的控制信号，使执行器产生相应的动作，以便使被控变量回到给定值上。这个控制过程的质量如何，不仅与被控对象的特性密切相关，而且还与控制器的特性有很大关系。

所谓控制器的特性，就是指控制器的输出信号随着输入信号变化的规律，又称作控制器的控制规律。在过程控制中，控制器的输入定义为被控变量的测量值 y 与给定值 r 的偏差 e，即 $e = y - r$；控制器的输出就是控制器送往执行器的控制信号 u。控制器中的控制规律可以表示为

$$u = f(e) \tag{4-1}$$

对控制器而言，$e>0$ 称为正偏差；$e<0$ 称为负偏差；当 $e>0$ 时，相应的 $\Delta u>0$（或当 $e<0$ 时，相应的 $\Delta u<0$），称为正作用控制器；反之，称为反作用控制器。

目前控制器中采用的基本控制规律有：比例控制、积分控制、微分控制以及它们的组合。此外还有更为简单的位式控制。这些控制规律是为了适应不同的生产要求而设计的。只有掌握了各种控制规律的特点以及适用场合，并结合具体对象的特性和生产的要求，才能选择合适的控制规律，以便获得满意的控制效果。本节将对几种基本的控制规律及其对过渡过程的影响进行介绍。

4.1.1 位式控制

位式控制可分为双位控制和多位控制。其中，双位控制是一种最简单的控制形式。双位控制的动作规律是当被控变量的测量值大于给定值时，控制器的输出最大；而当被控变量的测量值小于给定值时，控制器的输出最小（或当测量值大于给定值时，输出最小；而当测量

值小于给定值时，输出最大）。双位控制的特性可以用下面的数学表达式来描述：

$$u=\begin{cases}u_{\max}, & e \geqslant 0(\text{或 } e<0) \\ u_{\min}, & e<0(\text{或 } e \geqslant 0)\end{cases} \tag{4-2}$$

式(4-2)表明，理想的双位控制只有两个输出值，对应着控制部件的两个极限位置，而且从一个极限位置到另一个极限位置的切换过程很快。理想双位控制特性如图 4-1 所示。

图 4-2 是一个典型双位控制的原理图。该系统利用电极或液位计来控制贮槽的液位。槽内装有一个电极，作为液位的测量装置。电极的一端与继电器的线圈 J 相接；另一端正好处于液位给定值的位置上。导电液体经装有电磁阀 V 的管线进入贮槽，再由出料管流出。贮槽的外壳接地。当液位低于给定值 H_0 时，液体与电极不接触，继电器处于断路状态，使电磁阀 V 全开，液体通过电磁阀流入贮槽，使液位上升。待液位高度达到 H_0 时，液体与电极接触，于是继电器接通，从而使电磁阀全关，液体不再进入贮槽。但此时贮槽内液体仍继续由出料管排出，故液位要下降。当液位下降到小于给定值时，液体又与电极脱离，于是电磁阀 V 又开启，如此反复循环，使液位维持在给定值附近上下波动。

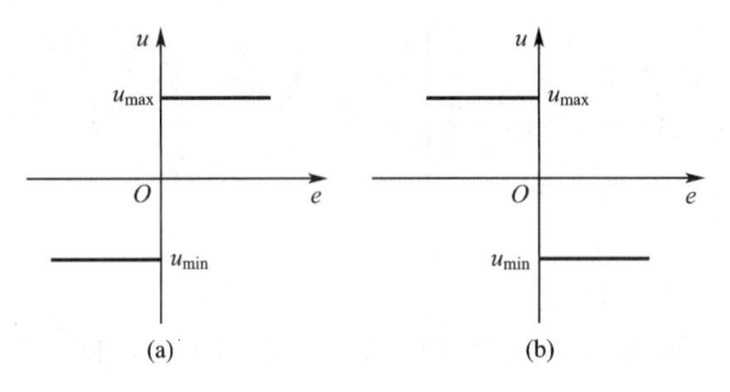

图 4-1　理想双位控制特性

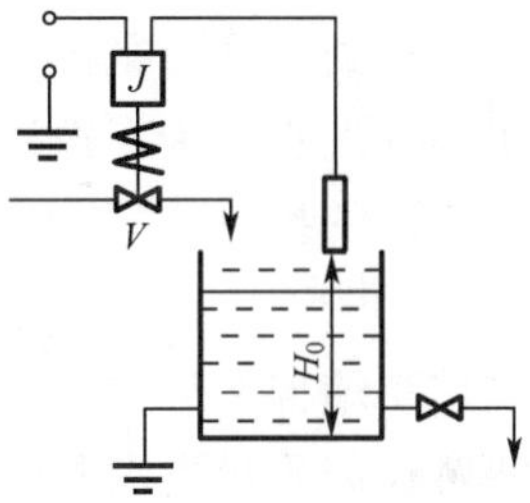

图 4-2　双位控制示例

在按照理想双位控制特性动作的控制系统中，执行部件的动作非常频繁，这样就会使系统中的运动部件（如上例中的继电器、电磁阀等）易于损坏，从而降低了控制系统的可靠性。在实际生产中，被控参数一般允许在一定范围内变化，因此，实际应用的双位控制器都存在一个中间区，其特性可表示为

$$u=\begin{cases}u_{\max}, & y \geqslant y_{\mathrm{H}}(\text{或 } y \leqslant y_{\mathrm{L}}) \\ u_{\max} \text{ 或 } u_{\min}, & y_{\mathrm{L}}<y<y_{\mathrm{H}} \\ u_{\min}, & y \leqslant y_{\mathrm{L}}(\text{或 } y \geqslant y_{\mathrm{H}})\end{cases} \tag{4-3}$$

式中　y_{H}——被控变量的上限给定值；

y_{L}——被控变量的下限给定值。

由式(4-3)可以看出，在具有中间区的双位控制中，被控变量有两个给定值。当被控变量超过上限给定值时，阀门处于某个极限位置（全开或全关）；当被控变量低于下限给定值时，阀门处于另一个极限位置（全关或全开）；而当被控变量介于两个给定值之间时，阀门保持原来位置不变。这样，就可以大大降低执行部件的动作频率。具有中间区的双位控制特性如图 4-3 所示。

如图 4-2 所示的液位控制系统采用具有中间区的双位控制，其动作过程为：液位低于下限给定值 h_{L} 时，电磁阀打开，液体流入贮槽。由于流入量大于流出量，故液位上升。当液位升

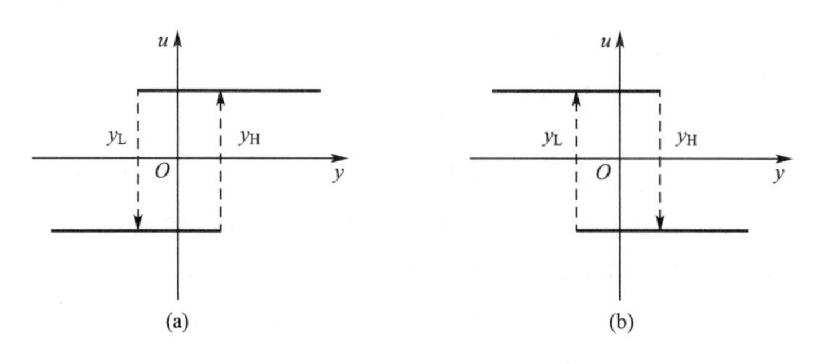

图 4-3 具有中间区的双位控制特性

至上限值 h_H 时，阀门关闭，液体停止流入。此时槽内液体仍在流出，液位又开始下降，直到液位低于 h_L 时，阀门又重新打开，进入下一循环。这样，液位就在上限给定值 h_H 与下限给定值 h_L 之间作等幅振荡，其控制过程如图 4-4 所示。

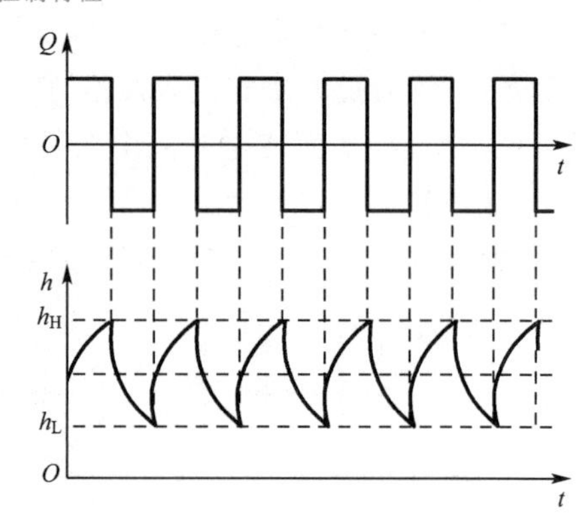

图 4-4 具有中间区的双位控制过程

双位控制只有两种极限控制状态，对象中的物料或能量总是处于严重的不平衡状态，使被控变量始终处于振荡过程。为了改善控制特性，可以采用三位或更多位的控制方式，其原理与双位控制基本相同。

位式控制结构简单，成本较低，且易于实现，适用于某些对控制质量要求不高的应用场合，如仪表用空气压缩机贮罐的压力控制、恒温箱的温度控制等。工厂中常用的简单双位控制元件有带电触点的压力表、带电触点的水银温度计、双金属温度计等。

4.1.2 比例控制

1. 比例控制规律

比例控制规律是指控制器的输出变化量与输入偏差成比例关系，一般用字母 P 表示，来源于英文单词 Proportional。

比例控制规律的数学表达式为

$$u = K_P e \tag{4-4}$$

式中 u—— 控制器的输出变化量；

e—— 控制器的输入变化量(即被控变量测量值与控制器的给定值之差)；

K_P—— 比例控制的放大倍数，又称比例增益。

比例控制规律的开环阶跃响应特性如图4-5所示。

需要注意的是，式(4-4)中的 u，并不是比例控制器的实际输出值，而是相对于起始输出值 u_0 的增量。因此，当偏差 e 为零时，并不意味着控制器的输出也为零，它只说明此时控制器的输出没有发生变化，仍然保持在 u_0。u_0 的大小可以通过调整控制器的工作点加以改变。

比例控制的放大倍数 K_P 是一个重要的可调参数，它的取值可以大于 1，也可以小于 1，

K_P 的大小决定了比例控制作用的强弱。显然，在输入偏差相同的情况下，K_P 越大，控制器的输出变化量也越大，控制作用就越强；而在放大倍数不变的情况下，则输入偏差越大，输出的变化量也越大。

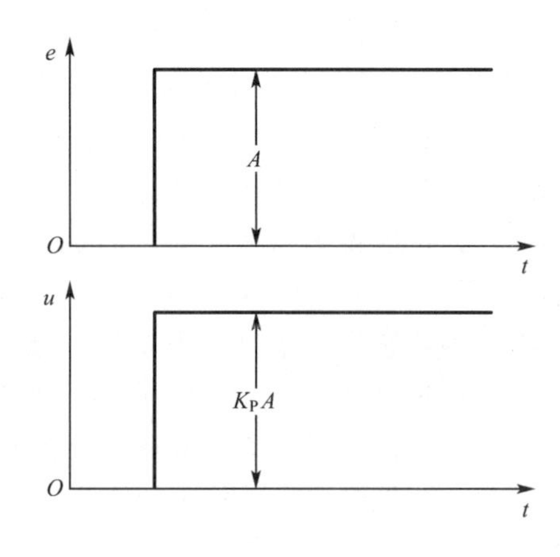

图 4-5　开环阶跃响应特性

在过程控制中一般采用比例度 δ(也称比例带)来衡量比例控制作用的强弱。比例度可表示为

$$\delta = \frac{e/(x_{\max} - x_{\min})}{u/(u_{\max} - u_{\min})} \times 100\% \qquad (4\text{-}5)$$

式中　e—— 控制器的输入变化量(即偏差)；

u—— 相对于偏差为 e 时控制器的输出变化量；

$x_{\max} - x_{\min}$—— 控制器输入信号的变化范围(或测量仪表的量程)；

$u_{\max} - u_{\min}$—— 控制器输出信号的变化范围。

比例度是指控制器的输入相对变化量与对应的输出相对变化量的百分比。显然 δ 是一个无因次量。它更有利于用来描述比例控制器的一般特性。比例度 δ 具有重要的物理意义，它代表使控制器的输出变化全范围时所需要的被控变量的变化范围。只有当被控变量在这一范围内变化时，控制器的输出才与偏差成比例。如果超出了这个“比例带”，控制器的输出就不再成比例变化了，此时控制器将暂时失去比例控制作用。

比例度的大小可以根据比例控制器的输入输出测试数据计算得到。

例如，在一个电动比例控制器构成的温度控制系统中，被控变量检测仪表的量程为 200～300 ℃，控制器的输出为 0～10 mA。假如当温度测量值从 250 ℃变化到 270 ℃时，相应的控制器输出信号从 4 mA 变化到 9 mA，这时控制器的比例度是

$$\delta = \frac{(270-250)/(300-200)}{(9-4)/(10-0)} \times 100\% = 40\%$$

这说明只要温度变化 40 ℃，就可以使控制器的输出信号从 0 mA 变化到 10 mA。

比较式(4-4)与式(4-5)，可看出比例度 δ 和放大倍数 K_P 之间具有以下关系：

$$\delta = \frac{K}{K_P} \times 100\% \qquad (4\text{-}6)$$

式中

$$K = \frac{u_{\max} - u_{\min}}{x_{\max} - x_{\min}}$$

在用单元组合仪表构成的控制系统中，由于变送器和控制器都是采用统一的标准信号，因此常数 $K=1$。比例度 δ 和放大倍数 K_P 的关系可进一步简化为

$$\delta = \frac{1}{K_P} \times 100\% \qquad (4\text{-}7)$$

这说明两者互为倒数关系，即 δ 越小，K_P 越大，比例控制作用越强；δ 越大，K_P 越小，比例控制作用越弱。

2. 比例控制的特点

比例控制的显著特点就是有差控制。即只有当偏差出现时，才产生新的控制动作，而且

偏差越大，控制器输出的变化也越大。为了加深对这一特点的认识，下面举例说明。

如图 4-6 所示是一个水加热器温度控制系统。这个控制系统的被控变量是热水出口温度，控制器选用比例控制规律，它通过改变执行器的阀门开度来改变加热蒸汽量，以保持出口水温恒定。为了使问题简化，现在假设控制器的输出信号正好与执行器的阀门开度 k 相对应，由此可以得到如图 4-7 所示的各种特性曲线。图中的直线 1 是比例控制器的特性关系，它反映了阀门的开度随出口水温变化的情况。当水温升高时，控制器的输出应使蒸汽阀的开度减小，因此它在图中是一条左高右低的直线，直线的斜率由比例度的大小决定。比例度越大，直线的斜率也越大。图中的曲线 2 和 3 分别代表加热器在水流量为 Q_0 和 Q_1 时的静态特性。它们表示加热器对象在没有控制器作用的情况下，热水的出口温度与蒸汽阀开度之间的关系。这些特性是通过单独对加热器进行一系列的实验得到的。

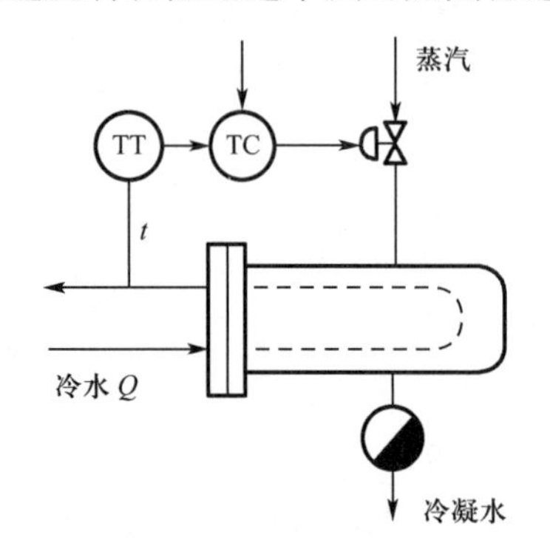

图 4-6　水加热器温度控制系统

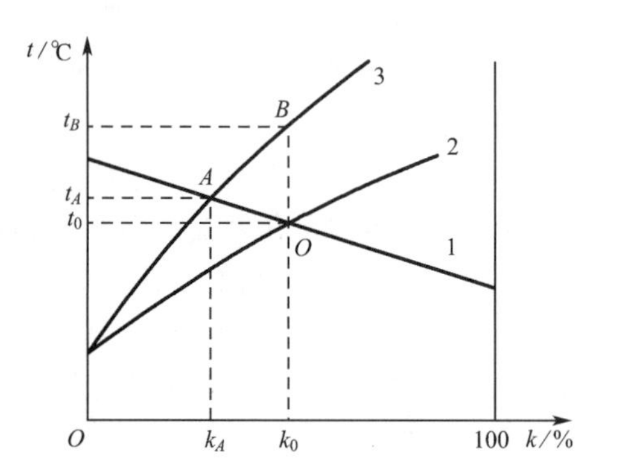

图 4-7　比例控制特性示例说明

该系统在正常工况下，水流量为 Q_0，出口水温为 t_0（给定值），对应的蒸汽阀开度为 k_0（初始阀位）。这一稳态点在图中由直线 1 与曲线 2 的交点 O 来代表。如果水流量在某一时刻从 Q_0 减小到 Q_1，出口水温必然增加，比例控制器将根据水温的增加量，相应地减小阀门的开度，使蒸汽量降低。待这一控制过程结束后，新的稳态运行点将移到直线 1 与曲线 3 的交点 A。此时的阀位为 k_A，出口水温为 t_A，它已偏离了给定值 t_0，其余差为 $t_A - t_0$，这完全是由于比例控制规律所造成的。从能量平衡的观点来看，当热水带走的热量发生变化时，只有改变蒸汽带入加热器的热量（即改变蒸汽阀的开度）才能达到新的平衡，而要想依靠比例控制器做到这一点，就意味着必须要有偏差存在。没有偏差，蒸汽阀的开度就不会发生改变。

比例控制虽然不能准确地保持被控变量恒定，但效果还是比不加自动控制要好得多。在图 4-7 中可以看到，如果从平衡点 O 开始，当水流量从 Q_0 变化到 Q_1 时，不进行自动控制（即蒸汽阀位仍保持开度为 k_0），那么出口水温将根据其自平衡特性一直上升到 t_B 为止。

3. 比例度对控制过程的影响

比例度对控制过程的影响可以从静态和动态两个方面来考虑。

比例度对系统静态特性的影响是：比例度越大（即放大倍数 K_P 越小），控制过程达到稳态时的余差就越大。这是因为比例控制器的输出变化量 $u = K_P e$，要想获得相同的控制作用，K_P 越小，所需的偏差就越大，因此，在同样的负荷变化情况下，控制过程结束时的余差就越大；反之，减小比例度，余差也会随之减小。这一点从上面的加热器温度控制特性曲线中也可以得到验证。

减小比例度虽然有利于减小系统达到新稳态时的余差，但却影响到系统的动态特性，使控制系统的稳定性下降。比例度对过渡过程的影响可由图 4-8 所示的在干扰作用下的闭环响应曲线定性看出。当比例度较大时，控制作用弱，执行部件的动作幅度小，被控变量变化平稳而缓慢，但余差大[图 4-8(a)]；随着比例度的减小，控制作用得到加强，执行部件的动作幅度加大，被控变量的变化明显加快，并开始产生振荡，但系统仍能保持稳定，且余差较小[图 4-8(b) 和图 4-8(c)]；当比例度减小到某一数值时，系统开始出现等幅振荡[图 4-8(d)]，这时系统已处于稳定的边界状态，对应的比例度称为临界比例度。如果再进一步减小比例度，就会出现发散振荡过程[图 4-8(e)]，系统就不稳定了。由此可见，比例度的大小对控制品质有较大影响，应该根据工艺生产对被控变量的稳定性和控制精度的要求，统筹兼顾而定。一般希望通过选择合适的比例度能获得 4∶1 到 10∶1 的衰减振荡过程[图 4-8(b)]。

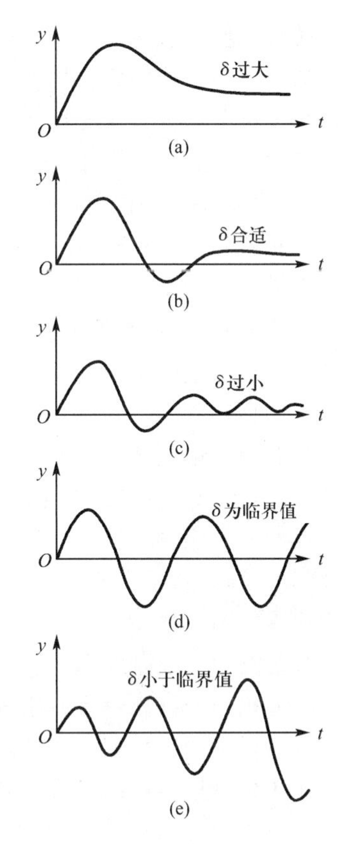

图 4-8　不同比例度下的过渡过程曲线

总之，比例控制是一种最基本、最主要、也是应用最普遍的控制规律，它可以根据偏差产生控制作用。尽管控制过程存在余差，但它能及时克服扰动的影响，使系统较快地稳定下来。比例控制通常适用于干扰幅度较小，负荷变化不大，对象的纯滞后相对于时间常数较小，或控制精度要求不太高的场合。

4.1.3　比例积分控制

1. 积分控制规律及其特点

积分控制规律是指控制器的输出变化量与输入偏差的积分成比例关系，一般用字母 I 表示，来源于英文单词 Integral。

积分控制规律的数学表达式为

$$u = \frac{1}{T_I}\int e\mathrm{d}t \tag{4-8}$$

式中，T_I 为积分时间，它是一个可调整的常数。

积分控制作用的特性可以用在阶跃输入作用下输出的响应曲线来说明。当控制器的输入偏差 e 是一常数 A 时，式(4-8) 可写成

$$u = \frac{1}{T_I}\int A\mathrm{d}t = \frac{A}{T_I}t$$

根据上式画出的特性曲线如图 4-9 所示。图中的输出响应是一条直线，其斜率与 T_I 有关。T_I 越大，斜率越小，积分控制规律的输出变化量越小，积分作用也就越弱；反之，T_I 越小，斜率越大，积分作用也就越强。因此，积分时间 T_I 在本质上反映了积分作用的强弱。

从积分控制规律的数学表达式和阶跃响应特性可以看出，积分控制作用输出信号的大小不仅与输入偏差的大小有关，而且与偏差存在的时间有关。只要偏差存在，即使很小，控制器输出也会随时间的积累不断地增大（或减小）。直到偏差消除后，控制器的输出才停止变化。因此，积分作用能够消除余差，这是积分控制规律最显著的特点，也是它的突出优点。

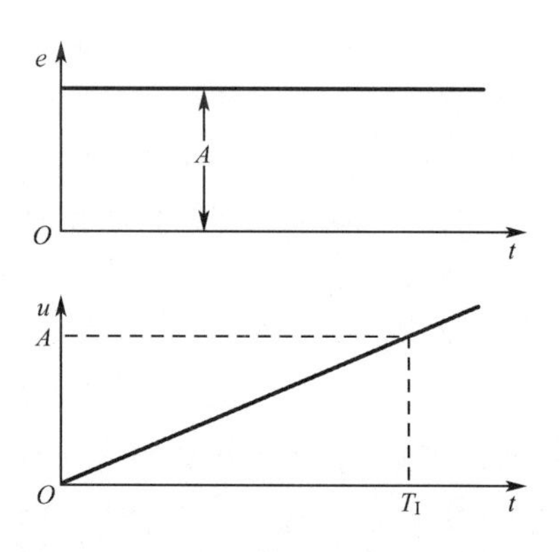

图 4-9 积分作用开环阶跃响应特性

积分作用虽然能消除余差，但是它的动作过程比较缓慢。在偏差刚出现时，积分控制的输出变化很小，积分控制作用很弱，不能及时克服扰动的影响，致使被控变量的动态偏差增大。而随着偏差的增大和存在时间的加长，积分控制输出变化的累积量又会过大，对干扰的校正作用过量，导致被控变量又向相反方向变化，如此反复，系统长时间不能稳定。因此，积分作用的引入将会使控制系统的稳定性下降，这是它的另一个特点，也是它的主要缺点。因此，在实际过程控制中，积分控制规律一般不单独使用。

2. 比例积分控制规律

比例积分控制规律是由比例控制规律和积分控制规律结合而成，一般用字母 PI 表示。由于它吸取了两种控制规律的优点，在生产中有着广泛的应用。

比例积分控制规律的数学表达式为

$$u = K_P\left(e + \frac{1}{T_I}\int e\mathrm{d}t\right) \tag{4-9}$$

当输入偏差是一幅值为 A 的阶跃变化时，比例积分控制器的输出变化特性曲线如图 4-10 所示。从图中可以看出，输出响应是由比例作用和积分作用两部分叠加而成。在输入阶跃变化的瞬间，控制器的输出先产生一个幅值为 K_PA 的阶跃变化，然后以固定速度$\frac{K_PA}{T_I}$逐渐上升。当偏差存在的时间 $t = T_I$ 时，控制器总的输出变化量为 $2K_PA$。这样，就可以根据图 4-10 确定出 K_P 和 T_I。

在采用比例积分控制规律的闭环控制系统中，当干扰出现时，比例作用根据偏差的大小立即产生一个较大的校正量，以便快速克服干扰对被控变量的影响，它相当于“粗调”。积分作用在这个基础上再进一步“细调”。两种规律共同作用，取长补短，使系统最终稳定在给定值上。PI 控制规律既能快速克服干扰，又能消除系统的余差。

3. 积分时间对过渡过程的影响

在比例积分控制器中，比例度 δ（或比例增益 K_P）和积分时间 T_I 都是可调参数。

比例度对过渡过程的影响前面已经分析过，现在重点分析积分时间对过渡过程的影响。在同样的比例度下，积分时间对过渡过程的影响如图 4-11 所示。

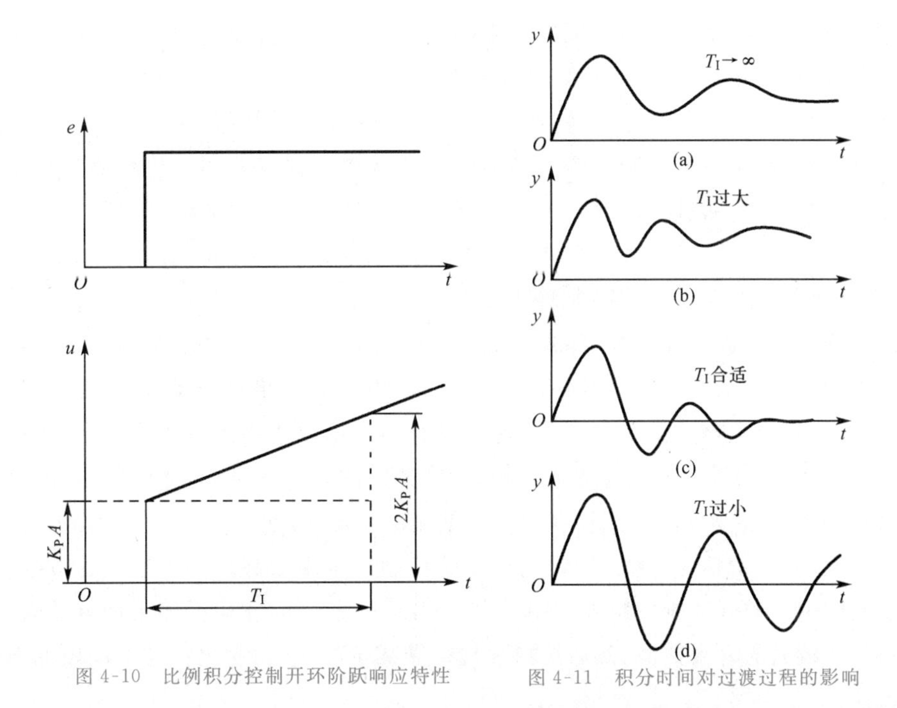

图 4-10　比例积分控制开环阶跃响应特性　　图 4-11　积分时间对过渡过程的影响

从图中可以看出，积分时间 T_I 过大和过小得到的控制效果都不理想。T_I 过大，积分作用太弱，消除余差的过程很慢[图 4-11(b)]；当 $T_I\to\infty$ 时，积分作用已经消失，成为纯比例控制，余差将得不到消除[图 4-11(a)]；T_I 过小，控制器的输出变化太快，使过渡过程振荡太剧烈，系统的稳定性大大下降[图 4-11(d)]；只有当 T_I 适当时，过渡过程才能较快地衰减，而且没有余差[图 4-11(c)]。

由于控制规律中引入积分作用后，会使系统的振荡加剧，尤其是对于滞后大的对象，这种现象更为明显，因此，积分时间的选取应根据对象的特性来选择。对于滞后小的对象，T_I 可选得小些；反之，T_I 可选得大些。另外，为了保持系统的稳定性，引入积分作用后，控制器的比例度 δ 应比纯比例作用时略大些。

4.1.4　比例微分控制

1. 微分控制规律及其特点

微分控制规律是指控制器的输出变化量与输入偏差的变化速度成比例关系，一般用字母 D 表示，来源于英文的 Derivative。

微分控制规律的数学表达式为

$$u = T_D \frac{\mathrm{d}e}{\mathrm{d}t} \tag{4-10}$$

式中　T_D—— 微分时间，它是一个可调整的常数；

$\frac{\mathrm{d}e}{\mathrm{d}t}$—— 偏差对时间的导数，即偏差的变化速度。

由式(4-10)可知,微分作用是依据偏差的变化速度来进行控制的。偏差的变化速度越大,控制器的输出变化也越大。而对于一个固定不变的偏差,不管这个偏差有多大,微分作用的输出总是零,这是微分作用的特点。这说明微分控制作用不是在等到已经出现较大偏差后才开始动作,而是在被控变量刚要偏离给定值时就根据偏差的变化趋势产生控制校正作用,以阻止被控变量的进一步变化。它实际上对干扰起到了超前抑制的作用。对于那些时间常数或惯性较大的被控对象,在控制规律中引入微分作用后,可以减小系统的动态偏差和过渡时间,使过程的动态品质得到明显改善。

当输入偏差信号为一幅值为 A 的阶跃变化时,按式(4-10) 所得到的微分控制特性响应曲线如图 4-12 所示。从图中可以看到,在输入偏差的瞬间,输出趋于无穷大。在此以后,由于输入不再变化,输出立即又降到零。这种特性只有当采用数学描述时才能得到,所以通常把按照式(4-10) 得到的微分控制规律,称为理想的微分控制规律。在实际应用中,严格按照图 4-12 所示的控制特性动作的控制器在物理上是无法实现的,而且由于微分作用的时间太短,即使能够实现,实用价值也不大。工业上实际的控制器采用的都是一种近似的微分作用,它在阶跃输入作用下的开环响应特性如图 4-13 所示。由图可知,在阶跃输入加入的瞬间,输出突然升到一个较大的有限数值,然后按指数规律衰减至零。这一变化特性可以用如下数学表达式描述:

$$u = A(K_{\mathrm{D}} - 1)\mathrm{e}^{\frac{-K_{\mathrm{D}}}{T_{\mathrm{D}}}t} \tag{4-11}$$

式中,K_{D} 称作微分放大倍数,它在控制器中是一个固定的常数,一般取值为 $5 \sim 10$,K_{D} 决定了微分作用的起始最大变化量。微分时间 T_{D} 是一个可调参数,在 K_{D} 确定后,微分作用的衰减速度就取决于 T_{D}。T_{D} 是表征微分作用强弱的一个重要参数。T_{D} 大时,微分作用衰减缓慢,微分作用强;反之,T_{D} 小时,微分作用弱。

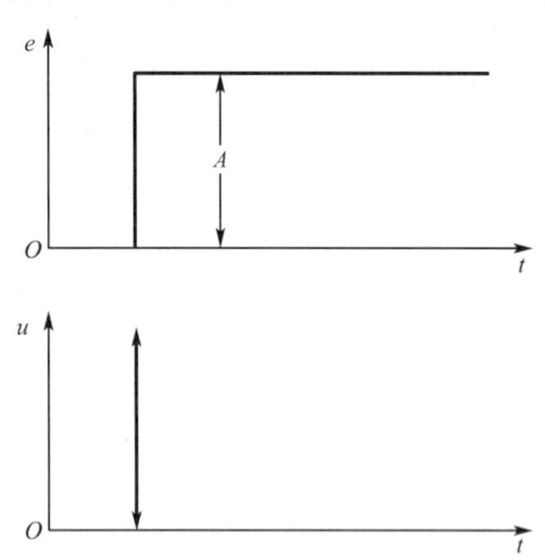

图 4-12　理想微分作用开环阶跃响应特性

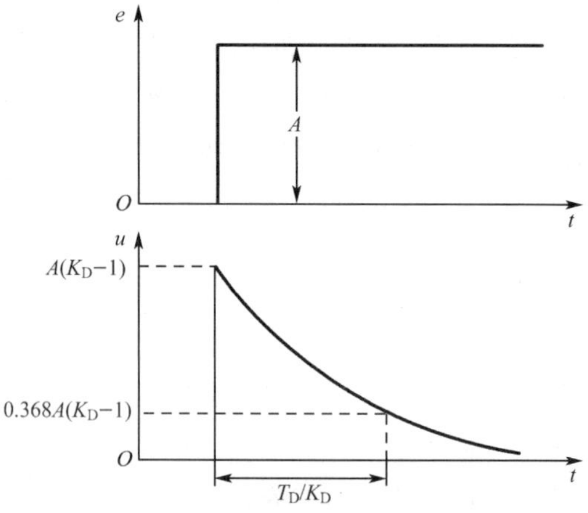

图 4-13　实际微分作用开环阶跃响应特性

由式(4-11) 可知,当 $t = 0$ 时,

$$u = A(K_{\mathrm{D}} - 1)$$

当 $t=\dfrac{T_D}{K_D}$ 时，

$$u=A(K_D-1)e^{-1}=0.368A(K_D-1)$$

这就是说，微分控制器在受到阶跃输入的作用后，其输出开始突然跃变的幅值为 $A(K_D-1)$，然后慢慢下降，经过时间 $t=\dfrac{T_D}{K_D}$ 后，微分作用的输出下降到它的最大输出变化量的 36.8%。利用这个关系，就可以通过实测计算出微分时间 T_D。

2. 比例微分控制规律

因为微分控制规律只按偏差变化速度动作，而对偏差的大小不敏感，所以微分控制作用只能起辅助控制作用。一般情况下，它要与比例控制作用组合构成比例微分(PD) 控制规律，或者是与比例及积分作用一起构成比例积分微分(PID) 控制规律。

理想的比例微分控制规律，可以用下式表示：

$$u=K_P\left(e+T_D\frac{de}{dt}\right) \tag{4-12}$$

由于同样的原因，在实际应用中均采用实际比例微分控制规律。当输入偏差信号为一幅值为 A 的阶跃变化时，实际比例微分控制的开环输出响应特性如图 4-14 所示。微分作用总是力图抑制被控变量的变化，它有提高控制系统稳定性的作用。在比例作用基础上适当加入微分作用，则可以采用更小的比例度，而同时又可保持过渡过程的衰减比不变。图 4-15 为同一被控对象分别采用比例作用和比例微分作用，并在相同的衰减比下，两者过渡过程的比较。从图中可以看出，适度引入微分作用后，由于采用了较小的比例度，不但减小了余差和动态偏差，而且提高了振荡频率，缩短了过渡时间。

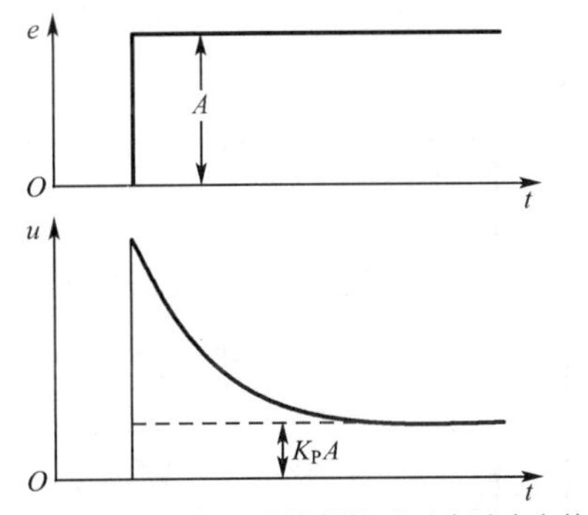

图 4-14　实际比例微分控制的开环阶跃响应特性

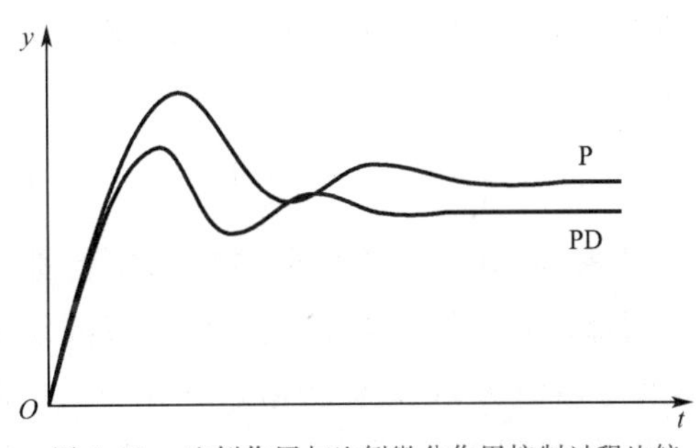

图 4-15　比例作用与比例微分作用控制过程比较

微分控制作用也有一些不利之处。首先，微分作用太强，容易导致阀门的开度向两端变化。因此，在 PD 控制中总是以比例作用为主，微分作用为辅。其次，微分作用抗高频干扰能力较差。第三，微分作用不能消除余差。一般比例微分控制规律主要用于一些被控变量变化比较平稳，对象的时间常数较大，控制精度要求又不是很高的场合。需要指出的是，虽然微分作用能改善大惯性滞后对象的动态品质，但对于纯滞后过程则无效。

此外，应当特别指出的是，引入微分作用一定要适度。虽然微分作用有利于提高系统的稳定性，但它也有一个限度。如果微分时间 T_D 太大，控制器的输出剧烈变化，不仅稳定性得不到提高，反而会引起被控变量的快速振荡，图 4-16 表示控制系统在不同微分时间下的响应过程。

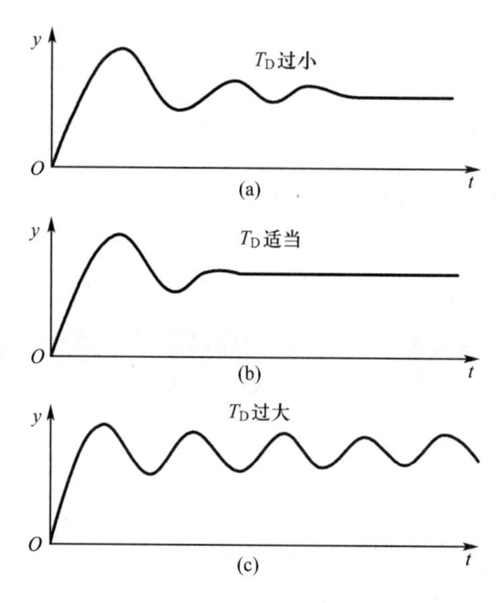

图 4-16 微分时间 T_D 对过渡过程的影响

4.1.5 比例积分微分控制

比例积分微分控制规律由比例、积分和微分三种控制作用组合而成，一般用字母 PID 表示。

理想的比例积分微分控制规律的数学表达式为

$$u = K_P\left(e + \frac{1}{T_I}\int e\mathrm{d}t + T_D\frac{\mathrm{d}e}{\mathrm{d}t}\right) \quad (4\text{-}13)$$

如前所述，在工业上实际应用的控制器中微分作用都是采用如图 4-13 所示的近似微分特性。在偏差幅值为 A 的阶跃输入作用下，工业 PID 三作用控制器的开环输出响应特性如图 4-17 所示。显然，它是由三种作用的输出特性叠加而成。当偏差刚一出现时，微分作用的输出变化最大，使控制器总的输出大幅度增加，产生一个较强的超前控制作用，以抑制偏差的进一步增大。随后微分作用逐渐消失，积分作用在输出中逐渐占主导地位，以便慢慢地将余差消除。而在整个控制过程中，比例控制作用始终与偏差相对应，它对保持系统的稳定起着至关重要的作用。由于在 PID 控制器中，比例度 δ、积分

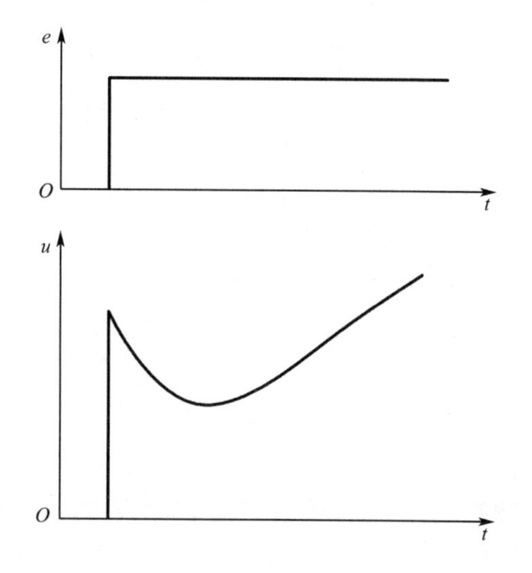

图 4-17 比例积分微分作用开环阶跃响应特性

时间 T_I 和微分时间 T_D 三个参数都是可调的，对于一般的受控对象，只要这三个参数选择的合适，就可以获得良好的控制质量。

PID 三作用控制器综合了三种控制作用的优点，有可能获得比其他两作用或单作用控制器更好的控制性能。但是，这并不意味着在任何情况下采用三作用控制器都是合适的。正如前面所指出的那样，像流量这类波动较大的被控对象，引入微分作用反而是有害的。一般来说，当被控对象的容量滞后较大，工艺生产又不允许有余差时，可以采用 PID 控制器。如果采用比较简单的控制规律已能满足生产要求，就不应该采用三作用控制器。因为 PID 控制器中有三个参数需要考虑，如果选择得不好，不仅发挥不了应有的控制作用，反而适得其反。

一台实际的 PID 控制器就是一台通用的控制器，它不仅能实现三作用控制规律，而且还能实现其他的控制规律。如果把微分时间调到零，它就成为一台比例积分控制器；如果把积分时间调到最大，它就成为一台比例微分控制器；如果把微分时间调到零，同时把积分时间调到最大，它就成为一台比例控制器。因此，PID 控制器在过程控制领域中有着广泛的应用。

4.2　DDZ-Ⅲ型调节器

工业上，通常将 PID 控制器称作调节器，分为模拟式和数字式两种。DDZ-Ⅲ型调节器属于模拟调节器，它包括基型和特殊型(特种)两大类。其中，基型调节器最具代表性，且使用量最大。其他调节器大多是在基型调节器的基础上增设了一些附加电路形成的具有特殊功能的调节器，以适应控制系统的特殊需要。这里，我们只介绍基型调节器。

4.2.1　主要功能

基型调节器的主要作用是将来自变送器的 1～5 V DC 信号(对于以 4～20 mA DC 做传输信号的变送器，需经 4～20 mA DC 至 1～5 V DC 的转换)与给定值信号进行比较，从而得到偏差信号，然后再对此偏差信号进行 PID 运算，并将运算结果以 4～20 mA DC 信号输出，用作控制信号。对于简单控制系统，此信号被送至执行器，由执行器来对被控对象的控制变量进行调整，从而使对象的受控变量达到预期值，即给定值。

由此可见，该调节器的主要功能就是实现偏差检测及对偏差进行 PID 运算，并产生相应的控制信号。除此之外，为了操作及控制系统组成的方便，该调节器还具备测量值、给定值及输出值的指示，内、外给定信号切换，软手操，硬手操，以及正、反作用切换等功能。

4.2.2　构成原理

DDZ-Ⅲ型基型调节器的构成原理框图如图 4-18 所示。从图中可以看出，它是由控制单元和指示单元两大部分构成的。其中，控制单元是其主体部分，由可实现偏差检测的输入电路、完成比例微分运算的 PD 电路、完成比例积分运算的 PI 电路、提供最终控制信号的输出电路以及用于手动操作的软手操和硬手操电路等组成。而指示单元由测量值指示电路和给定值指示电路组成。所有电路均采用以集成运算放大器为核心器件的电子元件组成。

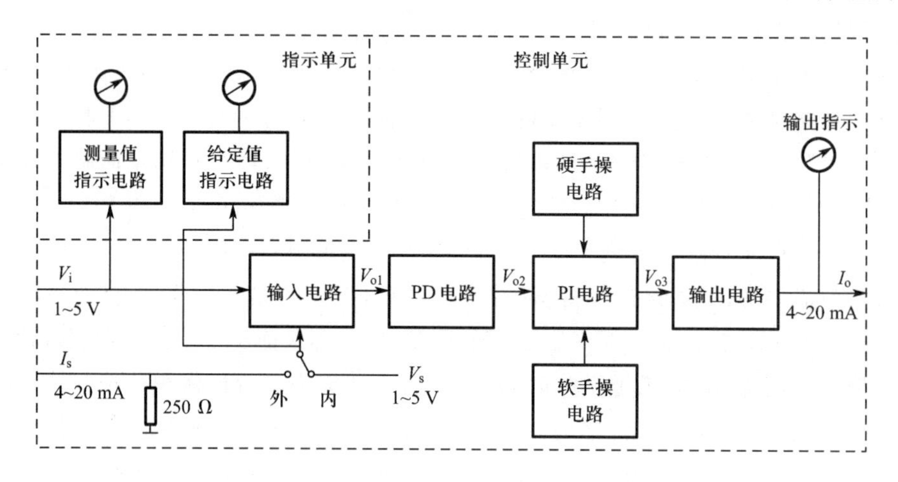

图 4-18 DDZ-Ⅲ型基型调节器构成原理框图

从构成原理框图可以看出,该调节器的控制功能包括自动操作和手动操作两部分。

自动操作部分的基本工作原理是先将测量值 V_i 和给定值 V_s 送入输入电路,由输入电路完成偏差值的检测并将偏差信号进行适当放大,从而得到与偏差信号成正比的信号 V_{o1}。V_{o1} 信号首先送入PD电路,在此完成对偏差信号的比例及微分运算,其输出 V_{o2} 既与偏差信号有关,也与 PD 电路中的预置参数(如比例度、微分时间等)有关。PD 电路的输出再送至 PI 电路,在这里主要是完成对偏差信号的积分运算,其比例运算系数选为 1。这样,由输入电路、PD 电路及 PI 电路就实现了对偏差信号的检测及 PID 运算。PI 电路的输出 V_{o3} 是一个变化量为 0 ～ 4 V DC 信号,它完全反映了调节器的自动控制操作行为。但此信号的带载能力有限,且不适合于远传。输出电路将 PI 电路输出的变化量为 0 ～ 4 V DC 信号转换为具有一定带载能力且适合远传的 4 ～ 20 mA DC 信号,以便其他仪表使用。

手动操作部分是调节器的重要组成部分之一。当自动操作部分(即 PID 控制)不能满足实际控制需要时,操作人员可以利用手操电路直接改变调节器的输出值。这样就可以利用控制仪表实现对生产过程的人为干预,以达到期望的控制要求。当调节器置为手动操作方式时,则控制输出不再由对偏差的 PID 运算来决定,而是直接由手动操作电路来决定。手动操作分为软手操和硬手操。当调节器置为软手操方式时,操作人员可以控制调节器的输出按一定的变化率来改变;而当调节器置为硬手操方式时,操作人员可直接通过电位器来改变输出信号,从而实现快速控制操作。

除控制操作之外,调节器还提供了内外给定信号切换及正反作用切换等功能。对于简单的控制系统,调节器直接利用内给定信号来设置所期望的控制点。而对于一些复杂控制系统,有时该给定信号是由其他仪表提供的,这时就需要利用外给定输入端将此信号引入。内外给定的切换就是为这一目的提供的。

图 4-19 为 DTL-3110 型调节器正面板。在正面板上设有两个指示表头。其中,双指针垂直指示器内的两个指针分别用于指示测量值和给定值,而输出指示器用于指示输出信号

的大小。此外，正面板上还设有一些切换开关、拨轮、操作杆等，用于操作方式的切换、内给定设定及手动操作等。

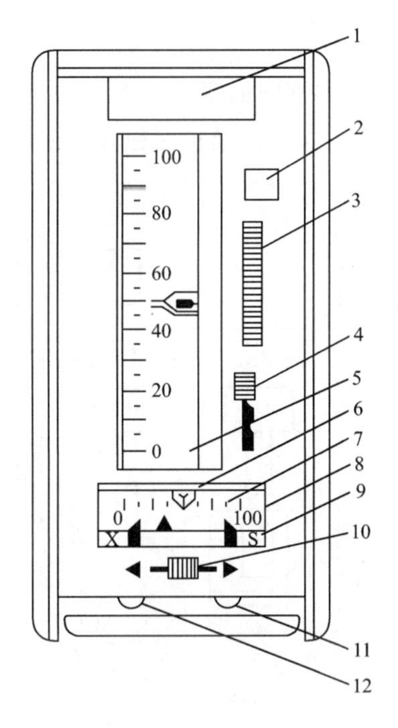

图 4-19　DTL-3110 型调节器正面板

1—位号牌；2—外给定指示灯；3—内给定设定轮；4—自动-软手操-硬手操切换开关；5—双针垂直指示器；6—硬手操操作杆；7—输出指示器；8—输出记录指示；9—阀位指示器；10—软手操操作键；11—手动输出插孔；12—输入检测插孔

调节器的正、反作用切换是在输入电路中实现的。只要将偏差信号改变一次符号（正、负端互换），则可以实现作用方式的改变。因此，正、反作用的切换就是通过在输入电路中将偏差信号倒一次相来实现的。正、反作用的切换开关设在侧面板上。有关调节器正、反作用的选择，将在控制系统部分介绍。

4.3　可编程调节器

可编程调节器属于数字式调节器，是以微处理器为核心的新型数字式控制仪表。它集控制技术、计算机技术、通信技术等为一体，具有很强的运算和控制功能。依其所能控制的回路数的多少可分为多回路可编程调节器、双回路可编程调节器及单回路可编程调节器。目前使用较多的是单回路可编程调节器，主要产品包括 DK 系列的 KMM 可编程调节器，YS-100 系列的 150 型可编程调节器，FC 系列的 PMK 可编程调节器等。

可编程调节器从构成到工作原理上都与模拟式调节器有很大区别，但考虑到人们的使用习惯以及与模拟式调节器的兼容性等因素，可编程调节器保留了模拟式调节器的各种外特性及操作方式，以便于操作人员掌握和使用。本节以 KMM 可编程调节器为例介绍可编程调节器的构成及主要功能。

4.3.1 KMM可编程调节器的构成

1.硬件部分

KMM可编程调节器的构成原理框图如图4-20所示。它是由主机部分、模拟量输入/输出通道,数字量输入/输出通道、通信接口以及正面板和侧面板等组成。

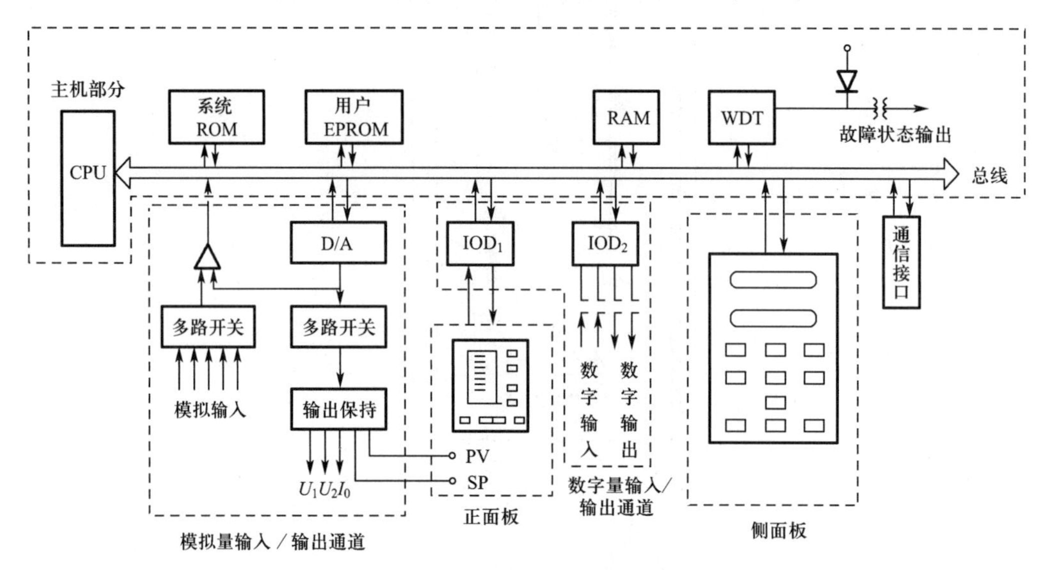

图4-20 KMM可编程调节器构成原理框图

(1)主机部分

包括CPU、ROM、EPROM、RAM、WDT等。中央处理单元CPU是系统的核心,用于控制指令的执行;系统ROM用于存放系统监控程序,容量为10 KB;用户EPROM用于存放用户程序,容量为2 KB;RAM用于存放各种可变参数以及运算时的中间数据,容量为1 KB;WDT(Watch Dog Timer,即监视定时器)用于监视CPU的工作状态,若出现异常,可使调节器由自动状态转到手动操作状态,并发出报警信息。

(2)模拟量输入/输出通道

模拟量输入通道用于将其他仪表送来的1～5 V DC的模拟量转换成CPU可以处理的数字量;而模拟量输出通道则是将最终处理和运算结果转换成模拟量输出信号。这些输出信号用作控制输出、辅助输出及正面板上的显示等。

(3)数字量输入/输出通道

它是调节器正面板上的操作按钮以及调节器外部开关量的输入/输出接口。

(4)通信接口

用于与上位计算机通信。

(5)正面板

它是正常操作情况下的人机接口。主要包括测量值和给定值指示表头、输出指示表头、状态指示灯以及操作按钮。

(6)侧面板

它包括数据设定器和辅助开关。数据设定器用于显示和设定各种控制和运算参数,同时也用于显示系统错误信息;辅助开关用于设置各种工作方式。

2. 软件部分

软件部分由系统程序和用户程序两部分组成。

(1)系统程序

包括系统监控程序,输入、输出处理程序,各种运算模块及控制模块程序。其中监控程序主要是完成系统初始化、按键及显示器的管理、系统自诊断以及系统软件流程控制等工作。其他程序主要是进行数据采集、数字滤波、标度变换、算术和逻辑运算、控制运算及数据输出等。

(2)用户程序

用户程序实际上是一个调度-连接程序,其作用是确定用户所使用的各种功能模块的执行顺序以及模块之间的连接关系。此外,用户程序还规定了一些基本参数(如使用的控制算法、采样周期等)及工作参数(如 PID 控制参数等)。

3. KMM 调节器的主要性能指标

①模拟量输入:电压输入 5 点　　1～5 V DC

②模拟量输出:电压输出 3 点　　1～5 V DC

　　　　　　　电流输出 1 点　　4～20 mA DC

③数字量输入:5 点(其中可编程 4 点,外部联锁 1 点)

④数字量输出:4 点(其中可编程 3 点,后备输出 1 点)

⑤采样周期:100 ms,200 ms,300 ms,400 ms,500 ms(程序指定)

⑥运算模块:45 种

⑦用户可组合运算模块数:最多 30 个

⑧供电电源:24 V DC

4.3.2　KMM 可编程调节器的主要功能

1. 输入处理功能

KMM 可编程调节器对模拟量输入信号提供了 5 种处理功能,即折线处理、温度补偿、压力补偿、开平方和数字滤波,对哪一个通道进行哪些处理可由程序指定。

(1)折线处理(TBL)

折线处理是利用 KMM 可编程调节器提供的折线表来实现的。系统共提供了三个折线表,因此最多只能有三个通道采用折线处理功能。实际应用时,用户可根据需要确定折线表中的折点坐标,折点坐标一经确定,则折线形状也就确定了。一条折线的折点数最多为 10 点(x_1、y_1,x_2、y_2,…,x_{10}、y_{10})。折线处理主要用于对输入信号进行非线性校正,如用于热电偶或热电阻测温时的线性化处理等。

(2)温度补偿(T. COMP)

该功能用于气体或蒸汽流量测量时,对其流量信号进行温度补偿,以便获得经温度修正后的流量值。其补偿公式为

$$\text{补偿后的流量信号} = \frac{\text{设计温度} + \text{常数}}{\text{实际温度} + \text{常数}} \times \text{实测流量信号}$$

这种补偿是针对采用节流装置,利用差压法进行流量测量而设计的。因此,流量信号可由差压代替,即

$$\Delta p_{\mathrm{d}} = \frac{t_{\mathrm{d}} + C_1}{t + C_1} \Delta p$$

利用此公式实际上就是把反映实际温度下流量值的差压信号 Δp 转换成设计温度下的差压信号 Δp_{d}。

式中 t_{d}—— 设计温度,℃;

t—— 实际温度,℃;

C_1—— 常数,$C_1 = 273$ ℃。

(3)压力补偿(P. COMP)

该功能用于气体或蒸汽流量测量时,对流量信号进行压力补偿。其补偿公式为

$$\text{补偿后的流量信号} = \frac{\text{实际压力} + \text{常数}}{\text{设计压力} + \text{常数}} \times \text{实际流量信号}$$

这里,实际流量信号仍用差压 Δp 表示,经补偿后的流量信号用设计压力下的差压信号 Δp_{d} 表示,即

$$\Delta p_{\mathrm{d}} = \frac{p + C_2}{p_{\mathrm{d}} + C_2} \times \Delta p$$

式中 p_{d}—— 设计压力,kPa;

p—— 实际压力,kPa;

C_2—— 常数,$C_2 = 101.3$ kPa。

(4)开平方(SQRT)

以节流装置作为测量元件进行流量测量时,将所测得的差压信号进行开平方处理后,则可得到与流量值成正比的信号,此功能主要就是为这一应用而设计的。另外,它还具备小信号切除功能,即当输入信号较小时,将输出置为零,而不进行开平方运算,以防小信号测量时引起的误差。

(5)数字滤波(DIG FILT)

此功能用于消除随机干扰。实际上,它是对输入信号进行一阶滞后处理,将一些小的干扰信号消除。其滤波能力取决于时间常数 T。T 越大,滤波功能越强,但同时输出对输入变化的响应越迟钝。通常应综合考虑滤波效果及输出响应两方面因素来确定 T 值,T 值范围为 0 ~ 999.9 s。

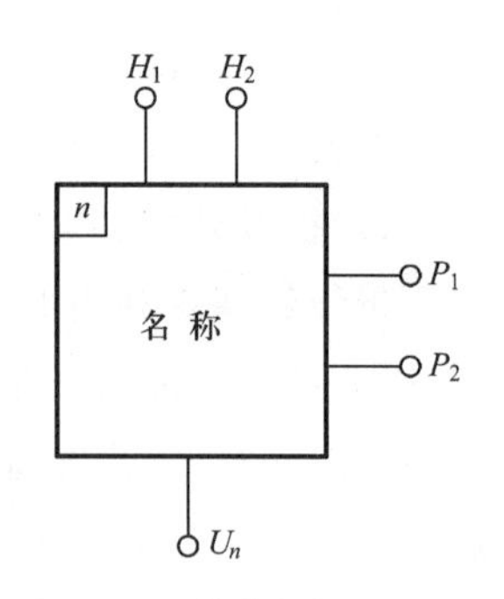

图 4-21 运算模块标记符号

2. 输出处理功能

KMM 调节器有三个模拟量输出信号,即 $AO_1 \sim AO_3$。其中,AO_1 为主输出,具有 4~20 mA 电流信号和 1~5 V 电压信号。通

常采用 4～20 mA 电流信号作为控制信号。AO_2 和 AO_3 均为辅助输出信号，只有 1～5 V 电压信号。此外，KMM 还有三个可编程的数字输出（开关量）信号，即 DO_1～DO_3。每个模拟量或数字量输出均对应于一个实际外部接线端子，而输出处理功能则用于规定内部信号与外部端子的对应关系。

3. 运算处理功能

运算处理功能实际上是一些可供用户程序调用的子程序模块。KMM 共提供了 45 种运算处理功能，用户可根据实际需要，最多调用其中的 30 个模块。为了便于用户调用，KMM 调节器用统一的标记符号来表示各运算模块，如图 4-21 所示。

每个模块有四个输入端和一个输出端。输入端用 H_1、H_2、P_1 和 P_2 表示，输出端用 U_n 表示，其运算关系为

$$U_n = f(H_1, H_2, P_1, P_2)$$

符号左上角的“n”是模块运算序号，由用户规定；U_n 则为第 n 个模块的输出，可供其他模块或输出使用。各模块之间的连接关系由用户程序来指定。另外，为了便于内部处理，输入和输出信号被分为三种类型，分别为百分型数据（取值范围为 $-699.9\% \sim 799.9\%$）、开关型数据（取值为 ON 或 OFF）和时间型数据（取值范围为 0.00～99.99 min）。数据类型由具体运算式决定，即何种运算式需要几个输入信号，各信号是何种数据类型是确定的。在模块标记符号上用“○”、“⊗”和“●”来表示三种数据类型，而在各种表格中则以“P”、“F”和“T”来表示这三种数据类型。模块的名称则以“助记符”来表示。表 4-1 列出了 KMM 调节器提供的 45 种运算模块。

表 4-1　运算模块一览表

编号	运算式名称	记号	内容	内部端子				输出	运算时间（量纲一）
				H_1	H_2	P_1	P_2		
1	加法	ADD	$U=P_1 \cdot H_1+P_2 \cdot H_2$	P	P	P	P	P	90
2	减法	SUB	$U=P_1 \cdot H_1-P_2 \cdot H_2$	P	P	P	P	P	90
3	乘法	MUL	$U=H_1 \cdot H_2$	P	P	—	—	P	90
4	除法	DVD	$U=H_1/H_2+P_1$	P	P	P	—	P	83
5	绝对值	ABS	$U=\|H_1\|$	P	—	—	—	P	3
6	开平方	SQR	$H_1>P_1$ 时，$U=\sqrt{H_1}$；$H_1 \leqslant P_1$ 时，$U=0$	P	—	P	—	P	136
7	最大值	MAX	$U=\max(H_1,H_2,P_1,P_2)$	P	P	P	P	P	8
8	最小值	MIN	$U=\min(H_1,H_2,P_1,P_2)$	P	P	P	P	P	8
9	4 点加法	SGN	$U=H_1+H_2+P_1+P_2$	P	P	P	P	P	27
10	高值选择	HSE	$H_1 \geqslant H_2$ 时，$U=H_1$；$H_2>H_1$ 时，$U=H_2$	P	P	—	—	P	3
11	低值限幅	LLM	$H_1 \geqslant H_2$ 时，$U=H_1$；$H_2>H_1$ 时，$U=H_2$。H_2 为低限值	P	P	—	—	P	3
12	低值选择	LSE	$H_1 \geqslant H_2$ 时，$U=H_2$；$H_2>H_1$ 时，$U=H_1$	P	P	—	—	P	3
13	高值限幅	HLM	$H_1>H_2$ 时，$U=H_2$；$H_1 \leqslant H_2$ 时，$U=H_1$。H_2 为高限值	P	P	—	—	P	3
14	高值监视	HMS	$H_1 \geqslant H_2$ 时，$U=$ON；$H_1<(H_2-P_2)$ 时，$U=$OFF。P_2 为滞后宽度	P	P	—	P	F	6
15	低值监视	LMS	$H_1<H_2$ 时，$U=$ON；$H_1 \geqslant (H_2+P_2)$ 时，$U=$OFF。P_2 为滞后宽度	P	P	—	P	F	6
16	偏差监视	DMS	若 $\|H_1-H_2\| \geqslant P_1$，$U=$ON，若 $\|H_1-H_2\|<(P_1-P_2)$，$U=$OFF	P	P	P	P	F	16

（续表）

编号	运算式名称	记号	内容	内部端子 H_1	H_2	P_1	P_2	输出	运算时间（量纲一）
17	变化率限制	DRL	把 H_1 的变化率限制在$(+H_2,-P_1)$%/min之内	P	P	P	—	P	130*
18	变化率监视	DRM	当 H_1 的变化率处在$(+H_2,-P_1)$%/min之外时，U=ON	P	P	P	P	F	45*
19	手操输出	MAN	手动输出操作单元	P	P	—	—	P	8
20	1#控制	PID1	第一个PID控制	P	P	P	F	F	371
21	2#控制	PID2	第二个PID控制	P	P	P	F	F	371
22	纯滞后时间	DED	$U=e^{-P_1S}\cdot H_1$，P_1 为纯滞后时间	P	—	T	—	P	59*
23	超前/滞后环节	L/L	$U=(1+P_1S)/(1+P_2S)\cdot H_1$，$P_1$ 为超前时间，P_2 为滞后时间	P	—	T	T	P	283*
24	微分	LED	$U=P_1S/(1+P_2S)\cdot H_1$，P_1 为超前时间，P_2 为滞后时间	P	—	T	T	P	347*
25	移动平均	MAV	$U=\frac{1}{16}\sum_{i=1}^{16}H_1\left(\frac{i}{16}P_1\right)$，$H_1(P_1)$为 P_1 时刻的输入	P	—	T	—	P	143*
26	双稳态触发器	RS	H_2=ON时，U=OFF；H_1=ON及H_2=OFF时，U=ON	F	F	—	—	F	1
27	与	AND	$U=H_1\wedge H_2$	F	F	—	—	F	1
28	或	OR	$U=H_1\vee H_2$	F	F	—	—	F	1
29	异或	XOR	$U=H_1\vee H_2$	F	F	—	—	F	1
30	非	NOT	$U=\overline{H}_1$	F	—	—	—	F	1
31	2点切换开关	SW	P_1=OFF时，$U=H_1$；P_1=ON时，$U=H_2$	P	P	F	—	P	1
32	无扰动切换	SFT	P_1=OFF时，$U=H_1$；P_1=ON时，$U=H_2$，但每次切换时，输出按 P_2 速率变化	P	P	F	P	P	45*
33	计时脉冲	TIM	H_1=ON时，定时器开始计数，在每个 P_1 时间里发出一个脉冲	F	—	T	—	F	28*
34	积算脉冲输出	CPO	H_1=OFF时，U=OFF；H_1=ON时，脉冲输出=$0.1P_1H_2$(脉冲/时)	F	P	P	—	F	72*
35	斜坡信号	RMP	输出按一定速度增加	F	F	T	—	P	173*
36	脉冲宽度调制	PWM	在周期 P_1 内，输出脉冲宽度比与输入 H_1 成比例	P	—	T	—	F	108*
37	1#折线表	TBL1	用10个折点构成的折线近似	P	—	—	—	P	136
38	2#折线表	TBL2	用10个折点构成的折线近似	P	—	—	—	P	136
39	3#折线表	TBL3	用10个折点构成的折线近似	P	—	—	—	P	136
40	1#逆折线表	TBR1	TBL1折线的反函数	P	—	—	—	P	136
41	2#逆折线表	TBR2	TBL2折线的反函数	P	—	—	—	P	136
42	3#逆折线表	TBR3	TBL3折线的反函数	P	—	—	—	P	136
43	1#控制参数更改	PMD1	对PID1控制参数更改	P	—	F	—	P	123
44	2#控制参数更改	PMD2	对PID2控制参数更改	P	—	F	—	P	123
45	运行方式切换	MOD	手动、自动、串级、跟踪方式切换	F	F	F	F	—	2

注：P—百分型数据；T—时间型数据；F—开关型数据。*——一台KMM只能使用5个带*号的运算式。

4. 控制类型选择及无扰动切换功能

(1)控制类型选择功能

KMM调节器提供了四种控制类型，分别为0型、1型、2型和3型，编程时在“基本数据”表中选定采用何种控制类型。

①0 型(单 PID,本机型)

此控制类型只用一个 PID 运算模块,而且其给定值采用内给定(LSP)方式。

②1 型(单 PID,内/外给定型)

调节器也只用一个 PID 运算模块,但其给定值既可采用内给定,也可采用外给定。实际操作时可进行内、外给定切换。内给定时为“A(自动)”方式,外给定时为“C(串级)”方式。

③2 型(双 PID,固定串级型)

调节器使用两个 PID 运算模块,PID1 采用内给定,PID2 采用外给定,且 PID1 的输出直接作为 PID2 的给定值。

④3 型(双 PID 串级型)

调节器也使用两个 PID 运算模块,PID1 仍采用内给定,而 PID2 可以进行内外给定切换。当开关置为“A(自动)”方式时,PID2 按内给定进行单闭环控制;当开关置为“C(串级)”方式时,两个 PID 模块组成串级控制。

(2)无扰动切换功能

无扰动切换是指调节器控制方式(A/M/C)之间相互切换时,输出不发生突变。KMM 调节器是通过手操模块(MAN)和 PID 模块之间以及 PID1 和 PID2 之间的反馈及跟踪方法来实现无扰动切换的。对于各种控制类型,在编程时,只需按照特定方式进行内部信号连接,操作时便可实现无扰动切换。因此,在正常操作时,操作人员可以直接进行控制方式切换,且这种切换均为无扰动切换。

5. 控制方式选择功能

KMM 调节器在正面板上提供了三个控制方式选择按钮,即手动方式(M)、自动方式(A)和串级方式(C),操作人员可根据实际需要来选择其中的一种控制方式。

(1)手动方式(M)

在此方式下,PID 控制运算模块停止运算,调节器的输出直接由手动操作模块来控制,其大小可由正面板上的两个输出操作按钮来调整。

(2)自动方式(A)

在此方式下,KMM 调节器进行定值 PID 控制,其给定值(SP)可由正面板上的两个 SP 按钮来调整。这时的输出值是由内部模块计算出来的,因此输出操作按钮不起作用。

(3)串级方式(C)

在此方式下,对于控制类型 1,其 PID 模块的给定值为外给定;对于控制类型 3,其 PID1(主环)的给定值为内给定,PID2(副环)的给定值为 PID1 模块的输出。

上述三种控制方式选择按钮均带指示灯,按下某一按钮后,相应的指示灯将点亮。

6. 自诊断功能及异常运行状态

在正常工作期间,KMM 调节器在每个采样周期均调用一次自诊断程序,由该程序对系统的硬件及软件处理结果等进行检查,以确定其工作是否正常。如果发现异常,则在调节器的数据设定器上显示故障代码。与此同时,调节器将依据错误类型自动切换到相应的异常运行状态(图 4-22)。

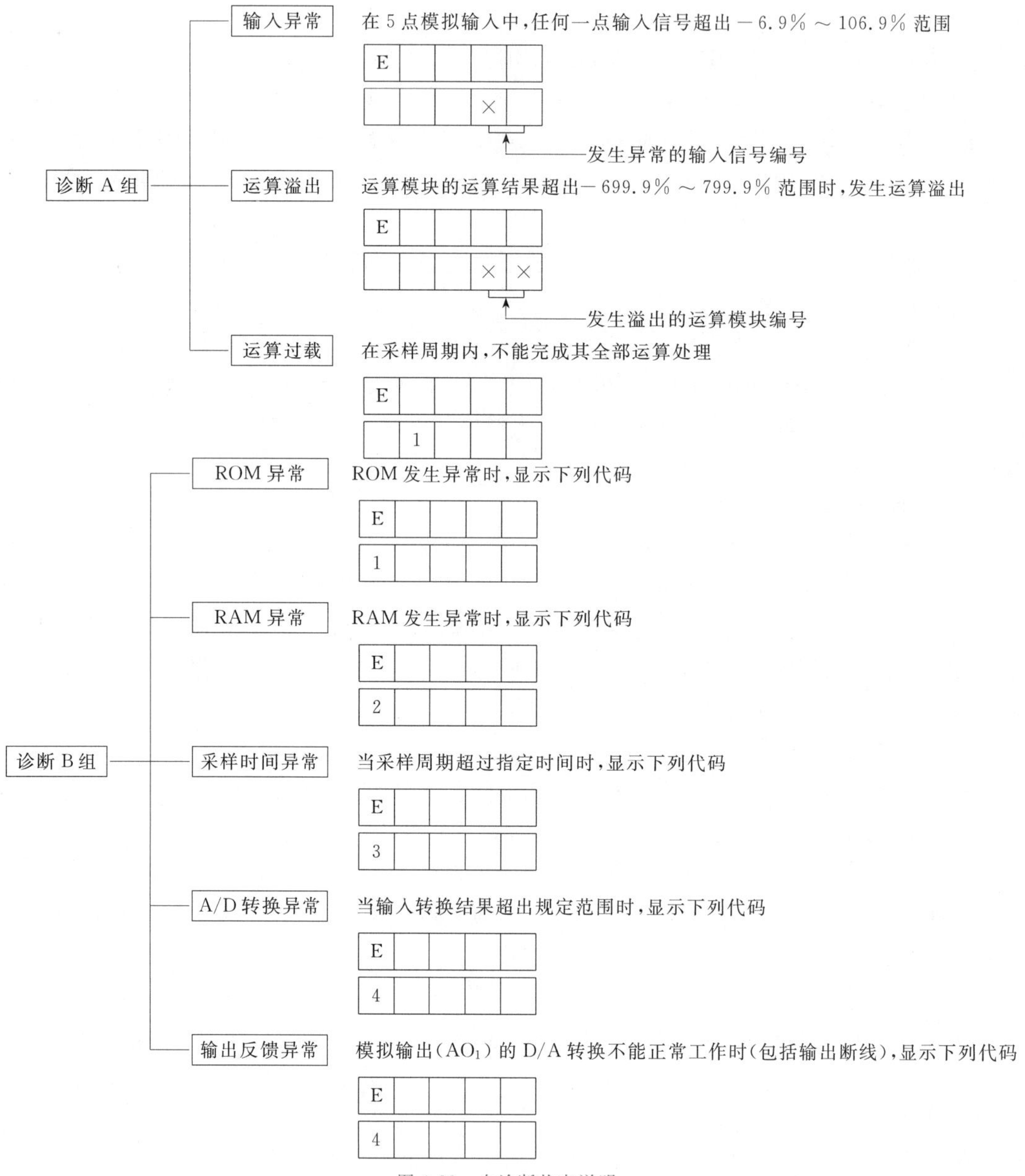

图4-22　自诊断状态说明

(1)自诊断功能

自诊断程序将异常状态分为A组和B组两种类型。通常A组为暂时性可恢复型故障，而B组主要是硬件故障，一般不能自行恢复。

(2)异常运行状态

自诊断程序检测到异常情况后，KMM调节器立即转入异常运行状态。异常运行状态分为两种，即联锁手动状态(IM)和后备状态(S)。

①联锁手动状态(IM)

当出现A组故障或外部联锁信号异常时，调节器自动转入联锁手动状态(IM)。如属A

组异常，则面板上的联锁指示灯常亮；如属外部联锁，则联锁指示灯闪烁。在此状态下，调节器的操作方式与手动控制方式时相似，但是不能切换到其他控制方式（A 或 C）。因为此类异常通常是暂时性故障引发的，一般是可以消除的。待消除异常原因后，按正面板上的复位按钮（R），这时调节器就进入了正常的手动控制方式。只有这样，调节器才能切换到其他控制方式。

②后备状态（S）

当检测到 B 组故障时，调节器将自动进入后备状态。同时，调节器正面板上的仪表异常指示灯点亮。在此状态下，调节器的输出由后备手操器控制。后备手操器分预置型和跟踪型两种。

如果是预置型手操器，则当调节器切换到后备状态（S）时，其后备手操器的预置值将作为调节器的输出值。然后，可用后备手操器来进行输出控制。

如果是跟踪型手操器，则当调节器切换到后备状态（S）时，输出将保持在切换前的值不变。然后，可用后备手操器或调节器正面板上的输出手操按钮来调整输出值。

7. 通信功能

KMM 调节器可通过附加的通信接口与操作站或上位计算机进行通信。无论是否进行通信或者与哪种设备进行通信都需要在编程时指定通信类型。KMM 调节器有三种通信类型：

0 型——不通信；

1 型——与操作站通信；

2 型——与上位计算机通信。

在通信方式下，可由上位计算机或操作站改变的参数或控制方式见表 4-2。

表 4-2　可由上位计算机或操作站改变的参数或控制方式

上位机		操作站（通信类型 1）	计算机（通信类型 2）
计算机	计算机自动 （COMP-A）	控制参数； 控制方式（A，M）	计算机设定值； 控制参数； 控制方式（COMP-M，A，M）
	计算机手动 （COMP-M）	内给定值 1（LSP1）； 控制参数； 控制方式（A，M）	计算机输出值； 控制参数； 控制方式（COMP-A，A，M）
串级（C）		LSP④； 控制参数； 控制方式（A，M）	控制参数； 控制方式（A，M）
自动（A）		LSP1，LSP2； 控制参数； 控制方式（C①，M，REQ②）	控制参数； 控制方式（C①，M，REQ②）
手动（M）		LSP1，LSP2； OUT；控制参数； 控制方式（C①，A，REQ②）	控制参数； 控制方式（C①，A，REQ②）
联锁手动 （IM）		LSP1，LSP2； OUT；控制参数； 控制方式（M③）	控制参数； 控制方式（M③）
跟踪（F）		LSP1，LSP2； 控制参数	控制参数

（续表）

上位机	操作站（通信类型 1）	计算机（通信类型 2）
请求 （REQ）	LSP1，LSP2； 控制参数； 控制方式（A，M）	控制参数； 控制方式（COMP-A，COMP-M，A，M）

注：①调节器的辅助开关 R/D-2 置“D”位置时，可以改变；

②R/D 置“R”位置时，可以改变；

③按下“R”键或送“复位指令”时，可以改变；

④仅适用于控制类型 3。

4.3.3 正面板和侧面板

调节器的正常操作及参数修改等主要利用正面板上的操作按钮和侧面板上的数据设定器及辅助开关等来完成。

1. 正面板

KMM 调节器的正面板如图 4-23 所示。从图中我们可以看出，KMM 调节器虽然是以微处理器为核心的智能型仪表，但其外特性及正常操作方式等与常规调节器非常相似，这样更便于操作人员的学习与掌握。

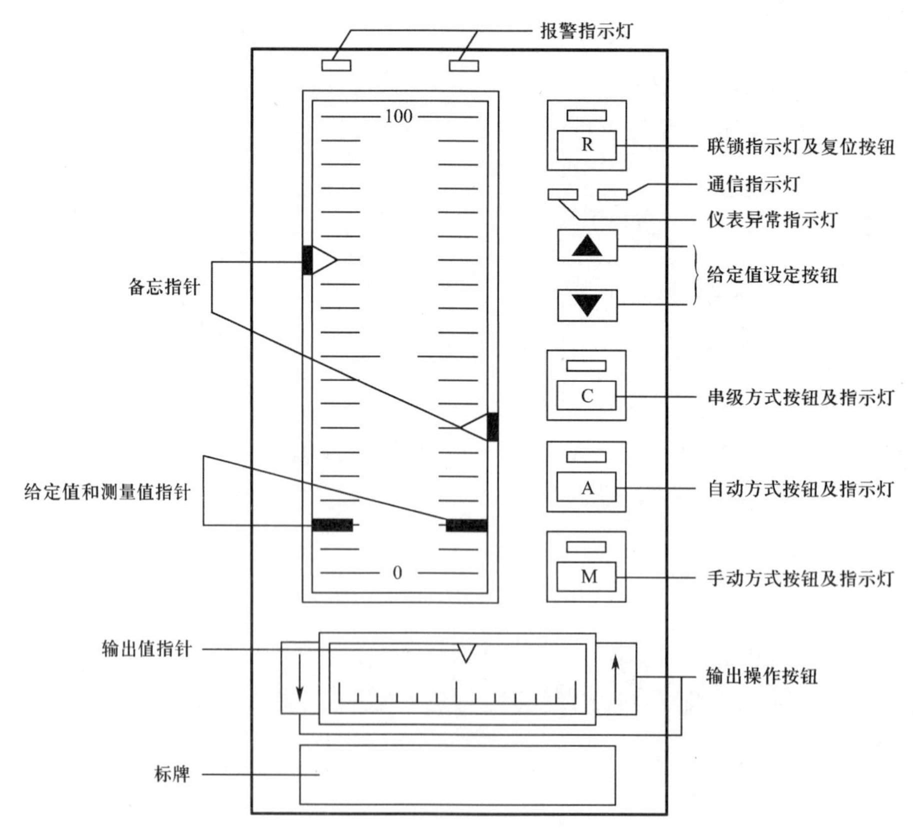

图 4-23 KMM 可编程调节器正面板

正面板上有两个指针表头。竖着安放的大表头用于指示给定值(SP)和测量值(PV),并可通过两个指针的差值读出偏差值;横着安放的小表头用于指示输出值。备忘指针用于给出正常时的测量值和给定值。

KMM调节器有四种控制类型,当选择不同控制类型时,正面板上的指示表头所指示的内容将有所变化,详见表4-3。

PV1为PID1模块的测量值;PV2为PID2模块的测量值;LSP1为PID1模块的内给定值;RSP1为PID1模块的外给定值;LSP2和RSP2则分别为PID2模块的内外给定值。括号内的值是指按下侧面板上的PV/SP变换开关时,指针所指示的值。

表4-3　正面板指示表头指示内容

方　式	控制类型0		控制类型1			控制类型2		控制类型3		
	手动 M	自动 A	手动 M	自动 A	(串级) C	手动 M	自动 A	手动 M	自动 A	串级 C
PV指针	PV1	PV1	PV1	PV1	PV1	PV1 (PV2)	PV1 (PV2)	PV2 (PV1)	PV2 (PV1)	PV1 (PV2)
SP指针	LSP1	LSP1	LSP1 (RSP1)	LSP1 (RSP1)	RSP1	LSP1 (RSP2)	LSP1 (RSP2)	LSP2 (RSP1)	LSP2 (RSP1)	LSP1 (RSP2)

除表头外,正面板上还有一些按钮,其中部分按钮上还带有指示灯,具体作用如下:

①联锁指示灯及复位按钮R

这是一个带指示灯的按钮,当调节器处于异常工作状态(即IM状态或IS状态)时,按动R用于调节器的复位,它的作用与一般计算机上的复位按钮相似。另外,当灯亮时,表示调节器处于联锁手动状态(IM状态)。

②给定值设定按钮

它由两个按钮构成,用于调整给定值。按动▲,给定值增加;按动▼,给定值减小。

③串级方式按钮及指示灯C

按此按钮将使调节器进入串级控制方式,同时灯亮。

④自动方式按钮及指示灯A

按此按钮将使调节器进入自动控制方式,同时灯亮。

⑤手动方式按钮及指示灯M

按此按钮将使调节器进入手动控制方式,同时灯亮。

⑥输出操作按钮

它也有两个按钮,在手动控制方式时,用于改变输出值。按动↑按钮,输出值增大;按动↓按钮,输出值减小。

除上面介绍的按钮及指示灯外,正面板上还有四个状态指示灯:

①报警灯

用于指示上、下限报警状态。上限报警灯亮时,表示被监测值超过上限报警值;下限报警灯亮时，表示被监测值低于下限报警值。

②仪表异常指示灯

此灯亮时，表示调节器处于后备运行状态(即 IS 状态)。

③通信指示灯

当调节器与上位设备(操作站或计算机)进行通信时，此灯亮。

2. 数据设定器

KMM 调节器内部的侧面板上装有数据设定器。将表芯从表壳中拉出即可看到数据设定器，其示意图如图 4-24 所示。

数据设定器由代码和数据显示器及数据设定键两部分组成。利用数据设定器可以选择显示各种运行数据或工作参数，并可对其中的部分工作参数进行修改。可供选择显示的数据或参数包括调节器的各种输入和输出信号值、PID 运算模块的给定值和测量值、PID 控制参数以及折线表、可变参数表、运算单元连接表中的各种数据。另外，当仪表出现异常时，可以在数据设定器上显示出异常代码。

(1)代码和数据显示器部分

这部分包括代码显示部分、数据显示部分及可变更部位指示灯。

代码显示部分由 5 位字符/数字位组成，用于显示参数的代码。根据该代码可以确定下面数字显示部分显示的是什么数据。这 5 位字符被分为三个字段。第 1 位为第一字段(英文字符)；第 2 位和第 3 位组成第二字段，为代码段 1；第 4 位和第 5 位组成第三字段，为代码段 2。

数据显示部分也是由 5 位数字组成，用于显示具体参数值。若该参数是可变更的(即可以修改的)，则可用修改键进行修改。

可变更部位指示灯包括三个指示灯，分别位于代码段 1、代码段 2 和数据显示部分上方。灯亮时，表示该部分显示的数字可以用增减键修改。

(2)键盘部分

数据设定器上有 13 个按键，用这些键可以调出或修改各种数据或参数。

①PID 键　用于调出 PID 控制参数。

②SP1/PV1 键　用于调出 PID1 运算模块的给定值(SP1)和测量值(PV1)。

③SP2/PV2 键　用于调出 PID2 运算模块的给定值(SP2)和测量值(SP2)。

④UNIT 键　用于调出运算模块连接表的数据。

⑤AI/O 键　用于调出模拟量输入和输出信号值。

⑥DI/O 键　用于调出数字量(开关量)输入和输出信号值。

⑦PARA 键　用于调出可变参数表的数据。

⑧LTBL 键　用于调出折线表的数据。

⑨ENTER 键　用于确认被修改的数据。

⑩ 键　用于设定可修改的部位。按动该键可循环选择代码段 1、代码段 2 和数据显示部分。选中某一部分时，相应的可修改部位指示灯亮。这时即可用增、减键来修改数据。

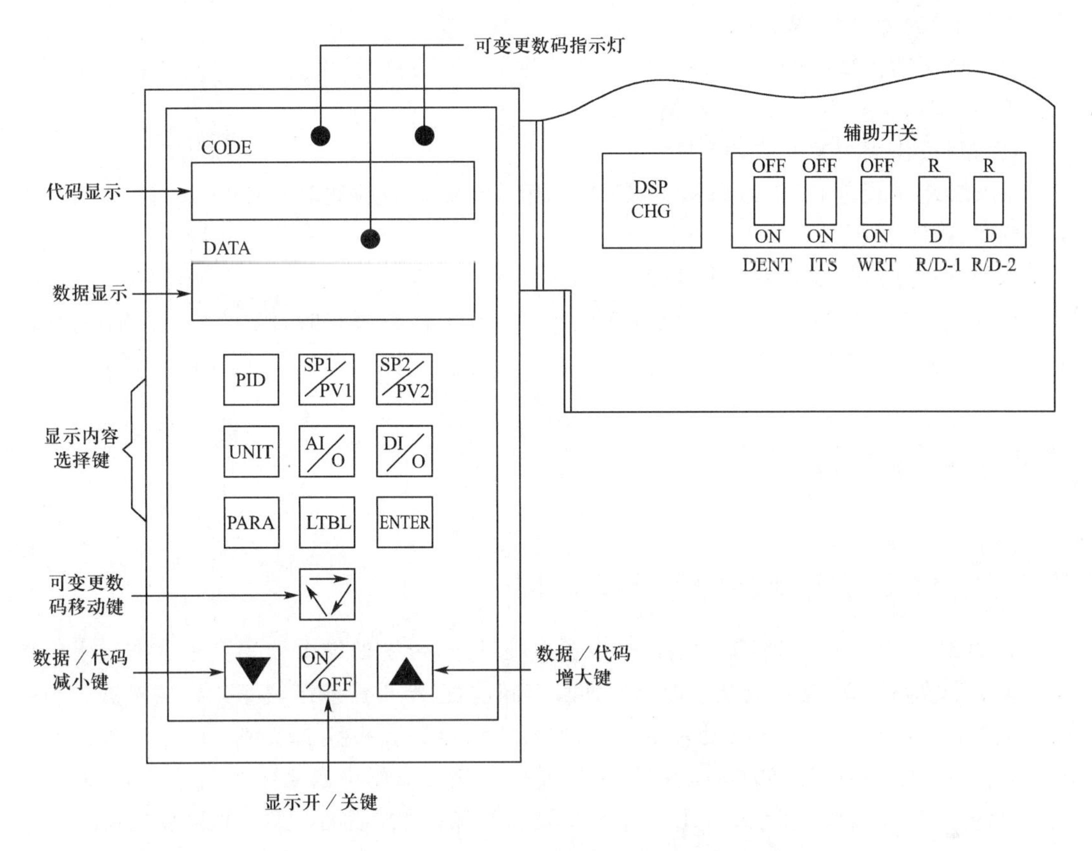

图 4-24　KMM 调节器的数据设定器及辅助开关

⑪ ▲ 键　用于代码或数据的修改。按动该键，相应数字增大。

⑫ ▼ 键　用于代码或数据的修改。按动该键，相应的数字减小。

⑬ ON/OFF　用于打开或关闭侧面板代码/数据显示器。

3. 辅助开关

在 KMM 调节器的侧面板上除装有数据设定器外，还装有 6 个辅助开关，参见图4-24。

(1)正面板 PV/SP 显示变换开关(DSP CHG)

此开关用于转换正面板上 PV 和 SP 指示表所指示的内容。开关按下时，正面板上的 PV/SP 指示表将指示表 4-3 中带括号的内容；此开关不按下时，则指示不带括号的内容。对于表 4-3 中无括号项的各栏，此开关不起作用。

(2)数据写入允许开关(DENT)

此开关功能相当于我们常说的写保护功能。只有当此开关在 ON 位置时，用数据设定器在线进行的各种参数的修改才能用 ENTER 键确认输入。开关在 OFF 位置时，数据不能写入。

(3)初始启动开关(ITS)

若该开关在 ON 位置，则在接通电源时，数据设定器内设定的各参数被消除，预先在编程器上设定好的初始值被读入。

(4)“写”允许开关(WRT)

对于使用通信功能的 KMM 调节器，该开关在 ON 位置时，由上位设备传来的数据可写入到调节器内；在 OFF 位置时，数据不能写入。

(5)正/反作用切换开关 1(R/D-1)

该开关用于规定 PID1 运算模块的正反作用。开关置 D 位置时，PID1 为正作用；开关置 R 位置时，PID1 为反作用。

(6)正/反作用切换开关 2(R/D-2)

该开关用于规定 PID2 运算模块的正反作用。开关置 D 位置时，PID2 为正作用；开关置 R 位置时，PID2 为反作用。

4.4 可编程控制器

4.4.1 可编程控制器的产生与发展

20 世纪 60 年代中后期，美国的汽车工业发展迅速，传统的继电器式汽车生产流水线控制系统由于故障率高、接线复杂及改型周期长等问题，已严重影响了汽车工业的发展。当时计算机控制系统在美国已开始投入使用，人们希望借鉴计算机控制系统的应用经验来改进继电器控制系统，将计算机的功能完备、灵活通用等优点与继电器系统的简单易懂、使用方便、价格便宜等优点相结合，开发出适合于汽车生产流水线控制的新型计算机控制系统。

1968 年，美国通用汽车公司(GM)根据实际需要，就此类控制器提出了 10 条具体的技术指标，即 GM 十条：

①编程简单：一般电气工程师不需要特殊的计算机知识即可编程，且可现场修改程序。

②维护方便：采用插件式结构，以便于个别故障部件的更换，缩短故障维修时间。

③可靠性高：与继电器系统相比，其可靠性应高于继电器控制系统。

④体积小：与继电器系统相比，其体积应小于继电器控制系统。

⑤成本低：性能/价格比应高于继电器控制系统。

⑥可与计算机通信：应配备通信接口，数据可直接传给上位监控、管理计算机系统。

⑦输入可以是 115 V AC：即要求可直接接收交流高电平信号。

⑧输出也可以用 115 V AC：即要求输出有较强的带载能力，可直接驱动电磁阀、接触器等执行部件。

⑨具有可扩展性：应具备扩展接口，有一定的扩展能力。

⑩用户程序存储器在 4 KB 以上：即有一定的用户控制程序存储空间，以便于实现有一定复杂程度及规模的控制。

依据上述条件，美国数字设备公司(DEC)于 1969 年研制出第一台控制器。因其主要功能是进行逻辑控制，所以命名为可编程逻辑控制器(Programmable Logic Controller)——PLC。

1975 年，以微处理器为核心的 PLC 出现，其功能已不局限于逻辑量控制，模拟量控制系统也大量使用，各种数据处理功能进一步完善，可编程逻辑控制器逐步发展为可编程控制器

(Programmable Controller)——PC。

从 1982 年开始,国际电工委员会经过几次修订,于 1987 年给出了可编程控制器的定义(第 3 稿):可编程控制器是一种数字运算操作的电子系统,是专门为工业环境应用而设计的。它采用了可编程的存储器,用来在其内部存储执行逻辑运算、顺序控制、定时/计数及算术运算等操作指令,并通过数字式和模拟式的输入/输出控制各种生产过程。可编程控制器及其有关外设都是按易于与工业系统联成一个整体且易于扩充其功能的原则来设计的。

由于人们已习惯了 PLC 的称谓,且 PC 易于与个人计算机、可编程调节器及袖珍计算机等的简称混淆,同时也为了有别于可编程调节器,现在工业上仍将可编程控制器简称为 PLC。

从 20 世纪 80 年代后期开始,PLC 得到了进一步的发展。新一代网络型 PLC 具有功能强、功耗小、体积小、成本低、可靠性高等特点,且具备远程控制、网络通信、图形编程等优点。目前有两个发展方向:低档 PLC 向小型、简易及廉价方向发展;而中、高档 PLC 向大型、高速、高可靠性、多功能方向发展,且网络系统更加完备,可对大规模、复杂系统进行综合控制。

4.4.2　可编程控制器的应用场合

目前,可编程控制器可实现开关量控制及模拟量控制,并可提供大量的特殊或专用控制模块,如位置控制、PID 控制、温度控制、高速计数等,并具备各种数据处理及网络通信等功能。随着 PLC 性能价格比的不断提高,其应用范围也不断扩大。目前,其应用范围可归纳为以下几个方面:

(1)开关量逻辑控制

所有 PLC 均具有“与”“或”“非”等逻辑处理指令,以及定时、计数和基本顺序控制等指令,使用这些指令可完成各种逻辑控制、定时控制及顺序控制。开关量控制既可以用于单台设备的控制,又可以用于自动生产线的控制,其应用领域已遍及各种行业。

(2)过程控制

过程控制通常是指对温度、压力、流量、液位等连续变化的模拟量进行闭环控制。PLC 通过模拟量 I/O 通道,将各种外部模拟量信号转换为内部数字量,并可按各种控制规律(如 PID 等)对受控对象进行控制,其各种处理功能已能满足一般的闭环控制系统的需要。

(3)运动控制

许多 PLC 提供专门的指令或运动控制模块,对直线运动、圆周运动等的位置、速度和加速度进行控制,可实现单轴、双轴和多轴联动控制,可将运动控制与顺序控制有机地结合到一起。PLC 的运动控制已在加工机械、装配机械、机器人、电梯控制等场合广泛应用。

(4)数据处理

PLC 具有数据传送、数据转换、四则运算、逻辑运算、取反、循环、移位等处理功能,许多 PLC 还具有浮点运算、矩阵运算、函数运算、排序、查表等功能,可以完成数据的采集、分析和处理。

(5)分布式控制

PLC 的通信联网功能日益增强,可实现 PLC 与远程 I/O 之间的通信、PLC 与 PLC 之间的通信、PLC 与其他数字设备(如计算机、分散控制系统、智能仪表等)之间的通信,可以组成各种结构的分布式控制系统。

4.4.3 可编程控制器的构成、分类及工作过程

1. 可编程控制器的构成

可编程控制器的构成与一般的计算机控制系统基本相同。以小型 PLC 为例,其构成框图如图 4-25 所示。

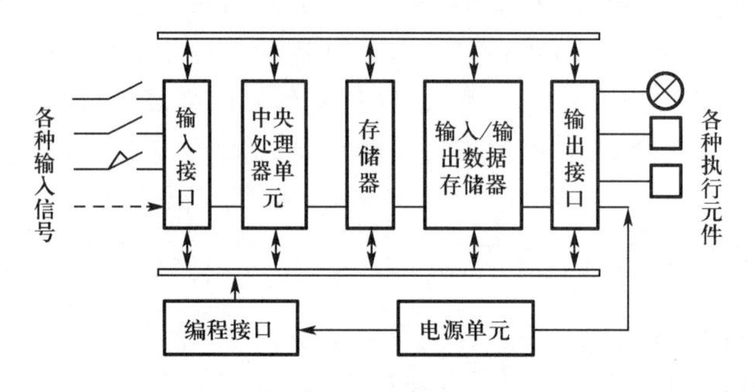

图 4-25 小型 PLC 构成框图

从构成框图可以看出,PLC 由输入、输出和控制等部分组成。外部各种开关量、模拟量信号等经各种输入接口电路采集到 PLC 内,然后控制部分根据用户程序对其进行各种处理,并将处理结果输出至输出接口,实现对各种执行部件的控制,从而完成对各种受控对象的控制。

2. 可编程控制器的分类

通常按两种方式对可编程控制器进行分类,即按 I/O(输入/输出)点数分类或按其结构形式分类。

按 I/O 点数分类时,依其可以处理的输入/输出点数分为微型、小型、中型和大型等。

一般地,小于 64 点的为微型 PLC,64~256 点的为小型 PLC,256~2048 点的为中型 PLC,2048 点以上的为大型 PLC。

按结构形式分类时,分为整体式和模块式 PLC。

整体式 PLC,有时也称为 I/O 一体化 PLC。它是把 PLC 的各个组成部分(I/O 接口、CPU、存储器、电源、编程/通信接口等)安装在一个机壳内,形成一个具有一定 I/O 处理能力的整体,即其本身就是一台具备一定控制能力的完整的控制器,可独立完成一些较小规模的控制任务。此种 PLC 具有结构简单、体积小、重量轻、基本功能完备、价格低等特点。一般微型 PLC 以及部分小型 PLC 采用此种结构。此外,整体式 PLC 也可通过扁平电缆与一定数量的 I/O 扩展单元、智能单元等相连接,以增强其控制能力。

模块式 PLC 是把 PLC 的各个组成部分做成相对独立的模块,如电源模块、CPU 模块、输入模块、输出模块、通信模块以及各种智能模块等,且各类模块中有多种型号可供选择。用户可根据控制系统的需要选择其中的一些模块,然后以类似搭积木的方式将各种模块组装在特制的机架上,各模

块之间通过总线连接在一起,从而构成一个完整的系统。此种PLC具有功能完备、配置灵活、组装方便、可扩展性强、维护方便等特点。通常大、中型PLC以及部分小型PLC采用此种结构。

3.可编程控制器的工作过程

如图4-26所示,PLC的工作过程可分为三个阶段:输入刷新、程序执行和输出刷新,这三个阶段构成一个工作周期,并如此循环往复地运行。因此PLC的工作方式也称为循环扫描工作方式。由于采用循环扫描方式,输出刷新后接着就是输入刷新,因此这两个阶段也称作I/O刷新阶段。在此阶段,输入刷新程序对输入信号进行采集,并将结果存入输入映像区,而输出刷新程序则将存储在输出映像区的用户程序运行结果送至输出锁存,并通过输出端子输出。此外,为实现与其他外部设备的信息交换以及进行各种错误检测、防死机处理等,在整个扫描周期内还要包括一些其他处理服务,可统称为监控服务,通常在I/O刷新后进行,全过程如图4-27所示。其中的WDT复位用于防死机处理。

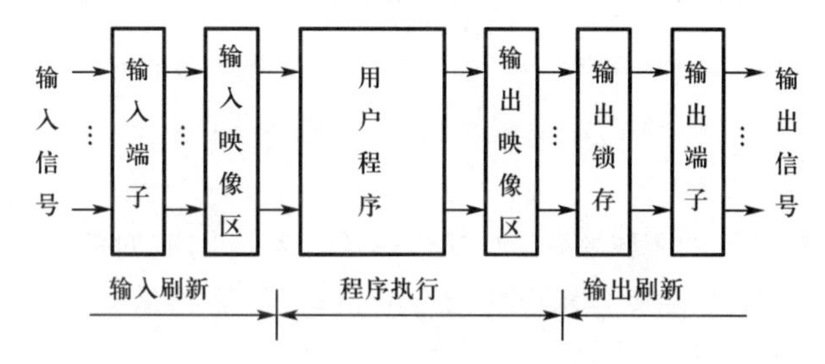

图4-26　PLC扫描工作过程

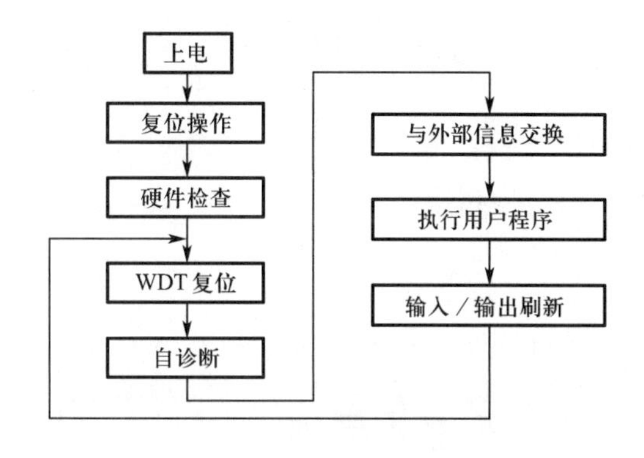

图4-27　PLC的工作流程图

4.4.4　可编程控制器的编程语言

PLC作为一种工业控制器,其主要使用者是各类工业控制方面的技术人员。考虑到其专业性质、习惯以及为方便其普及等多种因素,通常PLC不采用通用计算机中所采用的高级编程语言,而是采用专为PLC而设计的编程语言。这些编程语言主要包括梯形图语言、指令助记符语言、控制系统流程图语言、布尔代数语言及顺序功能图语言等。目前,最基本的编程语言为梯形图语言和指令助记符语言。

目前,各厂家生产的PLC的指令系统不完全相同,程序结构也不完全一致,且都使用为自己的硬件而开发的编程软件进行编程，因此各厂家的 PLC 只能使用与其配套的编程器或编程软件来编程。尽管如此，各厂家的编程语言设计思想大致相同。只要掌握其基本编程方法，就能很快地熟悉各厂家的编程语言及编程方法。

1. 梯形图语言

梯形图语言借鉴了继电器控制线路的特点，这也是针对早期的 PLC 使用者大多是电气技术人员这一情况而设计的，以便于他们能够较快的掌握 PLC 编程技术。如梯形图程序设计与继电器控制线路设计非常相似。图 4-28(a)所示为一继电器控制线路图，图 4-28(b)所示为与其对应的松下 FP 系列 PLC 的梯形图程序。

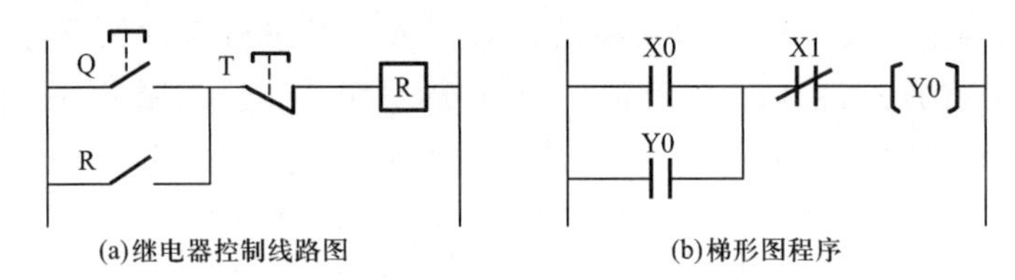

(a)继电器控制线路图　　(b)梯形图程序

图 4-28　继电器控制线路与梯形程序对照

2. 指令助记符语言

实际上，各厂家为自己的 PLC 开发的梯形图语言都有与其对应的指令助记符。用梯形图编写的程序都要经软件先转换为相应的指令助记符，然后再编译成 PLC 的执行代码。所以，梯形图程序可对应地写成指令助记符程序。图 4-29(a)所示为松下 FP 系列 PLC 的梯形图程序，图 4-29(b)所示为与其对应的指令助记符程序。

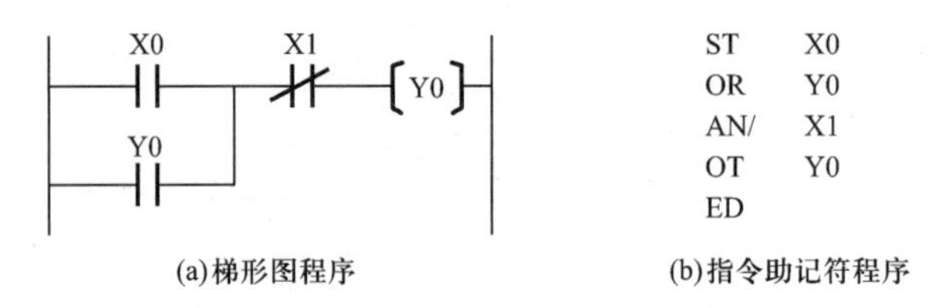


```
ST   X0
OR   Y0
AN/  X1
OT   Y0
ED
```

(a)梯形图程序　　(b)指令助记符程序

图 4-29　梯形图程序与指令助记符程序对照

4.4.5　可编程控制器选型基本原则

虽然可编程控制器是为工业环境下应用而设计的，但为了适应不同的应用场合，各生产厂家的产品或同一厂家的不同系列的产品在可靠性、抗干扰性及环境的适应性等方面的设计有所不同。此外，为适应不同的控制规模和控制范围，其可供选择的系统结构形式、系统硬件及其配置方式也不尽相同，所支持的 I/O 点数的多少也不一样。因此，在实际应用时，应根据具体情况选择合适的可编程控制器。

1. 可靠性、抗干扰性及环境的适应性

这方面的要求是一套实际应用系统能否正常运行的最基本要求。通常，用户需根据所使用场合的环境温度、湿度、振动和冲击、现场的电磁环境等来选择符合相应环境技术条件的可编程控制器。对于有高可靠性要求的场合，还可考虑选择冗余系统等。除硬件系统的选择外，还应在电源系统、接地系统及输入输出配线等方面综合考虑其抗干扰问题。

2. 控制系统的结构形式

对于不同的控制规模、控制范围和可靠性要求等，所需选择的控制系统结构形式也不相同。控制系统结构形式不同时，需选用的可编程控制器可能也有所不同。因此，在选择具体型号时，应首先确定系统的构成形式。常用的控制系统结构形式有单机控制系统、分散式控制系统及冗余控制系统等形式。

单机控制系统是一种低成本方案，即由一台可编程控制器对全系统进行控制，其控制功能主要由可编程控制器来实现。有时为满足灵活的人机交互操作，还可以配置上位监控计算机系统，从而构成以可编程控制器为底层控制器、以上位机作为监控计算机的控制系统。由于其基本控制功能是由可编程控制器来完成的，因此对上位计算机的要求较低。该方案通常适用于检测和控制点较为集中且 I/O 点数不多、对可靠性要求不是特别高的中小型应用场合，是一种较为常用的系统结构形式。单机控制系统的结构形式如图 4-30 所示。有些厂家或系列的可编程控制器系统还支持分布式 I/O 或远程 I/O 控制形式，即主机系统采用支持分布式 I/O 或远程 I/O 控制的可编程控制器，以此来解决检测和控制点分布在多处的问题。

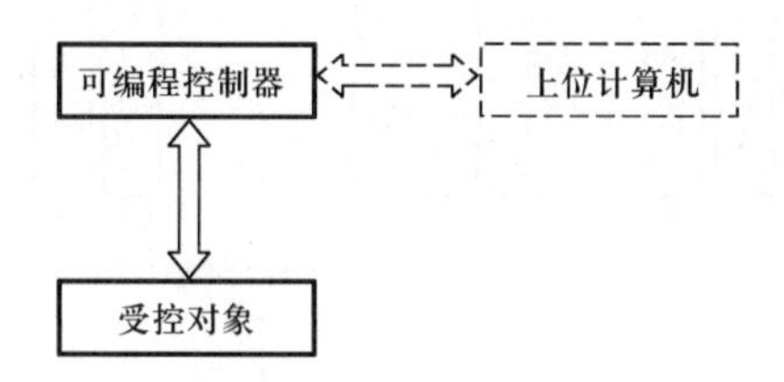

图 4-30　单机控制系统的结构形式

分散式控制系统是将受控对象分解为几个相对独立的部分，每部分均由一台可编程控制器控制，并可利用可编程控制器的网络功能实现可编程控制器之间的信息交换。由于该类控制系统具有分散式控制结构，因此其全系统的可靠性有所提高，也便于各子系统的维护。分散式控制系统的结构形式如图 4-31 所示。不同厂家或不同系列的产品，其分散式控制系统的网络接口不尽相同，应根据系统节点的数量、节点距离、传输速率、实时性要求及价格等因素来选择。该方案通常适用于检测和控制点较多，或要求子系统能独立运行的中大型应用场合，也是一种较为常用的系统结构形式。此外，由于其控制器可以分布在不同位置，因此也适用于受控对象较为分散的场合。同时，对于各子系统也可选择具有分布式 I/O 或远程 I/O 控制能力的可编程控制器，从而组成更大规模的系统。

冗余控制系统是指由两套或三套完全相同的可编程控制器组成的互为备用或具有表决处理功能的控制系统，根据系统使用的冗余控制器数量分别称为双重冗余系统和三重冗余系统。在冗余系统中最基本要求是控制器冗余，此外还可配置接口冗余、I/O 冗余、通信网络冗余等。在冗余控制系统中，较为常见的是双重冗余控制系统，其系统的结构如图 4-32 所示。

该系统中的两台可编程控制器的配置相同，运行的程序也相同，同一时刻只有一台控制器实施控制功能，另一台控制器处于热备用状态，且由冗余监控器同步两台可编程控制器的程序运行。当冗余监控器检测到处于实际控制状态的可编程控制器出现故障时，冗余监控

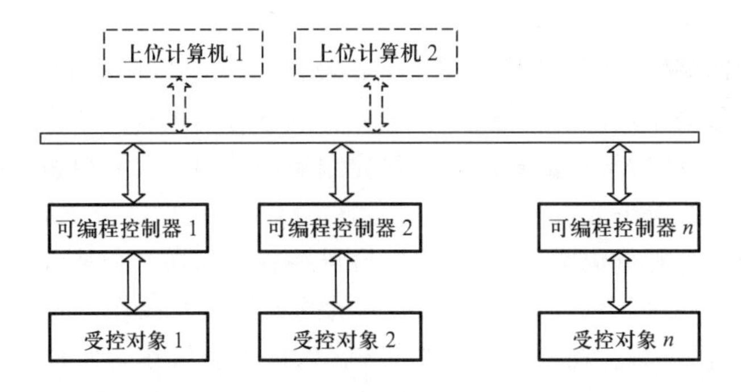

图 4-31 分散式控制系统结构

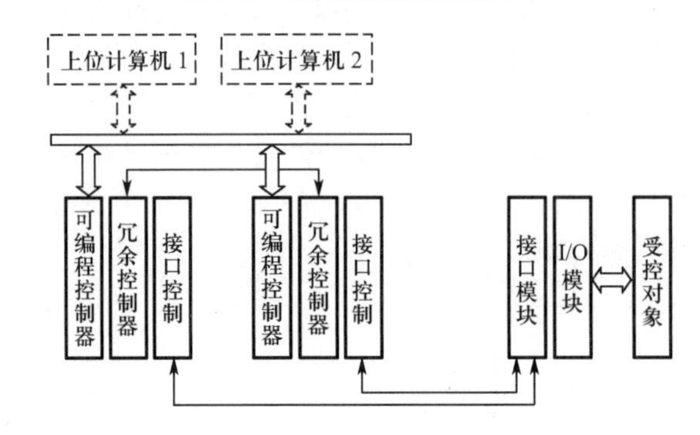

图 4-32 冗余控制系统结构

器会立即将控制权交给热备的可编程控制器，并停止原作为主控制器的可编程控制器的实际控制作用，同时发出故障报警信号。由于这种切换是在瞬间完成的，对受控对象的影响很小，可保证对系统控制的连续性，从而提高了系统的可靠性。因此，对可靠性要求较高的场合，可采用冗余控制结构。

3. 输入/输出模块的选择

输入/输出(I/O)模块可分为开关量 I/O 模块和模拟量 I/O 模块，这些模块用作可编程控制器主机系统与受控对象检测和控制点的接口。

开关量 I/O 模块，也称作数字量 I/O 模块，用于两位式状态点的检测或控制。开关量输入模块选择时主要是考虑交流或直流、电压等级、外部或内部供电、模块的输入点数等因素。开关量输出模块选择时主要是考虑交流或直流负载、电压等级、动作频率、模块的输出点数等因素。通常，开关量输出模块根据其输出接点的不同，分为继电器式、晶体管式和可控硅式输出模块。继电器式输出模块适用于交流或直流且动作频率不高的负载，是较为常用的类型。晶体管式输出模块只能用于直流负载，一般其控制接点的容量较继电器式输出模块要小，但其适应的动作频率较高。可控硅式输出模块通常用于交流负载且动作频率要求较高的场合。

模拟量 I/O 模块用于连续变量的检测与控制。在模拟量 I/O 模块选择时，主要考虑因素包括输入/输出信号类型、信号范围、转换精度、输入/输出点数等。

4. 其他模块或功能的选择

除了基本 I/O 模块的选择外，有时还需根据不同应用的需要选择某些特殊功能模块(如高速计数模块、PID 控制模块、位置控制模块等)、网络接口模块,以及其他一些专用模块。对于有些小型 PLC,可能不支持浮点运算功能,在选择时也应加以注意。

4.4.6　松下 FP1 可编程控制器

1. 主要指标

FP1 可编程控制器是由日本松下公司生产的,属于小型机系列。根据控制单元上所带 I/O点数,分为 C16、C24、C40、C56、C72 等型号。

主要技术参数包括:

最大 I/O 点数　I——208;O——208

定时/计数器数量　144 个

程序步数　2 720 步

指令系统　154 条

扫描速度　16 μs/步

2. FP1 硬件

(1)控制单元

按 I/O 点数的多少,及输入、输出类型等分为多种型号。如图 4-33 所示为 FP1-C24 型可编程控制器的控制单元,共有 24 个开关量输入/输出点。其中,开关量输入为 16 点,开关量输出为 8 点。

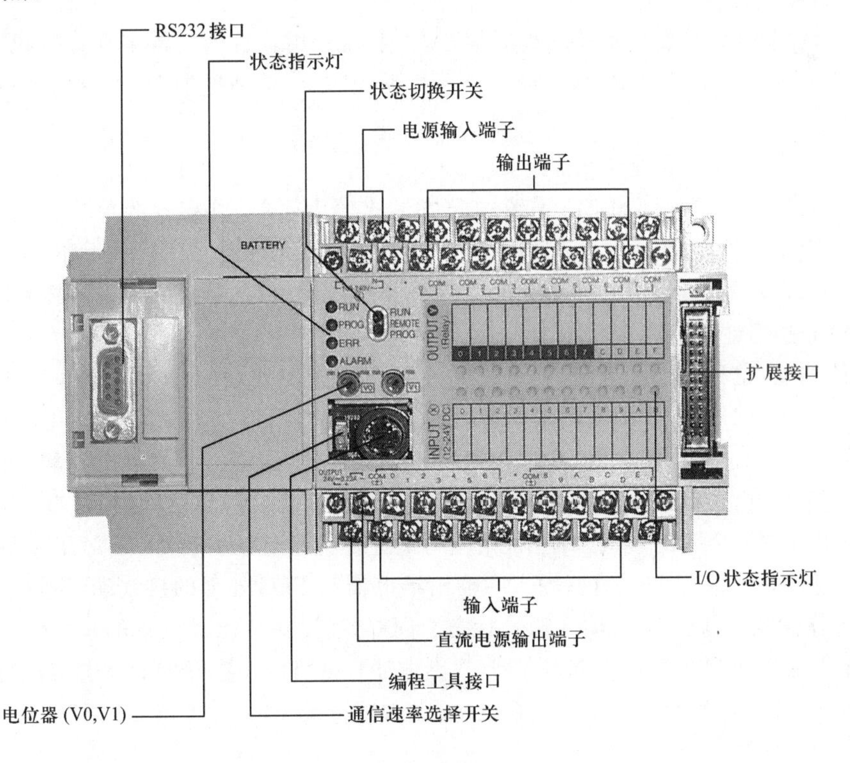

图 4-33　FP1-C24 可编程控制器控制单元

控制单元由主机部分和I/O部分组成，包括主机板(带有内置电源)，I/O接口及I/O接线端子，编程工具接口及扩展接口。控制单元上还提供了一个24 V DC电源，供用户使用。此外，还有状态指示灯和状态切换开关等。

(2)扩展单元

控制单元用于开关量I/O点扩展，分为输入扩展单元、输出扩展单元、输入/输出扩展单元。根据输入或输出以及所配置的I/O点数不同，分为多种型号，可根据实际需要选择。单个扩展模块的最大I/O点数为40点。此外，还有8点、16点和24点扩展模块。

(3)智能单元

智能单元包括A/D和D/A单元，用于模拟量的控制。

A/D单元，每个单元有四个通道，模拟量输入范围为0～5 V DC、0～10 V DC、0～20 mA DC，可通过不同的连接端子和短接线来选择相应输入信号类型或范围，其对应的内部转换数据为K0～K1000。

D/A单元，每个单元有两个通道，模拟量输出范围为0～5 V DC、0～10 V DC、0～20 mA DC。同样，可通过不同的连接端子和短接线来选择相应输出信号类型或范围，其对应的内部转换数据也是K0～K1000。

(4)链接单元

包括同位链接单元和上位链接单元。同位链接单元也称为I/OLINK单元，用于PLC-PLC的链接。上位链接单元称为C-NET单元，用于PC-上位机的链接。

(5)编程工具

FP1系列PLC可使用手持编程器编程，也可在专用软件的支持下在计算机上编程。手持编程器采用指令助记符编程，而使用计算机编程时，可选择梯形图、指令助记符，或布尔梯形图等。

3. FP1系列PLC的硬件配置方式

FP1系列PLC为小型PLC，系统的配置形式较为简单，可配置的单元也较少。其系统最大配置为1个控制单元，2个扩展单元，1个A/D单元，2个D/A单元和1个链接单元。除控制单元必须配置以外，其他单元可根据需要选择使用，各单元之间采用扁平电缆连接。

4. FP1的编址

所谓编址，也称为地址分配，即编程时用户可以分配使用的各种内部寄存器地址(也称为编程元件)。因最初PLC是用来代替继电器系统的，所以一些寄存器使用了继电器的叫法，如输入继电器、输出继电器、内部继电器等。实际上，这些所谓的继电器均是内部存储器中的一个存储位，其状态或为1或为0。相应的地址称为位地址。同时，这些继电器也可按每16位组合成一个字的形式来使用，相应的地址称为字地址。例如，字寄存器WXO对应的位继电器为X0～XF。其中，有些输入和输出继电器与PLC外部的接线端子对应。通过读取输入继电器的状态，就可获得输入信号状态。同样，通过对输出继电器的写操作，则可对输出部件进行控制。而其他各种内部寄存器(或继电器)，则可用于存储中间状态或进行定时、计数等。此外，还有一些寄存器用于存储系统状态。表4-4为FP1系列PLC的寄存器分配表。

表 4-4　　　　　　　　FP1 系列 PLC 寄存器分配表

名称	符号(位/字)	编　号		
		C14、C16	C24、C40	C56、C72
输入继电器	X(bit) WX(word)	208 点:X0～X12F 13 字:WX0～WX12		
输出继电器	Y(bit) WY(word)	208 点:Y0～Y12F 13 字:WY0～WY12		
内部继电器	R(bit) WR(word)	256 点:R0～R15F 16 字:WR0～WR15	1008 点:R0～R62F 63 字:WR0～WR62	
特殊内部继电器	R(bit) WR(word)	64 点:R9000～R903F 4 字:WR900～WR903		
定时器	T(bit)	100 点:T0～T99		
计数器	C(bit)	28 点:C100～C127	44 点:C100～C143	
定时器/计数器设定值寄存器	SV(word)	128 字:SV0～SV127	144 字:SV0～SV143	
定时器/计数器经过值寄存器	EV(word)	128 字:EV0～EV127	144 字:EV0～EV143	
通用数据寄存器	DT(word)	256 字:DT0～DT255	1660 字: DT0～DT1659	6144 字: DT0～DT6143
特殊数据寄存器	DT(word)	70 字:DT9000～DT9069		
系统寄存器	(word)	No. 0～No. 418		
索引寄存器	IX(word) IY(word)	IX、IY 各一个		
十进制常数寄存器	K	16 位常数(字):K－32 768～K32 767 32 位常数(双字):K－2147 483 648～K2 147 483 647		
十六进制常数寄存器	H	16 位常数(字):H0～HFFFF 32 位常数(双字):H0～HFFFFFFFF		

5. FP1 可编程控制器的基本指令

基本指令主要是各种逻辑处理指令及定时器、计数器指令等,也是最常用的一些指令。

(1)存取指令

存取指令共三条,ST 为加载指令,ST/为加载非指令,OT 为输出指令。这三条指令用于输入输出操作。

ST:以常开点开始一个程序行,常开点可以是各种触点。

ST/:以常闭点开始一个程序行,常闭点可以是各种触点。

OT:将运算结果输出,输出点可以是 Y、R 等类型的触点。

存取指令使用方法如图 4-34 所示。

(2)逻辑处理指令

逻辑处理指令共 6 条,AN 为逻辑"与"指令,AN/为逻辑"与非"指令,OR 为逻辑"或"指令,OR/为逻辑"或非"指令,ANS 为程序行"与"指令,ORS 为程序行"或"。

AN:常开点逻辑"与"运算。常开点可以是各种触点。

AN/:常闭点逻辑"与非"运算。常闭点可以是各种触点。

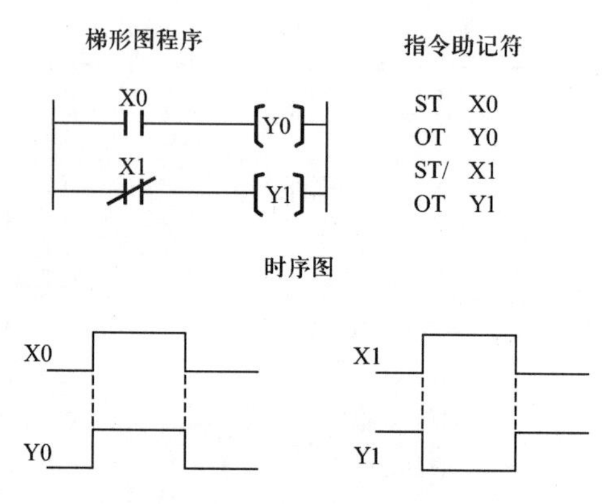

图 4-34 存取指令使用方法举例

OR:常开点逻辑“或”运算。常开点可以是各种触点。

OR/:常闭点逻辑“或非”运算。常闭点可以是各种触点。

ANS:程序行逻辑“与”运算。

ORS:程序行逻辑“或”运算。

基本逻辑运算指令和程序行逻辑运算指令的使用方法如图 4-35 和图 4-36 所示。

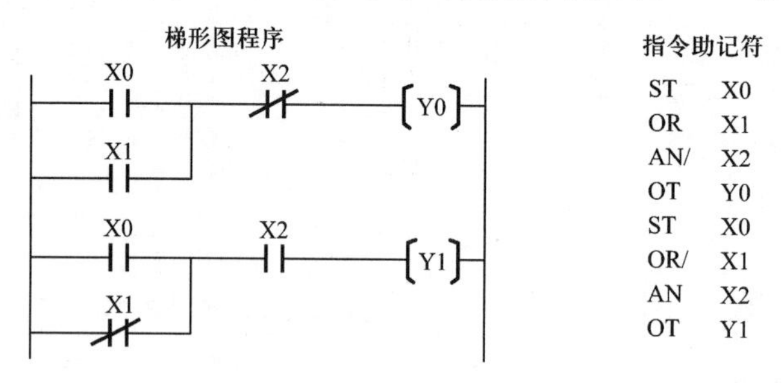

图 4-35 基本逻辑运算指令使用方法举例

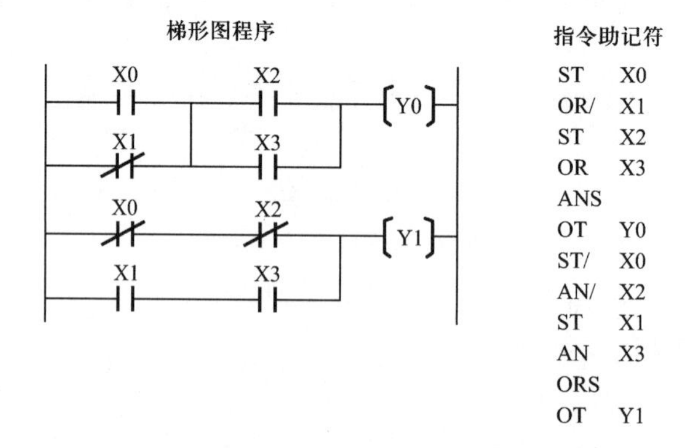

图 4-36 程序行逻辑运算指令使用方法举例

(3)定时器/计数器指令

①TM(定时器)

在默认设置下,FP1 共有 100 个定时器,编号为 T0～T99。每个定时器均有 3 种时基可供选择,TMR 为 0.01 s,TMX 为 0.1 s,TMY 为 1 s,定时时间常数为0～32 767,定时时间为时基乘以时间常数。例如,对于 TMX 定时器,若定时时间常数为 K10(K 表示十进制数),则其定时时间为 1.0 s。定时器指令使用方法如图 4-37 所示。

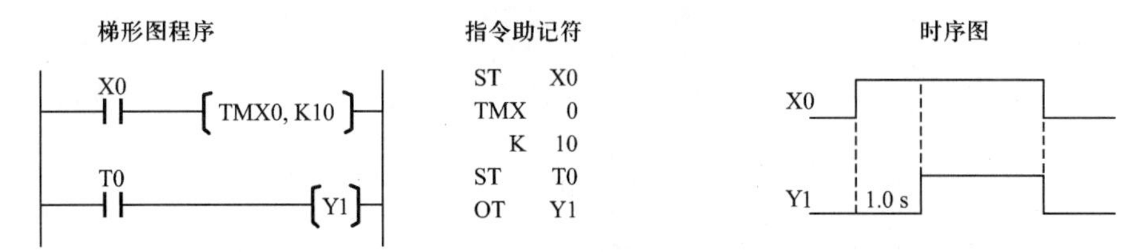

图 4-37　定时器指令使用方法举例

动作过程:控制点(X0)闭合后,定时器开始定时。定时时间到(此例中为 1.0 s),定时器的触点(T0)状态翻转。无论何时,只要控制点断开,定时器则复位。

②CT(计数器)

FP1 的计数器为减计数器,在默认设置下,FP1 共有 44 个计数器,编号为 C100～C143,计数范围为 0～32 767。计数器指令使用方法如图 4-38 所示。

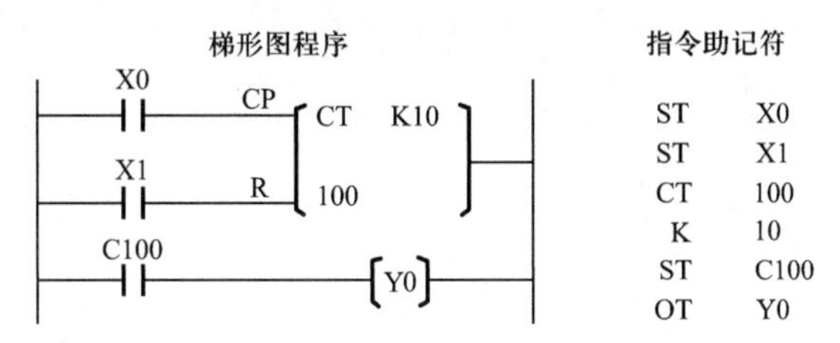

图 4-38　计数器指令使用方法举例

动作过程:CP 端为计数输入端,R 端为复位端。计数输入端每输入一个脉冲,计数器计数值减 1(脉冲上升沿),当计数值减为 0 时,计数器的触点状态翻转。无论何时,只要复位端闭合,则计数器复位。此例中,当 X0 端输入 10 个脉冲后,计数器 C100 状态翻转,Y0 变为 1。当 X1 为 1 时,计数器复位,Y0 变为 0。

(4)堆栈操作指令

堆栈操作指令共 3 条:PSHS、RDS、POPS,主要用于处理分支程序。PSHS 为压栈指令,RDS 为读栈指令,POPS 为出栈指令,其使用方法如图 4-39 所示。

(5)置位、复位与保持指令

SET(置位)用于将某一位置 1,RST(复位)用于将某一位置 0。可以用 SET 和 RST 指令操作的元件为可作为输出的元件(Y、R 类),使用方法如图 4-40 所示。

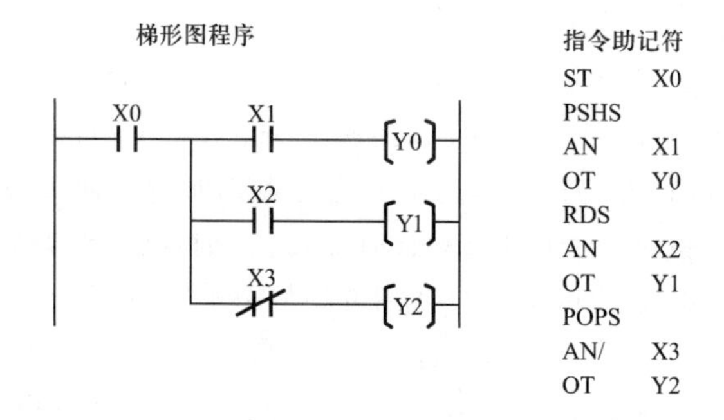

图 4-39 堆栈操作指令使用方法举例

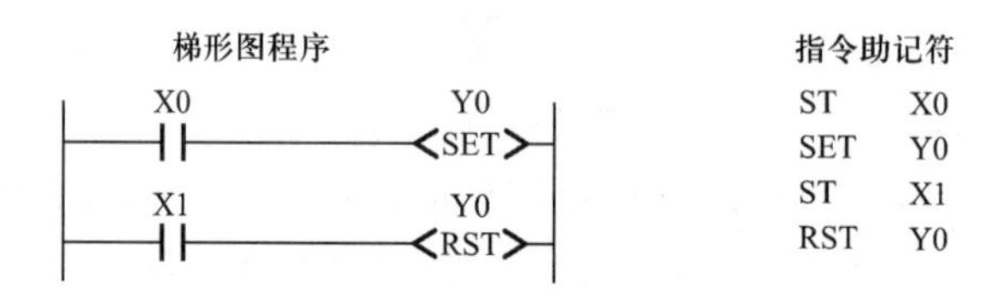

图 4-40 置位、复位指令使用方法举例

此例中，若 X0 接通(状态为 1)，则 Y0 置 1(置位)；若 X1 接通，则 Y0 置 0(复位)。

KP(保持)指令相当于 RS 触发器，有两个输入控制端，上面的为置位输入端，下面的为复位输入端，使用方法如图 4-41 所示。

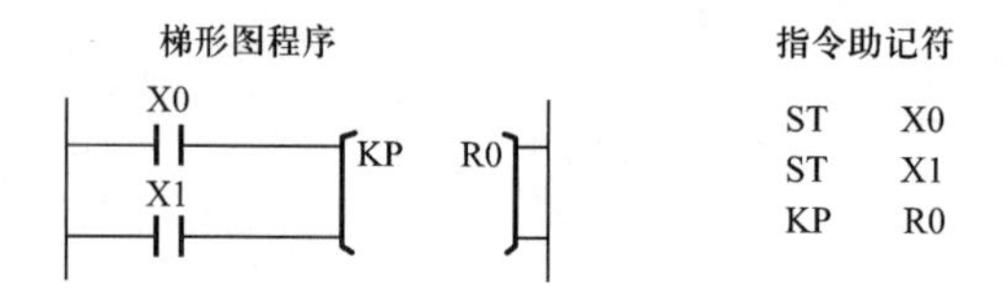

图 4-41 保持指令使用方法举例

此例中，当置位端 X0 接通 1 次后，无论接通时间长短，其指定的状态点 R0 始终保持为 1 状态。而当置位端 X1 接通后，则 R0 置为 0 状态。可以用 KP 指令操作的元件为可作为输出的元件(Y、R 类)。

(6)微分指令

DF(上升沿微分指令)、DF/(下降沿微分指令)：对于 DF 指令，当检测到控制点的上升沿时，其控制的输出点接通 1 个扫描周期。对于 DF/指令，当检测到控制点的下降沿时，其控制的输出点接通 1 个扫描周期。使用方法如图 4-42 所示。

(7)空操作和结束指令

NOP(空操作)指令不执行任何操作，只起占位作用。ED(程序结束)指令为主程序结束指令。两个指令的使用方法如图 4-43 所示。

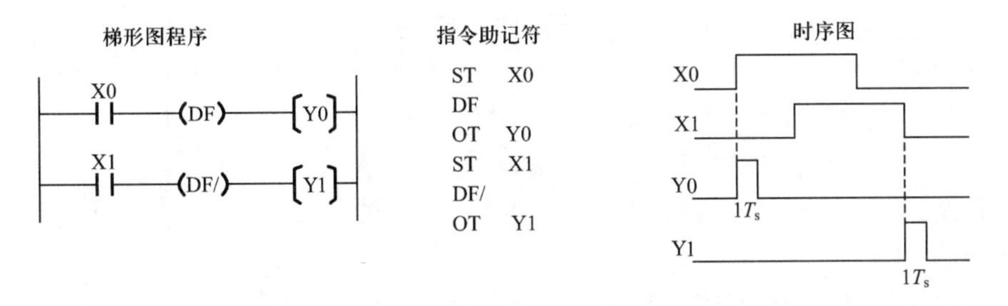

图 4-42　微分指令使用方法举例

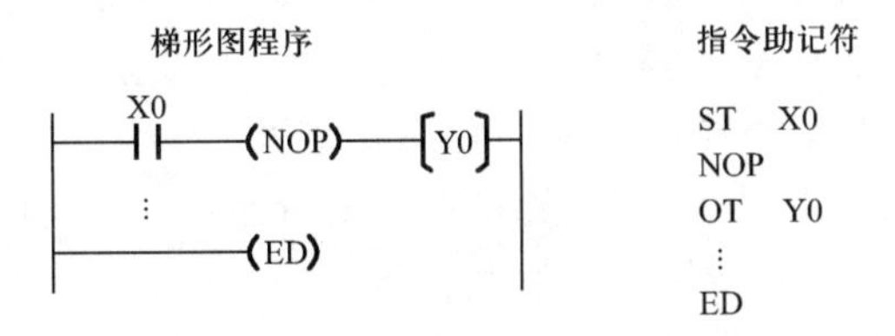

图 4-43　空操作、结束指令使用方法举例

6. FP1 可编程控制器应用

(1)一般闪光报警系统

如图 4-44 所示为一闪光报警系统，X0 为报警输入信号，X1 为确认按钮输入，X2 为试灯按钮输入，输出 Y0 控制报警灯，Y1 控制警铃，R1 为内部继电器。R901C 为系统提供的 1 s 脉冲触点，PLC 运行后，该点状态 0.5 s 为 1，0.5s 为 0。

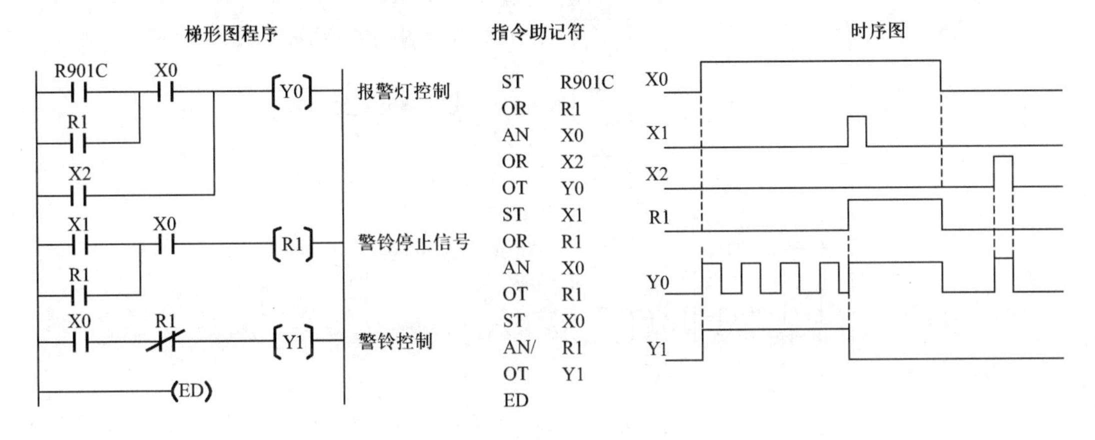

图 4-44　基本指令应用举例

动作过程为：X0 闭合后，报警灯闪烁(R901C 为系统提供的 1 秒脉冲点)，报警铃响。按确认按钮后，灯变为常亮，铃消音。报警信号撤销后，报警灯熄灭。无报警信号时，可按试灯按钮，检查报警灯是否损坏。

(2)液体混合装置控制

一液体混合装置如图 4-45 所示。初始状态：混合器空，A、B 和 C 阀均关闭，搅拌器不工作。控制要求为：按启动按钮后，A 阀打开，充液体 A；充至 I 位后，A 阀关闭，B 阀打开，充液体 B；充至 H 位后，B 阀关闭，搅拌器启动，搅拌 10 s；然后开 C 阀排放；排放至低于 L 位后，再过 3 s,关闭 C 阀,开始下一循环。按停止按钮后,系统不立即停止工作,须待一个循环结束后再停止。I/O 地址分配为:X0—启动按钮,X1—停止按钮,X2—H 位开关,X3—I 位开关,X4—L 位开关,Y0—搅拌器控制,Y1—A 阀,Y2—B 阀,Y3—C 阀。各电磁阀均为带电打开,各液位开关均为淹没时闭合。

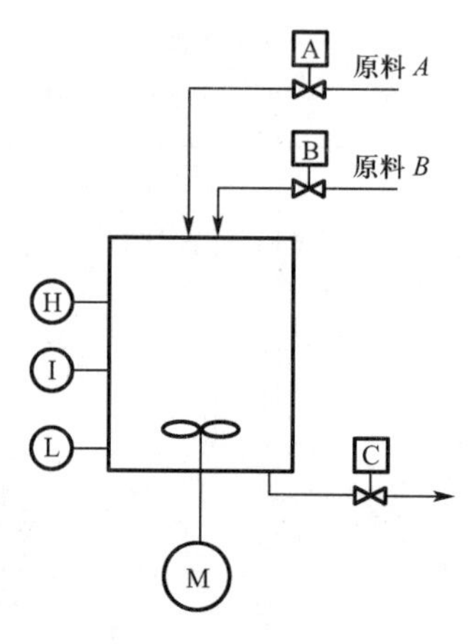

图 4-45 液体混合装置图

在设计梯形图程序时,对于一些流程控制问题可采用顺序功能图(SFC)方法来设计,即先按控制流程画出顺序功能图,然后再根据顺序功能图编写梯形图程序。

如图 4-46 所示为液体混合装置控制的顺序功能图。顺序功能图是由步、转步条件、有向线段及状态说明等组成。初始步用双框表示,其余各步用单框表示。各步中框内为步的编号,旁边的文字说明为对应步的状态。各步之间的有向线段表示可由本步转到其他步,方向向下时,可以忽略方向箭头。短横线及对应的说明表示转步条件,即从本步转换到另一步的条件。按照这些规则,并依据系统的动作要求就可绘制出顺序功能图。一般使用内部继电器点作为各步的状态点(如 FP1 系列 PLC 的 R 寄存器)。

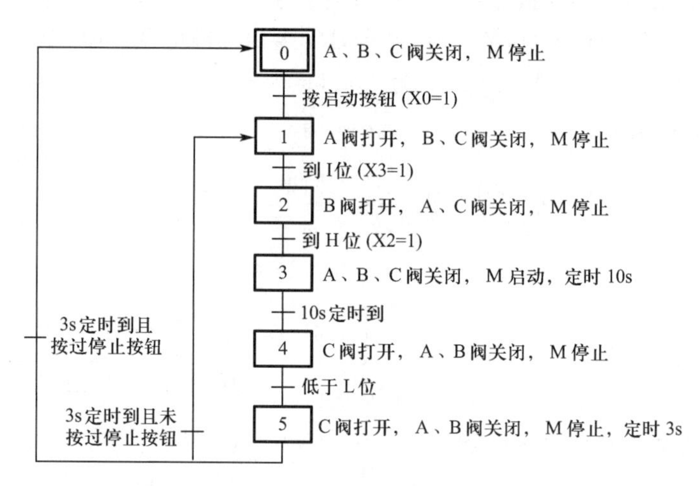

图 4-46 液体混合装置控制顺序功能图

利用从顺序功能图到梯形图程序的基本转换规则可编写出梯形图程序。转换分为初始步和一般步的转换。初始步状态的控制点为所有其他步状态点取“非”后的逻辑“与”,运算以及返回步状态和返回条件的逻辑“与”运算。一般步状态的控制点按“停止优先”式的启停控制逻辑设计,且启动条件为转入步状态和转入条件的逻辑“与”运算,停止条件为下一步状态的逻辑“非”。利用基本转换规则设计的梯形图程序是顺序控制程序的主体部分,各输出点的状态可由各步状态或某些步状态的“或”运算来确定。通常,输出点的控制放在顺序控制程序后面来处理。此外,还应对非顺序控制部分进行处理,如本例中的停止按钮可在任何时刻按动，但使用该条件的位置确在流程的最后，而该按钮本身又没有记忆功能，所以要加入一个是否按过停止按钮的“记忆点”，即对其进行“自锁”处理，且其处理程序应放在顺序控制主体程序之外(通常放在前面)。图 4-47 为液体混合装置控制的梯形图程序。

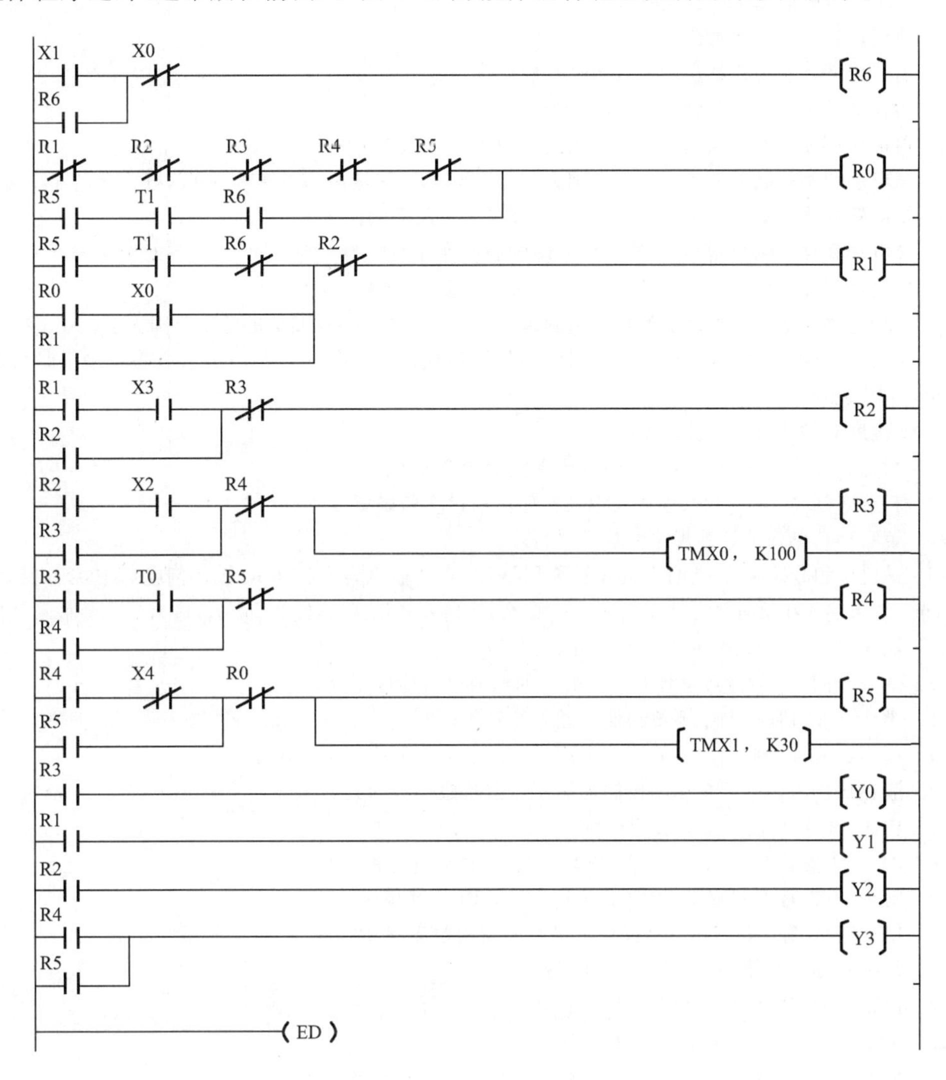

图 4-47　液体混合装置控制的梯形图程序

程序中，R6 为是否按过停止按钮的记忆点，R0～R5 为各顺序控制步的状态点，TMX0 和 TMX1 分别为 10 s 和 3 s 定时器，Y0～Y3 为输出控制点。R0～R5 及定时器部分对应的程序是顺序控制的主体部分，即流程步的控制部分，该部分程序决定了控制动作的执行顺序。

习　题

4-1　控制器有哪些基本的控制规律？

4-2　简述双位控制规律及优缺点。

4-3　简述比例控制规律特点？适合于哪些应用场合？

4-4　为什么单纯的比例控制不能消除余差？

4-5　何谓比例控制器的比例度？它与比例放大倍数有何关系？

4-6　某电动比例控制器的输入量程范围为100～200 ℃，其输出为0～10 mA。当温度从140 ℃变化160 ℃时，控制器的输出从3 mA变化到7 mA。试求该控制器的比例度。

4-7　某电动Ⅲ型比例控制器，其输入所对应的温度变化范围为400～600 ℃。当温度从500 ℃变化到520 ℃时，控制器的输出从12 mA变化到13.6 mA。试求该控制器的比例度。

4-8　一台电动比例温度控制器的输入量程范围为0～1 000 ℃，控制器的输出范围为4～20 mA。若比例度为50%，那么当指示值变化100 ℃时，相应的控制器输出将变化多少？当指示值变化多少时，控制器输出变化达到全范围？

4-9　比例度对过渡过程有什么影响？

4-10　简述积分控制规律。为什么积分作用能消除余差？

4-11　积分时间 T_I 对过渡过程有何影响？如何通过实验确定 T_I？

4-12　请写出比例积分控制规律的数学表达式。

4-13　某比例积分控制器，其输入量程范围为1～5 V，其输出为4～20 mA。比例度为100%，积分时间 $T_I=2$ min。如果输入在某时刻突然变化0.8 V，那么，从输入变化开始，经3 min后，输出变化量是多少？

4-14　简述微分控制规律，它的特点是什么？

4-15　微分时间 T_D 对过渡过程有何影响？如何通过实验确定 T_D？

4-16　为什么在过程控制中不单独使用微分控制作用？

4-17　写出比例微分控制规律的数学表达式。该规律主要应用于何场合？

4-18　简述比例积分微分三作用控制规律并写出其数学表达式。

4-19　PID三作用控制器是否适用于所有的应用场合？为什么？

4-20　DDZ-Ⅲ型调节器是由哪几部分构成的？简述各部分的作用？

4-21　对于DDZ-Ⅲ型调节器，如何实现P、PD和PI控制规律？

4-22　DDZ-Ⅲ型调节器有哪几种操作方式？如何实现无扰动切换？

4-23　软手动操作和硬手动操作有何区别？

4-24　简要说明KMM可编程调节器的特点。

4-25　KMM可编程调节器有哪些主要功能。

4-26　KMM可编程调节器正面板上有哪些操作键？各操作键起什么作用？

4-27　KMM可编程调节器侧面板上的数据设定器主要有哪些用途？

4-28　何为可编程控制器？主要应用场合有哪些？

4-29　简要说明可编程控制器的构成及工作过程。

4-30　FP1系列可编程控制器有哪些硬件单元？其最大配置是如何规定的？

4-31　FP1系列可编程控制器内部有哪几类寄存器？“字”寄存器于相应的位寄存器之间有何关系？

4-32　写出图4-48中梯形图对应的指令助记符程序，并画出T0、T1和Y1的时序图。

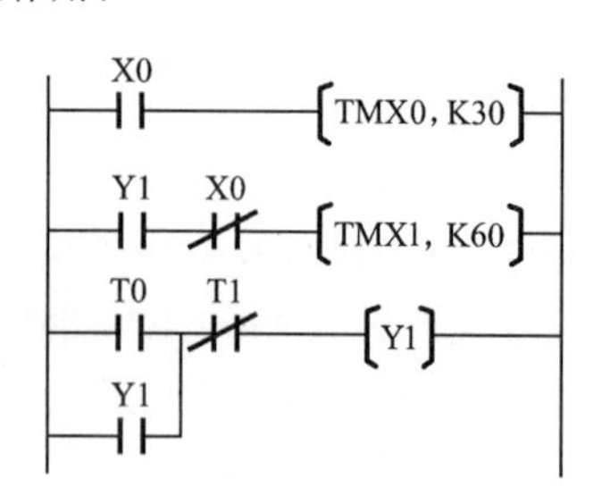

图4-48

第5章

过程执行仪表

5.1 概　述

过程执行仪表,简称执行器,是自动控制系统的终端执行部件,其作用是接受控制器送来的控制信号,并根据信号的大小直接改变操纵量,从而达到对被控变量进行控制的目的。因此,人们常将执行器比喻成自动控制系统的"手脚"。由此可见,执行器是自动控制系统中不可缺少的重要组成部分之一。

在连续生产过程中,使用最多的执行器就是各种调节阀,它由执行机构和调节机构两部分组成。在这里,执行机构是执行器的推动装置,它根据控制信号的大小,产生相应的推力或扭矩,从而使调节机构产生相应的开度变化。调节机构是执行器的调节部件,它直接与被控介质接触,当其开度发生变化时,被控介质流量将被改变,从而实现自动控制的目的。

执行器按其所使用的能源不同,可分为三大类,即气动执行器、电动执行器和液动执行器。这三种类型的执行器执行机构不同,而其调节机构基本相同。在实际应用中,使用最多的是气动执行器,其次是电动执行器,液动执行器使用较少。

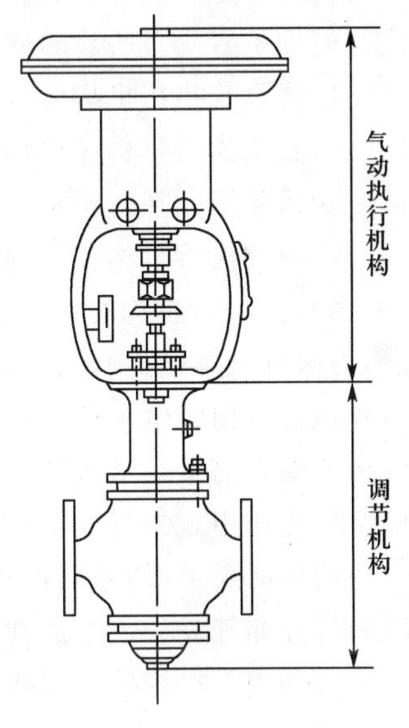

图 5-1　气动薄膜执行器

气动执行器是以压缩空气为能源的执行器。目前,使用最多的气动执行器是气动薄膜执行器,习惯上称为气动薄膜调节阀。它由气动(薄膜式)执行机构和调节机构两部分构成,如图 5-1 所示。这类执行器具有结构简单、动作可靠、安装方便及本质防爆等特点,而且价格较为便宜。它不仅可以与气动仪表配套使用,而且通过电-气转换器或电-气阀门定位器等,还可与电动仪表及计算机控制系统配套使用。

电动执行器是以电为能源的执行器。与气动执行器相比,它具有能源取用方便、信号传输速度快、传递距离远、灵敏度及精度高等特点。但其结构比较复杂,不易于维护,且防爆性能也不如气动执行器。因此,其应用范围不如气动执行器广泛。

液动执行器是以加压液体为能源的执行器,因为实际应用当中使用较少,故这里不做介绍。

5.2 执行机构

5.2.1 气动执行机构

气动执行机构的分类如下：

- 气动执行机构
  - 薄膜式执行机构
    - 正作用式
    - 反作用式
  - 活塞式执行机构
    - 比例式
      - 正作用式
      - 反作用式
    - 两位式
  - 长行程执行机构
  - 滚筒膜片式执行机构

在实际应用中，使用最广泛的是薄膜式执行机构，其次是活塞式执行机构。而长行程执行机构主要是与蝶阀、风门等需要大转角(0～90°)和大力矩的调节机构配合。滚筒膜片式执行机构是专为偏心旋转阀设计的。后两种执行机构使用较少，这里不做介绍。

1. 薄膜式执行机构

薄膜式执行机构主要用作一般执行器的推动装置。它结构简单，动作可靠，维护方便，是一种最常用的执行机构。

薄膜式执行机构按其动作方式可分为正作用式和反作用式两种，其结构如图 5-2 和图 5-3 所示。执行机构的控制信号压力增大时，其推杆向下移动的称为正作用式执行机构；反之，当执行机构的控制信号压力增大时，其推杆向上移动，则称为反作用式执行机构。正作用式执行机构的输入信号送入波纹膜片上方的气室，其输出力是向下的。而反作用式执行机构的输入信号是送入波纹膜片下方的气室，其输出力是向上的。从两者的结构图可以看出，正、反作用式执行机构的构成基本相同，通过更换个别部件，可以改变其作用方式。

通常情况下，均采用正作用式执行机构，并通过调节机构阀芯的正装和反装来实现执行器的气开和气关。现以最常用的正作用式执行机构来说明其工作原理。

这种执行机构的输出特性是比例式的，即输出位移与输入气压信号成比例关系。当气压信号通入波纹膜片气室时，在膜片上产生一定的推力，从而使推杆移动并压缩弹簧。当弹簧的作用力与信号压力在膜片上产生的推力平衡时，推杆稳定在相应位置处。信号增大时，相应的推力也增大，则推杆的位移量也增大。推杆的位移即是执行机构的输出，通常也称为行程。

气动薄膜式执行机构的输入与输出的关系可表示为

$$l=\frac{A_e}{C_s}p_o \tag{5-1}$$

式中 l—— 推杆位移或行程(等于弹簧位移)；

p_o—— 输入信号压力(一般为 20 ～ 100 kPa，最大为 250 kPa)；

A_e—— 膜片有效面积；

C_s—— 弹簧刚度。

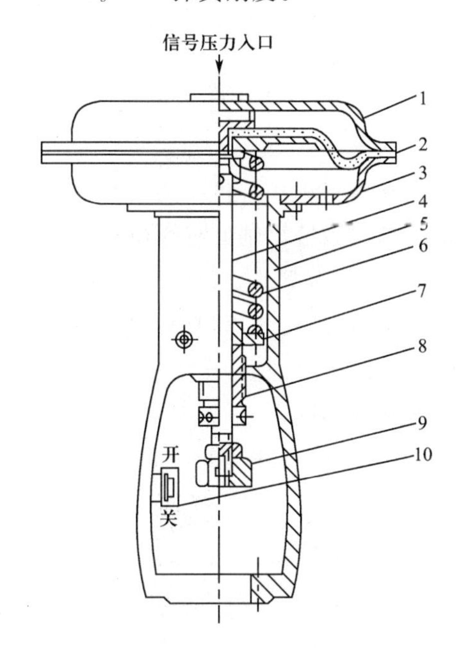

图 5-2　正作用式气动薄膜执行机构

1—上膜盖；2—波纹膜片；3—下膜盖；4—推杆；5—支架；6—弹簧；7—弹簧座；8—调节件；9—连接阀杆螺母；10—行程标尺

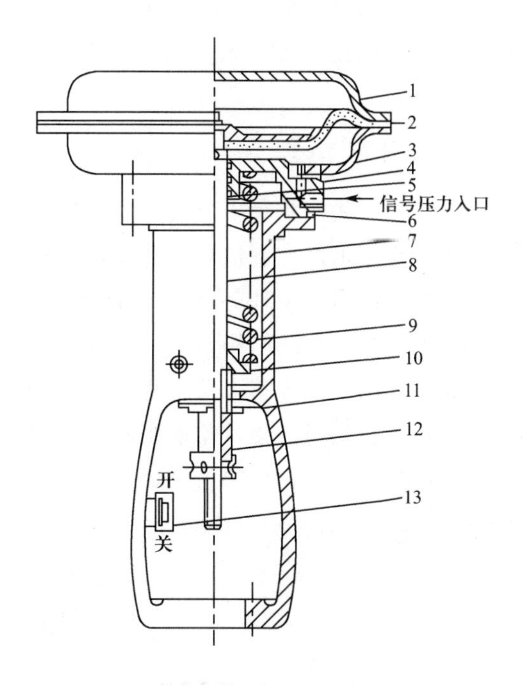

图 5-3　反作用式气动薄膜执行机构

1—上膜盖；2—波纹膜片；3—下膜盖；4—密封膜片；5—密封环；6—填块；7—支架；8—推杆；9—弹簧；10—弹簧座；11—衬套；12—调节件；13—行程标尺

通常按行程和膜片有效面积来确定气动薄膜式执行机构的规格。行程规格有 10 mm、16 mm、25 mm、40 mm、60 mm、100 mm 等。膜片有效面积规格有 200 cm^2、280 cm^2、400 cm^2、630 cm^2、1 000 cm^2、1 600 cm^2 等。实际应用中，可根据行程及所需推力的大小来确定执行机构的规格。

2. 活塞式执行机构

活塞式执行机构的最大操作压力可达 500 kPa，因此具有较大的推力。主要用作大口径、高静压、高压差阀和蝶阀等的推动装置。按其动作方式可分为两位式和比例式两种。而比例式又可分为正作用式和反作用式两种，其定义与薄膜式执行机构类似。气动活塞式执行机构的结构如图 5-4 所示。

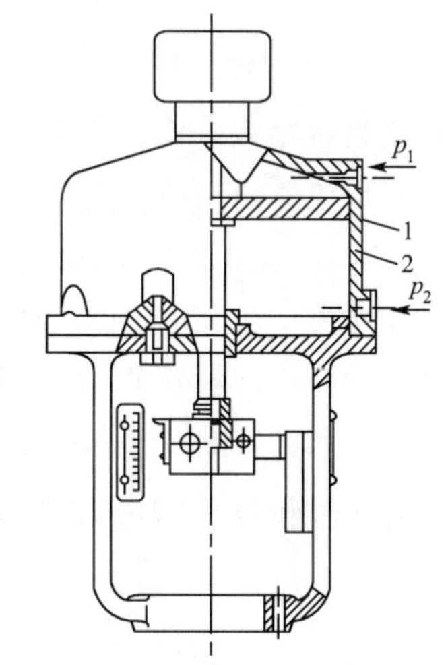

图 5-4　气动活塞式执行机构

1—活塞；2—气缸

气动活塞式执行机构的工作原理比较简单。以两位式的为例，p_1 可采用固定的操作压力，p_2 可采用变化的操作压力。p_1 和 p_2 也可以都采用变化的操作压力。当 $p_1 > p_2$ 时，活塞向下移动；反之，当 $p_1 < p_2$ 时，活塞向上移动。通过活塞的移动带动推杆的移动，从而实现阀门的开或关。比例式

动作是指输入信号与推杆行程成比例关系，因此需配阀门定位器，并利用阀门定位器的位置反馈功能来实现比例式动作。

5.2.2 电动执行机构

电动执行机构按其输出形式可分为角行程执行机构和直行程执行机构两大类。它们分别将输入的直流电流控制信号线性地转换为输出轴的转角或者输出轴的直线位移输出。这两种执行机构的电气原理完全相同，两者都是以两相伺服电机为驱动装置的位置伺服机构。其不同之处是减速器的结构，角行程执行机构的输出为输出轴的转角，而直行程执行机构的输出为输出轴的直线位移。角行程执行机构用于带动蝶阀、球阀、偏心旋转阀等角行程阀，而直行程执行机构可直接带动单座阀、双座阀、三通阀等直行程阀。

下面以角行程执行机构为例，简要介绍一下电动执行机构的工作原理。角行程执行机构的构成原理框图如图 5-5 所示。

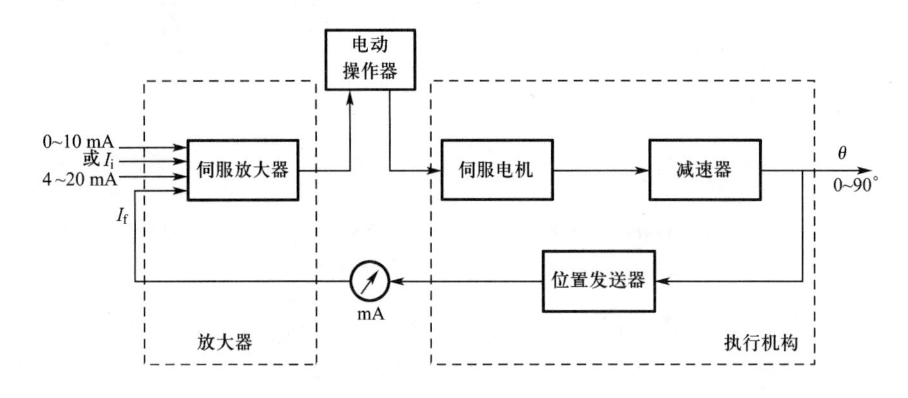

图 5-5 角行程电动执行机构构成原理框图

从构成原理框图可以看出，电动执行机构是由伺服放大器和执行机构两部分组成的。伺服放大器将输入信号 I_i 与反馈信号 I_f 相比较，并将比较后所得的差值进行功率放大，此放大信号可以驱使两相伺服电机转动。伺服电机为高转速、小力矩输出，故需使用减速器将其转换为低转速、大力矩输出，最终使输出轴转角 θ 改变。而 I_i 与 I_f 差值的正或负，对应于伺服电机的正转或反转，最终对应于输出轴转角的增大或减小。输出轴转角位置再经位置发送器转换成相应的反馈电流 I_f，送回到伺服放大器的输入端。当反馈信号 I_f 与输入信号 I_i 相等时，伺服电机不再转动，从而使输出轴转角稳定在与输入信号 I_i 相对应的位置处。

输出轴转角 θ 与输入信号 I_i 之间的关系为

$$\theta = K(I_i - I_0) \tag{5-2}$$

式中 K—— 比例系数；

I_0—— 起始零点信号(0 或 4 mA)。

电动操作器是电动执行机构的附件，利用它可实现自动或手动操作的相互切换。若将电动操作器的操作方式切换开关置到手动位置，则可直接使用操作器上的正、反操作按钮来控制输出轴的正、反转，从而实现手动控制。

电动执行机构的技术指标主要包括输出力矩或推力、行程、输出速度及精度等。直行程执行机构主要是依据输出轴推力来确定其规格型号，各规格又分为不同行程。角行程执行机构主要是依据输出轴力矩来确定其规格型号，而其转角通常为0～90°。

5.3 调节机构

调节机构，又称阀组件，简称阀，它是一个局部阻力可以改变的节流部件。因此，它按照节流原理工作。当流体流过阀时，所流过的介质的流速及压力变化过程与流过孔板时的流速及压力变化过程相似。但阀的流通截面积是可以改变的，而孔板的流通截面积是不变的。当控制信号发生变化时，执行机构的推力发生变化，从而使推杆的位移量发生变化，并带动阀的阀芯移动。由于阀芯的移动使阀的开度发生变化，阀芯与阀座之间的流通截面积将发生变化，这就改变了阀的阻力系数，从而使流过阀的流量发生变化，最终达到调节工艺参数的目的。

由于阀按节流原理工作，因此，阀的流量方程与流量测量部分所讲的节流环节流量方程相似。考虑到其流通截面积可变这一特性，阀的流量方程可表示为

$$Q = \frac{A}{\sqrt{\xi}}\sqrt{\frac{2(p_1 - p_2)}{\rho}} \tag{5-3}$$

式中 Q—— 流体体积流量，m^3/s；

A—— 阀的接管截面积，m^2；

p_1, p_2—— 阀前后压力，Pa；

ρ—— 流体密度，kg/m^3；

ξ—— 阻力系数（取决于阀的结构、开度及流体的性质）。

由式(5-3)可知，当阀结构确定，接管截面积也一定，并假设阀前后压差($p_1 - p_2$)不变时，流过阀的流量Q仅随阻力系数ξ变化。实际上，当阀开度增大时，阻力系数ξ减小，流量Q增大；而当阀开度减小时，阻力系数ξ随之增大，则流量Q减小。因此，通过阀开度的改变可以达到调节流量的目的。

5.3.1 常用调节机构及特点

1. 直通双座阀

直通双座阀是最常用的调节机构，其结构如图5-6所示。

从图中可以看出，在阀体内有两个阀芯和两个阀座。当阀芯上下移动时，阀芯与阀座间的流通截面积将改变，从而改变所通过流体的流量。在这里，流体从阀的左侧流入，通过上下阀芯和阀座的间隙，然后合流，从右侧流出。

直通双座阀的上、下阀盖均有衬套，对阀芯起导向作用，称为双导向。对于具有双导向结构的调节机构，其阀芯可以正装或反装。所谓正装是指阀芯向下移动时，阀芯与阀座之间的流通截面积减小；而反装是指阀芯向下移动时，阀芯与阀座之间的流通截面积增大。阀芯的正装与反装如图 5-7 所示。

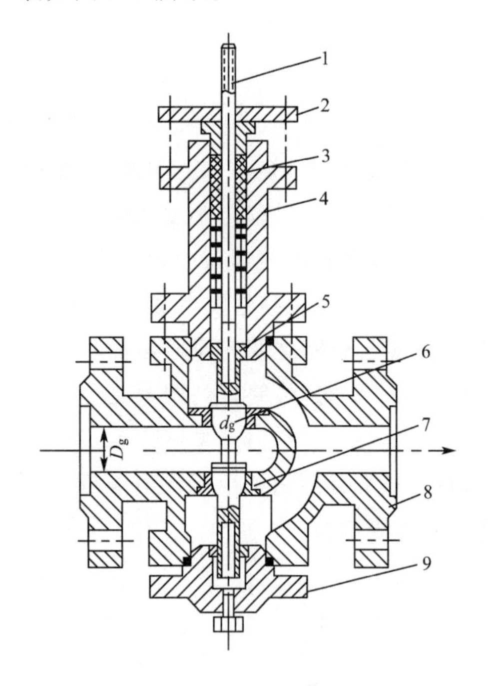

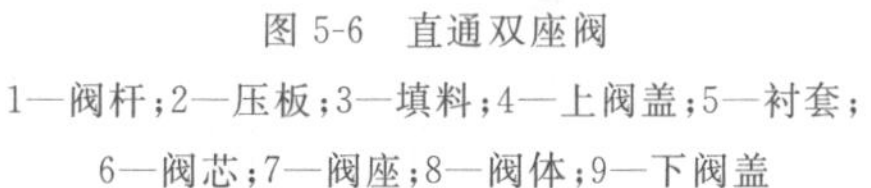

图 5-6　直通双座阀

1—阀杆；2—压板；3—填料；4—上阀盖；5—衬套；6—阀芯；7—阀座；8—阀体；9—下阀盖

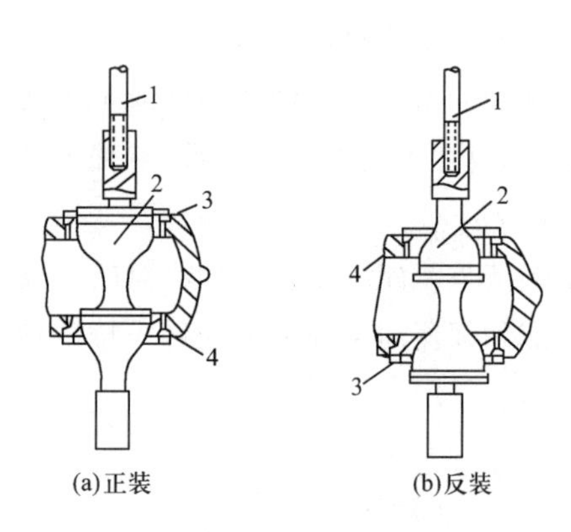

图 5-7　阀芯的正装与反装

1—阀杆；2—阀芯；3、4—阀座

前面已经提到，气动执行机构有正作用和反作用两种形式。利用执行机构的正、反作用及调节机构阀芯的正、反装可实现整个气动执行器的气开或气关动作。这里所说的“气开”是指随着执行器输入信号的增大，阀的流通截面积也增大；“气关”是指随着执行器输入信号的增大，阀的流通截面积减小。因此，利用执行机构的正、反作用和调节机构阀芯的正、反装来实现执行器的气开或气关时有四种组合方式，如图 5-8 所示。

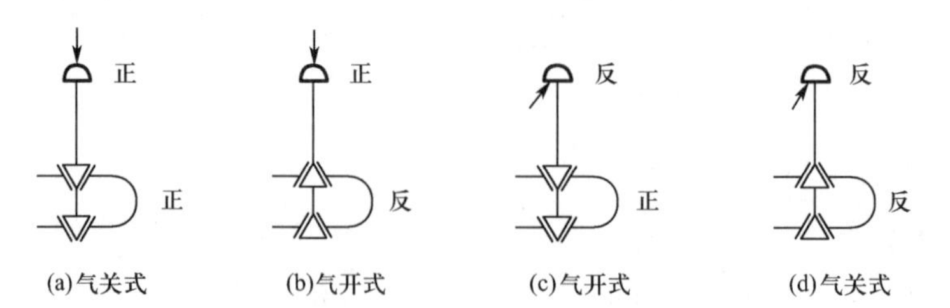

图 5-8　气动执行器气开和气关组合方式

另外，为了适应不同的工艺要求，上阀盖也有几种形式。普通型适用于温度为－20～

200 ℃的场合，散热片型适用于高温场合，长颈型适用于低温场合，波纹管密封型适用于有毒、易挥发介质等。

直通双座阀的优点是阀芯所受不平衡力较小，允许压差较大，流量系数也大于直通单座阀。其缺点是泄漏量较大，流路复杂。直通双座阀适用于阀前后压差较大，泄漏量要求不严格的场合，不适用于高黏度和含有纤维物介质的场合。

2. 直通单座阀

直通单座阀的阀体内只有一个阀芯和一个阀座，其他结构与直通双座阀相似。直通单座阀的结构如图 5-9 所示。

公称直径 $D_g \geqslant 25$ mm 的直通单座阀采用双导向；阀芯可以正装，也可以反装。这时，执行机构通常选用正作用式，而整个执行器的气关或气开则通过阀芯的正装或反装来实现。公称直径 $D_g < 25$ mm 的直通单座阀为单导向阀，故阀芯只能正装，执行器的气关或气开则通过选用正作用式或反作用式执行机构来实现。

直通单座阀只有一个阀芯和一个阀座，阀的泄漏量较小，一般为双座阀的 1/10 左右。但阀芯所受的不平衡力较大，故通常用于阀前后压差较小且静压较低的场合。

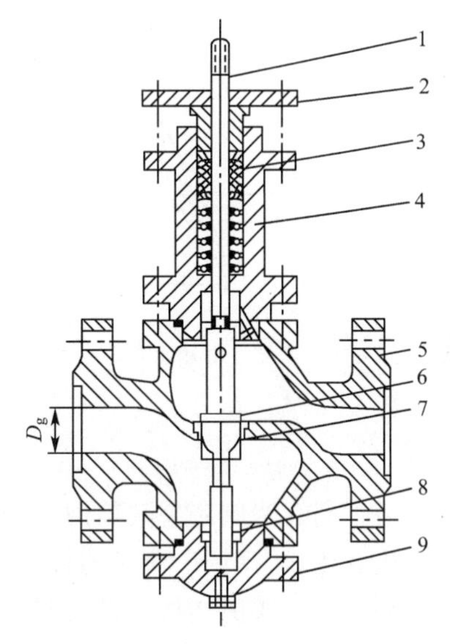

图 5-9　直通单座阀

1—阀杆；2—压板；3—填料；4—上阀盖；5—阀体；6—阀芯；7—阀座；8—衬套；9—下阀盖

3. 其他结构形式的调节机构

常见的其他结构形式的调节机构有角形阀、三通阀、蝶阀、套筒阀、偏心旋转阀等，其结构示意图如图 5-10 所示。

角形阀的结构如图 5-10(a)所示，阀体为直角形，其他结构与直通单座阀类似。其特点是流路简单、流体所受阻力较小，适用于高压差、高黏度、含悬浮物和颗粒状介质流量的控制。角形阀为单导向结构，阀芯只能正装。一般采用底部进入、侧面流出方式。但在高压场合，为了减小流体对阀芯的冲蚀，也可采用侧进底出方式。

三通阀的结构如图 5-10(b)、图 5-10(c)所示。它有三个入、出口与管道相连。如图 5-10(b)所示为三通合流阀，它有两个入口，一个出口，流体由两个入口流入，通过阀合流后，由出口流出。如图 5-10(c)所示为三通分流阀，它有一个入口，两个出口。流体由入口流入，经阀分流后，由两个出口流出。二通阀主要用于换热器的温度控制，有时也用于简单的配比控制。

蝶阀的结构如图 5-10(d)所示，属于角行程阀。它是由阀体、挡板、挡板轴等组成。挡板可在挡板轴的带动下旋转，从而达到改变流量的目的。由于蝶阀具有阻力小、流量系数大、结构简单等特点，特别适用于大口径、大流量、低压差气体和带有悬浮物流体的控制。

套筒阀的结构如图 5-10(e)所示。套筒阀又叫笼式阀。它在阀体内加入套筒，并用套筒做导向槽，阀芯可在套筒内上、下移动。在套筒上开有窗口，窗口的形状及数量视工艺要求

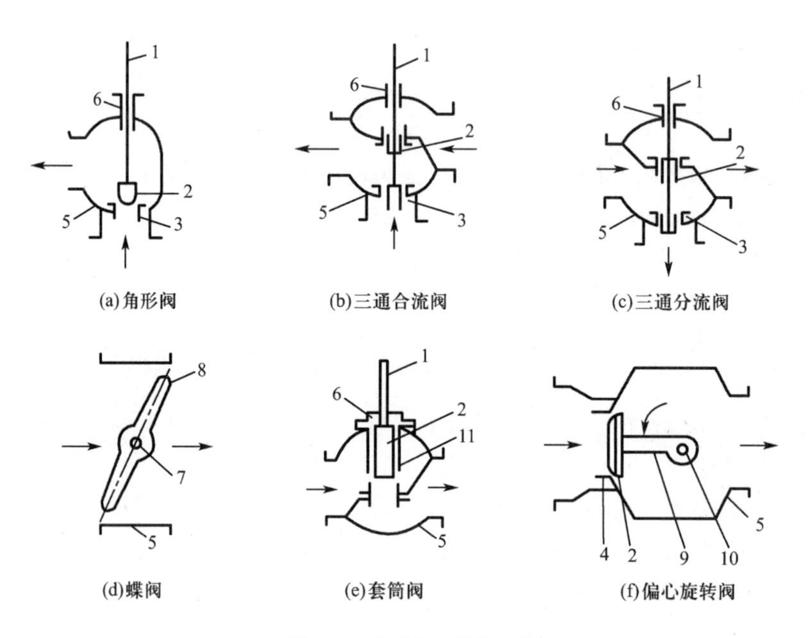

图 5-10 各种阀的结构示意图

1—阀杆;2—阀芯;3—阀座;4—下阀盖;5—阀体;6—上阀盖;7—挡板轴;8—挡板;9—柔臂;10—转轴;11—套筒

而有所不同。当阀芯在套筒内移动时,阀芯与套筒窗口之间的流通截面积被改变,从而使流量发生变化,达到调节流量的目的。

偏心旋转阀的结构如图 5-10(f)所示。它的阀体内装有一个球面阀芯,且球面阀芯的中心线与转轴中心有一定的偏移。当阀芯在转轴带动下发生偏心旋转时,阀芯与阀座之间的流通截面积被改变,从而达到调节流量的目的。而当阀芯进入阀座后,其具有较大的压紧力,所以具有良好的密封性。这种阀具有流路简单、流体阻力小、流量系数大、密封性强等特点,适用于含有固体悬浮物和高黏度介质的控制。

5.3.2 流量系数与可调比

1. 流量系数

流量系数是阀的一个重要参数,它反映了阀所能通过的流体流量的大小。在工程设计时,流量系数是确定阀公称直径的主要依据,习惯上所说的阀的大小主要是由流量系数确定的。

流量系数的定义为:在给定行程下,阀前后压差为 100 kPa,流体的密度为 1 000 kg/m^3 的条件下,每小时流经阀的流体流量数。通常流量系数用 K_v 来表示。

由式(5-3)阀的流量方程可知,当 A 的单位为 m^2,p_1 和 p_2 的单位为 Pa,ρ 的单位为 kg/m^3 时,Q 的单位为 m^3/s。在实际应用时,A 的单位通常取 cm^2,p_1 和 p_2 的单位取 kPa,Q 的单位取 m^3/h,ρ 的单位仍取 kg/m^3。此时,式(5-3)可改写为

$$Q=\frac{A\times 10^{-4}}{\sqrt{\xi}}\sqrt{\frac{2\times(p_1-p_2)\times 10^3}{\rho}}\times 3600$$

$$=16.1\frac{A}{\sqrt{\xi}}\sqrt{\frac{p_1-p_2}{\rho}}=16.1\frac{A}{\sqrt{\xi}}\sqrt{\frac{\Delta p}{\rho}} \tag{5-4}$$

式中　Δp—— 阀前后压差，$\Delta p = p_1 - p_2$。

利用式(5-4)并根据流量系数 K_v 的定义，则可以得到

$$K_v = 16.1 \frac{A}{\sqrt{\xi}} \sqrt{\frac{100}{1\,000}} = 5.09 \frac{A}{\sqrt{\xi}} \tag{5-5}$$

在工程中，常以额定行程(阀全开)时的最大流量系数 K_{vmax} 来表示 K_v 值，称为额定流量系数。阀标注的 K_v 均为此值。根据上述定义，如果阀标注的 K_v 为 20，则表示阀全开且阀前后压差为 100 kPa 时，每小时能通过的纯水量为 20 m^3。

将式(5-5)所表示的流量系数代入式(5-4)后，则流量方程可表示为

$$Q = K_v \sqrt{\frac{10\Delta p}{\rho}} \tag{5-6}$$

2. 可调比

可调比指阀所能控制的最大流量与最小流量之比。通常，可调比用 R 表示，即

$$R = \frac{Q_{max}}{Q_{min}} \tag{5-7}$$

式中　Q_{max}—— 阀处于最大开度时的流量，即可调流量的上限值；

Q_{min}—— 阀处于最小开度时的流量，即可调流量的下限值。一般情况下，Q_{min} 为 Q_{max} 的 2% ～ 4%。

(1) 理想可调比

指阀前后压差一定时的可调比。根据式(5-6)和式(5-7)可得

$$R = \frac{Q_{max}}{Q_{min}} = \frac{K_{vmax}\sqrt{\frac{10\Delta p}{\rho}}}{K_{vmin}\sqrt{\frac{10\Delta p}{\rho}}} = \frac{K_{vmax}}{K_{vmin}}$$

即理想可调比等于最大流量系数与最小流量系数之比。它反映了阀控制能力的大小，是由阀结构决定的。目前，在统一设计时，取 $R = 30$。

(2) 实际可调比

阀在实际使用时总是与管道串联或与旁路系统并联的，这时，阀对整个管路系统的控制能力将下降。我们把这种情况下的可调比称为实际可调比，用 R_r 表示。

对于串联管道系统，如图 5-11(a)所示，其实际可调比为

$$R_r = \frac{Q_{max}}{Q_{min}} = \frac{K_{vmax}\sqrt{\frac{10\Delta p_{1min}}{\rho}}}{K_{vmin}\sqrt{\frac{10\Delta p_{1max}}{\rho}}} = R\sqrt{\frac{\Delta p_{1min}}{\Delta p_{1max}}}$$

式中　Δp_{1min}—— 阀在最大开度时的阀前后压差；

Δp_{1max}—— 阀在最小开度时的阀前后压差。

在最小开度时 $\Delta p_{1max} \approx \Delta p$，所以有

$$R_r = R\sqrt{\frac{\Delta p_{1min}}{\Delta p_{1max}}} = R\sqrt{\frac{\Delta p_{1min}}{\Delta p}}$$

令 $s = \frac{\Delta p_{1min}}{\Delta p}$，即 s 为阀全开时，阀前后压差与系统总压差之比，则

$$R_r = R\sqrt{s} \quad (0 < s \leqslant 1) \tag{5-8}$$

式(5-8)反映了串联管道情况下的可调比特性。当 $R = 30$ 时，其特性如图 5-11(b) 所示。从图中可以看出，随 s 值的减小，实际可调比将下降，即阀的控制能力将下降。

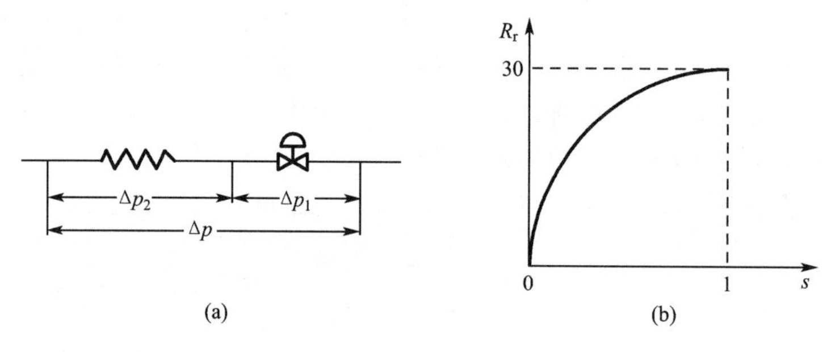

图 5-11　串联管道系统及可调比特性

对于并联管道系统，如图 5-12(a)所示，其实际可调比为

$$R_r = \frac{Q_{max}}{Q_{1min} + Q_2} \tag{5-9}$$

式中　Q_{max}—— 总管最大流量；

Q_{1min}—— 调节阀所能控制的最小流量；

Q_2—— 旁路流量。

由于 Δp 不变，则当旁路阀开度一定时，Q_2 大小不变。Q_2 可表示为

$$Q_2 = Q_{max} - Q_{1max} = Q_{max}\left(1 - \frac{Q_{1max}}{Q_{max}}\right)$$

令 $x = \dfrac{Q_{1max}}{Q_{max}}$，即 x 为阀全开时流经调节阀的最大流量与总管最大流量之比，则有

$$Q_2 = Q_{max}(1 - x) \tag{5-10}$$

又因为

$$R = \frac{Q_{1max}}{Q_{1min}} = \frac{Q_{1max}/Q_{max}}{Q_{1min}/Q_{max}} = \frac{x \cdot Q_{max}}{Q_{1min}}$$

所以有

$$Q_{1min} = \frac{x \cdot Q_{max}}{R} \tag{5-11}$$

将式(5-10)和式(5-11)代入式(5-9)中，则可得到

$$R_r = \frac{Q_{max}}{x \cdot \dfrac{Q_{max}}{R} + (1 - x)Q_{max}} = \frac{R}{R - (R - 1)x} \tag{5-12}$$

式(5-12)即为并联管道情况下的可调比特性。当 $R = 30$ 时，其特性如图 5-12(b) 所示。从图中可以看出，随 x 减小，实际可调比也将下降。

5.3.3　流量特性

阀的流量特性是指介质流过阀的相对流量与阀芯相对位移之间的关系。即

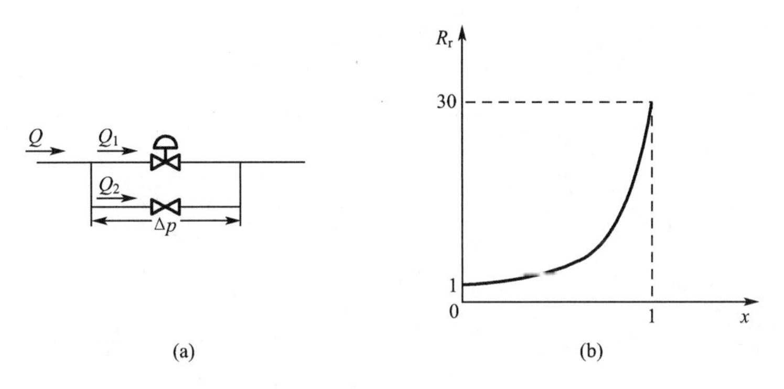

图 5-12　并联管道系统及可调比特性

$$\frac{Q}{Q_{\max}}=f\left(\frac{l}{L}\right)$$

式中　$Q/Q_{\max}$—— 相对流量，即阀在某一开度时的流量 Q 与全开度时的流量 $Q_{\max}$ 之比；

l/L—— 相对位移，即阀在某一开度时阀芯位移 l 与全开度时阀芯位移 L 之比。

由于阀开度变化时，阀前后压差会发生变化，从而影响流量。因此，实际应用时，阀的流量特性不仅取决于其结构特性，还与阀前后压差变化有关。为了便于分析，我们把阀前后压差不变时的流量特性称为理想流量特性，而把阀前后压差变化时的流量特性称为工作流量特性。

1. 理想流量特性

理想流量特性，又称固有流量特性，主要有直线、等百分比(对数)、抛物线和快开四种。其中，前三种理想流量特性可用数学式表示为

$$\frac{\mathrm{d}(Q/Q_{\max})}{\mathrm{d}(l/L)}=K\left(\frac{Q}{Q_{\max}}\right)^n \tag{5-13}$$

式中　K—— 阀的放大系数；

n—— 常数，对应于不同的流量特性，n 取值不同。

(1) 直线流量特性

直流流量特性是指阀的相对流量与阀芯相对位移呈直线关系。当式(5-13) 中 $n=0$ 时，则为线性流量特性。即

$$\frac{\mathrm{d}(Q/Q_{\max})}{\mathrm{d}(l/L)}=K$$

对上式进行积分，并带入边界条件($l=0$ 时，$Q=Q_{\min}$；$l=L$ 时，$Q=Q_{\max}$)，同时考虑到 $R=Q_{\max}/Q_{\min}$，则可得

$$\frac{Q}{Q_{\max}}=\frac{1}{R}+\left(1-\frac{1}{R}\right)\frac{l}{L} \tag{5-14}$$

上式表明 $Q/Q_{\max}$ 与 l/L 呈直线关系，故称为直线流量特性。其特性曲线如图 5-13 中 1 所示。

由于 $R=30\gg1$，为了分析方便，我们取 $R\to\infty$，此时，式(5-14) 可以改写为

$$\frac{Q}{Q_{\max}}\approx\frac{l}{L}$$

其相应特性如图 5-14 所示。

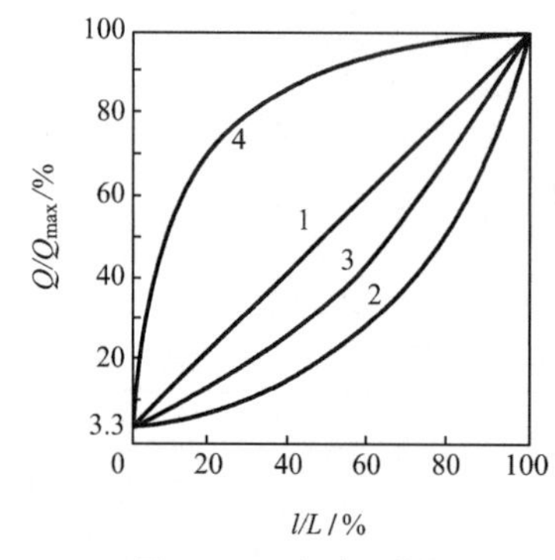

图 5-13　理想流量特性

1—直线;2—等百分比;3—抛物线;4—快开

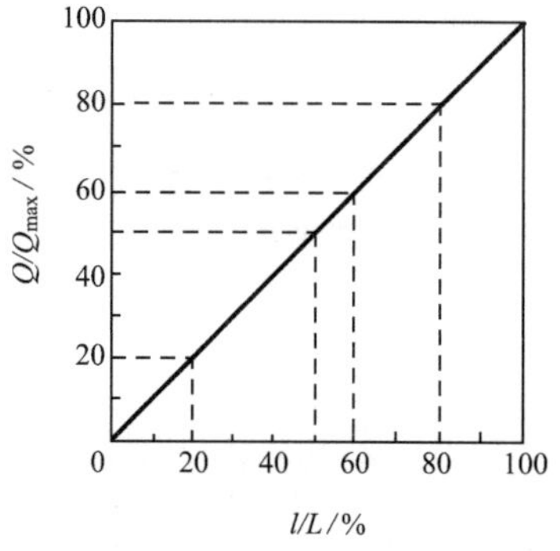

图 5-14　直线流量特性($R\to\infty$)

我们取行程的 10%、50%和 80%三点来分析。当相对位移变化 10%时,相对流量变化均为 10%,但其流量变化的相对值分别为$\frac{20-10}{10}\times 100\%=100\%$,$\frac{60-50}{50}\times 100\%=20\%$及$\frac{90-80}{80}\times 100\%=12.5\%$。由此可见,在相对位移变化相同的情况下,流量小时,流量相对值变化大,而流量大时,流量相对值变化小。因此,线性阀在小开度时,灵敏度高,调节作用强,易产生振荡;而大开度时,灵敏度低,调节作用弱,调节缓慢。

(2) 等百分比(对数) 流量特性

等百分比流量特性是指阀的单位相对位移变化所引起的相对流量变化与此点的相对流量成正比。当式(5-13) 中 $n=1$ 时,则为等百分比流量特性,即

$$\frac{\mathrm{d}(Q/Q_{\max})}{\mathrm{d}(l/L)}=K\frac{Q}{Q_{\max}} \tag{5-15}$$

对上式进行积分,并带入边界条件($l=0$ 时,$Q=Q_{\min}$;$l=L$ 时,$Q=Q_{\max}$),同时考虑到 $R=Q_{\max}/Q_{\min}$,则可得

$$\frac{Q}{Q_{\max}}=R^{\left(\frac{l}{L}-1\right)} \tag{5-16}$$

上式表明 $Q/Q_{\max}$ 与 l/L 之间为对数关系,故也称为对数流量特性。其特性曲线如图 5-13 中 2 所示。

同样取行程的 10%、50% 和 80% 三点来分析,并取 $R=30$。由式(5-16) 可计算出三点对应的相对流量为 4.68%、18.3% 和 50.7%。当相对位移均变化 10% 时,即相应变为 20%、60% 和 90% 时,同样可由式(5-16) 计算出此时的相对流量分别为 6.58%、25.7% 和71.2%,当相对位移变化 10% 所引起的流量变化分别为 6.58% − 4.68% = 1.9%、25.7% − 18.3% = 7.4%、71.2% − 50.7% = 20.5%。即小开度时,阀的放大系数小,调节平稳;在大开度时,放大系数大,调节灵敏。

由等百分比流量特性的定义可知,具有这一特性的阀其流量变化的百分比是相等的。即在不同开度下,当相对位移变化相同时,相对流量变化的百分比相等。同样取行程的

10%、50%及 80%三点来分析，当相对位移均变化 10%时，其相对流量变化百分比为 $\frac{6.58-4.68}{4.68}\times100\%\approx40\%$，$\frac{25.7-18.3}{18.3}\times100\%\approx40\%$，$\frac{71.2-50.7}{50.7}\times100\%\approx40\%$，即相同的相对位移变化所引起的流量变化百分比总是相等的。因此，这种阀的调节精度在全行程范围内不变。

(3) 抛物线流量特性

抛物线流量特性是指阀的单位相对位移变化所引起的相对流量变化与此点的相对流量的平方根成正比。当式(5-13) 中 $n=1/2$ 时，则为抛物线流量特性，即

$$\frac{\mathrm{d}(Q/Q_{\max})}{\mathrm{d}(l/L)}=K\left(\frac{Q}{Q_{\max}}\right)^{\frac{1}{2}}$$

对上式进行积分，并带入边界条件($l=0$ 时，$Q=Q_{\min}$；$l=L$ 时，$Q=Q_{\max}$)，同时考虑到 $R=Q_{\max}/Q_{\min}$，则可得

$$\frac{Q}{Q_{\max}}=\frac{1}{R}\left[1+(\sqrt{R}-1)\frac{l}{L}\right]^2$$

上式表明 $Q/Q_{\max}$ 与 l/L 之间为抛物线关系。其特性曲线如图 5-13 中 3 所示，它介于直线及等百分比曲线之间。

(4) 快开流量特性

快开特性曲线如图 5-13 中 4 所示。这种流量特性为在小开度时，流量随开度的变化较大；当开度较大时，流量随开度的变化较小，所以称为快开特性。这种特性的阀主要用作快速启闭的切断阀或双位调节阀。

2. 工作流量特性

前面我们所讨论的流量特性是在阀前后压差一定的情况下得到的，即所谓的理想流量特性。但在实际应用时，阀是安装在工艺管道系统中的，阀前后压差通常是变化的。此外，有时还装有旁路阀。这就会影响到调节阀所能控制的总流量。在这种情况下的阀相对位移与相对流量之间的关系称为工作流量特性。

(1) 串联管道情况下的工作流量特性

以图 5-11(a) 所示串联管道为例，当系统总压差 Δp 一定时，随着流量的增加，串联管道的阻力损失 Δp_2 也增加，从而使阀上的压差 Δp_1 减小，这将引起流量特性的变化，使理想流量特性变为工作流量特性。同样，令 s 为阀全开时的阀前后压差与系统总压差之比，即 $s=\Delta p_{1\min}/\Delta p$，以 $Q_{\max}$ 表示管道阻力等于零时阀的最大流量(此时阀前后压差即为系统总压差)，则不同 s 值时流量特性如图 5-15 所示。

从图 5-15 可以看出，当 $s=1$ 时，管道阻力损失为零，系统的总压差全部落在阀上，工作流量特性与理想流量特性一致。随着 s 值的减小，即管道阻力损失增加，落在阀上的压差减小，阀全开时的流量也减小，而且流量特性曲线发生畸变，直线流量特性逐渐趋于快开流量特性，而等百分比流量特性逐渐趋于直线流量特性。

由此可见，串联管道将使阀的可调比减小，流量特性发生畸变，而且 s 值越小，这种情况越严重。因此，实际应用中 s 值不能太小。通常希望 s 值不低于 0.3。

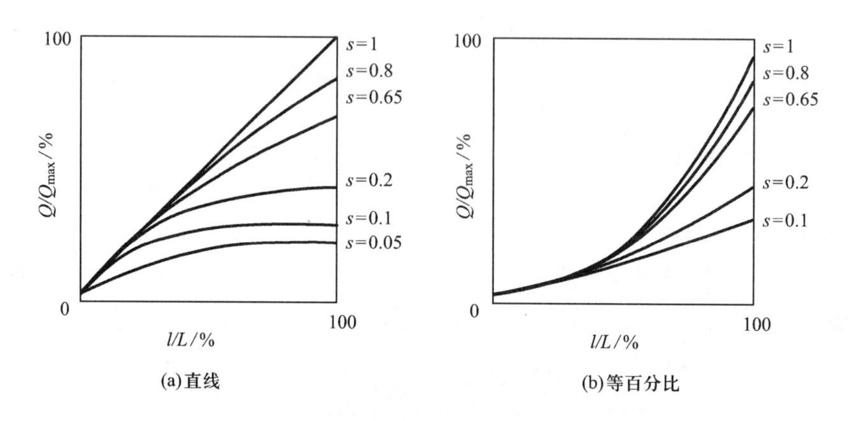

图 5-15 串联管道情况下的工作流量特性

(2) 并联管道情况下的工作流量特性

以图 5-12(a) 所示并联管道为例，仍令 x 为管道并联时流经调节阀的最大流量与总管最大流量之比，即 $x=\dfrac{Q_{1\max}}{Q_{\max}}$，则在不同 x 值时的工作流量特性如图 5-16 所示。

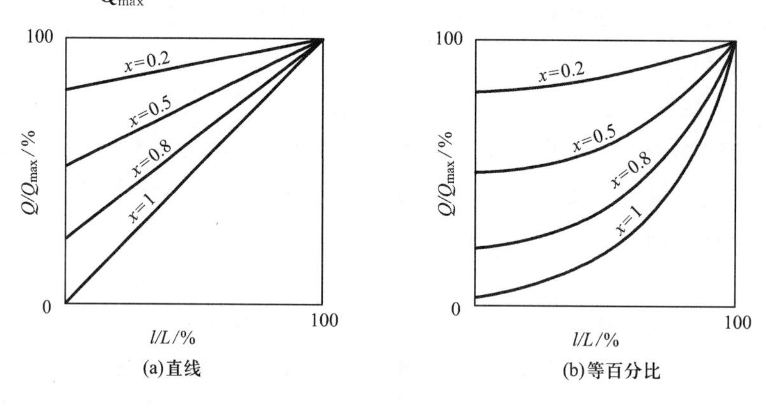

图 5-16 并联管道情况下的工作流量特性

从图 5-16 可以看出，当 $x=1$ 时，即旁路阀关闭，则工作流量特性与理想流量特性一致。随着旁路阀的开启，阀本身的流量特性变化不大，但可调比大大降低了，这将使阀在整个行程范围内所能控制的总流量变小，调节作用减弱。一般认为 x 值不能低于 0.8，即旁路流量不能太大。

综上所述，对于串联和并联管道情况，我们可以得到以下结论：

①串联和并联管道的存在均会对阀的理想流量特性产生影响，而且串联管道的影响更大。

②串联和并联管道的存在均会使阀的可调比下降，而且并联管道情况更为严重。

③串联和并联管道的存在对系统的总流量均有影响，串联管道使系统总流量减小，而并联管道使系统总流量增大。

5.4　电-气转换器和阀门定位器

5.4.1　电-气转换器

电-气转换器的作用是将电动仪表输出的直流电流信号转换成可以被气动仪表接受的 20～100 kPa 的气压信号，以实现电动仪表和气动仪表的联用。对于与 DDZ-Ⅲ型仪表配套的电-气转换器，它将 4～20 mA DC 电流信号转换为 20～100 kPa 的气压信号。电-气转换器使用 140 kPa 压缩空气作气源，属于气动仪表系列。

1. 气动仪表中的主要元件和组件

气动仪表中的主要元件有气阻、气容和弹性元件，而主要组件有喷嘴挡板机构和气动功率放大器。

(1)气阻

气阻的作用与电子线路中电阻的作用相似，它可以改变所通过的气体流量，并在其两端产生气压降。对于线性气阻，其气阻值可用下式表示为

$$R = \frac{\Delta p}{M}$$

式中　R—— 气阻；

Δp—— 气阻两端压差；

M—— 流经气阻的气体质量流量。

(2) 气容

气容的作用与电子线路中电容的作用相似，是一种贮能元件。凡是在气路中能够贮存或放出气体的容室(气室) 都可称为气容。其值可用每升高单位压力所需增加的气体质量来表示，即

$$C = \frac{\mathrm{d}m}{\mathrm{d}p}$$

式中　C—— 气容量；

m—— 气体的质量；

p—— 气室内的压力。

(3)弹性元件

弹性元件主要包括弹簧、波纹管、金属膜片和非金属膜片。弹簧主要用于产生拉力或压缩力；波纹管及各种膜片则用于将气压信号转换为力信号。

(4)喷嘴挡板机构

喷嘴挡板机构是气动仪表的核心部件之一，其作用是将微小的位移转换成相应的气压信号。它由一个恒节流孔、一个小气室、一个喷嘴及一个挡板组成，其结构图如图 5-17 所示。

恒节流孔的孔径 d 是固定不变的，所以它形成了一个流通截面积不变的气阻，即恒定气阻 。喷嘴与挡板一起则构成了一个可调气阻。当挡板靠近喷嘴时，相当于喷嘴的流通截面积变小，即气阻增大；反之，当挡板远离喷嘴时，则气阻减小。喷嘴挡板机构的输出信号为中间

小气室的压力 p_B，通常称为喷嘴背压。p_S 为气源压力，一般为 140 kPa。p_B 信号通常是被送入一密闭的气室内作为其他环节的输入信号。这样，当挡板靠近喷嘴时，p_B 信号将增大。如果挡板完全挡在喷嘴处，则 p_B 将趋于气源压力 p_S。当挡板离开喷嘴时，p_B 将下降。如果挡板远离喷嘴，由于孔径 D 较大，p_B 将变为很小。喷嘴挡板机构的特性如图 5-18 所示。

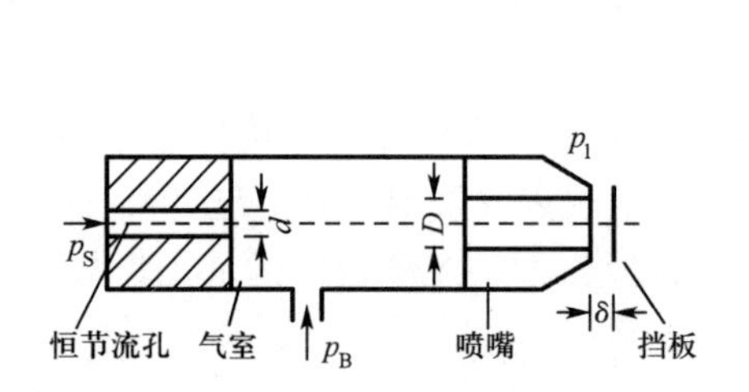

图 5-17　喷嘴挡板机构

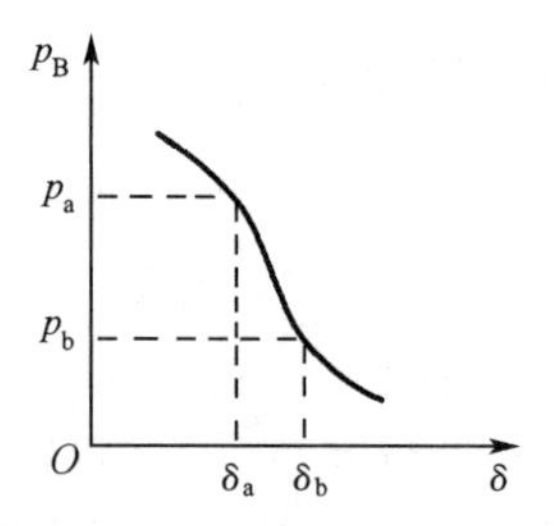

图 5-18　喷嘴挡板机构特性曲线

通常，为了使输入与输出为线性关系，挡板的工作区间选的很短(如取 $\delta_a \sim \delta_b$)，一般只有百分之几毫米，而 p_B 却有几 kPa 至几十 kPa 的变化 ($p_a \sim p_b$)。由此可见，喷嘴挡板机构可以将微小的位移量转换成较大的气压信号变化量。

(5)气动功率放大器

气动功率放大器主要用于对喷嘴挡板机构输出压力和流量进行放大，使仪表的最终输出信号为 20～100 kPa，并具有一定的气流量。这与电子线路中的电压放大和电流放大道理是相同的。

2. 电-气转换器的构成及基本工作原理

电-气转换器的结构原理图如图 5-19 所示，它是按力矩平衡原理工作的。

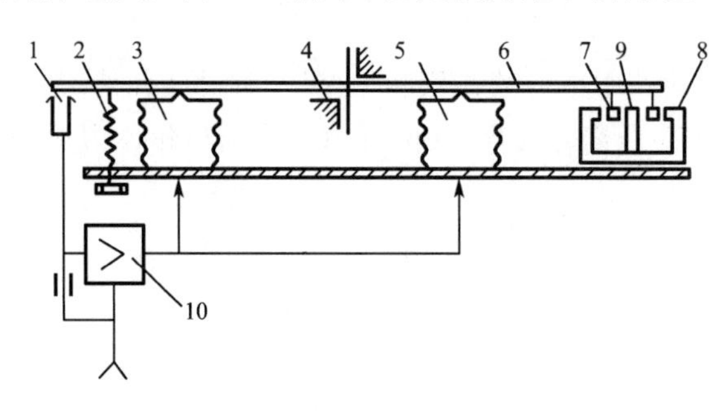

图 5-19　电-气转换器结构原理图

1—喷嘴挡板；2—调零弹簧；3—负反馈波纹管；4—十字弹簧(支点)；5—正反馈波纹管；6—杠杆；7—测量线圈；8—磁钢；9—铁心；10—气动功率放大器

当直流电流信号通过测量线圈时，在磁场的作用下，线圈将受到向上的电磁力的作用，这样就将电流信号转换成了力信号。该力作用在杠杆上，将使杠杆绕支点做逆时针转动，于是使杠杆左端的挡板靠近喷嘴，从而使喷嘴的背压升高，再经功率放大器放大后，可输出一个 20～100 kPa 的信号。该信号一方面作为输出信号，另一方面送入反馈波纹管，形成反馈力。正、负两个波纹管所形成的综合反馈力为负反馈力，该力将使杠杆绕支点按顺时针转动。当电磁力所形成的输入力矩与综合反馈力所形成的反馈力矩平衡时，即杠杆系统平衡时，挡板与喷嘴之间的距离将固定，输出气压信号将稳定在一个定值上，并与当前的输入电流信号对应。这样就实现了电流-气压信号的转换。

5.4.2　阀门定位器的主要用途

阀门定位器是气动执行器的主要附件之一，它与气动执行器相配套，接受控制器送来的控制信号，然后成比例地输出信号至执行机构，当执行机构的阀杆移动后，其位移量又通过机械反馈机构以负反馈方式反馈到阀门定位器，这样阀门定位器与执行机构就构成了一个闭环负反馈系统，如图 5-20 所示，从而提高阀门位置的线性度，克服阀杆的摩擦力及消除被控介质对阀芯产生的不平衡力，并保证阀门按控制器的输出信号的大小正确定位。阀门定位器主要有以下几方面用途：

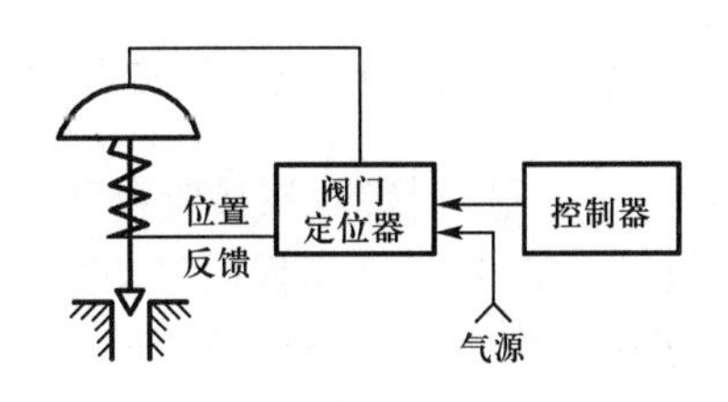

图 5-20　阀门定位器功能示意图

1. 用于阀两端高压差场合

当阀两端压差 Δp 大于 1 000 kPa 时，介质在阀芯上产生的不平衡力很大，此时可配用阀门定位器，并通过提高阀门定位器的气源压力来增加执行机构的输出力，以克服介质对阀芯的不平衡力。

2. 用于高静压场合

当介质处于较高压力时，为防止介质渗出阀外，阀杆上的填料填塞的较多，而且压得很紧，使阀杆的摩擦力增大。这时可以使用阀门定位器来增加执行机构的推力，以便克服较大的摩擦力，同时还可以克服高压介质所产生的较大的不平衡力。

3. 用于阀口径较大的场合

当阀的公称直径 $D_g > 100$ mm 时，由于阀芯较重，摩擦力也会增大，此时也应安装阀门定位器。

4. 用于分程控制

分程控制原理如图 5-21 所示。此时，用一台控制器来操纵两台阀门定位器。通过零点和反馈力的调整，使一台阀门定位器的输入信号范围为 20 ～ 60 kPa，另一台阀门定位器的输入信号范围为 60 ～ 100 kPa，而它们的输出信号范围均为 20 ～ 100 kPa。这样，当控制器的输出信号在 20 ～ 100 kPa 范围变化时，就可以控制两个阀的动作，从而实现分程控制。

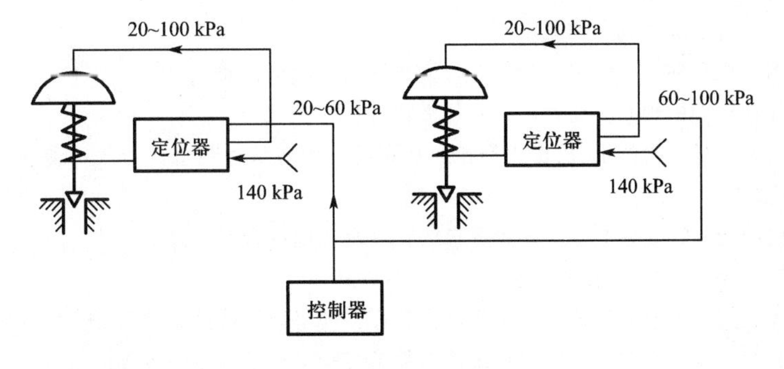

图 5-21　分程控制原理

5. 用于复合系统

当控制仪表采用电动仪表，而执行器采用气动执行器时，可以使用电－气阀门定位器。它接收控制仪表送来的电流信号，并将其转换为气压信号，同时它还具有阀门定位器的各种功能，相当于电－气转换器与气动阀门定位器的组合。

5.4.3 电-气阀门定位器

电-气阀门定位器接收电动控制器的输出电流信号，并可输出与控制器输出信号成正比的气压信号，以此来控制气动执行器的动作。现以与薄膜式执行器相配的电-气阀门定位器为例，简要介绍一下电-气阀门定位器的构成及工作原理。

这种电-气阀门定位器的构成及工作原理如图 5-22 所示。

当来自调节器的信号电流通入永久磁钢内的线圈两端时，它与永久磁钢作用后，产生电磁力。该电磁力作用在主杠杆上，对主杠杆产生一个力矩。在该力矩作用下，主杠杆绕主支点逆时针转动，使主杠杆下端的挡板靠近喷嘴，于是喷嘴的背压升高。喷嘴背压经放大器放大后，送给执行机构，使执行机构推杆向下移动，同时使反馈杆绕反馈凸轮支点逆时针转动，反馈凸轮也随之逆时针转动。由于凸轮的作用，副杠杆绕副杠杆支点发生顺时针转动，并对反馈弹簧产生向左的拉力。该力作用在主杠杆上，又使主杠杆绕主杠杆支点顺时针转动。当作用在主杠杆上的电磁力矩与反馈弹簧产生的反馈力矩平衡时，整个系统达到平衡状态。此时，阀门的位置与所输入的电流信号相对应。由此可见，这种电-气阀门定位器是按力矩平衡原理来工作的。它一方面将电流信号转换成气压信号，另一方面又与执行器组成一个反馈系统，可以保证阀门的正确定位。

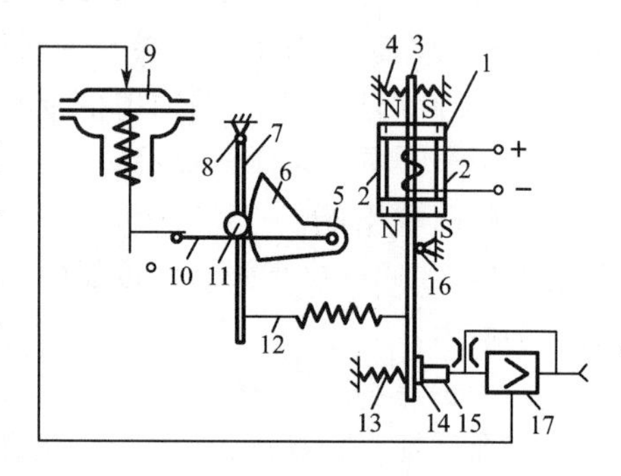

图 5-22　电-气阀门定位器

1—永久磁钢；2—导磁体；3—主杠杆；4—平衡弹簧；5—反馈凸轮支点；6—反馈凸轮；7—副杠杆；8—副杠杆支点；9—薄膜执行机构；10—反馈杆；11—滚轮；12—反馈弹簧；13—调零弹簧；14—挡板；15—喷嘴；16—主杠杆支点；17—放大器

习　题

5-1　执行器在控制系统中有何作用？

5-2　执行机构有哪几种？工业现场为什么大多数使用气动执行器？

5-3　常用的气动执行机构有哪几种？各有什么特点？

5-4　气动薄膜式执行机构的正、反作用是如何规定的？如何从外观上区分气动薄膜式执行机构是正作用式还是反作用式？

5-5　常用的控制阀有哪几种类型？简述各自的特点及适用场合？

5-6　什么是气开控制阀、气关控制阀？

5-7　什么是控制阀的理想流量特性和工作流量特性？理想流量特性有哪几种？各有何特点？

5-8　何谓阀的额定流量系数？阀的额定流量系数与实际工艺条件下的最大流量有什么区别？

5-9　何谓阀的可调比？理想可调比和实际可调比有何区别？

5-10　如何选择控制阀的流量特性？

5-11　如何确定控制阀的口径？

5-12　控制阀在安装、使用中应注意哪些问题？

5-13　阀门定位器有什么用途？

5-14　简要说明电-气阀门定位器的工作原理。

5-15　简述电-气转换器工作原理？

5-16　试说明电-气转换器的用途？

拓展阅读

中国科学院院士张钟俊先生

第 3 篇 过程控制系统

随着现代工业生产规模的不断扩大，生产过程的日益复杂，过程控制系统已经成为工业生产过程中必不可少的设备，它是保证现代工业生产安全、优化、低能耗、高效益的主要技术手段。过程控制系统的任务是根据不同的工业生产过程和特点，采用检测仪表、控制装置和计算机等自动化工具，应用控制理论，设计过程控制系统，来实现工业生产过程的自动化，保证生产过程良好、高效地操作运行。本篇在前述篇章的基础上，主要介绍常规控制系统和先进控制系统。

常规控制是指采用经典的 PID 控制算法和其他简单的控制算法，如，双位控制、比例控制以及比较复杂的串级控制、前馈控制、比值控制等，使工业生产过程的被控变量，如，温度、压力、流量、液位等，在遭受到外来干扰的情况下，稳定地保持在预先的给定值上。简单控制系统是其中最简单的，它是各类复杂控制系统和先进控制系统的基础。常规控制系统只要设计合理、运行正常，一般都能满足工业生产过程稳定控制的要求。所以，常规的 PID 控制在生产过程中得到了广泛的应用，即使是在大量采用集散控制系统(DCS)控制的现代化的工业生产过程中，这类回路仍占回路数的 80%～90%。

在工业生产中，仍有 10%～20%的控制问题采用常规控制无法奏效，这些控制问题所涉及的被控过程往往具有强耦合性、不确定性、非线性、信息不完全性和大纯滞后等特性，更重要的是它们大多数是生产过程的核心部分，直接关系到产品的质量、产率和能源消耗等指标。

先进控制与传统的 PID 控制不同。先进控制是一种基于模型的控制策略，可用于处理复杂的多变量的过程控制问题。关键的复杂工业生产过程，通过实施先进控制，可大大提高操作和控制的稳定性，改善动态性能，降低关键变量的操作波动的幅度，使生产过程更接近于优化目标值。并且，先进控制在工业生产过程中的应用，也提高了工业生产过程的整体自动化水平，可为企业带来显著的经济效益。

第6章

简单控制系统

6.1 概 述

简单控制系统，又称单回路反馈控制系统，是指由一个测量变送器、一个控制器、一个执行器和一个被控对象组成的单回路闭环负反馈控制系统。

简单控制系统是连续生产过程中最基本而且应用最广泛的一种控制系统，约占目前实际过程控制系统的 80%，其他各种常规复杂控制系统都是在简单控制系统的基础上发展起来的，即使是先进的计算机过程控制系统也要应用到简单控制系统的原理和知识。至于近年来出现的各种高级过程控制系统，则更是把简单控制系统作为系统的最底层加以实施。因此，学习和掌握简单控制系统的原理和分析设计方法，对于实际工程应用和深入研究更复杂的过程控制系统都将大有裨益。

下面结合一个具体实例说明组成系统各环节的作用以及它们之间是如何协调工作的。

加热器是过程工业中一种常见的生产设备，利用通入容器中的蒸汽，将流经盘管的冷物流加热成具有较高温度的热物流。要求通过调节蒸汽的流入量来控制被加热物流的出口温度，其工艺控制流程图如图 6-1 所示。

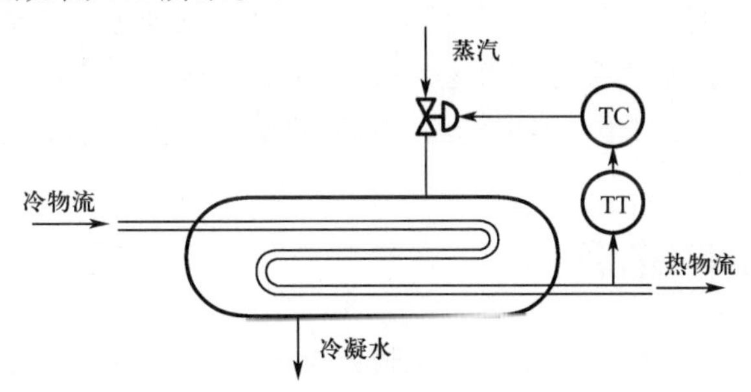

图 6-1　加热器工艺控制流程图

加热器温度控制系统是一个典型的简单控制系统。在该系统中，被控对象是具有热交换功能的加热器，被控变量是被加热物流的出口温度，操纵变量是蒸汽的加入量，影响出口温度的干扰因素包括蒸汽的压力、冷物流的流入量和入口温度等。控制系统的任务就是克服各种干扰影响，使出口温度按工艺要求稳定在某一给定值附近。

当系统处于平衡状态时，进入系统的热量等于流出系统的热量，出口温度稳定在给定值上；一旦干扰出现，平衡状态便遭到破坏，出口温度开始发生变化，并偏离给定值。此时，测量元件首先感受到出口温度的变化，并将检测到的最新温度值转变成标准信号传送给控制器；控制器将接收到的温度测量信号与给定值进行比较，根据偏差的变化情况按某种控制规律进行运算后，向执行器发出新的控制信号；执行器根据所接收的控制信号，相应地去改变蒸汽量，以克服干扰对出口温度的影响。这一调节过程重复进行，直至建立起新的热量平衡，使出口温度重新回到给定值为止。在整个系统中各信号的传递关系可以用图 6-2 所示的方块图表示。

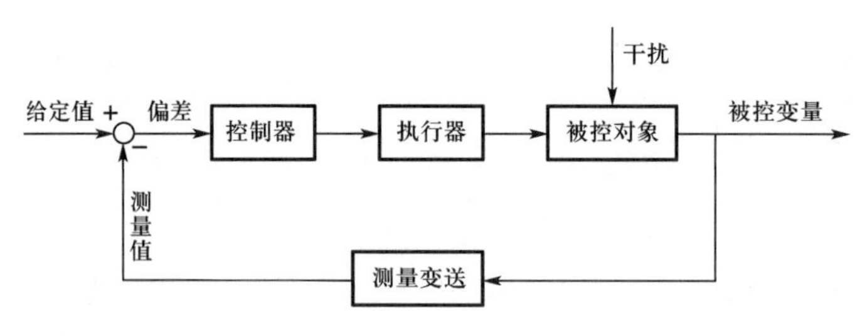

图 6-2　简单控制系统的方块图

由以上分析可知，简单控制系统是按负反馈的原理根据偏差进行工作的，组成自动化装置各环节的设备数量均为一个，它们与被控对象有机地构成一个闭环系统。由于被控变量的不同，简单控制系统可分为温度控制系统、压力控制系统、流量控制系统、液位控制系统等。可以用图 6-2 所示的相同方块图来表示不同系统中各环节之间的相互作用关系和信号传递情况。

简单控制系统具有结构简单、工作可靠、所需自动化工具少、投资成本低、便于操作和维护等优点，是目前研究最多也是最为成熟的过程控制系统，适用于对象的纯滞后和惯性较小、负荷和干扰的变化都不太频繁和剧烈、控制品质要求不是很高的应用场合。

为了设计一个好的单回路控制系统，并使系统在运行时能够获得满意的控制效果，首先应该对具体生产工艺做全面而深入的了解，掌握生产过程的静态和动态特性，并从全局出发，根据工艺要求，提出明确的控制目标；然后运用自动控制理论和相应的分析方法，从控制质量、节能、生产安全和成本等多方面考虑，确定一个合理的控制方案；最后还需要考虑系统实施中的具体问题，包括自动化仪表的选型、安装、投运以及控制器参数的工程整定等。

6.2　被控变量的选择

被控变量的选择是控制系统方案设计中最重要的一环，它对于稳定生产操作、提高生产效率和质量、改善劳动条件、保证生产安全等都具有重要意义。如果被控变量选择不当，不管过程控制系统的组成多么复杂，也不管选用的自动化装置多么先进，都不能达到预期的控制效果。因此，在构成一个过程控制系统之前，首先要对这一问题加以认真考虑。

被控变量的选择与生产工艺密切相关。对于一个生产过程来说，影响其正常操作的因素很多，有些因素起主要作用，有些则无关紧要；有些通过自动测量装置能精确地检测到，有些检测起来则相当困难；有些对生产变化反应比较灵敏，有些则比较迟钝；有些是独立变量，有些则是非独立变量。究竟哪些因素是影响生产的关键因素，哪些因素应该加以控制，必须在深入研究生产工艺的基础上，根据生产过程对自动控制的要求，进行合理地选择。一般来说，被控变量的选择可以遵循下面几个原则：

(1)选择能直接反映生产过程的产量和质量，并能保证生产安全运行的工艺参数作为被控变量。

例如，在第1章讨论的液体贮槽被控对象中，尽管进料量和出料量都会影响槽中液体的贮量，但是液位的变化最能代表槽中液体贮量的多少，并且能够清楚地反映出溢出或抽空等非正常生产工况，所以，选择液位作为被控变量是最好的。显然，对于那些以温度、压力、流量、液位为操作指标的生产过程，就应该分别选择温度、压力、流量、液位作为被控变量。而对于那些以产品质量作为操作指标的生产过程，只要测量装置能够满足生产对控制的要求，也应该直接选择质量参数作为被控变量。比如，化工生产中的酸碱中和过程以及工业污水处理过程，就是直接选择pH作为被控参数。

(2)当不能用直接参数作为被控变量时，应选择一个与直接参数有单值对应关系的间接参数作为被控变量。

造成选择直接参数困难的原因通常有：①没有对应的测量仪表，根本无法对直接参数进行检测；②虽然从原理上能够对直接参数进行检测，但实施起来相当困难；③直接参数测量装置的时间滞后太大，不能满足控制系统的实时性要求；④直接参数测量装置的成本过高，超过了用户的承担能力等。

下面以苯-甲苯二元精馏系统为例来说明如何运用这一原则。图6-3是精馏过程的示意图。工艺操作要求使塔顶产品达到规定的纯度，即塔顶易挥发物组分的浓度 x_D 是反映产品质量的直接参数。由于目前对浓度 x_D 实时精确地测量还有一定困难，必须找一个与 x_D 有关的间接参数作为被控变量。

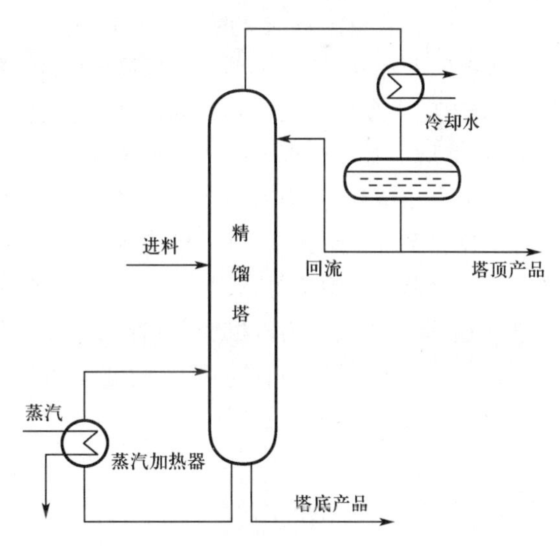

图6-3 精馏过程示意图

在气液两相并存的二元精馏系统中，塔顶易挥发物组分的浓度 x_D，塔顶温度 T_D 和压力 p 三者之间有一定关系。当压力恒定时，组分 x_D 和温度 T_D 之间存在单值对应关系，如图6-4所示。而当温度 T_D 恒定时，组分 x_D 和压力 p 之间也存在单值对应关系，如图6-5所示。这就是说，在温度 T_D 和压力 p 两者之间，只要固定其中一个参数，另一个就可以作为间接参数来反映组分 x_D 的变化。精馏操作的大量经验证明，塔压力的稳定有利于保证产品的纯度、提高塔的效率和降低操作费用。因此，固定塔压，选择温度作为被控变量对精馏塔的出料组分进行间接指标控制是可行的，也是合理的。

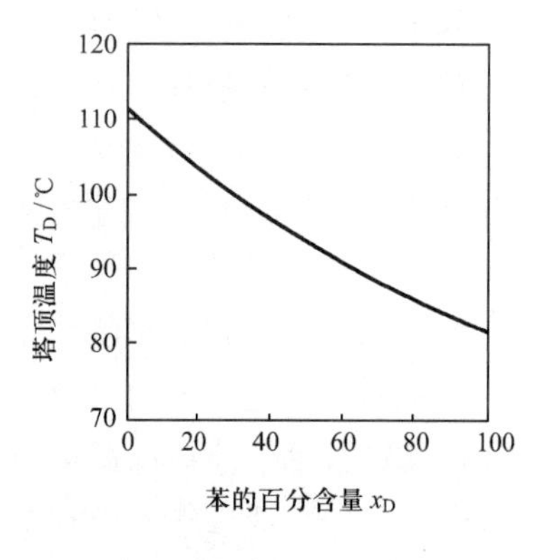

图 6-4 苯-甲苯溶液的 T_D-x_D 图

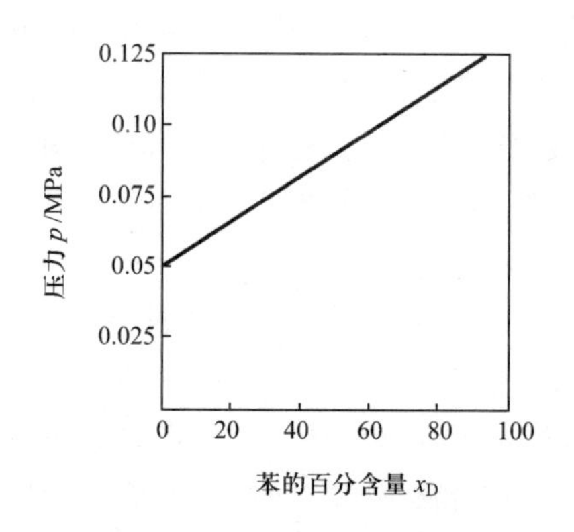

图 6-5 苯-甲苯溶液的 p-x_D 图

(3)选择间接参数作为被控变量时，应该具有足够大的灵敏度，以便能反映直接参数的变化。

间接参数对直接参数变化的灵敏度决定着对直接参数的控制质量和精度。如果一个间接参数不能灵敏地反映直接参数的变化，即便具有很好的单值函数关系，也不应该作为被控变量的首选。在上面二元精馏系统的例子中，当选择温度作为被控变量时，为了提高它的变化灵敏度，常常把测温点向下移动几块塔板，以便当塔底或进料温度发生变化时能够迅速检测到。

(4)必须注意控制系统之间的关联问题，选择的被控变量应该是独立可调的。

当一个装置或设备选择两个以上的被控变量，而且又分别组成控制系统时，则往往容易产生系统间的相互影响。例如，在精馏操作中，为了使塔顶和塔底产品的纯度都得到严格控制，而分别在塔顶和塔底设置温度控制系统的话，就会出现关联问题。因为在压力恒定的情况下，精馏塔内各层塔板上的物料温度相互影响，当塔底增加蒸汽量使塔底温度升高时，塔顶温度也会相应升高；当增加回流量使塔顶温度降低时，塔底温度也会降低；如果两个简单的温度控制系统分别独立工作，势必造成相互干扰，最终结果是两个被控变量都不会稳定下来。采用简单控制系统时，通常只考虑保证塔一端的产品质量。若工艺要求保证塔顶产品质量，则选塔顶温度作为被控变量；若工艺要求保证塔底产品质量，则选塔底温度作为被控变量；如果工艺要求塔顶、塔底产品的纯度都要严格保证，则应考虑组成复杂控制系统，或增加解耦装置，以解决相互关联问题。

6.3 操纵变量的选择

在被控变量确定以后，接下来就应考虑选择什么样的操纵变量组成控制回路，以便克服干扰的影响，使被控变量保持在给定值上。

在大多数情况下，使被控变量发生变化的影响因素往往有多个，而且各种因素对被控变量的影响程度也各不相同。现在的任务是从影响被控变量的许多因素中选择其中的一个作为操纵变量，而其他未被选中的因素均被视为系统的干扰。究竟选择哪一个影响因素作为操纵变量，只有在对生产工艺和各种影响因素进行认真分析后才能确定。

导致被控变量变化的参数(即影响因素)大致可分为两类:一类为可控参数;另一类为不可控参数。一个参数是否可控需从工艺角度去分析,主要从两方面考虑:其一看该参数在工艺上是否能够调节,即工艺的可实现性。比如在燃烧加热系统中,燃料的流量和成分都对被加热介质的温度有影响,可是燃料的成分在工艺上就无法进行调节;其二看该参数在工艺上是否允许调节,即工艺的合理性。有些参数在工艺上虽然可以调节,但是由于它们受到其他工序的制约,或者它们的频繁动作可能会造成整个生产的不稳定,因此,工艺上不允许对其进行调节,这样的参数也应视为不可控参数。比如,生产负荷直接关系到产品的质量和产量,希望它越稳定越好,一般情况下不宜被选为操纵变量。显然,不可控因素只能作为干扰来影响被控变量,它们无法对被控变量起到控制作用。

当对工艺进行分析后仍然有几个可控参数可供选择时,下一步便是从控制的角度进行分析,看哪一个可控参数能够更有效地对被控变量进行控制,即选择一个可控性良好的参数作为操纵变量。下面就从研究对象特性对控制质量的影响入手,讨论选择操纵变量的一般原则。

6.3.1 对象静态特性对控制质量的影响

对象的静态特性主要由对象的放大系数 K 来表征,它揭示了对象由一个稳态过渡到另一个稳态时,其输入量与输出量之间的对应关系。研究对象静态特性对控制质量的影响就是看放大系数 K 对控制质量的影响。

由放大系数 K 的定义我们可以定性地知道:对象的放大系数 K 反映了对象的输出量(即被控变量)对输入量的灵敏程度,K 越大,说明输入量对被控变量的影响也越大。但是输入量作用于对象的形式不同,K 对控制质量的影响也就不同。若输入量以干扰形式作用于对象,则 K 越大,对被控变量造成的波动就越大;若输入量以操纵变量的形式作用于对象,则 K 适当大一点,反而对克服扰动有利。

通过对简单控制系统的定量分析我们可以进一步证明:在比例控制系统中,对象放大系数对控制系统过渡过程的幅值有很大影响(证明略)。具体讲,干扰通道的放大系数 K_f 与过渡过程的余差和最大偏差成正比。也就是说,K_f 越大,被控变量偏离给定值就越远,控制精度也就越差。而对于调节通道的放大系数 K_0 来说,理论上它的大小对过渡过程的余差和最大偏差没有影响。因为从广义的角度看,调节通道放大系数的大小可以由控制器的放大系数 K_p 进行补偿,即使对象调节通道的放大系数 K_0 较小,也可通过选取较大的 K_p,使得调节通道总的放大系数足够大以满足控制要求。但是,由于控制器 K_p 的取值范围是有限的,当对象调节通道的放大系数超过了控制器 K_p 所能补偿的范围时,则 K_0 对余差和最大偏差的影响便会显现出来。在工艺允许的前提下,还是希望对象调节通道的 K_0 尽可能地大一些,这样既有利于提高操纵变量对被控变量控制的灵敏度,又有利于发挥控制器 K_p 的作用。

总之,从对象的静态特性考虑,干扰通道的放大系数越小,被控变量的波动就越小;调节通道的放大系数大于干扰通道的放大系数,对控制质量的提高是有利的。

6.3.2 对象动态特性对控制质量的影响

对象的动态特性主要由对象的时间常数 T 和纯滞后时间 τ 来表征，它们影响着对象从一个稳态到另一个稳态的变化过程。

时间常数的大小决定了被控变量响应速度的快慢。对调节通道而言，如果时间常数太大，则被控变量的响应速度过慢，控制作用不及时，过渡过程的偏差加大，过渡过程时间延长，系统的控制质量下降。随着调节通道时间常数的减小，系统的工作频率会逐渐提高，控制作用变得及时，过渡过程时间缩短，控制质量容易得到保证。但是，调节通道的时间常数也不是越小越好，因为时间常数太小，系统将变得过于灵敏，容易引起剧烈振荡，反而使系统的稳定性下降。流量控制系统的流量记录曲线波动得比较厉害时，大多数是由于流量对象的时间常数较小。干扰通道时间常数对控制质量的影响正好与调节通道相反。干扰通道的时间常数越大，通道阶次越高，则对干扰滤波作用就越强，干扰对被控变量的影响就越小，控制系统的质量也就会相应地提高。

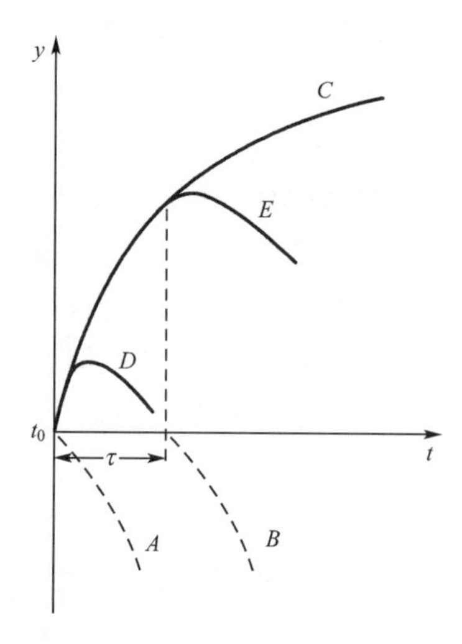

图 6-6　纯滞后对控制质量的影响

纯滞后对控制质量的影响主要体现在调节通道上，我们以图 6-6 来定性地说明。

图中，曲线 A 和 B 分别表示调节通道在没有纯滞后和有纯滞后两种情况下对被控变量的校正作用。曲线 C 表示在没有控制作用时系统受到阶跃干扰后的开环响应曲线。当调节通道没有纯滞后时，系统在 t_0 时刻受到干扰后控制作用立即对干扰进行抑制，其被控变量的闭环响应曲线为 D。而当调节通道存在纯滞后时间 τ 时，控制作用则要等到 $t_0+\tau$ 时刻才开始对干扰起抑制作用，而在此时刻之前，系统由于得不到及时控制，被控变量只能听任干扰作用的影响而不断地偏离给定值，其闭环响应曲线为 E。显然，与调节通道没有纯滞后的情况相比，此时的动态偏差明显增大，不仅如此，由于纯滞后的存在，使得控制器不能及时获得控制效果的反馈信息，会使控制器出现失控现象，即不是使控制作用过大，就是使控制作用减少得过多，致使系统来回振荡，迟迟稳定不下来。因此，调节通道纯滞后的存在会严重地降低控制质量。而对于干扰通道来说，是否有纯滞后对控制质量则没有影响，因为两者只是在影响时间上相差一个纯滞后时间 τ，而在影响程度上都是相同的。

6.3.3 选择操纵变量的原则

综合以上的分析结果，可以归纳以下几条原则作为选择操纵变量的依据：

(1)操纵变量必须是可控的。即所选操纵变量不仅在工艺上能够实现控制，而且在工艺上允许对其进行控制。

(2)操纵变量的选择应充分考虑工艺的合理性和生产的经济性。在不是十分必要的情况下，不宜选择生产负荷作为操纵变量。

(3)操纵变量一般应比其他干扰对被控变量的影响更加灵敏。为此，所选操纵变量应使调节通道具有较大的放大系数和适当小的时间常数，而调节通道的纯滞后时间则越小越好。

6.4　控制系统中的测量变送问题

测量变送装置是控制系统中获取信息的装置，它所采集的信息，不仅能反映被控变量的实际变化，而且还是系统实施控制作用的主要依据。由此可见，测量变送装置是过程控制系统中的一个基本环节，它对控制系统的控制质量具有十分重要的影响。一个控制系统，如果不能准确、及时地获取被控变量的变化信息，并将它迅速传给控制器，那么不论采用多么高级的控制装置，都不可能快速、有效地克服干扰对被控变量的影响，也很难取得理想的控制效果。为此，我们必须对控制系统中的测量变送问题加以讨论。

6.4.1　测量变送问题对控制质量的影响

1. 测量变送中的纯滞后问题

测量变送中的纯滞后问题是指当被控变量受到外界干扰发生变化后，测量变送环节不能立即检测到并发往控制器，而是在相隔一段时间后才开始反映出被控变量的变化。造成测量纯滞后的原因主要有：

①测量元件的安装位置选择不当，远离被控变量的灵敏变化区；

②由于受到工艺条件的限制，无法将测量元件安装在理想的测量点；

③有些测量装置，尤其是成分和物性测量仪表本身存在严重的纯滞后；

④由于测量信号的传输线路长造成的传递纯滞后，这一问题主要表现在气动信号上；

⑤在少数情况下，由于测量仪表的不灵敏也可能引起纯滞后问题。

测量变送环节的纯滞后使得控制系统的测量值不能及时反映被控变量的实际变化，并导致系统动态性能变坏。如果从广义对象的角度分析，完全可以将测量变送装置的纯滞后合并到对象的调节通道来一起考虑。测量环节的纯滞后对控制质量的影响与调节通道纯滞后对控制质量的影响是相同的，百害而无一利，必须在单回路控制系统设计中尽量避免。

2. 测量环节的容量滞后问题

测量环节的容量滞后是指测量元件本身特性所引起的动态误差，主要由测量元件的时间常数所决定，一般简称为测量滞后。测量滞后问题在过程控制中普遍存在。例如，在温度测量过程中，由于热电偶或热电阻存在传热阻力和热容，本身就具有一定的时间常数，可以近似地看成一阶惯性环节，其测量的输出值总是落后于被控变量的变化，从而导致动态误差的出现。

测量滞后的存在，容易造成一种假象，因为在任何一个控制系统中，被控参数不是靠直接观察得到的，而必须通过一种测量元件自动检测出来。由于测量滞后的存在，使得测量装置的输出信号总是落后于真实值的变化，并且表现出来的变化幅度比实际变化要小，从而使操作人员误认为控制质量很好。同时，由于测量滞后的存在，引起了信息的失真现象，控制器在接收了一个失真输入信号后，必然发出一个失真的输出信号，这样就不能充分地发挥控制器的校正作用。

图 6-7 是一个一阶水槽液位对象在比例控制器作用下克服阶跃干扰所得到的过渡过程曲线。该系统的测量变送装置为一阶惯性环节，时间常数 $T_m = 10$ s，水槽对象的时间常数 $T_0 = 20$ s。图中 h_y 表示真实液面的变化曲线，h_z 是通过测量元件指示或记录下来的液面变化曲线。通过两组曲线的比较，可以清楚地看出，测量信号 h_z 的变化幅值要比真实值 h_y 小得多，而且还有滞后。如果按照 h_z 来衡量控制质量的话，很容易得出液面的波动符合要求的错误结论。实际上液面的变化很可能早已超出了允许的范围。而且随着测量环节时间常数的加大，这种假象会越来越严重。这一点必须引起足够的重视。

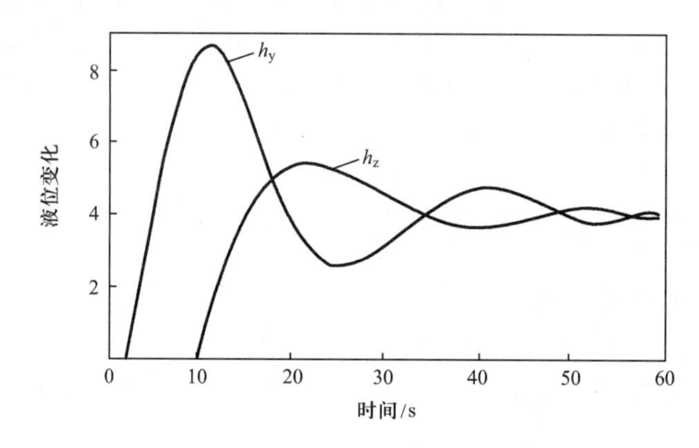

图 6-7　被控参数真实值与测量值的闭环响应曲线

3. 测量变送装置在安装和使用中存在的问题

除了测量滞后和纯滞后外，测量变送装置在安装和使用过程中的不当也会给控制系统的测量带来误差，并对系统的控制质量造成不良影响。常见的问题有：

(1)测量点的选择不能准确反映被控变量的变化。如，热电偶的插入深度不够，取压点选在了死角，流量节流元件放置在管路的拐弯处附近等。

(2)测量元件的不正确安装所引起的误差。如，热电偶与补偿导线不匹配，流量取压孔板与管道不同心，导压管的方位不对，导致管中积存气体或液体等。

(3)测量仪表的量程和精度等级选择不当，无法满足工艺对控制精度的要求。

(4)测量仪表由于使用不当造成的测量误差。如，在用差压变送器测液位时，如果不注意正确地选择迁移量，液位测量将会出现严重偏差。

(5)测量环节的非线性会增加系统的控制难度。特别是在流量测量中，由于差压变送器的输出与流量的平方成正比，若不对测量信号实施开方处理，则整个控制系统将可能呈现非线性，这对控制质量的提高是极为不利的。

6.4.2　克服测量变送问题的措施

1. 选择快速测量元件

我们已经知道，测量滞后的存在容易产生假象，它将已经恶化的控制过程掩盖起来，使得控制系统的实际控制质量达不到生产的要求。造成这一问题的主要原因来自测量元件的惯性滞后，克服测量滞后的根本方法就是选择快速测量元件，以减少测量环节的时间常数。

下面举例说明方法的有效性。

某化工厂有一反应器，如图 6-8 所示，A 和 B 两种物料在反应器中进行吸热反应，并生成产品 C。由于没有直接测量产品 C 的质量分析仪表，故选择反应温度作为间接控制。从工艺角度分析，只要反应温度控制在给定值的 ± 3 ℃ 以内，产品质量就能符合要求。开始采用时间常数为 100 s 的温包来测温，虽然反应温度能控制在 ± 2 ℃ 之内，但产品却总是不合格，这说明实际的温度波动已超出了工艺允许的范围。后来选用了一只时间常数为 5 s 的热电偶代替温包，温度波动仍控制在 ± 2 ℃ 之内，但产品质量完全符合要求。

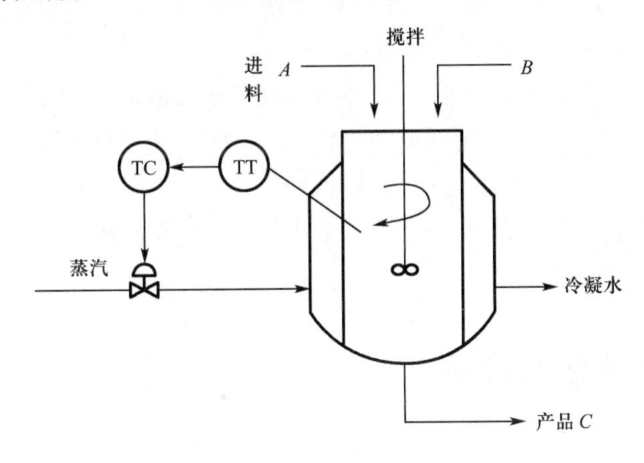

图 6-8　反应器反应温度控制系统示意图

2. 选好检测点位置

对于不同的被控参数在选择检测点时要求也有所不同。一般来说，在安装条件允许的前提下，检测点应该选在对被控变量的变化感受最为灵敏而且最有代表性的位置上。检测点位置选择得合理，不仅可以减小测量滞后，而且还可以缩短测量环节的纯滞后，这对于改进控制系统的质量是十分有利的。

3. 正确使用微分单元

对于测量滞后很大的系统，在测量环节的输出端串接一个微分单元是一个很好的解决办法，如图 6-9 所示。由于微分作用是按输入信号的变化速度工作的，当变送器的测量值刚一开始变化时，微分单元的输出就会更快地反映这种变化趋势。实际上，微分单元对于测量滞后的失真信号起到了一种超前补偿作用。如果微分单元的参数选择得当，完全有可能校正由于测量滞后所带来的动态误差，并获得真实的参数值。

有一点需要指出，微分单元对于克服测量环节的纯滞后是无能为力的。因为在纯滞后时间里，参数变化速度等于零，因而微分单元的输出也等于零，微分单元起不到超前补偿

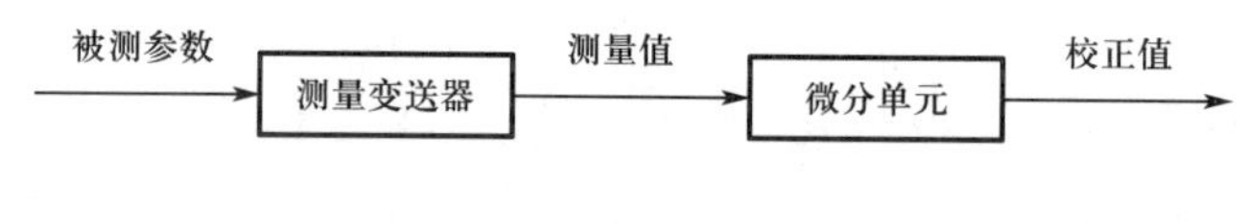

图 6-9 微分单元联接示意图

作用。

4. 正确地选择、安装和使用测量变送装置

正确地选择、安装和使用测量变送装置可将测量环节的误差减小到最低限度，有利于提高控制系统的控制精度和质量。

6.5 执行器的选择

执行器是过程控制系统的执行部件，它接收控制器的输出信号并将之转换成相应的位移信号，并通过调节机构改变阀的开度使操纵变量(流量)发生变化，从而实现控制作用。执行器选择得是否合适，不仅关系到工艺生产的安全和稳定，而且直接关系到控制系统的成败，因此，执行器的选择是过程控制系统分析设计中的一项重要内容。

执行器按照采用的动力方式不同，可分为电动、气动和液动三大类。鉴于在过程控制中气动执行器(气动薄膜调节阀)的应用最为广泛，在此我们只考虑气动执行器的情况。选择执行器的主要内容包括：口径大小的选择，结构和材质的选择，流量特性的选择以及开闭形式的选择等。这些内容在第 5 章中已经做了基本介绍，本节仅从自控系统分析的角度对以下两个问题做进一步的讨论。

6.5.1 阀流量特性的选择

阀流量特性的选择主要应该从对象特性(尤其是负荷)变化对控制质量的影响来考虑。

在实际生产中，生产负荷经常会发生变化，而负荷的变化往往又会导致对象特性也发生变化。例如，对于一个热交换器系统来说，当被加热的流体流量(生产负荷)增大时，液体通过热交换器的时间就会缩短，纯滞后时间也会减小；同时，由于流速增大，传热效果变好，测量滞后也相应减小。这就是说，在不同的生产负荷下，热交换器对象具有不同的特性。过程工业中，许多对象都有类似特点。

在一个控制系统中，控制器规律的选取和控制器参数的整定是根据被控对象的特性得到的。一个具体对象总会找到一组最优的控制器参数与其相匹配。而当生产负荷发生变化使该对象的特性改变后，原来的那组控制器参数将不再是最佳的了，如果不及时地调整控制器参数，控制质量必然下降。对于那些预先能够知道的缓慢的负荷变化，可以通过人工调整的方法来满足控制要求。然而，在很多场合，负荷的变化是随机的，不可预测的，有时变化还比较剧烈和频繁。在这种情况下，人工调整就比较困难，需要依靠控制系统自身对负荷变化的适应能力来加以解决。

克服负荷变化对控制质量影响的一种解决办法是选择自整定控制器。这是一种新型控制装置，它能根据负荷的变化在线自动修改控制器的参数，以使控制系统保持在最佳状态附近运行。然而，这种控制器价格昂贵，在应用上还存在许多具体困难，目前尚未达到实用阶段。另一种解决办法就是根据负荷变化对对象特性的影响情况选择相应特性的阀来进行补偿，使得广义对象的特性在生产负荷变化时仍能基本保持不变。这样，当生产负荷变化后，不必重新整定控制器的参数，系统仍能获得较好的控制质量。这正是我们正确选择阀流量特性的基本指导原则。

目前，我国生产的阀有线性特性、对数特性（等百分比特性）和快开特性三种，尤其是前两种特性阀应用最为广泛。具体的选择方法大致可归纳为数学分析法和经验法两大类。对于一些比较简单的控制系统，可以通过数学分析计算推导出负荷干扰对对象特性的影响关系，然后，根据选择原则，确定阀的流量特性。对于那些进行理论分析比较困难的系统，则可以根据多年总结出的一些实践经验进行选择。表 6-1 给出了常见控制系统所用阀的流量特性，可作为选择时的参考。使用该表时，如果同时存在几个干扰，则应根据经常起作用的主要干扰来选择。

表 6-1　流量特性选择表

控制系统及控制变量	波动量	所选流量特性
流量控制系统 F 	压力 p_1 或 p_2	等百分比
	给定值 F	直线
压力控制系统 p_1 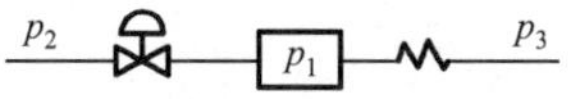	压力 p_2	等百分比
	压力 p_3	直线
	给定值 p_1	直线
液位控制系统 L 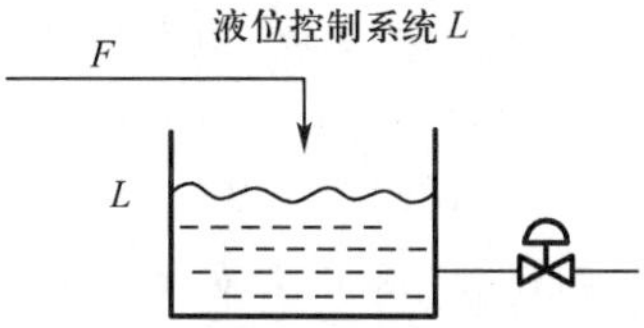	流入量 F_i	直线
	给定值 L_s	等百分比
温度控制系统 T_2 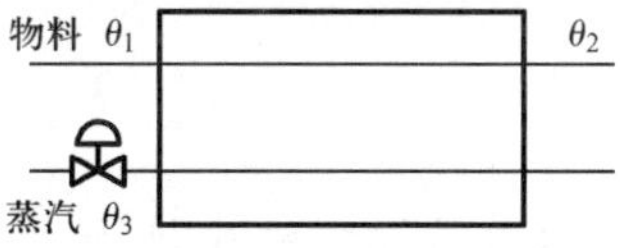	蒸汽温度 θ_3、压力 p_1	等百分比
	受热物料量 F_i	等百分比
	物料温度 θ_1	直线
	给定值 θ_s	直线

6.5.2　执行器开闭形式的选择

气动执行器有气开和气关两种工作方式。在一个控制系统中，究竟选用气开式还是气关式，主要由具体的生产工艺来决定。下面按照重要性的排序，提供几条原则作为选择的依据。

1. 首先要考虑生产的安全

当仪表供气系统中断或控制器发生故障无信号输出，致使执行器的阀芯回复到无能源的初始状态时，应能确保生产工艺设备的安全，不至于发生事故。例如，当进入工艺设备的流体易燃、易爆时，为防止在异常情况下产生爆炸，执行器应选气开式。

2. 有利于保证产品的质量

当执行器的阀芯处于无源状态而回复到初始位置时，不应降低产品的质量。如控制精馏塔回流量的执行器，就常采用气关式，一旦发生事故，执行器立即打开，使生产处于全回流状态，这就减少和防止了不合格产品的抽出，从而可以保证塔顶产品质量。

3. 有利于降低原料成本和节能

如控制精馏塔进料的执行器采用气开式，一旦失去能源，则立即处于关闭状态，不再给塔进料，以免造成浪费。

一般来说，有了上面几条原则，执行器开闭形式的选择是不困难的。不过有两点还需要进一步地强调一下，希望在选择时加以注意。

(1)按照上述几个原则选择执行器的开闭形式可能会得出相互矛盾的选择结果。在这种情况下，一定要首先考虑生产的安全。例如，控制精馏塔塔釜加热蒸汽的执行器，从节省能源的角度考虑，一般都选气开式，一旦失去能源立即处于全闭状态，避免蒸汽的浪费。但是，如果被加热的釜液是容易结晶或凝固的物料，则应该选择气关式，否则，由于加热蒸汽的非正常中断，将导致釜内液体的结晶或凝固，严重时还可能造成整个工艺生产流程的堵塞。

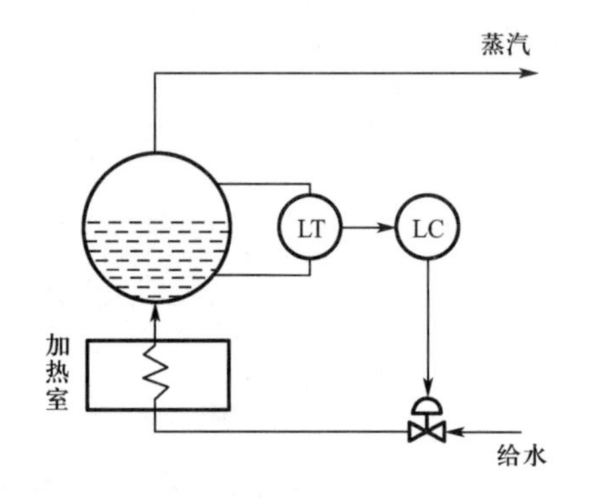

图 6-10 锅炉供水控制系统

(2)由于工艺要求不一，对于同一个执行器可以有两种不同的选择结果。如图 6-10 所示的控制锅炉供水量的执行器，如果从防止蒸汽带液会损坏后续设备蒸汽透平(蒸汽带液会破坏透平的叶片)的角度出发，应选气开式；然而如果从保护锅炉的角度出发，为防止因断水导致锅炉烧爆，则应选择气关式。由此可见，即使从安全的角度考虑也会出现矛盾。在这种情况下就要权衡利弊，按照主次关系加以选择。如果透平设备的安全更为重要，则应该选气开式执行器，反之则应选气关式。

6.6 控制器的选择

控制器是常规仪表控制系统中的核心环节，担负着整个控制系统的“指挥”工作，正确地选用控制器，可以大大改善和提高整个过程控制系统的控制品质。目前在单回路常规控制系统中，主要采用具有比例、积分和微分作用的控制器。因此，本节重点介绍如何正确选择控制器的控制规律和确定控制器的正反作用。

6.6.1 控制规律的选择

应用于生产过程的控制器主要有三种控制规律：比例控制规律、比例积分控制规律、比例积分微分控制规律，分别简写为 P,PI 和 PID。究竟选择哪种控制规律最为合理，主要是由工艺生产的要求和控制规律本身的特点所决定。

1. 比例控制规律(P)

比例控制规律的特点是控制器的输出信号与输入信号(偏差)成比例,即阀门的开度变化与偏差变化有对应关系。它能较快地克服扰动的影响,过渡过程时间短。但是,纯比例控制器在过渡过程结束后仍然存在余差,而且负荷变化越大,余差也越大。

只具有比例控制规律的控制器称为比例控制器。式(6-1)为其输入输出信号的数学表达式

$$\Delta p = K_{\mathrm{P}} \Delta e \tag{6-1}$$

其中,Δp 是控制器的输出信号变化量,Δe 是控制器的输入信号变化量,K_{P} 为比例放大系数。

比例控制规律是最基本的控制规律,它既可以单独采用,又可以与其他控制规律结合在一起使用,具有结构简单、整定方便的优点。比例控制器适用于调节通道滞后较小、负荷变化不大、控制要求不高、被控变量允许在一定范围内有余差的场合。例如,一般的精馏塔塔底液面、贮槽液面、冷凝器液面和次要的蒸汽压力控制系统,均可采用比例控制器。

2. 比例积分控制规律(PI)

比例积分控制规律的特点是控制器的输出不仅与偏差的大小成比例,而且与偏差存在的时间成比例,它可以在过渡过程结束时消除系统的余差。但是,在加入积分作用后,会使系统的稳定性降低。虽然可以通过加大比例度的办法,使稳定性基本保持不变,但超调量和振荡周期也将随之增大,使过渡过程时间加长。

具有比例积分控制规律的控制器称为比例积分控制器,式(6-2)为其输入输出信号的数学表达式

$$\Delta p = K_{\mathrm{P}} \left(\Delta e + \frac{1}{T_{\mathrm{I}}} \int \Delta e \mathrm{d}t \right) \tag{6-2}$$

式中,T_{I} 为积分时间,其他符号定义同前。

比例积分控制规律是一种应用最为广泛的控制规律。它适用于调节通道滞后较小、负荷变化不大、被控变量又不允许有余差的场合。例如,流量控制系统、管道压力控制系统和某些要求严格的液位控制系统普遍采用比例积分控制器。

3. 比例积分微分控制规律(PID)

比例积分微分控制规律的特点是在增加了微分作用后,控制器的输出不仅与偏差的大小和存在的时间有关,而且还与偏差的变化速度成比例,这就可以对系统中的测量滞后起到超前补偿作用,并且对积分作用造成的系统不稳定性也有所改善。

把具有比例、积分、微分控制规律的控制器称为 PID 控制器,又称三作用控制器,式(6-3)为其输入输出信号的数学表达式:

$$\Delta p = K_{\mathrm{P}} \left(\Delta e + \frac{1}{T_{\mathrm{I}}} \int \Delta e \mathrm{d}t + T_{\mathrm{D}} \frac{\mathrm{d}(\Delta e)}{\mathrm{d}t} \right) \tag{6-3}$$

式中,T_{D} 为微分时间 。

比例积分微分控制规律综合了多种控制规律的优点,是一种比较理想的控制规律。它适合于调节通道时间或容量滞后较大、负荷变化大、对控制质量要求较高的场合。目前,应用较多的是温度控制系统。

应该强调的是,PID 控制规律的选用应根据过程的特性和工艺要求来定,决不能错误地认为任何一个系统采用 PID 控制器都会获得好的控制质量。例如,对于滞后很小或噪声严

重的系统，就应避免引入微分作用，否则会由于参数的快速变化引起操纵变量的大幅度波动，反而影响控制系统的稳定性。另外，不分场合地滥用 PID 控制规律也会给控制器参数的整定带来困难。

6.6.2 控制器正反作用的确定

工业控制器一般都具有正作用和反作用两种工作方式。当控制器的输出信号随着被控变量的增大而增加时，控制器工作于正作用方式；当控制器输出信号随着被控变量的增大而减小时，控制器工作于反作用方式。控制器设置正反作用的目的是适应对不同被控对象实现闭环负反馈控制的需要。因为在一个控制系统中，除了控制器外，其他各个环节（被控对象、测量变送器、执行器）都有各自的作用方向。如果各环节组合不当，使系统总的作用方向构成了正反馈，则控制系统不仅起不到控制作用，反而破坏了生产过程的稳定。又因为被控对象、测量变送器和执行器的作用方向是不能随意选定的，所以，要想使控制系统具有闭环负反馈特征，只有通过正确地选择控制器的正反作用来实现。

控制器正反作用的选择并不是一项困难的工作，通过对每一个广义对象作直观分析就可以得出正确的结论。下面介绍的判别准则具有普遍的指导作用。

假设对控制系统中的各环节做如下规定：

（1）控制器工作于正作用方式为"＋"，工作于反作用方式为"－"；

（2）执行器的阀门开度随控制器输出信号的增加而增大（气开式）为"＋"，开度随控制器输出信号的增加而减小（气关式）为"－"；

（3）被控变量随操纵变量的增加而增加为"＋"，随操纵变量的增加而减小为"－"；

（4）变送器的输出随被控变量的增加而增加为"＋"，随被控变量的增加而减小为"－"，通常情况下变送器环节取"＋"。

判别准则：只要控制系统中各环节规定符号的乘积为负，则该系统是一个负反馈系统。即负反馈系统要满足判别式：

$$(\text{控制器}\pm)(\text{执行器}\pm)(\text{被控对象}\pm)(\text{变送器}\pm)=(-) \tag{6-4}$$

根据以上判别准则，可以方便地确定控制器的正反作用。例如，如图 6-11 所示是一个简单的加热炉出口温度控制系统。出口温度随燃料的增加而升高，对象的符号为"＋"。变送器的输出信号也随出口温度的升高而增加，符号也为"＋"。为了在气源突然中断时，保证加热炉的安全，执行器选用了气开式，其符号为"＋"。显然，为了使各环节的总乘积为负，控制器的符号必须为"－"，所以应该选择反作用控制器。

如图 6-12 所示是一个简单的液位控制系统。当流出量增加时，液位下降，所以对象的符号取为"－"。为了防止在供气中断时物料全部流走，执行器采用了气开式，故符号为"＋"。变送器的符号也为"＋"。这时控制器必须选择正作用，才能构成负反馈控制系统。

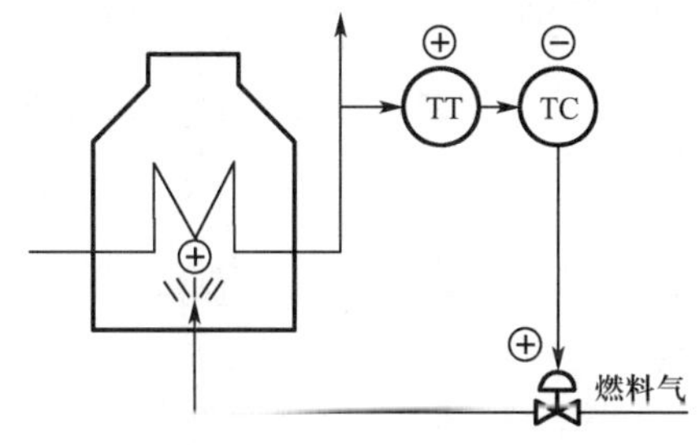

图 6-11 加热炉出口温度控制系统

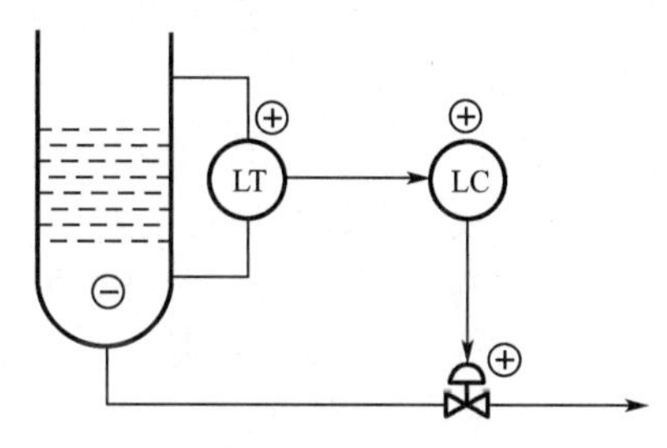

图 6-12 液位控制系统

控制器的正反作用可以通过改变设置在控制器上的正反作用开关方便地进行设定。

6.7 控制系统的投运及控制器参数的整定

6.7.1 控制系统的投运

在控制系统的设计、安装或检修之后，下一步工作就是如何将控制系统投入到实际生产中去。为了保证过程控制系统能顺利地一次投运成功，通常涉及以下几个步骤：

1. 做好准备工作

操作人员在投运前要掌握工艺过程及其运行方式和操作方法；熟悉控制方案，明确设计意图和控制目标；了解构成控制回路的各种自动化仪表的原理、特性、功能和使用方法；并对各种设备的安装位置、线路以及动力源都要心中有数。

2. 线路和管路的核查

电气线路的核查要根据设计施工图样进行，重点防止错接、漏接或虚接等现象；特别要注意各种不同地线的连接是否符合规范，对地电阻是否符合要求。管路的核查主要是看取压管和供气管路等是否有泄漏或堵塞的情况，一旦发现，立即纠正。

3. 各种自动化仪表的检查

变送器虽然在安装前已校验合格，投运前仍应在现场校验一次，重点看零点、满刻度以及工作点是否准确，尤其是在有迁移的情况下，要重新校准。控制器要检查输出是否随输入变化，正反作用开关是否设置在正确位置，自动跟踪情况如何，并尽可能预置控制器参数的初始值。执行器的检查主要看阀杆的位移能否在全行程与控制器的输出保持线性，是否有呆涩、卡住或松动空隙等现象。

4. 测量仪表和执行器的投运

测量仪表的投运中，温度仪表最为简单，通常只要供电就会产生测量信号；流量、压力和液位仪表的投运，多数要用到三阀组，一般按先开平衡阀，后开切断阀，再关平衡阀的顺序操作；成分仪表的投运最为复杂，应严格按照产品说明书的步骤进行。

执行器在投入运行时，首先应进入手动遥控状态。所谓手动遥控，是指由人工对执行器进行的远距离控制，这既可以通过定值器或手操器来实现，也可以利用控制器上的手动拨盘来实现。具体有两种操作步骤，一种是由旁路过渡到手动遥控；另一种是一开始就采用手动遥控。如果是采用前一种投运方式，应参考图 6-13，按下面的操作程序进行：

(1)先将截止阀 1 和 2 关闭，工艺介质由手动操作从旁路阀 3 流过，使工况逐渐稳定。

(2)手动控制输往执行器的气压，使其等于某一中间数值(首次开车时)，或等于某一经验值(大修后开车时)。

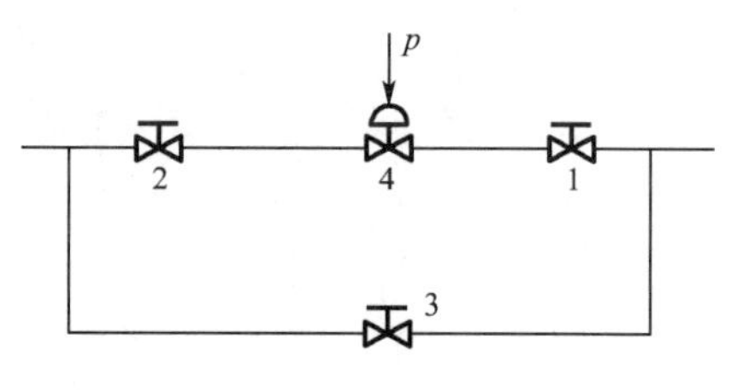

图 6-13　执行器安装示意图

(3)先开上游阀 1，然后再逐渐打开下游阀 2，同时，逐渐关闭旁路阀 3，以尽量减小介质流量的波动。此步骤也可以按照先开下游阀 2，后开上游阀 1 的顺序进行。

(4)观察仪表指示值，手动改变施加于执行器的气压信号，使被控变量接近于给定值。

5. 手动控制与自动控制的切换

通过手动遥控执行器使工况趋于平衡后，就可以把控制器由手动状态切换到自动状态，从而实现系统的自动控制。控制器由手动状态切换到自动状态的操作程序和方法，因所用控制器的不同而存在较大差异，但总的要求是要做到无扰切换。就是说，从手动切换到自动过程中，不应造成被控变量的波动，即切换过程不要使原先阀的开度发生变化。

对于电动Ⅲ型以及设计更为先进的 I 系列、EK 系列等控制器来说，由于它们有比较完善的自动跟踪和保持电路，因此，不论偏差存在与否，随时都可以进行手动与自动切换而不会引起扰动。而一般的电动Ⅱ型控制器就没有这么方便。为了保证无扰切换，必须在切换前做预平衡工作，即当偏差存在时，必须在切换前先改变控制器的给定值，使偏差为零，然后再将控制器从手动切换到自动。切换完成后，还要将给定值恢复到原来的规定值。

控制器由手动切换到自动后，控制系统便进入自动控制状态。此后就可以按照下面介绍的方法对控制器参数进行整定，以便使控制系统获得最佳的控制效果。

6.7.2　控制器参数的整定

一个控制系统的控制质量取决于被控对象的特性、干扰的形式和大小、控制方案以及控制器参数的整定等因素。然而，一旦系统按照设计方案安装就绪，对象各通道的特性已成定局，这时系统的控制质量主要取决于控制器参数的设置。控制器参数的整定就是求取能够满足某种控制质量指标要求的最佳控制器参数(δ、T_{I}，T_{D})。整定的实质是通过调整控制器的参数使其特性与被控对象的特性相匹配，以获得最为满意的控制效果。

控制器参数的整定方法可分为两大类。一类是理论计算整定法，这类方法基于被控对象的数学模型计算控制器参数，理论复杂，计算烦冗，所得结果的可靠性依赖于模型精度。另一类方法是工程整定法，它是直接在控制回路的实际运行中对控制器参数进行整定，具有简捷、实用和易于掌握的特点，因此，该方法在工程实际中得到了广泛应用。

下面介绍几种常用的工程整定方法。

1. 临界比例度法

临界比例度法是目前应用较多的一种方法。它是先通过试验得到临界比例度 δ_{K} 和临界周期 T_{K}，然后根据经验总结出来的关系求出控制器的各参数值。具体做法如下：

(1) 将控制器的积分时间 T_I 置为最大值($T_I=\infty$),微分时间 T_D 置为零($T_D=0$),比例度 δ 置为适当大的值,使控制系统在纯比例作用下投入运行。

(2) 待系统稳定后,将比例度 δ 逐渐减小,直到系统出现如图 6-14 所示的等幅振荡,即临界振荡过程。记录此时的临界比例度 δ_K 和临界振荡周期 T_K(即两个波峰间的时间间隔)。

(3) 根据得到的 δ_K 和 T_K 值,采用表 6-2 中给出的经验公式计算出控制器的整定参数 δ、T_I 和 T_D。

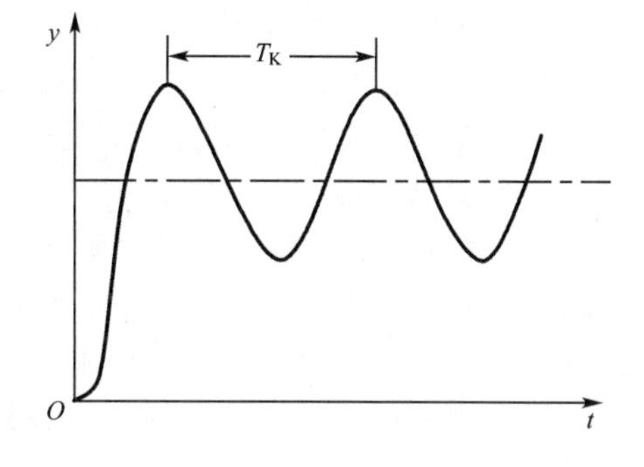

图 6-14　系统的临界振荡过程

(4) 按照先比例(P)、后积分(I)、再微分(D) 的操作顺序将控制器的参数逐一调整到整定值上。然后观察其运行曲线,若还不够理想,可再做进一步微调。

临界比例度法操作简单,易于掌握和判断,适用于许多工艺上允许被控变量波动的系统。但是,此法对于那些在纯比例控制下具有本质稳定特性的系统则不适用,如时间常数较大的单容液面被控对象就无法适用,因为无法得到等幅振荡过程。当然,对于稳定性要求较高的工艺对象也不宜采用。因此,此法的应用是有局限性的。

表 6-2　临界比例度法整定计算公式

控制规律	比例度 δ/%	积分时间 T_I	微分时间 T_D
比例(P)	$2\delta_K$		
比例积分(PI)	$2.2\delta_K$	$0.85T_K$	
比例积分微分(PID)	$1.7\delta_K$	$0.5T_K$	$0.125T_K$

2. 衰减曲线法

衰减曲线法与临界比例度法极为相似,不同的只是前者通过使系统产生衰减振荡得到的试验数据来计算控制器的整定参数。其具体步骤如下:

(1)置控制器积分时间 $T_I=\infty$,微分时间 $T_D=0$,比例度 δ 取一较大值,并将系统投入运行。

(2)待系统稳定后,给定值作阶跃变化,并观察系统的响应。若系统响应衰减太快,则减小比例度;反之,则加大比例度。如此反复,直到出现如图 6-15(a)所示的 4∶1 衰减振荡过程。记录此时比例度 δ_s 和振荡周期 T_s。

(3) 利用 δ_s 和 T_s 值,按表 6-3 给出的经验公式,求出控制器的整定参数 δ,T_I,T_D。

对于那些对控制系统的稳定性要求较高的生产过程,可以采用 10∶1 衰减曲线法。此时要采用图 6-15(b)中的上升时间 $T_升$,按表 6-3 给出的公式计算。

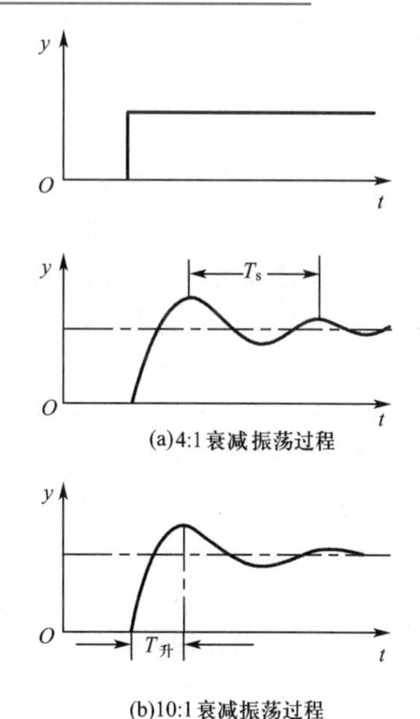

图 6-15　衰减过程

采用衰减曲线法整定时,扰动幅值不能太大,一般不宜超过额定值的 5%。对于流量等反应快的系统,获得严格的

4∶1 衰减曲线有时比较困难。在这种情况下，可根据记录指针的摆动情况进行判断。指针来回摆动两次达到稳定可视为 4∶1 衰减过程，摆动一次的时间即为 T_s。对于一些干扰频繁，无法获得规则衰减曲线的过程，不宜采用此法。

3. 经验凑试法

经验凑试法是先将控制器的参数设置在某一经验值上（可参考表 6-4），然后观察系统在扰动作用下的闭环响应曲线。若曲线不够理想，则以控制器参数对过渡过程的影响为理论依据，对各参数逐一进行调整，直到获得理想的控制质量为止。

表 6-3　　衰减曲线法整定计算公式

衰减比	控制规律	比例度 δ	积分时间 T_I	微分时间 T_D
4∶1	比例(P)	δ_s		
	比例积分(PI)	$1.2\delta_s$	$0.5T_s$	
	比例积分微分(PID)	$0.8\delta_s$	$0.3T_s$	$0.1T_s$
10∶1	比例(P)	δ_s		
	比例积分(PI)	$1.2\delta_s$	$2T_{升}$	
	比例积分微分(PID)	$0.8\delta_s$	$1.2T_{升}$	$0.4T_{升}$

表 6-4　　控制器参数整定的参考范围

被控参数	比例度 δ/%	积分时间 T_I/min	微分时间 T_D/min
液位	20～80		
压力	30～70	0.4～3	
流量	40～100	0.3～1	
温度	20～60	3～10	0.3～1

经验凑试法可按以下步骤进行：

(1)置控制器积分时间 $T_I=\infty$，微分时间 $T_D=0$，δ 在经验范围内选一初值，并将系统投入自动运行，观察系统在扰动作用下的过渡过程形状。若曲线振荡频繁，则加大比例度 δ；若曲线动态偏差大且趋于非周期过程，则减小 δ，直到成 4∶1 衰减为止。

(2) 按经验值加入积分作用，以消除余差同时将比例度增加 10% ～ 20%。若曲线波动加剧，则加大积分时间 T_I；若曲线偏离给定值后长时间回不来，则减小 T_I，直到获得没有余差的理想过渡过程曲线为止。

(3) 如果需引入微分作用，则将 T_D 按经验值由小到大加入，同时允许把 δ 值和 T_I 值再适当减小一点。若曲线的动态偏差比原来加大且衰减缓慢，则增加微分时间 T_D；若曲线振荡比原来加剧，则减小 T_D。经过反复整定，直到得到超调量小、过渡过程时间短，而且没有余差的控制效果为止。

经验凑试法还可以按照先固定积分时间 T_I，再凑试比例度 δ 的顺序进行。其理论依据是在一定范围内比例度和积分时间的不同匹配值，可以得到同样衰减比的过渡过程曲线。如果还需要加入微分作用，可取 $T_D=\left(\frac{1}{3}\sim\frac{1}{4}\right)T_I$。具体凑试方法与前述相同。

经验凑试法操作简单，应用广泛，尤其适合于那些干扰作用比较频繁的控制系统。但是应用此法要求具有丰富的实际工作经验和对控制规律的深入了解，如果盲目套用，不仅费时费力，可能还达不到预期的效果。

最后还有两点必须指出：

(1)控制器参数的整定不是“万能”的，它只能在一定范围内起作用。如果设计方案不合理，仪表选择不当，安装质量不高，被控对象特性不好等，仅仅想通过整定控制器参数来满足工艺生产的要求是不可能的。只有在系统设计合理，仪表选择得当和安装正确的条件下，控制器参数的整定才有意义。

(2)控制器参数的整定不是一劳永逸的。工艺条件的改变、负荷的变化、催化剂的老化以及传热设备的结垢等因素都会使对象特性发生变化。只有根据工艺情况的变化及时调整控制器的参数，使之与对象特性相匹配，才能保证控制系统获得稳定而良好的控制质量。

习　题

6-1　简单控制系统由哪几部分组成？各部分的作用是什么？画出简单控制系统的典型方块图？

6-2　如图 6-16 所示是一个反应器的温度控制系统示意图。试画出该系统的组成方块图，并标明各方块中环节的名称和作用。

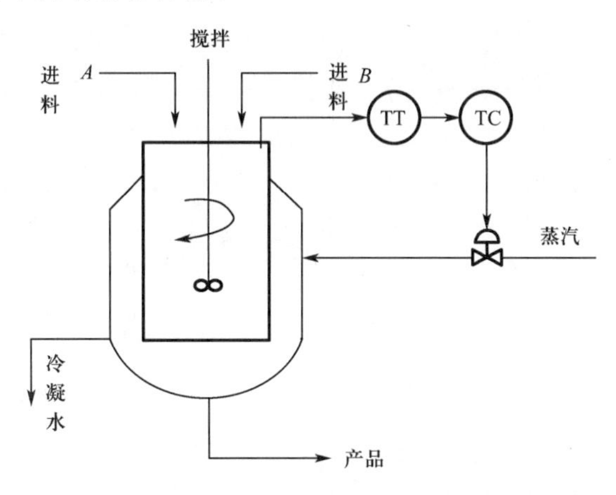

图 6-16　反应器温度控制系统示意图

6-3　简单控制系统具有何优点？并适用于何场合？

6-4　何谓直接参数控制？何谓间接参数控制？

6-5　在控制系统的设计中，被控变量的选择应遵循哪些原则？操纵变量的选择应遵循哪些原则？

6-6　影响被控变量变化的参数有几种？试分别加以说明。

6-7　何谓对象的静态特性和动态特性，表征它们的参数有哪些？这些参数对控制质量有何影响？

6-8　在控制系统的设计中，被控变量的测量应注意哪些问题？

6-9　测量纯滞后对控制质量有何影响？造成测量纯滞后原因有哪些？怎样克服测量纯滞后？

6-10　一个简单控制系统的变送器量程变化后，对控制系统有什么影响？

6-11　执行器的选择包含哪些内容？正确选择阀流量特性的基本指导原则有哪些？怎

样确定执行器的开闭形式?

6-12 简述常用的控制器的控制规律及各自特点、适用场合?

6-13 简述气开阀、气关阀的定义,控制阀气开、气关形式的选择应从何角度出发?

6-14 被控对象、执行器以及控制器的正反作用是如何规定的?

6-15 控制器正反作用选择的依据是什么?

6-16 有一蒸汽加热设备利用蒸汽将物料加热,并用搅拌器不停地搅拌物料,到物料达到所需温度后排出。试问:

(1)影响物料出口温度的主要因素有哪些?

(2)如果要设计一温度控制系统,被控量与操纵量应如何选择?为什么?

(3)如果物料在温度过低时会凝结,据此情况应如何选择控制阀的开关形式及控制器的正反作用?

6-17 试确定下列两个自控系统中执行器的气开、气关形式和控制器的正反作用方式。图 6-17(a)为一个加热器物料出口温度自控系统,工艺要求物料出口温度不能过高,否则容易分解。图 6-17(b)为冷却器物料出口温度自控系统,工艺要求物料出口温度不能太低,否则容易结晶。

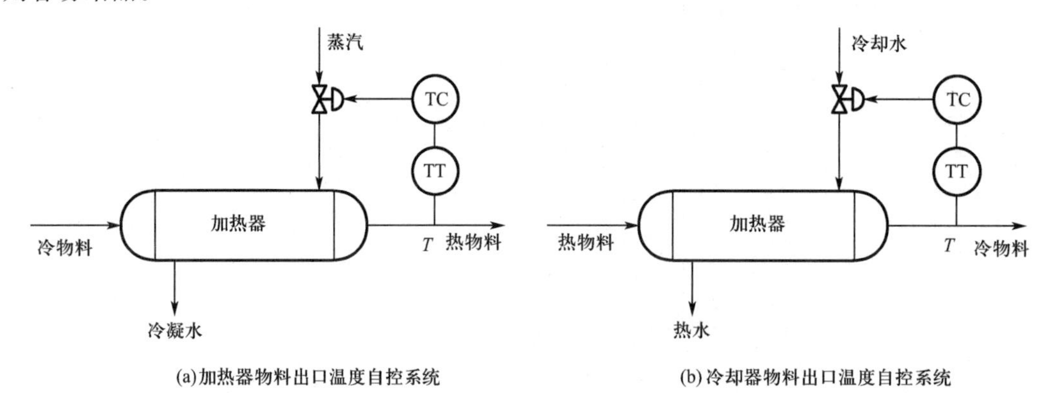

图 6-17 加热器和冷却器物料出口温度自控系统

6-18 如图 6-18 所示是一锅炉汽包液位控制系统的示意图,要求锅炉不能烧干。试画出该系统的方块图,判断控制阀的气开、气关形式,确定控制阀的正反作用方式,并简述当加热室温度升高导致蒸汽蒸发量增加时,该控制系统是如何克服扰动的?

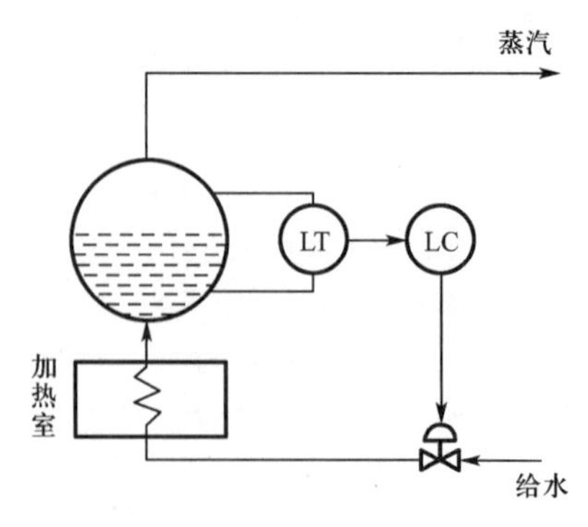

图 6-18 锅炉汽包液位控制系统

6-19　控制系统的投运应注意哪些问题？手动与自动控制的切换应注意哪些问题？

6-20　简述简单控制系统的投运步骤？

6-21　何谓控制器参数的工程整定？常用的控制器参数整定的方法有哪几种？

6-22　某控制系统用临界比例度法整定控制器参数，已知 $\delta_k=25\%$，$T_k=5$ min。请分别确定 PI，PID 作用时的控制参数。

6-23　某控制系统采用 4∶1 衰减曲线法整定控制器参数，已知 $\delta_k=50\%$，$T_s=5$ min。试确定 PI，PID 作用时的控制参数。

6-24　经验凑试法整定控制器参数的关键是什么？

6-25　为什么有的自控系统工作一段时间后其控制质量会下降？

第7章

复杂控制系统

虽然在大多数情况下简单控制系统能够满足工艺生产的要求，并且具有广泛的应用，但是在某些被控对象的动态特性比较复杂或控制任务比较特殊的应用场合，简单控制系统就显得无能为力。尤其是生产过程向着大型、连续和集成化方向发展，对操作条件的要求更加严格，参数间关系也更加复杂，对控制系统的精度和功能提出许多新的要求，对能源消耗和环境污染也有明确的限制。对于这些情况，采用简单控制系统无法满足工艺生产对控制质量的要求，应该采用复杂控制系统。

所谓复杂，乃是相对简单而言的。它通常包含两个以上的变送器、控制器或者执行器，构成的回路数也多于一个，所以，复杂控制系统又称多回路控制系统。显然，这类系统的分析、设计、参数整定与投运比简单控制系统要复杂一些。

复杂控制系统的种类繁多，根据系统的结构和所担负的任务来分，常见的复杂控制系统有串级、比值、前馈、均匀、分程、选择、多冲量等控制系统，本章将分别予以介绍。

7.1 串级控制系统

7.1.1 串级控制系统的结构

在过程控制中，串级控制系统是改善过程控制质量极为有效的方法之一，在生产过程中得到了广泛的应用。

串级控制系统

为了对串级控制系统有个初步的认识，首先分析一个具体实例。

管式加热炉是石化工业中的重要装置之一，它的任务是把原油或重油加热到一定温度，以便后面的工序能够顺利地进行精馏或裂解。为了保证油品的分离质量，延长炉子的使用寿命，工艺上要求被加热油料的炉出口温度波动范围控制在±2℃以内。根据前面学到的知识，我们很自然地就会想到采用如图 7-1 所示的控制方案，即以炉出口温度作为被控变量，燃料量作为操纵变量构成单回路反馈控制系统。这个方案的可取之处在于它将所有对炉出口温度有影响的干扰因素都包括在控制回路之中，不论干扰来自何方，最终总可以克服。但是实际运行时发现，这个方案的控制时间长，系统波动大，控制质量达不到生产工艺的要求。通过对燃烧加热过程的深入分析发现该方案确实存在一定的缺陷。

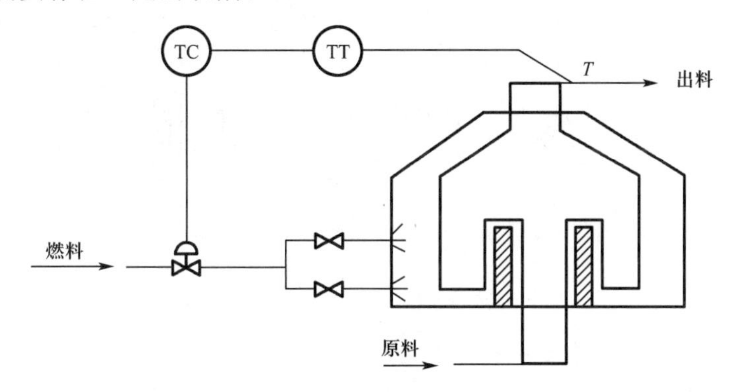

图 7-1　加热炉出口温度单回路控制系统

影响炉出口温度的因素很多，主要来自三个方面：①被加热物料方面的扰动 f_1（包括物料的流量和入口温度的变化）；② 燃料方面的扰动 f_2（包括燃料的流量、热值及压力的波动）；③ 燃烧条件方面的扰动 f_3（包括供风量和炉膛漏风量的变化、燃料的雾化状态的影响等）。其中，扰动 f_2 和 f_3 比扰动 f_1 更为频繁和剧烈。图 7-1 中的简单控制系统之所以不能满足控制要求，主要是因为调节通道的时间常数过大，控制作用不及时。因为从燃料的波动到炉出口温度的变化，要经历燃料雾化、炉膛燃烧、管壁传热和物料传输等一系列环节，而且每个环节都存在不同程度的测量滞后或纯滞后，通道总的时间常数长达 15 min 左右，待温度变送器感受到出口温度的变化再去调节燃料量时已经为时过晚，结果必然是动态偏差大，波动时间长。

加热炉对象是通过炉膛与被加热物料之间的温差进行热量传递的，来自燃料和供风方面的扰动，首先要反映到炉膛温度上。这样自然就会考虑能否将炉膛温度作为被控变量，组成如图 7-2 所示的控制系统。这个方案的优点是调节通道的时间常数缩短为 3 min 左右，对于主要干扰 f_2 和 f_3 具有很强的抑制作用。当燃料量和热值出现波动时，不等到出口温度发生变化就能提早发现并及时地进行控制，将干扰对出口温度的影响降至最低限度。但是，炉膛温度的稳定只为控制炉出口温度提供了一种辅助手段，并不是最终的控制目标。由于方案中没有把炉出口温度作为被控变量，当被加热物料的流量或入口温度产生波动使炉出口温度发生变化时，系统将无法使炉出口温度再回到给定值上。该方案仍然不能达到生产工艺的要求。

从以上分析可以看出，这两种控制方案的优缺点具有互补性，如果将二者有机地结合在一起，是否能使控制质量进一步提高呢？实践证明这个思路是可行的。这样就出现了以炉出口温度为被控变量，以炉膛温度为辅助变量，炉出口温度控制器的输出作为炉膛温度控制器的给定值，而由炉膛温度控制器的输出去操纵燃料量的控制方案，如图 7-3 所示，这就是炉出口温度与炉膛温度的串级控制系统。图 7-4 是该串级控制系统的方块图。

为了更好地阐述和分析问题，现将串级控制系统中常见的专用名词介绍如下。

① 主变量：在串级控制系统中起主导作用的被控变量，是生产过程中主要控制的工艺指标，如上例中的炉出口温度。

② 副变量：串级控制系统中为了稳定主变量而引入的辅助变量，如上例中的炉膛温度。

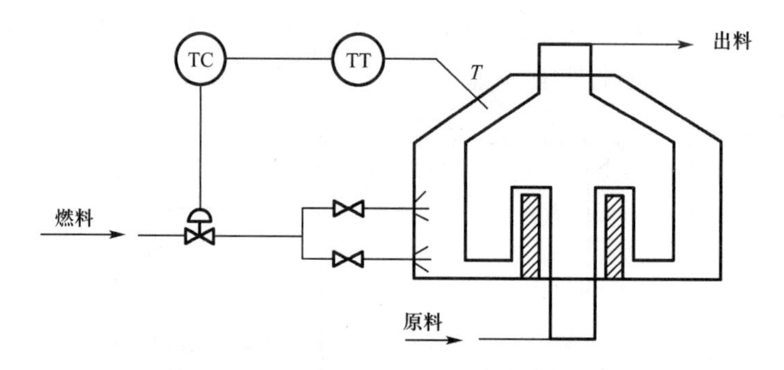

图 7-2 加热炉出口温度间接控制方案

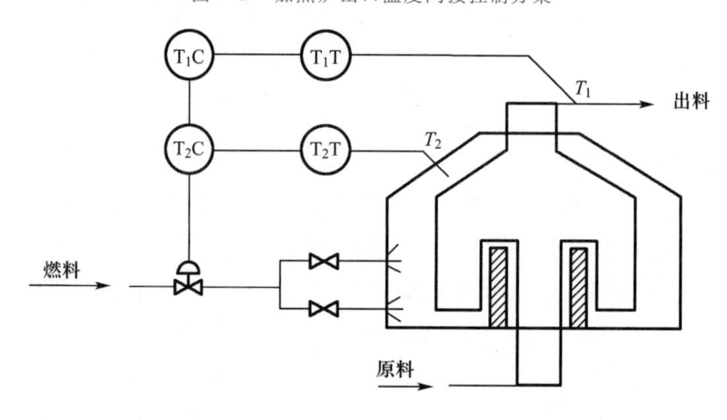

图 7-3 加热炉出口温度与炉膛温度串级控制系统

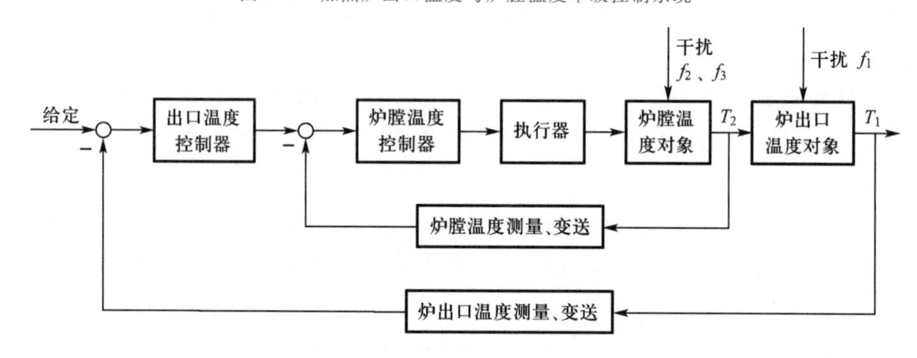

图 7-4 加热炉出口温度与炉膛温度串级控制系统方块图

③ 主对象:由主变量表征其主要特性的工艺生产设备或过程,其输入量为副变量,输出量为主变量。如上例中从炉膛温度控制点到炉出口温度检测点之间的工艺生产设备及管道。

④ 副对象:由副变量表征其主要特性的工艺生产设备或过程,其输入量为系统的操纵变量,输出量为副变量。如上例中由执行器至炉膛温度检测点之间的工艺生产设备及管道。

⑤ 主控制器:按主变量的测量值与给定值的偏差进行工作的控制器,其输出作为副控制器的给定值。如上例中的炉出口温度控制器 T_1C。

⑥ 副控制器:按副变量的测量值与主控制器的输出信号的偏差进行工作的控制器,其输出直接控制执行器的动作。如上例中的炉膛温度控制器 T_2C。

⑦ 主回路:由主测量变送器、主控制器、副回路等环节和主对象组成的闭合回路,又称外

环或主环。

⑧ 副回路：由副测量变送器、副控制器、执行器和副对象组成的闭合回路，又称内环或副环。

根据上面介绍的这些串级控制系统专用名词，可以将用于不同生产过程的各种串级控制系统表示成如图7-5所示的通用方块图。

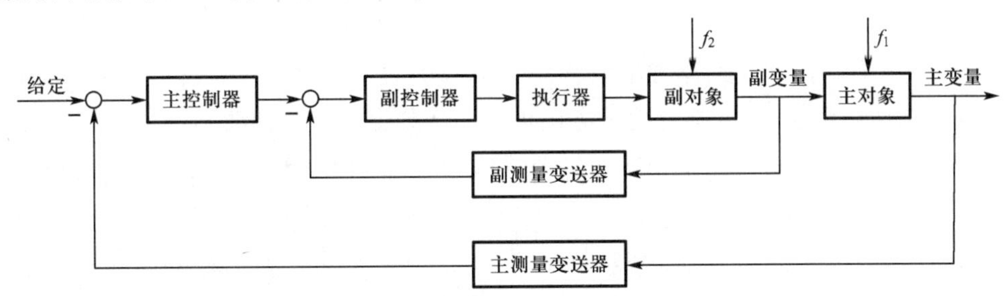

图7-5　串级控制系统通用方块图

从串级控制系统的通用方块图可以看出，该系统在结构上具有如下特点：

在串级控制系统中，有两个闭环负反馈回路，每个回路都有自己的控制器、测量变送器和对象，但只有一个执行器。两个控制器采用串联控制方式，主控制器的输出作为副控制器的给定值，由副控制器的输出来控制执行器的动作。主回路是一个定值控制系统，副回路则是一个随动控制系统。

7.1.2　串级控制系统的工作过程

我们以管式加热炉出口温度与炉膛温度的串级控制系统为例来分析串级控制系统克服干扰的一般工作过程。根据对加热炉对象的操作要求，假定系统的执行器选为气开式，炉出口温度控制器 T_1C 和炉膛温度控制器 T_2C 均采用反作用工作方式。

当生产过程处于稳定工况时，系统的物料和能量均处于平衡状态，此时炉膛温度相对稳定，炉出口温度也稳定在给定值上，执行器的阀门保持一定的开度。如果某个时刻系统中突然受到干扰，平衡状态便遭到破坏，串级控制系统便开始投入克服干扰的工作过程。根据干扰作用于对象的位置不同，可分为下列三种情况：

(1) 干扰作用于副回路

当燃料量或燃料的热值发生变化时，首先引起炉膛温度的变化，而炉出口温度则因管壁的传热滞后而不会马上改变。在出现干扰的初始阶段，主控制器 T_1C 送给副控制器 T_2C 的给定值信号保持不变，系统由副控制器根据炉膛温度的偏差情况及时对燃料量进行调节，使炉膛温度尽快地向原来的平衡状态值靠近。如果干扰量较小，经过副回路控制后，干扰就会被很快克服，一般不会引起炉出口温度的变化；如果干扰量较大，其大部分影响也会被副回路所克服，待波及炉出口温度时，已是强弩之末了，此时，再通过主控制器的作用，进一步加速克服干扰的调节过程，使主变量尽快回复到给定值。

(2) 干扰作用于主回路

当炉膛温度相对稳定，而被加热的物料量或入口温度发生变化时，必然引起炉出口温度的变化。在主变量偏离给定值的同时，主控制器开始发挥控制作用，并产生新的输出信号，使副控制器的给定值发生变化。此时，由于炉膛温度是稳定的，因而副控制器的输入偏差便发生了变化，副回路也随之投入克服干扰的工作过程，并使燃料量发生相应的变化，以克服干扰对炉出口温度的影响。这样，两个控制器协同工作，直到炉出口温度重新稳定在给定值为止。在整个工作过程中，燃料量是在不断变化的，然而这种变化是为了适应温度控制的需要，并不是干扰本身直接作用的结果。

(3) 干扰同时作用于主回路和副回路

根据干扰作用使主、副变量变化的方向可进一步分为下列两种情况：

① 在干扰作用下主、副变量同向变化。假定炉出口温度因物料入口温度的增加而升高，同时炉膛温度也因燃料热值的增加而升高。当炉出口温度升高时，主控制器 T_1C 感受的是正偏差，在反作用工作方式下，其输出到副控制器 T_2C 的给定值信号将减小；与此同时，炉膛温度的升高，又使测量值增大，T_2C 感受到一个较大的正偏差，于是 T_2C 的输出大幅度减小。由于执行器采用的是气开式，随着控制信号的降低，燃料量也随之大幅度减小，炉出口温度就会很快回复到给定值上。这说明当干扰使主、副变量同向变化时，主、副控制器共同作用的结果将使控制作用加强，控制过程加快。

② 在干扰作用下主、副变量反向变化。假定炉出口温度因物料量的增加而降低，同时炉膛温度因燃料热值的增加而升高。这时，主控制器的测量值减小，其输出到副控制器的给定值信号将增加；与此同时，副控制器的测量信号也是增加的，如果恰好两者的增加量相等，则偏差的变化量为零，副控制器的输出保持不变；如果两者增量不等，由于互相抵消掉一部分，偏差相对比较小，其副控制器的输出变化量也较小。这说明当干扰作用使主、副变量反向变化时，它们之间具有互补性，只要执行器的阀门开度有一个较小的变化，就能将主变量稳定在给定值上。

通过以上分析可以看出，串级控制系统在本质上是一个定值控制系统，系统的最终控制目标是将主变量稳定在给定值上。副回路的引入大大提高了系统的工作性能，它在克服干扰的过程中起“粗调”作用，主回路则完成“细调”任务，并最终保证主变量满足工艺要求。两个回路相互配合，充分发挥各自的长处，因而控制质量必然高于单回路控制系统。

7.1.3 串级控制系统的特点及应用场合

串级控制系统与简单控制系统相比，由于在结构上多了一个副回路，因而，在相同的干扰作用下，其控制质量大大高于单回路控制系统。现将串级控制系统在工作性能方面的主要特点归纳如下：

1. 对于进入副回路的干扰具有极强的克服能力

串级控制系统的这个特点在管式加热炉出口温度控制的例子中表现得很清楚。当燃烧条件发生改变使炉膛温度发生变化后，如果没有副回路，则一定要等到炉出口温度的测量值发生变化后，控制器才能产生新的动作。而在串级控制系统中，由于副回路的存在，就可以提早发现炉膛温度的变化，并及时地通过副控制器改变燃料量，以便把炉膛温度调回来。这样，即使是干扰对炉出口温度的影响不能完全消除，也肯定比没有副回路时要小得多。因此，主要干扰作用于副回路时，串级控制的质量要比单回路控制好得多。

2. 改善了控制系统的动态特性，提高了工作频率

串级控制系统中副回路的引入，相当于将单回路控制系统中包括执行器在内的广义对象分为两部分，一部分由副回路代替，另一部分就是主对象。可以把副回路看成主回路中的一个环节，或者把副回路理解为一部分等效对象。此时，串级控制系统的方块图可简化成图7-6。从理论上可以证明，副回路的存在，可以使等效对象的时间常数大大减小，这样整个系统中对象总的时间滞后就近似等于主对象的时间滞后，单回路控制系统对象总的时间滞后要有所缩短，因而使得系统的动态响应加快，控制更加及时，减小了最大动态偏差；与此同时，等效对象时间常数的缩短，提高了系统的工作频率，缩短了振荡周期，减少了过渡过程的时间。即使是干扰作用于主对象，串级控制系统的控制质量也将比单回路控制系统有所改善。

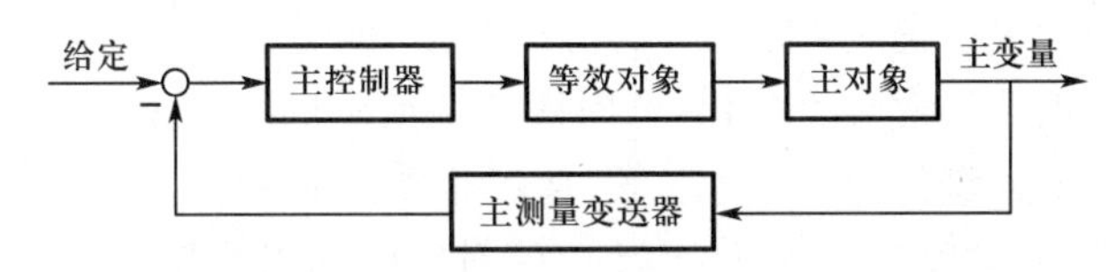

图7-6 串级控制系统的等效方块图

3. 对负荷和操作条件的变化具有一定的适应能力

过程控制中的对象经常表现出非线性，随着生产负荷和操作条件的改变，对象的特性就会发生变化。而控制系统投运时所设定的控制器参数却是在一定的负荷和操作条件下，按某种质量指标整定得到的。因此，这些控制器参数只能在一个较小的工作范围内与对象特性相匹配。如果负荷和操作条件变化过大，超出了这个适应范围，那么控制质量就很难保证。这个问题是单回路控制系统中的一个难题。但是，在串级控制系统中情况就不同了。虽然主回路是一个定值控制系统，副回路却是一个随动系统，它的给定值是随着主控制器的输出而变化的。主控制器可以按照生产负荷和操作条件的变化情况相应地调整副控制器的给定值，使系统运行在新的工作点上，从而保证在新的负荷和操作条件下，控制系统仍然具有较好的控制质量。

由于串级控制系统的特点和结构，它主要适合于被控对象的测量滞后或纯滞后时间较大，干扰作用强而且频繁，或者生产负荷经常大范围波动，简单控制系统无法满足生产工艺要求的场合。此外，当一个生产变量需要跟随另一个变量而变化或需要互相兼顾时，也可采用这种结构的控制系统。

7.1.4 串级控制系统设计中的几个问题

1. 副回路的确定

串级控制系统的控制质量之所以优于单回路控制系统，主要是因为在于引入了副回路。因此，要充分发挥串级控制系统的作用，副回路的设计是一个关键问题。确定副回路的核心问题就是如何根据生产工艺的具体情况，选择一个合适的副参数。下面是有关副回路设计的主要原则：

(1) 应将生产中的主要干扰纳入副回路

尽管串级控制系统的动态性能比起单回路控制系统有所改善,但是它在克服作用于主回路的干扰时,改善的效果并不明显。串级控制系统的最大优点还是在于它极强的克服作用于副回路干扰的能力。如果在设计时,能够把生产中变化幅度最大、最剧烈、最频繁的干扰包括在副回路中,就能充分利用副回路的快速抗干扰性能,将对主变量影响最大的不利因素抑制到最低限度,控制质量自然就容易保证。

(2) 在可能的前提下,应将更多的干扰纳入副回路

在生产过程中,除了主要干扰因素外,还存在许多次要干扰,或者系统的干扰较多且难以分出主次。在这种情况下,如果副回路中能够多纳入一些干扰的话,无疑对控制质量的提高是有利的。图 7-7 所示为加热炉出口温度与燃料压力串级控制系统。当其他工艺条件都比较稳定,而只有燃料的压力经常波动时,这个方案比图 7-3 所示的方案更合理。因为在燃料压力的波动影响到炉膛温度前,控制作用就已经开始。但是,在实际生产中,燃料的热值、雾化状态以及供风情况也会经常发生变化,这时图 7-7 所示的控制方案就不能充分发挥作用,因为这些干扰没有被纳入副回路。相比之下,在图 7-3 所示的控制方案中,其副环纳入的干扰更多一些,凡是能影响炉膛温度的干扰都能在副环中加以克服。从这一点上来看,图 7-3 所示的串级控制系统似乎更理想一些。

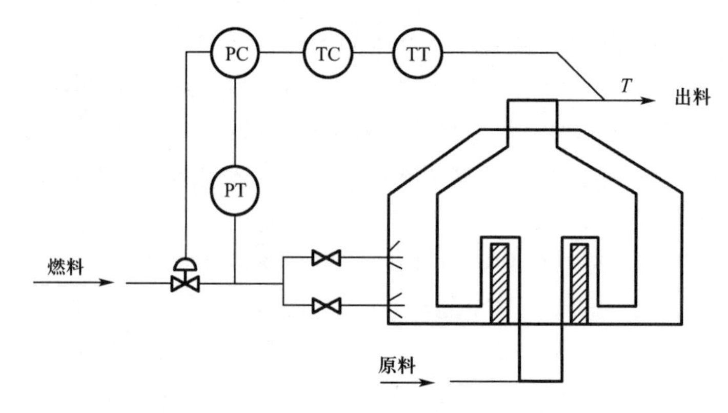

图 7-7 加热炉出口温度与燃料压力串级控制系统

(3) 应使主、副回路的时间常数适当匹配

根据串级控制系统中副回路的工作特性,所选择的副参数应该具有一定的灵敏度,使得构成副回路的时间常数小一点,这样有利于加快控制作用,缩短控制时间,不过要适当掌握分寸。通常,主对象与副对象时间常数之比在(3 ～ 10) : 1 较为合适。

2. 主、副控制器控制规律的选择

串级控制系统在生产过程中的应用很广,根据生产工艺对主、副变量的不同控制要求,主、副控制器也应该选择不同的控制规律,一般说来有下列四种情况:

(1) 主变量是生产工艺的重要指标,对它的控制精度有很高的要求,而副回路的引入完全是为了保证主变量的稳定,对它没有严格要求且允许在一定范围内波动。这类串级控制系统在生产过程中最常见。

为了保证主变量的控制精度,保证在受到干扰作用后过渡过程没有余差,主控制器至少应选择比例积分(PI) 控制规律。如果主对象的测量滞后比较大,在必要时也可以引入微分作

用，即采用 PID 控制规律。对于副控制器，由于要求不高，一般选用比例控制规律就能满足要求，如果不适当地引入积分控制规律，则反而可能影响副回路的快速作用。

(2) 生产工艺对主变量的控制要求比较多，同时对副变量的控制质量也有一定要求。在这种情况下，为保证主变量的控制精度，主控制器需选择比例积分控制规律；为了使副变量在干扰作用下也能达到一定的控制质量，副控制器也应该选择比例积分控制规律。但是，因副回路是一个随动系统，如果主控制器的输出变化比较剧烈，即使副控制器有积分作用，副变量也很难稳定在工艺要求的数值上。因此，对于这类串级控制系统，在参数整定时要特别注意这一点。

(3) 对主变量的控制质量要求不高，甚至允许它在一定范围内波动，但要求副变量能快速、精确地跟随主控制器的输出而变化。对此，主控制器应选比例控制规律，而副控制器则应选比例积分控制规律。这类串级控制系统主要用于被控变量的给定值需要跟随另一个变量的调节而变动的场合，在工程上很少见到。

(4) 生产工艺对主变量和副变量的控制质量要求都不十分严格，采用串级控制系统只是为了使两个变量能相互兼顾。例如，将在后面介绍的串级均匀控制系统就属这类系统。在这种情况下，主、副控制器均可采用比例控制规律。但有时为了防止主变量偏离给定值太远，主控制器也可考虑适当地引入积分控制规律。

3. 主、副控制器正反作用的确定

同单回路控制系统一样，在串级控制系统中确定主、副控制器作用方式的基本原则仍然是要保证整个闭合回路为负反馈。至于具体采用什么样的判别方法，在不同的参考文献中可能有所不同。下面介绍的方法仍以单回路控制系统中所用到的“乘积为负”的判别准则为依据，但由于主、副回路在组成环节上略有差异，因此其具体的判断式也略有差异。

副控制器的正反作用只与副回路中的各个环节有关，而与主回路无关。只要将副回路与单回路控制系统的结构进行对比就不难理解，因为它们是完全相同的。在简单控制中介绍的各环节规定符号“乘积为负”的判别准则，同样适用于串级控制系统副控制器正反作用的选择。其具体的判别式为

$$(\text{副控制器}\pm)(\text{执行器}\pm)(\text{副对象}\pm)(\text{副变送器}\pm)=(-)$$

主控制器的正 / 反作用只与主对象有关，而与副回路无关。为了说明这一点，需要对主回路中的各组成环节加以具体分析。

在主回路中有主控制器、副回路、主对象、主变送器四个环节。其中变送器环节在一般情况下都取“+”号，可以不考虑。由于副回路是一个随动系统，它的最终控制结果总是要使副变量(副回路的输出)跟随主控制器的输出(副回路的输入)而变化，也就是说，当副回路的输入增加时，副回路的输出也要增加，由此可见，副回路也是一个“+”环节。这样，主控制器的正 / 反作用就只取决于主对象的符号了。为了保证回路中各环节总的符号乘积为负，当主对象的符号为“+”时，主控制器必须是“−”号，即选择反作用；而当主对象的符号为“−”时，主控制器必须选择正作用。

【例 7-1】 已知在图 7-8 所示的精馏塔提馏段温度与加热蒸汽流量串级控制系统中，执行器选为气关式，试确定主、副控制器的正反作用。

解　副回路：已知执行器为气关式，符号为“−”；当执行器的阀门开度增大时，副变量蒸

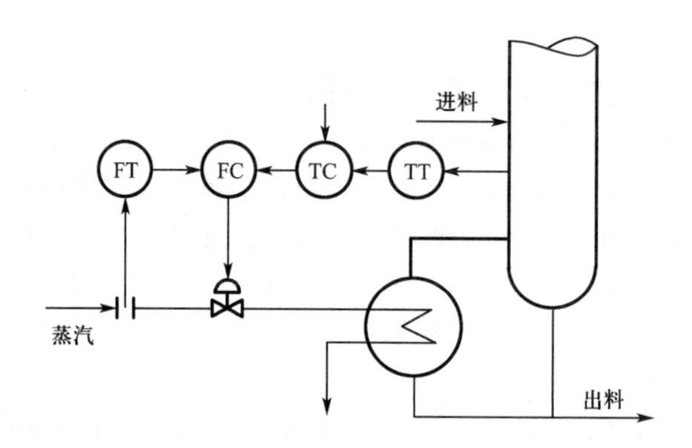

图 7-8 精馏塔提馏段温度与加热蒸汽流量串级控制系统

汽流量也增大，故副对象的符号为“+”，副变送器符号也为“+”。根据回路各环节符号“乘积为负”的判别公式，副控制器的符号必须取“+”，即应选择正作用。

主回路：因为当蒸汽流量增大时，主变量提馏段温度将上升，故主对象的符号为“+”，所以主控制器应选择反作用。

7.1.5 串级控制系统的整定

串级控制系统主、副控制参数的整定方法主要有以下两种：

1. 两步整定法

两步整定法按照先整定副回路，后整定主回路的顺序进行，具体步骤是：

① 在主、副回路闭合，主、副控制器都置于纯比例控制规律的条件下，将主控制器比例度放在 100%，然后按照衰减曲线法调整副控制器的比例度，待到副回路获得理想的过渡过程（如 4∶1）曲线时，记录下副控制器此时的比例度 δ_{2s} 和振荡周期 T_{2s}。

② 将副控制器的比例度置于 δ_{2s}，用同样的方法调整主控制器的比例度，找到主变量出现 4∶1 衰减振荡过程时的比例度 δ_{1s}，及振荡周期 T_{1s}。

③ 依据所得到的 δ_{1s}、T_{1s}、δ_{2s} 和 T_{2s} 的值，结合主、副控制器控制规律的选择，按照衰减曲线法的经验公式计算出主、副控制器的参数 δ_1、T_I 及 T_D。

④ 将上述计算所得控制器参数按先副后主、先比例后积分再微分的顺序分别设置好两个控制器的参数，观察控制过程，如不够理想，可适当地进行一些微调，直到理想为止。

2. 一步整定法

两步整定法虽能满足主、副变量的不同要求，但要分两步进行，比较烦琐。根据串级控制系统主、副回路各自的工作特点，通过反复实践总结，人们找到了更为简单的一步整定法，即由经验先确定副控制器的参数，然后按单回路控制系统的整定方法，对主控制器的参数进行整定。该方法虽然在整定参数的准确性上不如两步整定法，但由于操作简便，易于掌握，因而在工程上获得了广泛应用。具体整定步骤如下：

① 根据副变量的类型，按表 7-1 的经验值选择副控制器参数，使副控制器在所选比例度下按纯比例控制规律工作。

表7-1　　采用一次整定法时副控制器参数的选择范围

副变量类型	副控制器比例度 δ_2/%	副控制器比例放大倍数 K_{P2}
温度	20～60	5.0～1.7
压力	30～70	3.0～1.4
流量	40～80	2.5～1.25
液位	20～80	5.0～1.25

② 利用简单控制系统的任一种整定方法，直接整定主控制器的参数。

③ 在整定过程中，如果系统出现共振，可以根据对象的具体情况在主、副控制器中选择一个，将其比例度加大，以便将两个回路的工作频率拉开。如果共振剧烈，可先转入手动，待生产稳定后，相应设置一组新的参数值并重新投运，直至获得理想的控制结果为止。

7.2　比值控制系统

7.2.1　概　述

在许多工业生产过程中，工艺上常常要求保持两种物料的流量成一定的比例关系，否则，生产就不能正常、安全地运行。例如，在合成氨生产中，要求氢气量和氮气量以一定的比例输入反应器中。生产中用来实现两个或两个以上物料之间保持一定比值关系的过程控制系统称为比值控制系统。这种系统使得一种物料跟随另一种物料的变化而变化。

在需要保持比值关系的两种物料中，必定有一种物料处于主导地位，这种物料称为主物料，表征主物料的流量信号称为主动量，或叫主流量。而另一种物料按主物料进行配比，因此称为从物料，表征从物料的流量信号称为从动量，或副流量。一般把生产中的主要物料定为主流量，次要物料定为从流量；在有些场合，将不可控流量定为主流量，而将可控流量定为副流量。若用 F_1 表示主流量，F_2 表示副流量，则 F_1 和 F_2 之间应满足关系

$$F_2 = KF_1 \tag{7-1}$$

式中，K 为副流量和主流量的比值。

式(7-1)表明，副流量 F_2 按一定的比例关系随主流量 F_1 的变化而变化。

7.2.2　比值控制系统的类型

按照不同的工艺要求，比值控制系统可分为定比值控制系统和变比值控制系统；若按比值控制系统的结构又可分为：开环比值控制系统和闭环比值控制系统。其中闭环比值控制系统又分单闭环比值控制系统和双闭环比值控制系统。下面我们分别进行介绍。

1. 开环比值控制系统

开环比值控制系统是各种比值控制系统中一种最简单的控制方案，它的组成原理及方块图如图7-9所示。其中 F_1 是主流量，F_2 是副流量。流量控制器选用纯比例作用，执行器具有快开流量特性。这样，F_1 发生变化时，F_2 也会成比例地发生变化，而 F_2 与 F_1 的比值则可以通过改变控制器的比例度来进行调整。

开环比值控制方案的特点是实施简单方便，只需一台比例控制器即可，而且比值的调整也容易。但从图 7-9(b) 可以看出，该控制方案是一个开环系统，因为 F_2 的测量信号并没有反馈到输入端，所以，当 F_2 因管线两端压力波动而发生变化时，系统起不到控制作用，此时就很难再保证 F_2 与 F_1 间的比值关系。也就是说，这种方案只适用于副流量较平稳且比值要求不高的场合。而实际生产中，F_2 的干扰常常是不可避免的，因此这种方案使用较少。

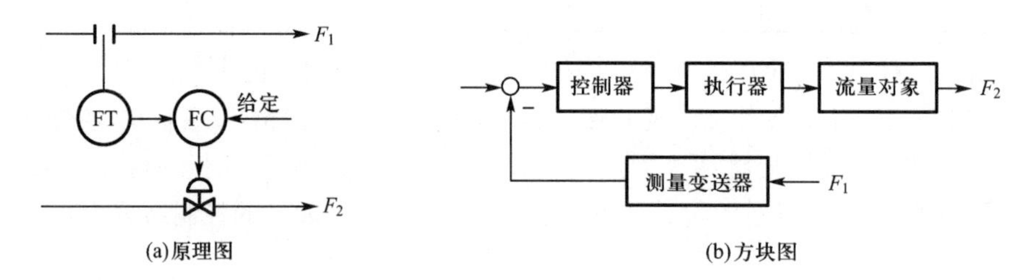

图 7-9　开环比值控制方案

2. 单闭环比值控制系统

单闭环比值控制系统如图 7-10 所示。图中的 K 表示比值计算器，它既可以是一台比例控制器，也可以是其他的比值计算仪表，比值计算器的输入信号为主流量信号。这种方案与开环比值控制系统相比，增加了一个副流量的闭环控制回路，并由比值计算器的输出信号作为副流量控制器的给定。形式上有点像串级控制系统，但主流量没有构成闭环回路。

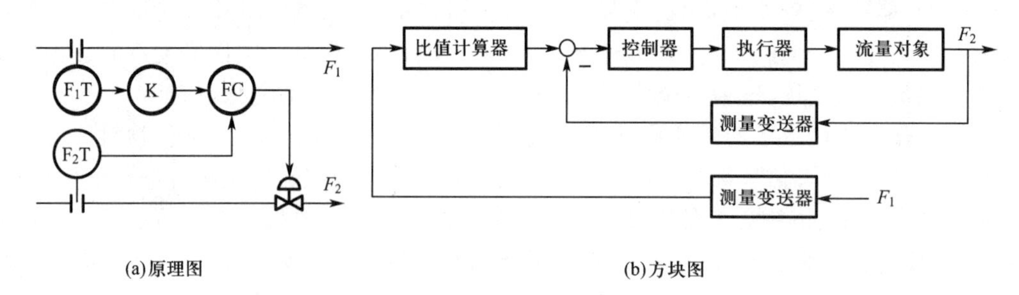

图 7-10　单闭环比值控制系统

在稳定状态下，主、副流量满足工艺要求的比值，即 $F_2/F_1 = K$。当主流量发生变化时，其主流量信号 F_1 由变送器输入到比值计算器，比值计算器则按预置的比值成比例地改变副流量控制器的给定值，此时副流量回路是一个随动控制系统，从而使 F_2 能自动地跟随 F_1 变化，并在新的工况下，仍使流量比值 K 维持不变。当副流量由于自身受到干扰而发生变化时，则可以通过副流量回路闭环负反馈加以及时克服。为使主、副流量保持比较精确的比值关系，通常副流量控制器选用比例积分控制规律。

图 7-11 所示为一个单闭环比值控制系统的应用实例。该系统的任务是将 30% 的 NaOH 溶液加水稀释，最终配制成 6% ～ 8% 的 NaOH 溶液。为了保证溶液的配制质量，要求 30% 的 NaOH 溶液和水的质量流量之比应保持在 1∶4 ～ 1∶2.75。30% 的 NaOH 溶液浓度较为稳定，生产中采用以碱溶液为主流量，水为副流量的单闭环比值控制系统，控制质量完全达到工艺要求。

单闭环比值控制系统的优点是比值控制比较精确，能较好地克服进入副流量回路的干扰，并且结构形式也较为简单，实施方便，在生产中得到了广泛应用，尤其适用于主物料在工

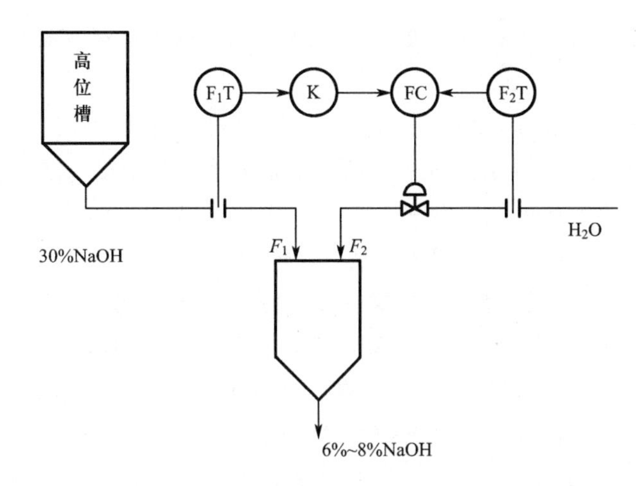

图 7-11　溶液稀释工艺比值控制系统

艺上不允许进行控制的场合。但是，当主流量波动幅度较大时，该方案无法保证系统处于动态过程中的流量比。

3. 双闭环比值控制系统

在生产过程中，为了保证生产的正常进行，有时不仅要求两种物料之间保持精确的比例关系，而且还要求两种物料的流量也保持相对稳定，某些化学反应器的操作就有此要求。在这种情况下，必须采用双闭环比值控制系统。它是在单闭环比值控制系统的基础上，又增设了主流量控制回路。其原理图和方块图如图 7-12 所示。在烷基化装置中，进入反应器的异丁烷 - 丁烯分馏与催化剂硫酸就是采用这种方案进行配比的。

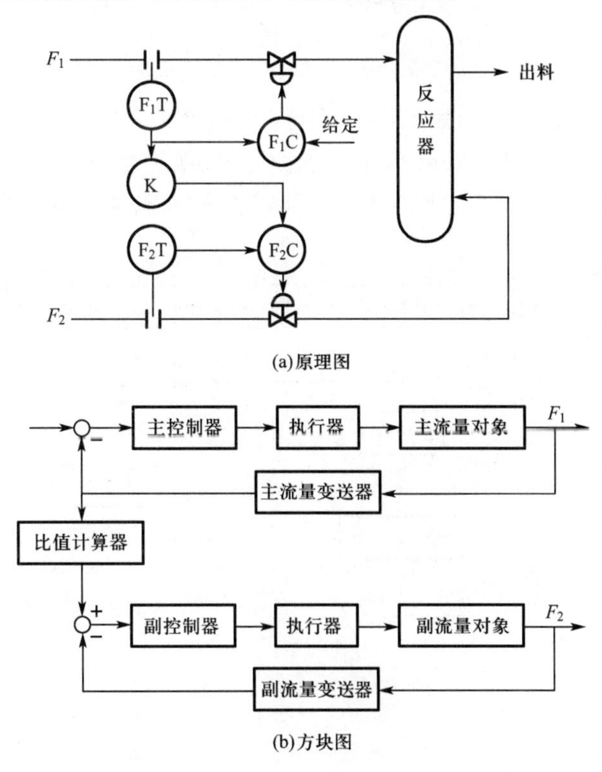

图 7-12　双闭环比值控制系统

双闭环比值控制系统的优点是对进入主、副流量回路的干扰都有较好的抑制作用。

4. 变比值控制系统

前面介绍的几种比值控制系统都是实现两种物料间的定比值控制，是在运行中的比值系数。但是，有些生产过程却要求两种物料的配比根据第三参数的需要而自动进行调整。这类比值控制系统就称为变比值控制系统。

例如，在硝酸生产过程中，其关键设备是氧化炉，氨气和空气混合后进入炉内，在铂触媒的作用下，进行氧化反应生成硝酸气体，这一过程是放热反应。稳定氧化炉操作的关键条件是反应温度，因此可用炉温作为间接表征氧化反应的质量指标。影响氧化炉温度的干扰因素很多，其中氨气和空气的比值对反应温度影响很大。如果氧化炉的温度在受到其他干扰作用而发生改变时，能适当地改变进入氧化炉的氨气和空气的比例，那么氧化炉的温度就可以保持稳定。为此设计了以反应温度为主变量，氨气与空气之比为副变量的串级比值控制系统。如图 7-13 所示。

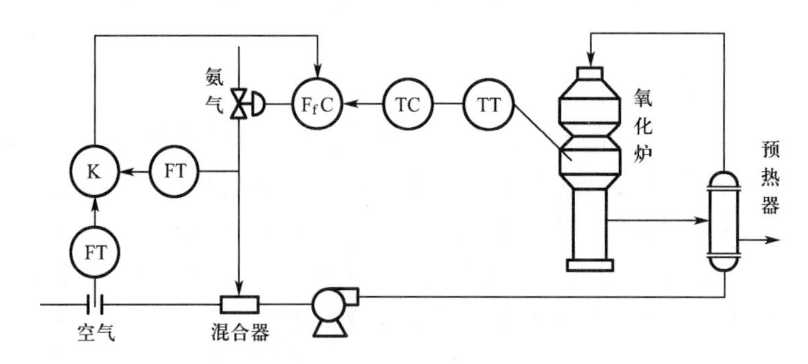

图 7-13　氧化炉温度与氨气/空气变比值控制系统

此变比值控制系统的方块图如图 7-14 所示。由图可见，当出现直接影响氨气与空气流量比值变化的干扰时，直接就可以由副回路的比值控制系统加以克服。对于其他干扰引起的炉温变化，则可通过温度控制器来改变比值控制器的给定值，使炉温重新回到给定值上。

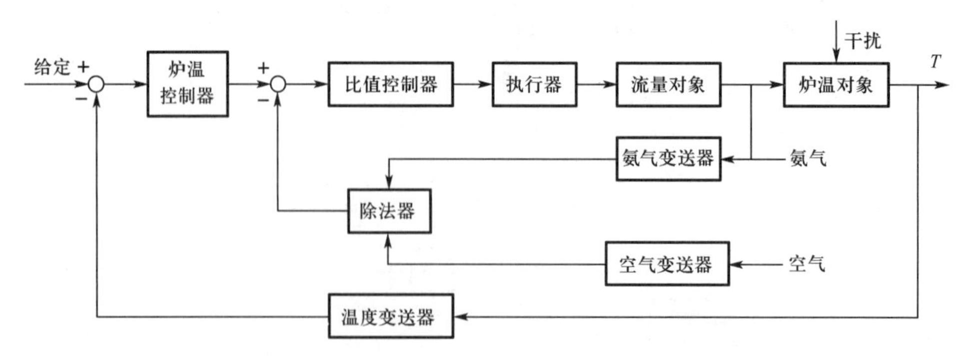

图 7-14　氧化炉温度与氨气/空气变比值控制系统方块图

7.3　前馈控制系统

7.3.1　概　述

随着生产工艺的强化和规模的扩大，对自动控制提出越来越高的需求，虽然反馈控制能满足大多数被控对象的需要，但是对于那些惯性滞后和纯滞后很大且干扰又频繁的对象，反馈控制的效果往往不能令人满意。究其原因，主要是反馈控制的工作原理。我们知道，在一个反馈控制系统中，控制器是按照被控对象的测量值与给定值的偏差进行工作的。当被控对象受到干扰后，必须等到被控变量已经偏离了给定值，控制器才能产生新的控制作用，因此，其控制作用是不及时的。另外，反馈控制器的输出值不能根据扰动情况预先确定，必须通过反馈不断地加以修正，直到被控变量与给定值一致为止。

为了弥补反馈控制的上述缺陷，满足更高的控制要求，各种特殊控制规律和措施便应运而生。其中，控制理论中的不变性原理在这个发展过程中得到较充分的应用。所谓不变性原理，就是指控制系统的被控变量与扰动量绝对无关或者在一定准确度下无关。不变性原理揭示了这样一个道理，那就是即使有干扰存在，只要能预先加以补偿，控制系统是完全有可能避免偏差出现的。由此便产生了基于不变性原理组成的控制系统。因为这类控制系统是在干扰还没有影响到被控变量之前就产生了控制作用，所以称为前馈控制系统。

现在以图7-15所示的换热器前馈控制系统为例，进一步说明前馈控制系统的工作原理。

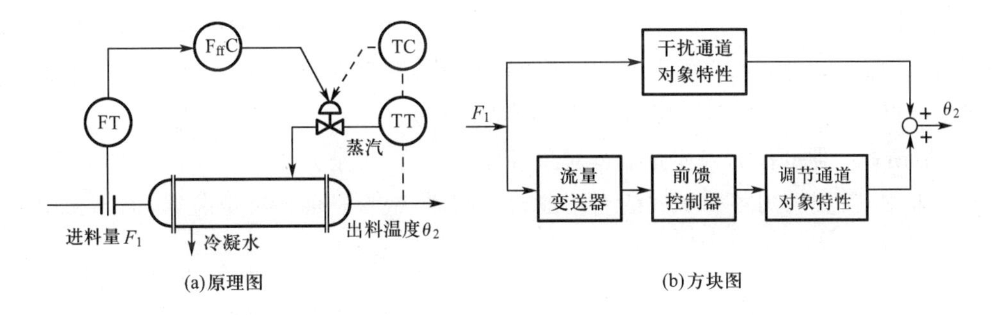

图7-15　换热器前馈控制系统

该系统的被控变量为出口物料的温度，操纵变量为加热蒸汽，主要干扰源来自进料流量的波动。它受上一道工序的制约，是一个不可控变量。图中的$F_{ff}C$为前馈控制器，假设在某一时刻进料量F_1突然增加，将会通过对象的干扰通道影响到出口物料的温度θ_2(使之下降)，如果采用由虚线部分构成的反馈控制，则必然要等到偏差出现后，控制器才会产生新的输出值。而在前馈控制方案中，情况则完全不同。在进料量增加的同时，变送器即刻将新的测量值送给前馈控制器。前馈控制器根据新的输入信号按照预先确定的控制规律运算后，输出新的控制信号，从而相应地改变执行器的阀门开度，使加热蒸汽量增加，以补偿进料量F_1对温度

θ_2 的影响。由前馈控制方块图可以看出，只要前馈控制器的控制规律能够与干扰通道和调节通道的特性相匹配，则完全有可能正好抵消进料量的影响，使出口温度保持稳定。图7-16所示为在进料量 F_1 突然增加时，采用前馈控制的补偿过程。曲线①表示扰动将引起出口温度的变化，曲线②表示前馈作用对出口温度的影响，曲线③是补偿后出口温度的实际值。由图可见，前馈控制实现了对扰动的全补偿，这是反馈控制无法达到的效果。显然，前馈控制的质量关键取决于前馈补偿规律的设计。

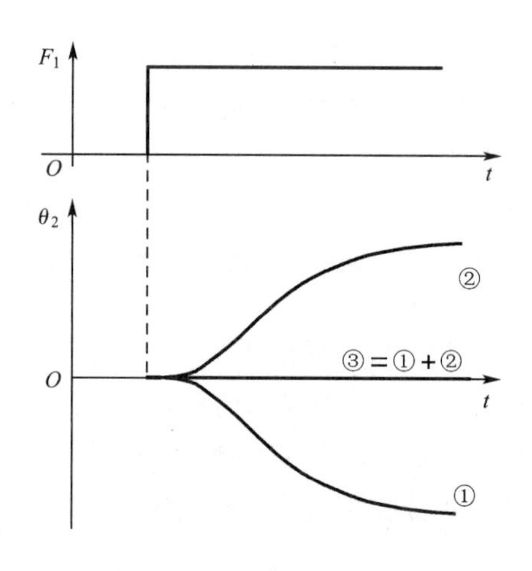

图7-16 前馈控制的补偿过程

通过对前馈控制系统工作过程的分析，可以归纳出前馈控制系统具有以下特点。

(1) 前馈控制系统基于扰动来消除干扰因素对被控变量的影响。如果没有扰动的出现，前馈控制器就不会产生新的控制作用；而且前馈控制作用的大小取决于扰动量对被控变量的影响程度，在本质上是对扰动进行补偿。所以，前馈控制又称为扰动补偿控制。

(2) 在扰动发生后，前馈控制作用比反馈控制作用更为及时和有效。因为前馈控制作用是在扰动出现的同时产生的，校正作用开始于偏差产生之前，因而在理论上可以实现对扰动的完全补偿。

(3) 前馈控制系统是一种开环控制系统。只要系统中各环节是稳定的，则整个系统也必然稳定。但是，前馈控制作用无法检验对被控变量的影响，所以它的控制精度主要取决于测量变送器的精度以及前馈补偿控制规律的准确性。

(4) 前馈控制系统只对它所测量的扰动量具有校正作用，而对系统中的其他未测干扰则无能为力。从理论上讲，只要增加测量变送器和前馈控制器的数量，就可以对作用于系统的所有可测扰动量进行补偿。但这样做既不经济又不现实。

(5) 前馈控制器的控制规律是根据对象特性确定的。由于大多数对象的特性不同，在前馈控制系统中，需要采用各种形式的专用前馈控制器，或者是前馈补偿装置，而不采用通用类型PID控制器。

7.3.2 前馈控制系统的结构形式

1. 静态前馈控制

在静态前馈控制系统中，前馈控制器的输出只是输入扰动量的函数，而与时间因子无关，此时的控制规律反映的是在稳态工况下生产过程的某种物质或能量的平衡关系。

现在仍以换热器对象为例，研究它的静态前馈控制规律。如果忽略热损失，换热器的热量平衡关系可以表示为

$$F_1 C_p(\theta_{2r} - \theta_1) = F_2 H_s \tag{7-2}$$

式中 θ_{2r}、θ_1——被加热物料的出口温度给定值、入口温度；

F_1, C_p—— 分别为被加热物料量及其定压比热；

F_2，H_s—— 分别为加热蒸汽量及蒸汽的汽化潜热。

如果令 $k = C_p/H_s$，则根据式(7-2)可以得到静态前馈控制方程

$$F_2 = kF_1(\theta_{2r} - \theta_1) \tag{7-3}$$

式(7-3)表明，为了把物料 F_1 从温度 θ_1 加热到给定温度 θ_{2r}，所需要的蒸汽量 F_2 可以通过简单的计算来确定。按照这一方程构成的静态前馈控制方案如图7-17所示。在方案实施过程中，如果出口温度不能达到给定值，说明蒸汽流量对物料量的比值关系不正确，此时，不必细加追究，只要调整 k 值就可以加以校正，直到残差消除为止。由于该方案将主、次干扰 F_1、θ_1 和 F_2 都列入系统中，控制质量比单反馈控制系统将大大提高。

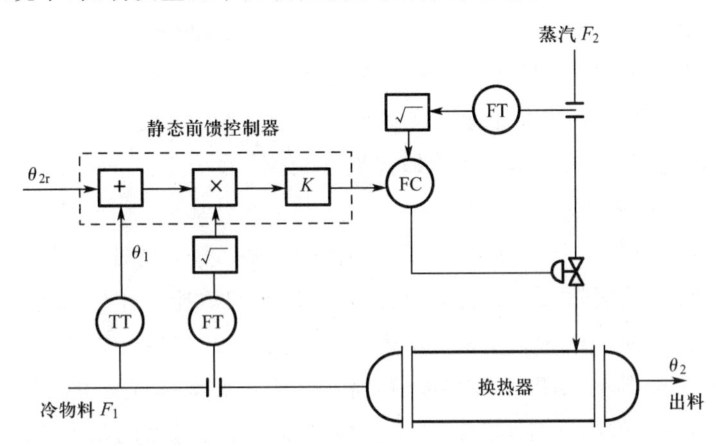

图7-17 换热器静态前馈控制系统

静态前馈系统简单易行，实施方便，只需单元组合仪表便可满足使用要求，并且可以实现稳态下对扰动的全补偿。但是，它不能消除系统的动态误差。图7-18表示上述静态前馈系统在物料流量 F_1 突然增大后发生变化的情况。图中的曲线①代表 F_1 增大所引起的温度 θ_2 的响应；曲线②代表在前馈控制作用下增大加热蒸汽量 F_2 所引起的温度 θ_2 的响应。曲线③代表通过补偿后出口温度 θ_2 的真实响应。很显然，θ_2 在一段时间里出现了小的偏差，这是由于对象干扰通道和调节通道的动态特性不同所引起的动态偏差，这种偏差是静态前馈控制无法避免的。

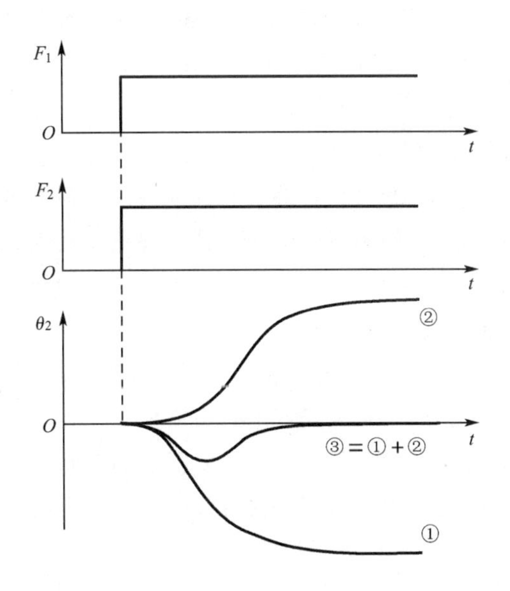

图7-18 静态前馈控制中的动态偏差

2. 动态前馈控制

静态前馈控制只能保证被控变量的静态偏差等于零或接近于零，而不能保证在干扰作用下，控制过程中的动态偏差等于或接近于零。对于那些需要严格控制动态偏差的场合，用静态前馈控制方案就不能满足要求，因而应考虑采用动态前馈控制方案。

在动态前馈控制系统中，前馈控制器的输出不仅与输入扰动量的大小和方向有关，而且是时间的函数。动态前馈控制规律要基于不变性原理进行设计，其基本思想是所选控制规律应使干扰经过前馈控制器至对象调节通道的动态特性完全复制对象干扰通道的动态特性，但使它们的符号相反，这样既可保证静态偏差等于或接近于零，又能使动态偏差等于或接近于零。动态前馈控制的补偿过程如图 7-16 所示。

动态前馈控制方案虽然能显著地提高系统的控制品质，但动态前馈控制的结构往往比较复杂，需要专用的控制装置，且系统运行和参数整定也较复杂，尤其是设计高精度的动态补偿规律是一项难度很大的工作。因此，只有当工艺对控制精度要求特别高，其他控制方案难以满足要求时，才需要考虑采用动态前馈控制方案。

3. 前馈 - 反馈复合控制系统

前馈控制系统虽然具有很多突出的优点，但是它也有不足之处。首先是静态准确性问题。由于系统中没有对补偿效果进行自动检验的手段，当前馈控制作用没有实现对扰动的全补偿而产生偏差时，系统无法再做进一步的校正。其次，前馈控制只是对具体的扰动进行补偿，而在实际工业对象中，扰动因素往往很多，而且有些干扰是不可测量的（如换热器中的散热损失），不可能对所有的扰动都加前馈补偿。此外，前馈补偿模型的精度受到对象特性的变化等诸多因素的影响，可能会产生不匹配现象。

为了克服前馈控制的上述局限，实践中经常将前馈控制与反馈控制结合起来，构成前馈 - 反馈复合控制系统。这个方案既发挥了前馈作用及时的优点，又保持了反馈控制能克服多个干扰并对控制效果进行检验的长处。因此，前馈 - 反馈复合控制系统是过程控制中一种很好的控制方案。

图 7-19 是换热器对象的前馈 - 反馈控制系统示意图。该方案中控制器 $F_{ff}C$ 起前馈控制作用，专门用来克服进料量这一主要干扰对出口温度的影响，而温度控制器 TC 则起反馈控制作用，用来克服其他干扰对出口温度的影响。前馈和反馈作用相加，共同改变加热蒸汽量，使出口温度保持在给定值上。

从以上实例可以看到，系统在前馈控制基础上增加了反馈控制后，不仅使前馈控制方案大大简化，而且也降低了对前馈控制器补偿规律的精度要求；而在反馈控制系统中增加了前馈控制，又增加了系统对主要干扰的抑制作用。二者取长补短，协调工作，使整个系统的控制精度更高，稳定速度更快，控制质量必然得到提高。正因为如此，前馈 - 反馈复合控制系统在生产过程中得到了广泛应用。

最后需要指出的是，虽然前馈 - 反馈复合控制系统与串级控制系统相比都是测取对象的两个信息，都采用了两个控制器，在结构形式上又具有一定的共性，但是在本质上它们属于两类不同的控制系统，千万不要在设计和应用时将两者混淆。

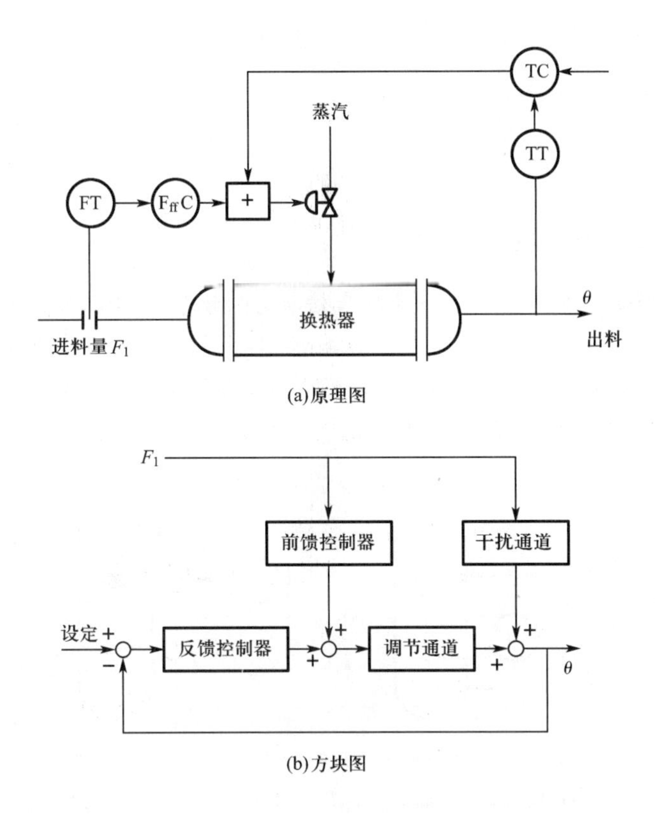

图 7-19　换热器前馈 - 反馈复合控制系统

7.3.3　前馈控制系统的应用

前馈控制作为单回路反馈控制和串级控制不易解决的某些控制问题的一种补充控制手段，已经在石油、化工、发电等过程控制中得到了广泛应用。随着计算机技术的发展，动态前馈控制也取得了较大进展。目前，由前馈控制与其他控制相结合而组成的各种复合控制系统已成为生产中改善控制品质的重要过程控制方案。归纳起来，前馈控制主要应用于以下场合：

(1) 对象的惯性滞后或纯滞后较大(控制通道长)，反馈控制难以满足工艺要求时，可以采用前馈控制。

(2) 当主要干扰为可测、不可控变量，无法将其纳入串级控制方案的副回路时，可以采用前馈控制。

(3) 系统中存在着变化频繁，波动幅值大，对被控变量影响显著，反馈控制又难以克服的干扰时，可以采用前馈控制。

7.4 均匀控制系统

7.4.1 均匀控制问题的提出

在连续生产过程中，每一装置或设备都与其前后的装置或设备有紧密的联系。前一个装置或设备的出料量就是后一装置或设备的进料量。各个装置或设备互相联系，互相影响。图7-20所示的连续精馏的多塔分离过程是一典型示例，图中仅考虑了相互联系的两个塔，甲塔出料量即为乙塔进料量。对甲塔来说，为了稳定操作需保持塔釜液位稳定，为此设计了液面控制系统；

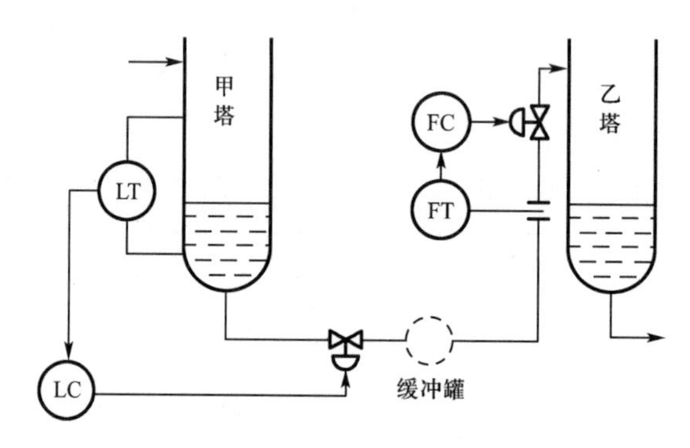

图7-20 前后精馏塔的供求关系

而对乙塔来说，从稳定操作的要求出发，希望进料量保持不变，为此设计了流量控制系统。这两套控制系统始终相互矛盾，无法同时工作。

为了解决前后两塔供求之间的矛盾，可在两塔之间增加一个中间缓冲罐，这样既能满足甲塔液位控制的要求，又缓冲了乙塔进料流量的波动。但由此却增加了设备投资且使生产流程复杂化。而且在个别生产过程中，某些化合物易于分解或聚合，不允许储存时间过长，所以这个方法是不可取的。但是，从这个方法中可以得到启发，是否可以用自动控制来模拟中间贮罐的缓冲作用呢?答案是肯定的。因为甲塔的塔釜有一定的容量，尽管不如缓冲罐那样大，但在工艺允许的范围内仍有一定的上下波动空间，如果能充分利用这个条件，那么进入乙塔的流量波动就会得到减缓。要做到这一点并不难，用反馈控制和串级控制都能实现，只不过由于控制的目的不同，在控制器的选择和参数的整定上也有所不同。我们把能够实现前后设备在物料供求关系上互相协调、统筹兼顾的控制系统称为均匀控制系统。由此可见，均匀控制的名称，不是从系统的结构得来的，而是从系统所实现的目的得到的。

7.4.2 均匀控制的特点

从以上分析可以看出，均匀控制的目的与前面所介绍的各种控制系统有所不同，因而它在控制过程中所表现出的动态特性也有所不同。如果用一句话来简单概括均匀控制的特点的话，那就是表征前后供求矛盾的两个参数都应该在各自允许的波动范围内缓慢变化。下面对均匀控制的特点做一些讨论。

在均匀控制系统中，表征供求矛盾的两个参数是密不可分的，当其中一个参数受到外界干扰发生变化时，另一个参数必然要受到影响。如果某个参数能够始终保持平稳，那么它一定以另一个参数的波动为代价。仍以前后精馏塔为例，当把液位参数控制平稳时，进入下一个设备的流量就会产生较大的波动，如图 7-21(a) 所示；而当把流量参数控制平稳时，前一个设备的液位也将出现大范围变化，如图 7-21(b) 所示。显然，这样的控制过程不符合均匀控制的要求，只相当于某个参数的定值控制。理想的均匀控制效果应该如图 7-21(c) 所示，即当某一个参数发生变化时，另一个参数也相应地发生变化。因为只有通过这种变化才能缓解供求之间的矛盾，变化的过程就是解决矛盾的过程。不过这种变化应该是缓慢的，这样才有利于生产过程随条件变化逐渐建立起新的物料和能量平衡，保证生产的平稳，这一点与定值控制中的快速要求正好相反。另外，在均匀控制中参数的波动都有各自的允许范围，这个范围是根据工艺条件确定的，它为参数的缓慢变化提供了条件，均匀控制正是利用参数的允许波动范围，才使供求矛盾得到解决。

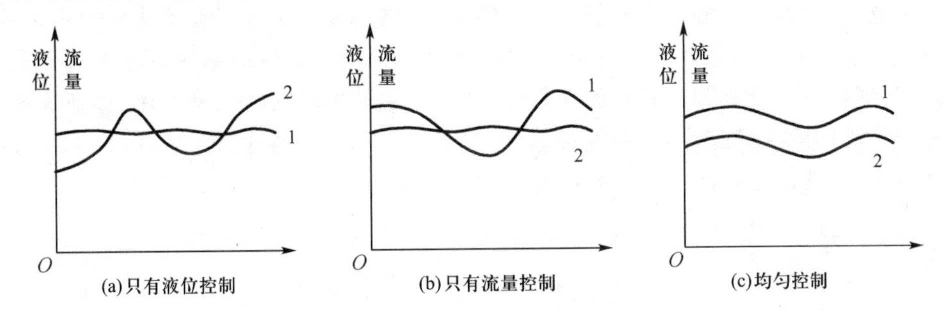

图 7-21　前后精馏塔的液位、流量关系

1— 液位变化曲线；2— 流量变化曲线

总之，均匀控制的目的与定值控制不同，所以其控制的品质指标也不相同。在均匀控制中，只要两个参数在工艺允许的范围内作均匀缓慢变化，生产能正常进行，就认为控制质量是好的。

7.4.3　均匀控制系统的结构形式

1. 简单均匀控制系统

图 7-22 为两个精馏塔液位和流量的均匀控制系统的实施方案。

从方案上来看，均匀控制系统与液位定值控制系统的结构是一样的，但设计的目的不同。在均匀控制系统中，甲塔液位和乙塔进料量这两个参数只需控制在工艺规定的范围内，并呈缓慢变化即可。要实现这一目的，应从控制器参数整定着手。对于纯液位控制，因为它要求液面平稳，所以当液面遭受干扰而偏离给定值时，就要求通过强有力的控制作用使液面返回给定值；均匀控制则与其相反，因为它的主要要求是流量平稳，液面则可以在允许范围内波动，所以它的控制作用较弱。

为了满足均匀控制的要求，必须选择合适的控制规律。在所有均匀控制系统中，都不应该选用含有微分作用的控制规律，这是因为微分作用对过渡过程的影响与均匀控制的要求是相违背的。在均匀控制系统中，控制器一般选用纯比例作用，但有时为了防止连续出现同向干扰时被控变量超出工艺规定的上、下限范围，可适当引入积分作用。由于积分的校正作用，比例度可放得比纯比例时大，这样一来，当系统经受同样幅度的干扰时，输出流量的起始变化就比较平缓了。

为了达到均匀控制的目的，控制器的比例度都整定得比较大，一般 $\delta = 100\% \sim 150\%$，积分时间也比较长，一般 T_I 为几分钟到几十分钟。

简单均匀控制系统的最大优点是结构简单，操作方便，成本低，但当前后设备压力变化时，尽管执行器的阀门开度保持不变，输出流量也会发生变化。这种系统只能用于干扰不大，要求不高的场合。如果要克服上面提到的压力，通常在简单均匀控制的基础上增设一个以流量为副变量的副回路，构成串级均匀控制系统。

2. 串级均匀控制系统

串级均匀控制系统如图 7-23 所示，当甲塔受到干扰，塔釜液位升高时，通过主、副控制器的作用使阀门缓缓开启，反应在工艺参数上，液位不是立即下降，而是缓慢上升；同时，乙塔进料量也缓慢增加。当液位上升至某一数值时，甲塔的出料量等于在干扰作用下增加了的进料量，液位不再上升，暂时达到最高值。经一段控制过程，前后塔均建立起新的平衡关系。如果乙塔受到干扰，使其流入量发生变化时，则首先通过副回路的控制作用，逐渐克服干扰，直到影响甲塔的液位变化后，主控制器动作，使流量得到进一步控制。最后，由于主、副控制器的互相配合，使流量和液位都在允许范围内缓慢均匀地变化。

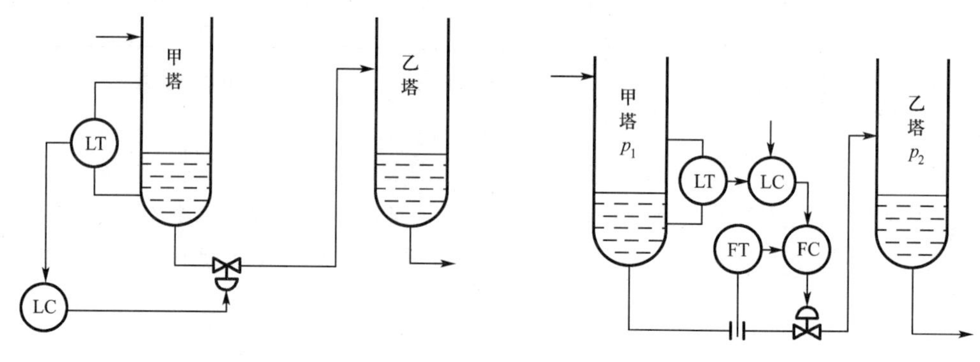

图 7-22　简单均匀控制系统

图 7-23　串级均匀控制系统

串级均匀控制系统在结构上与串级控制系统完全一样，但它不是为了提高塔釜液位的控制质量，而是在充分利用塔釜有效缓冲容积的前提下，尽可能使塔釜的流出流量平稳。

串级均匀控制系统中的主、副控制器一般都采用纯比例作用，只是在要求较高时，防止偏差超过允许范围时才引入适当的积分作用。

7.5　分程控制系统

7.5.1　基本概念

前面介绍的各种控制系统，都是由一个控制器去控制一个执行器。在生产过程中，有时为了满足工艺生产的某些要求，可能需要改变几个操纵变量。这种由一个控制器的输出信号分段去控制两个或两个以上执行器的系统称为分程控制系统。图 7-24 为分程控制系统方块图。

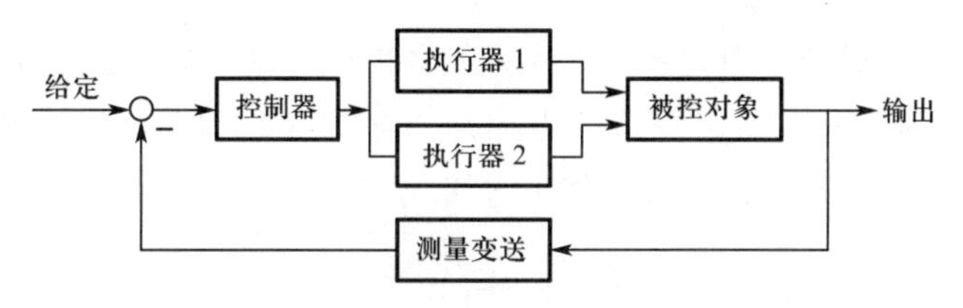

图 7-24　分程控制系统方块图

分程控制是通过附设在执行器上的阀门定位器来实现的。阀门定位器相当于一个可变放大系数且零点可调的放大器。它可以将 0.02 ～ 0.1 MPa 范围内的其中一段气压信号放大成 0.02 ～ 0.1 MPa 的信号。这样，只要分别在两个执行器上安装上阀门定位器，那么它们就能在不同的输入信号范围内作全程动作。比如，若在分程控制中采用 A、B 两个执行器，并要求执行器 A 在 0.02 ～ 0.06 MPa 的控制信号范围内作全程动作，而执行器 B 在 0.06 ～ 0.1 MPa 的控制信号范围内作全程动作，则当控制器的输出使气压信号在小于 0.06 MPa 的范围内变化时，就只有执行器 A 随着气压信号的变化而改变开度，执行器 B 则处于某个极限位置（全开或全关）。同理，当控制器的输出使气压信号在大于 0.06 MPa 的范围内变化时，执行器 A 已移动到极限位置开度不再变化，执行器 B 则随着气压信号的变化而改变开度。

分程控制系统根据执行器动作方向的不同分为两类：一类是执行器同向动作的分程控制，即两个执行器具有相同的作用形式。随着控制信号的增大或减小，两个都开大或都关小，其动作过程如图 7-25 所示。另一类是执行器反向动作的分程控制，即两个执行器选用相反的作用方式，随着控制信号的增大或减小，其中一个开大，另一个关小。其动作过程如图 7-26 所示。

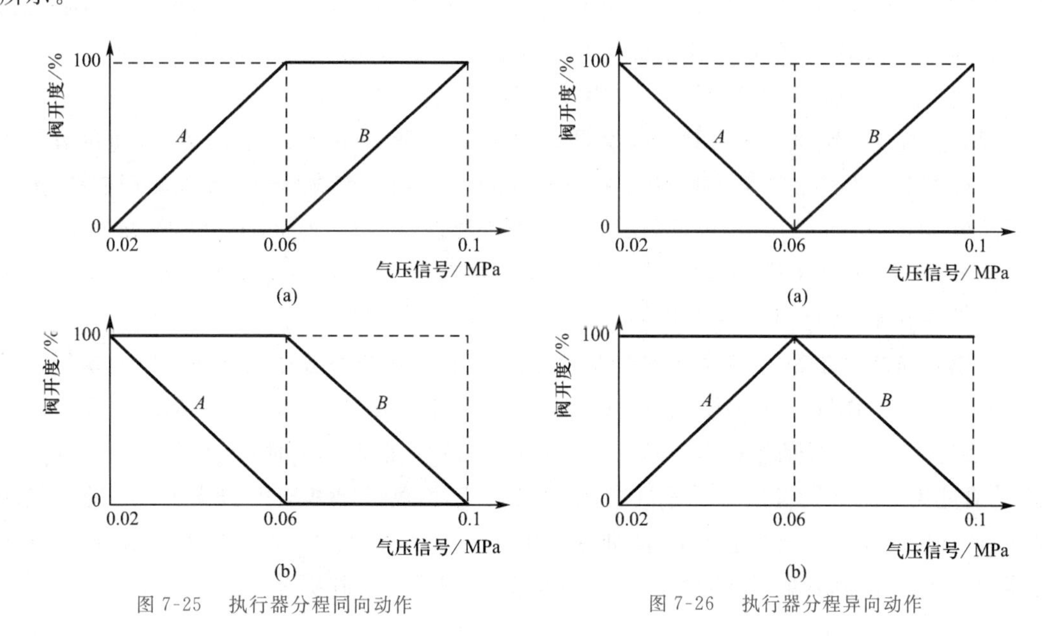

图 7-25　执行器分程同向动作　　图 7-26　执行器分程异向动作

7.5.2 分程控制系统的应用场合

1. 用于控制两种不同的介质,以满足工艺生产的需要

在某些间歇生产的化学反应过程中,当反应物料投入设备后,为引发化学反应,开始需要经历预热升温过程,而一旦反应开始就会放出大量热量,此时又必须考虑移走多余的热量,否则会危及生产安全。针对这一生产特点可采用如图 7-27 所示的分程控制系统。

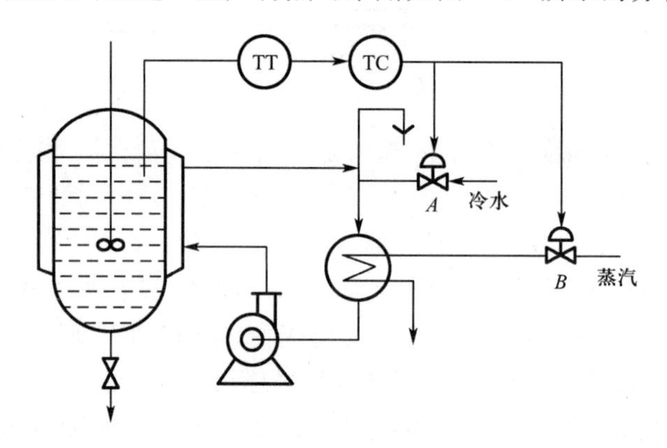

图 7-27 反应器分程控制系统

图中的温度控制器为反作用,控制冷水的执行器 A 为气关式,控制蒸汽的执行器 B 为气开式。两个执行器分程动作情况与图 7-26(a) 相同。

该系统的工作原理为:在初始升温阶段,因起始温度低于给定值,使得温度控制器的输出较大(气压信号超过 0.06 MPa),所以冷水阀 A 全关,蒸汽阀 B 打开,蒸汽开始加热循环水,并通过夹套为反应器加热。随着温度的逐渐升高,化学反应开始,并放出大量热量,与此同时,反作用控制器的输出逐渐减小,并将蒸汽阀逐渐关小,待控制信号小于 0.06 MPa 后,蒸汽阀全关,冷水阀逐渐打开,并将多余的热量带走,以维持反应温度稳定。

2. 用于扩大执行器的可调范围,以适应不同生产负荷的需要

现以蒸汽压力减压系统为例加以说明。锅炉产出的是 10 MPa 的高压蒸汽,通过节流减压方法可以得到生产上需要的 4 MPa 中压蒸汽。如果采用一个执行器来完成减压任务,为了保证大负荷下蒸汽的供应量,执行器的阀门口径就要选得很大。然而,当蒸汽需求量较小时,阀门就得在小开度下工作。这样不仅阀的流量特性会发生畸变,还容易产生噪音和振荡,使得调节质量下降。为此,可采用如图 7-28 所示的分程控制方案。

在该分程控制方案中,从生产安全性考虑,两个执行器全部选择气开式。其中,执行器 A 在 0.02 ~ 0.06 MPa 气压范围内由全关到全开,执行器 B 则在 0.06 ~ 0.1 MPa 气压范围内由全关到全开,其分程动作过程与图 7-25(a) 相同。这样,在小负荷时,执行器 B 处于关闭状态,只通过执行器 A 的开度变化进行控制;当大负荷时,执行器 A 全开仍满足不了蒸汽量的要求,这时执行器 B 也开始打开,以增加蒸汽的供应量。由上可见,通过分程控制,扩大了执行器的可调范围,既满足了不同生产负荷的要求,又提高了控制质量。

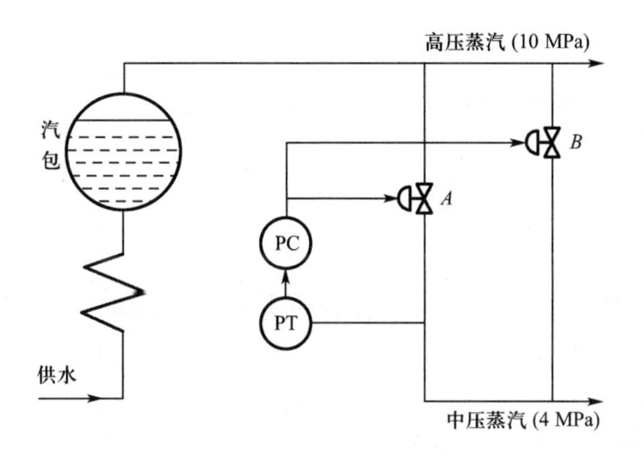

图 7-28　蒸汽减压系统分程控制

3. 用于生产安全的保护措施

许多石油化工产品贮存在室外的储罐中，为防止产品与氧气接触后发生变质或引起爆炸，常采用罐顶充 N_2 的办法与外界隔离。这种技术要求始终保持储罐内呈微正压，这样才能保证空气不进入罐内。但是罐内物料的增减对压力有明显的影响。物料注入时，N_2 压力会上升，如不及时放空，将使储罐变形；物料外抽时，N_2 压力会下降，如不及时补充 N_2，储罐有可能被吸瘪。为了维护储罐中 N_2 压力的稳定，可采用如图 7-29 所示的分程控制方案。

该方案中控制器采用反作用的 PI 控制规律，执行器 A 为气开式，执行器 B 为气关式，它们的分程控制特性如图 7-30 所示。

当储罐压力逐渐高于给定值时，控制器的输出将下降，使执行器 A 关闭，执行器 B 打开，将部分 N_2 放空，使压力降下来。当储罐压力逐渐低于给定值时，控制器的输出将增加，使执行器 B 关闭，执行器 A 打开，于是 N_2 被补充到罐中，又使压力回升。

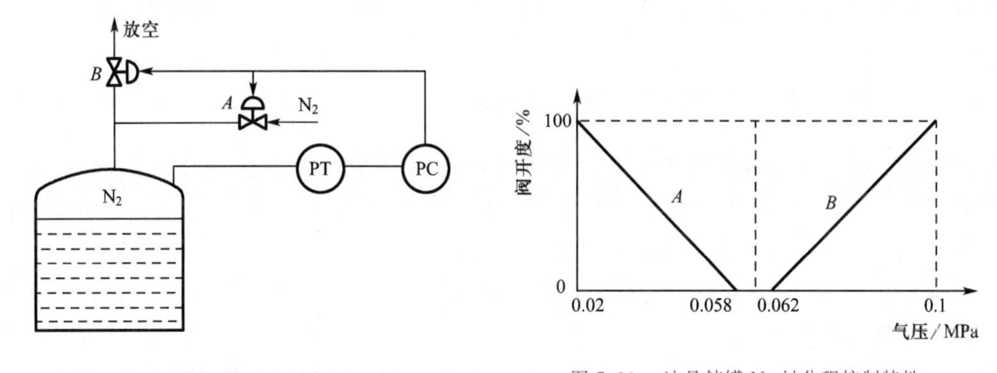

图 7-29　油品储罐 N_2 封分程控制方案

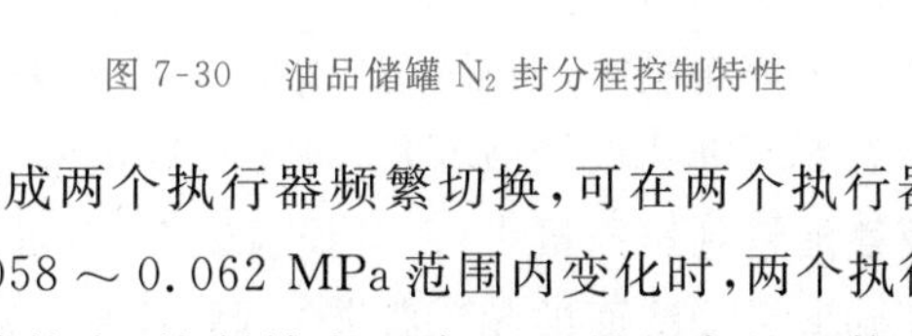

图 7-30　油品储罐 N_2 封分程控制特性

为了防止储罐压力在给定值附近变化时造成两个执行器频繁切换，可在两个执行器信号交接处设置一个不灵敏区。当气压信号在 0.058 ～ 0.062 MPa 范围内变化时，两个执行器均处于关闭状态，这对于储罐这样一个时间常数较大，控制精度要求又不是很高的具体压力对象来说是有益的，它将使系统更加稳定。

7.6 选择性控制系统

7.6.1 基本概念

在现代化的大型生产过程中，对自动控制的期望越来越高。不仅要求控制系统能在正常工况下克服外界干扰，维持生产的平稳运行，而且还要求控制系统具有良好的应变能力。当生产操作达到极限时，能采取一些相应的保护措施，以防止事故的发生。属于保护措施的自动控制系统主要有两类：一类是硬保护控制，另一类是软保护控制。

所谓硬保护控制，就是当生产操作达到安全极限时，通过专门设置的自动信号联锁保护系统使生产设备紧急停车。这种保护措施，虽然能够保证生产装置免遭破坏，但却由于停产使企业在经济上遭受巨大损失。因此，除非迫不得已，在一般情况下应尽量避免启动这类硬保护系统。

所谓软保护控制，就是当生产操作出现异常情况时，不使设备停车，而用另一套符合工艺安全逻辑关系的控制方案实现对生产的安全保护。选择性控制系统就可以达到此目的。

在正常工况下，选择性控制系统基于克服扰动的控制方案工作，而当生产操作条件趋向于安全极限时，系统立即切换到一个用于控制不安全情况的控制方案。待影响生产的不利因素被克服，生产操作重新回到安全范围时，正常工况下的控制方案又恢复对生产的控制。所以选择性控制系统又经常称作取代控制系统。

从本质上讲，选择性控制系统是一类按预定的限制条件或逻辑关系工作的控制系统，它除了软保护外，还能完成其他一些特殊功能。为了能够实现某种逻辑关系或满足限定条件，在选择性控制系统中往往采用具有判断功能的自动选择器或者是有关的切换装置。

7.6.2 选择性控制系统的实例分析

液氨蒸发器是工业生产中常用的一种换热设备。它利用液氨吸热气化的原理，将流经蒸发器列管的物料冷却。蒸发的氨气经过压缩机压缩后回收重复利用。在正常生产中，以被冷却物料的出口温度作为被控变量，液氨流量作为操纵变量构成单回路反馈控制系统，实现对冷却过程的控制。这一控制方案实际上是利用改变换热面积来控制传热量。氨液面的高度是反应传热面积的间接参数，液面越高，淹没列管的面积越大，传热面积也就越大。当液氨将所有列管全部淹没时，液面达到极限位置，换热面积不再增大。此时，如果因出口温度没有达到冷却温度而继续增加液氨量，则不仅氨的蒸气量因气化空间的不足不再增加，而且还有可能将液氨夹带到压缩机中，危及设备安全。为此，根据工艺操作的极限条件，应在原温度控制系统基础上增加液面的超限保护控制。显然，从工艺上看，可供温度和液面控制系统选作操纵变量的只有液氨流量，而被控变量却有两个，这样就形成了如图 7-31 所示的温度与液位选择性控制系统。

从生产实际需要出发，系统中的执行器选为气开式，温度控制器为正作用，液位控制器为反作用，并采用了一只低选器(LS)，它的作用是自动地从两个控制器的输出信号中选择一个较低的信号并用其来控制执行器。此系统的方块图如图 7-32 所示。

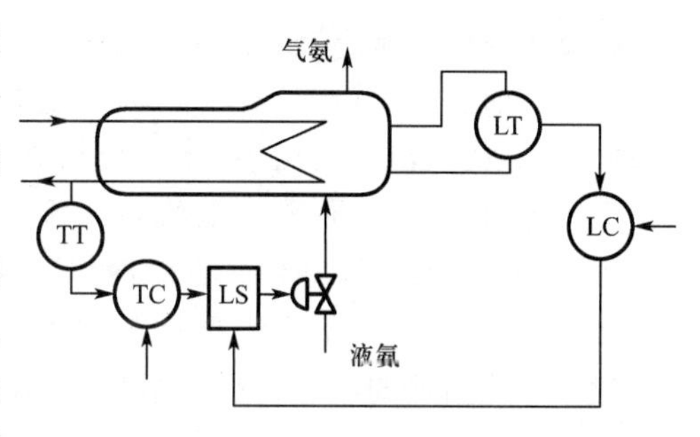

图 7-31　液氨蒸发器温度与液位选择性控制系统

现在对该选择性控制系统的工作逻辑关系进行分析。在正常工况下，氨的液面低于给定值，液位控制器感受负偏差。由于是反作用，它的输出将呈现高信号；与此同时温度控制器的输出信号相对变低，所以被低选器选中，构成温度控制系统。当液位升高超过给定值时，液位控制器感受正偏差，输出信号下降为低信号，并取代温度控制器构成液位控制系统。此时，即使出口温度仍然偏高也是次要的，必须把液位降下来以保证压缩机的安全，待液位下降到安全限度以下时，液位控制器输出又呈现高信号，于是系统又恢复到温度控制方案。

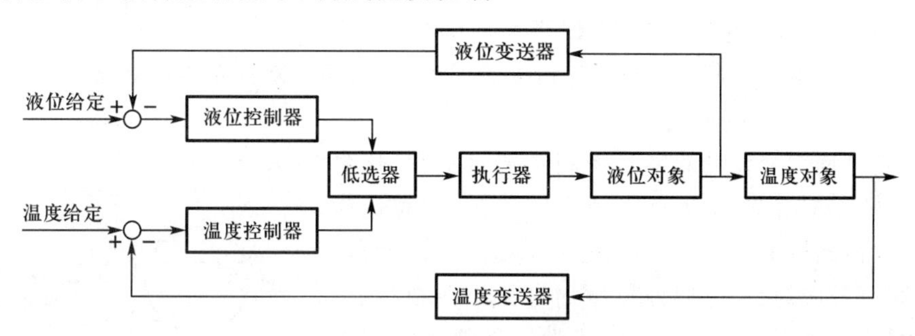

图 7-32　被控变量选择性控制系统方块图

7.7　多冲量控制系统

冲量即变量的意思。多冲量控制系统，也就是多变量控制系统。多冲量控制系统的称谓来自热电行业的锅炉液位控制系统。冲量本身的含义应为作用时间短暂的不连续的量，多冲量控制系统的名称本身并不确切，但由于在锅炉液位控制中已习惯使用这一名称，因此就沿用下来了。

多冲量控制系统在锅炉给水系统控制中应用比较广泛。下面以锅炉液位控制为例来说明多冲量控制系统的工作原理。

在锅炉的正常运行中，汽包水位是重要的操作指标，给水控制系统的作用就是自动控制锅炉的给水量，使其适应蒸发量的变化，维持汽包水位在允许的范围内。

锅炉液位的控制方案有下列几种。

(1) 单冲量液位控制系统

图 7-33 是锅炉液位单冲量控制系统的示意图。它实际上是根据汽包液位的信号来控制给水量的，属于简单的单回路控制系统。其优点是结构简单，使用仪表少。主要用于蒸汽负荷变化不剧烈、控制要求不十分严格的小型锅炉。它的缺点是不能适应蒸汽负荷的剧烈变化。

在燃料量不变的情况下，倘若蒸汽负荷突然有较大幅度的增加，由于汽包内蒸汽压力瞬时下降，汽包内的沸腾状况突然加剧，水中的气泡迅速增多，将水位抬高，形成了虚假的水位上升现象。因为这种升高的液位并不反映汽包中贮水量的真实变化情况，所以称为“虚假液位”。这种“虚假液位”会使阀门产生误动作，不但不开大给水阀门，补充由于蒸汽负荷量增加而引起的汽包内贮水量的减少，维持锅炉的水位，反而却根据“虚假液位”的信号关小给水阀，减少给水流量。显然，这将引起锅炉汽包水位大幅度的波动，严重的甚至会使汽包水位降到危险的程度，以至发生事故。为了克服这种由于“虚假液位”而引起的控制系统的误动作，可引入双冲量控制系统。

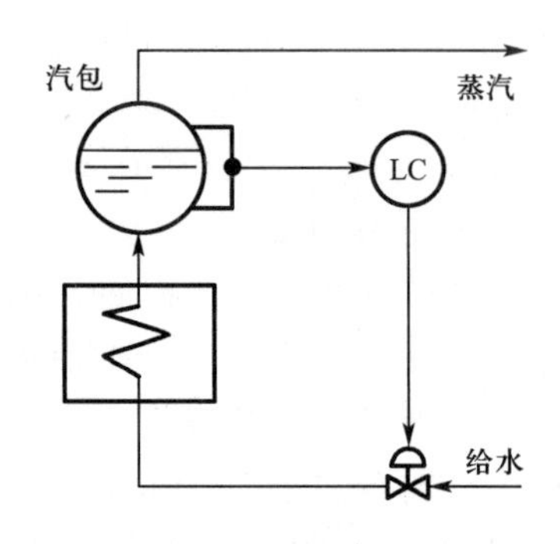

图 7-33　单冲量控制系统

(2) 双冲量液位控制系统

图 7-34 是锅炉液位的双冲量控制系统示意图。这里的双冲量是指液位信号和蒸汽流量信号。当控制阀选为气关式，液位控制器 LC 选为正作用时，其运算器中的液位信号运算符号应为正，以使液位增加时关小控制阀；蒸汽流量信号运算符号应为负，以使蒸汽流量增加时开大控制阀，满足由于蒸汽负荷增加时对增大给水量的要求。如图 7-35 所示是双冲量控制系统的方块图。由图可见，从结构上来说，双冲量控制系统实际上是一个前馈 -(单回路) 反馈复合控制系统。当蒸汽负荷的变化引起液位大幅度波动时，蒸汽流量信号的引入起着超前的控制作用(前馈作用)，它可以在液位还未出现波动时提前使控制阀动作，从而减少因蒸汽负荷量的变化而引起的液位波动，改善控制品质。

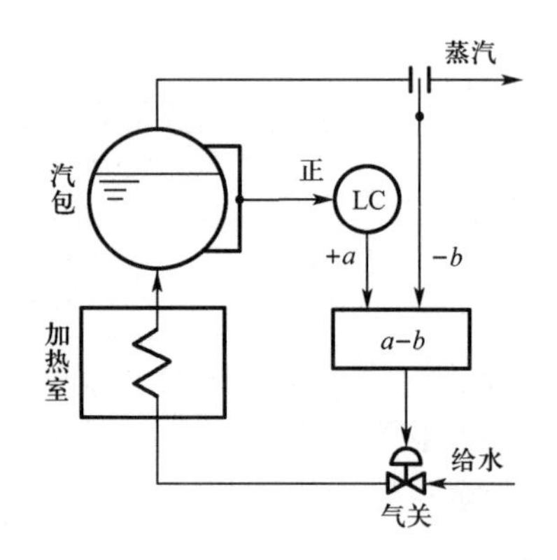

图 7-34　双冲量控制系统

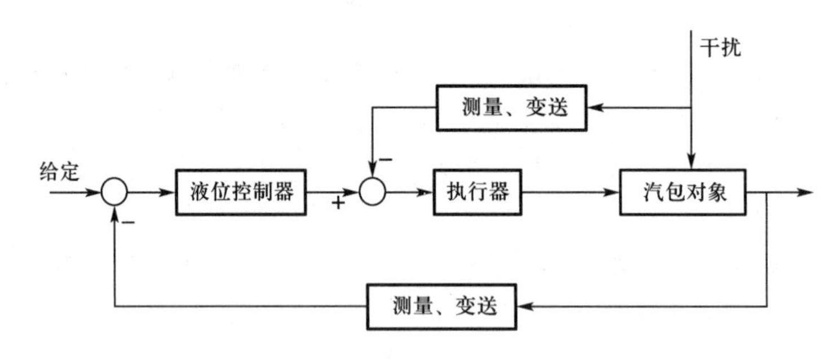

图 7-35　双冲量控制系统方块图

影响锅炉汽包液位的因素还包括供水压力的变化。当供水压力变化时，会引起供水流量变化，进而引起汽包液位的变化。双冲量控制系统对这种干扰的克服是比较迟缓的。它要等到汽包液位变化以后再由液位控制器来调整，使进水阀开大或关小。所以，当供水压力扰动比较频繁时，双冲量液位控制系统的控制质量较差，这时可采用三冲量液位控制系统。

(3) 三冲量液位控制系统

图 7-36 是锅炉液位的三冲量控制系统示意图。在系统中除了液位与蒸汽流量信号外，再增加一个供水流量的信号。它有助于及时克服由于供水压力波动而引起的汽包液位的变化。三冲量控制系统的抗干扰能力和控制品质都比单冲量、双冲量控制要好，用得比较多，特别是在大容量、高参数的近代锅炉上，应用更为广泛。

如图 7-37 所示是三冲量控制系统的一种实施方案，图 7-38 是它的方块图。

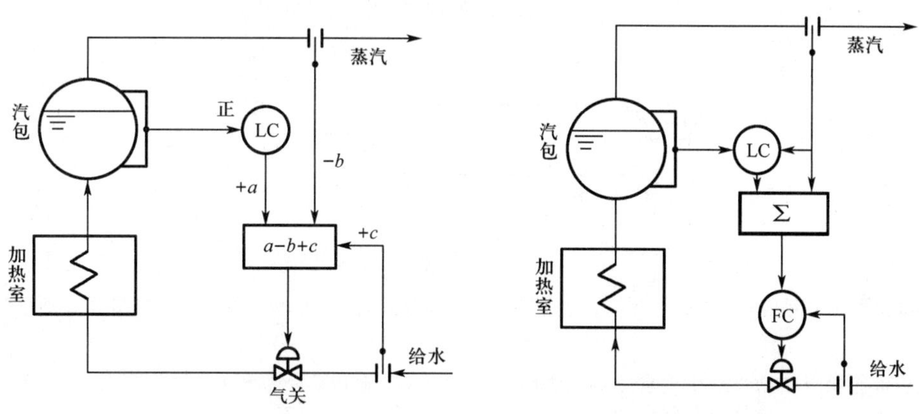

图 7-36　三冲量控制系统　　图 7-37　三冲量控制系统的实施方案

由图可见，这实质上是前馈 - 串级控制系统。在这个系统中，是根据三个变量(冲量) 来进行控制的。其中汽包液位是被控变量，也是串级控制系统中的主变量，是工艺的主要控制指标；给水流量是串级控制系统中的副变量，引入这一变量的目的是利用副回路克服干扰的快速性来及时克服给水压力变化对汽包液位的影响；蒸汽流量是作为前馈信号引入的，其目的是及时克服蒸汽负荷变化对汽包液位的影响。

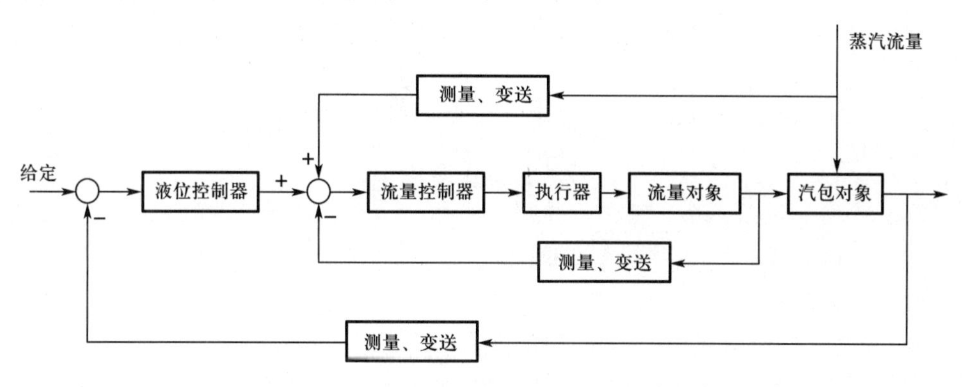

图 7-38　三冲量控制系统方块图

习　题

7-1　何谓复杂控制系统？常见的复杂控制系统有哪些？

7-2　何谓串级控制系统？并画出串级控制系统的典型方块图。

7-3　与简单控制系统相比，串级控制系统有哪些特点？主要应用于哪些场合？串级控制系统的主、副变量应如何选择？

7-4 在串级控制系统中，如何选择主、副控制器的控制规律？其参数应如何整定？正反作用方式如何确定？

7-5 对于如图 7-39 所示的加热器串级控制系统。要求：

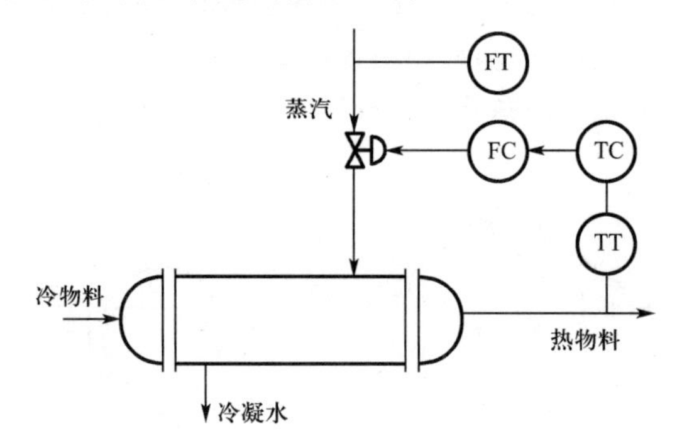

图 7-39 加热器串级控制系统

(1) 画出该控制系统的方块图，并说明主变量、副变量分别是什么？主控制器、副控制器分别是哪个控制器？

(2) 若工艺要求加热器温度不能过高，否则易发生事故，试确定控制阀的气开气关形式；

(3) 确定主、副控制器的正反作用方式；

(4) 当蒸汽压力突然增加时，简述该控制系统的控制过程；

(5) 当冷物料流量突然加大时，简述该控制系统的控制过程。

7-6 如图 7-40 所示为聚合釜温度控制系统。试问：

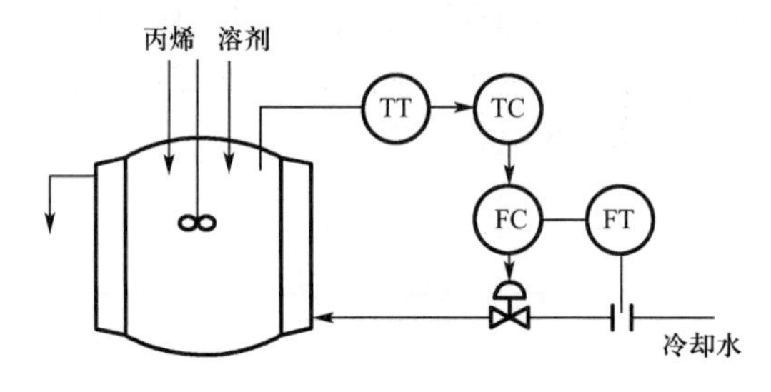

图 7-40 聚合釜温度控制系统

(1) 它是什么类型的控制系统？

(2) 聚合釜的温度不允许过高，否则易发生事故，试确定执行器的气开、气关形式。

(3) 确定主、副控制器的正反作用方式。

(4) 简述当冷却水的压力波动时系统的控制过程。

(5) 如果冷却水的温度是经常波动的，上述控制系统是否满足要求？哪些地方需要改进？

(6) 当夹套内的水温作为副变量构成串级控制时，试确定主、副控制器的正反作用方式。

7-7 何谓比值控制系统？常用的比值控制系统有哪些类型？各有何特点？

7-8 工艺上的比值与我们通常所说的比值系数有何不同？怎样将比值换算成比值系数？

7-9 比值控制系统的控制器规律如何选择？其控制器参数的整定应如何进行？

7-10 如图 7-41 所示的单闭环比值控制系统，试简述 Q_1 和 Q_2 分别有波动时控制系统的控制过程。

7-11 何谓前馈控制系统？前馈控制与反馈控制相比有何特点？

7-12 前馈控制系统的结构有哪几种？试分别分析其优缺点？主要应用在哪些场合？

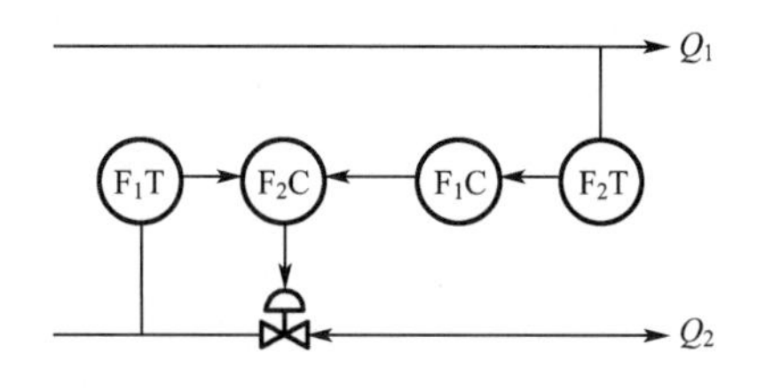

图7-41 单闭环比值控制系统

7-13 何谓均匀控制系统？均匀控制系统的目的和特点是什么？其结构有哪几种形式？

7-14 怎样区分单回路控制系统与简单均匀控制系统？

7-15 均匀控制系统控制器的控制规律如何选择，控制器的参数整定怎样进行？

7-16 何谓分程控制系统？它区别于一般的简单控制系统最大的特点是什么？

7-17 分程控制应用在什么样的场合？试举例说明分程控制的应用？

7-18 在分程控制中应注意哪些问题？

7-19 生产过程的软保护控制是怎样定义的？软保护控制同硬保护相比，有何特点？

7-20 选择性控制系统的特点是什么？有何实际意义？

7-21 图7-42为精馏塔温度控制系统的示意图，它通过控制进入再沸器的蒸汽量实现被控变量的稳定。试画出该控制系统的方块图，确定控制阀的气开、气关形式和控制器的正反作用方式，并简述由于外界扰动使精馏塔温度升高时该系统的控制过程（此处假定精馏塔的温度不能太高）。

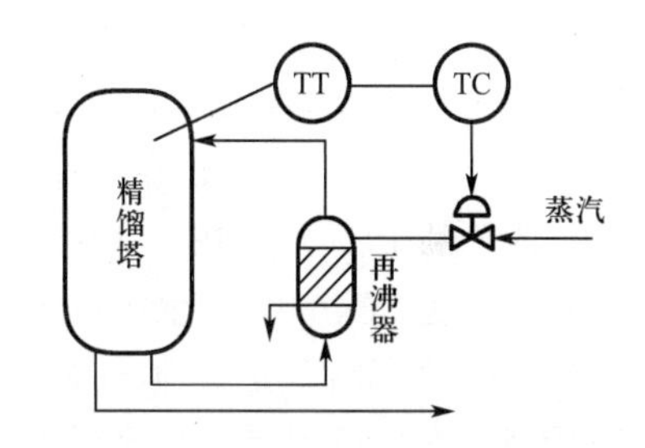

图7-42 精馏塔温度控制系统

7-22 精馏塔对自动控制有哪些基本要求？

7-23 精馏塔操作的主要扰动有哪些？

7-24 精馏段和提馏段的温控方案有哪些？分别使用在哪些场合？

7-25 何谓多冲量控制系统？其特点如何？

第8章

先进过程控制系统介绍

先进过程控制(Advanced Process Control)技术,简称“先控”技术,已逐步被工业生产过程控制界所熟悉,并且正在迅速的推广应用,成为自动控制理论研究的热点。

传统的 PID 控制在工业生产过程控制中起到了很好的作用,但是,随着现代工业生产过程的大型化、复杂化,对生产过程的产品质量、产率、安全以及对环境影响的控制要求越来越严格,许多复杂、多变量、时变的且又是生产过程关键变量的控制,常规 PID 控制已不能胜任,因此,先进过程控制技术受到了控制界的广泛关注。

先进过程控制是指那些不同于常规 PID 控制,具有比常规 PID 控制更好控制效果的控制策略的统称,这些控制策略目前在工业生产过程中尚很少使用。由于先进控制的内涵丰富,同时带有较强的时代特征,因此,至今对先进控制还没有严格的、统一的定义。尽管如此,先进控制的任务却是明确的,即用来处理那些采用常规控制效果不好,甚至无法控制的复杂工业过程控制问题。

本章将主要对软测量技术、时滞补偿控制、解耦控制、预测控制、自适应控制、推断控制、模糊控制、神经网络控制及故障诊断与容错控制等技术做简要介绍。

8.1 软测量技术

生产过程控制中有时需对与系统稳定或产品质量密切相关的重要过程变量进行实时控制和优化控制,可是在许多生产装置中,由于技术或经济原因,存在着很难通过传感器进行测量的变量。为了解决上述问题,逐步形成了软测量方法及其应用技术。

软测量技术就是选择与被估计变量相关的一组可测变量,构造某种以可测变量为输入、被估计变量为输出的数学模型,用计算机软件实现重要过程变量的估计。这类数学模型及相应的计算机软件也被称为软测量器或“软仪表”。软测量器估计值可作为控制系统的被控变量或反映过程特征的工艺参数,为优化控制与决策提供重要信息。

如图 8-1 所示为软测量结构图,用以表明在软测量中各模块之间的关系。

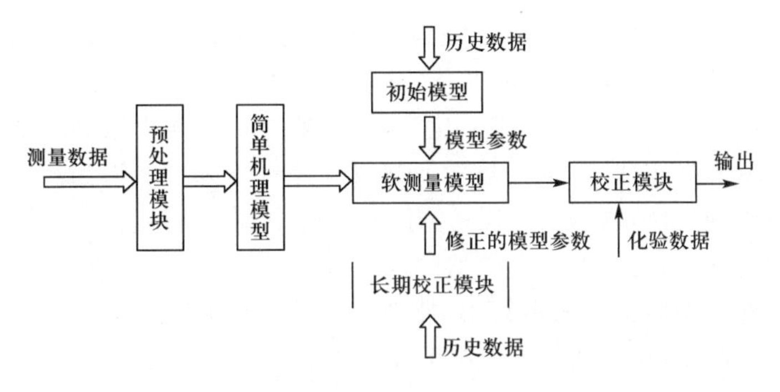

图 8-1　软测量结构图

软测量的核心是建立工业对象的精确可靠的模型。软测量初始模型是对过程变量的历史数据进行辨识而来的。现场测量数据中可能含有随机误差甚至显著误差，须经数据变换和数据校正等预处理，才能用于软测量建模或作为软测量模型的输入。软测量模型的输出就是软测量对象的实时估计值。

软测量技术主要包括辅助变量的选择，数据采集与处理，软测量模型的建立以及模型在线校正等内容。

8.1.1　辅助变量的选择

首先明确软测量的任务，确定被估计变量——主导变量，根据工艺机理分析（如物料、能量平衡关系等），选择影响主导变量的可测相关变量——辅助变量。例如，为了估计精馏塔塔顶产品的成分，可将精馏塔的进料特性、塔釜加热特性、回流特性、塔顶操作状态和塔的其余抽出料特性中的可测变量选作初始辅助变量，然后根据工艺机理、测量仪表精度和数据相关性分析等对初始辅助变量降维。

通过机理分析，选择响应灵敏、测量精度高的变量为最终的辅助变量。例如，在相关的气相温度变量、压力变量之间选择压力变量。更为有效的方法是主元分析法，即利用现场的历史数据做统计分析计算，将原始辅助变量与被测量变量的关联度排序，实现变量精选。

8.1.2　数据采集与处理

过程数据中包含了工业对象的大量相关信息，因此采集被估计变量和原始辅助变量的历史数据时，数据的数量越多越好。另外，数据覆盖面在可能条件下应宽一些，以便软测量具有较宽的适用范围。

为了保证软测量精度，数据的正确性和可靠性十分重要，因此现场数据必须经过显著误差检测和数据协调，保证数据的准确性。由于软测量一般为静态估计，应采集装置平稳运行时的数据，并注意纯滞后的影响。

另外，对于基本属于稳态的工况，应尽量保证采样数据的稳态特性。

8.1.3　软测量模型的建立

软测量模型是软测量技术的核心，所用的方法主要有机理建模、经验建模以及两者结合等方法。机理建模是从过程内在的物理和化学规律出发，通过物料平衡、能量平衡和动量平衡建立数学模型。机理建模的优点是可以充分利用已知的过程知识，依据过程机理，有较大的适用范围。但对于某些复杂的过程难以建模，必须通过输入输出数据验证。经验建模是通过实测或依据积累的操作数据，采用数学回归或神经网络等方法得到经验模型。经验建模的优点与弱点与机理建模正好相反，现场测试和实施中有一定难度。

在软测量模型选择时，还应考虑到模型的复杂性，以及在实际系统硬件、软件平台上的可实现性。静态线性模型实施的成本较小，神经网络类模型所需的计算资源较多。考虑到软测量模型的维护和修正，目前在先进控制系统中实施的软测量模型一般采用双层结构，底层用 DCS 运算模块或可编程语言实现软测量在线数据采集、数据滤波和显著误差检验等，以及数据预处理和软测量值计算，上层工业 PC 上位机或实时数据库的应用程序实现软测量模型的组态、自校正和离线维护。

8.1.4 模型校正

当对象特征发生较大变化，软测量器经过在线学习也无法保证预估精度时，必须利用测量器运算所累积的历史数据，进行模型更新或在线校正。软测量模型的在线校正可表示为模型结构和模型参数的优化过程，对模型结构的修正往往需要大量的样本数据和较长的计算时间，难以在线进行。为解决模型结构修正耗时长和在线校正的矛盾，提出了短期学习和长期学习的校正方法。短期学习由于算法简单，学习速度快，便于实时应用。长期学习是当软测量仪表在线运行一段时间积累了足够的新样本模式后，重新建立软测量模型。

8.2 时滞补偿控制

在工业生产中，控制通道往往不同程度地存在着纯滞后(时滞)。例如，热交换器载热介质(流量)对物料出口温度的影响要滞后一段时间，即载热介质流经管道所需的时间；反应器、管道混合、皮带传送以及用分析仪表测量流体的成分等过程中都存在着较大的纯滞后。纯滞后的存在，使被控变量不能及时反映扰动的影响，即使执行器接收到控制信号后立即动作，也需要经过纯滞后时间，才能作用于被控变量。衡量过程纯滞后的大小通常采用过程纯滞后时间 τ 和过程惯性时间常数 T 之比。当 $\tau/T<0.3$ 时，是具有一般纯滞后过程；当 $\tau/T>0.3$时，称为是大纯滞后过程。一般纯滞后过程可通过常规控制系统得到较好的控制效果，而当纯滞后较大时，则用常规控制系统往往较难奏效。大纯滞后过程较难控制的问题一直受到人们的关注，现在已出现了一些可行的控制方案，如采样控制、Smith 预估补偿控制、内模控制和基于计算机的 Dehlin 算法等在工程中得到应用。下面以 Smith 预估补偿控制为例讨论系统存在时滞情况时的提高动态质量的控制方案。

8.2.1 Smith 预估补偿控制

为了改善大滞后系统的控制品质，1957 年 O J M Smith 提出了一种预估补偿控制方案。它针对纯滞后系统中闭环特征方程含有纯滞后项，在 PID 反馈控制基础上，引入了一个预估补偿环节，从而使闭环特征方程不含纯滞后项，提高了控制质量。图 8-2 是 Smith 预估补偿控制方案的方块图。图中 $G_k(s)$是 Smith 引入的预估补偿器的传递函数。经过预估补偿后，闭环特征方程中消去了 $e^{-\tau s}$项，即纯滞后项，也就是消除了纯滞后对控制品质的不利影响。

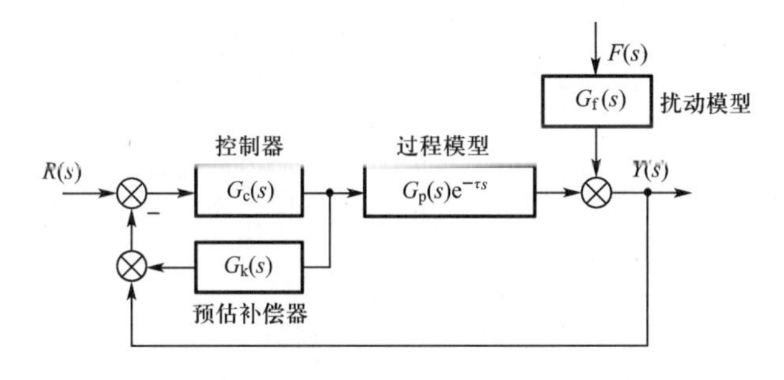

图 8-2　Smith 预估补偿控制方案方块图

为了实施 Smith 预估补偿控制，必须求取补偿器的数学模型。若模型与过程特性不一致，则闭环特征方程中还会存在纯滞后项，两者严重不一致时，甚至会引起系统稳定性变差。实际工业过程的被控对象通常是参数时变的。当参数变化不大时可近似作为常数处理，采用 Smith 预估补偿控制方案有一定的效果。

8.2.2　控制实施中的若干问题

Smith 预估补偿控制预估了控制变量对过程输出将产生的延迟影响，所以称为 Smith 预估器。但预估是基于过程模型已知的情况下进行的，因此，实现 Smith 预估补偿必须已知动态模型，即已知过程的传递函数和纯滞后时间，而且在模型与真实过程一致时才有效。

由于经预估补偿后，系统闭环特征方程已不含纯滞后项，因此，常规控制器的参数整定与无纯滞后环节的控制器参数相同。但是，由于纯滞后环节一般采用近似式表示，实施时也会造成误差，再者，补偿器模型与对象参数之间存在偏差，因此，通常应适当减小控制器的增益，减弱控制作用，以满足系统的稳定性要求。

这种方法对预估器的精度要求较高，过程模型非常精确时，对过程纯滞后的补偿效果较好，弱点是对模型的误差十分敏感。当过程参数 k_0和 τ 变化 10%～15%时，预估补偿就失去了良好的控制效果。在工业生产过程中要获得精确的广义对象模型是十分困难的，况且对象特性又往往随着运行条件的变化而改变。因此，虽然理论上证明了 Smith 预估补偿的良好补偿功能，但在工程应用上仍存在着一定的局限性。

8.3　解耦控制

8.3.1　耦合现象的影响及分析

在一个生产装置中，往往需要设置若干个控制回路，来稳定各个被控变量。在这种情况下，多个控制回路之间就有可能存在某种程度的相互耦合，这样的相互耦合可能妨碍各被控变量之间的独立控制，甚至会破坏各系统的正常工作。

如图 8-3 所示的精馏塔温度控制系统就是一个典型的耦合实例。

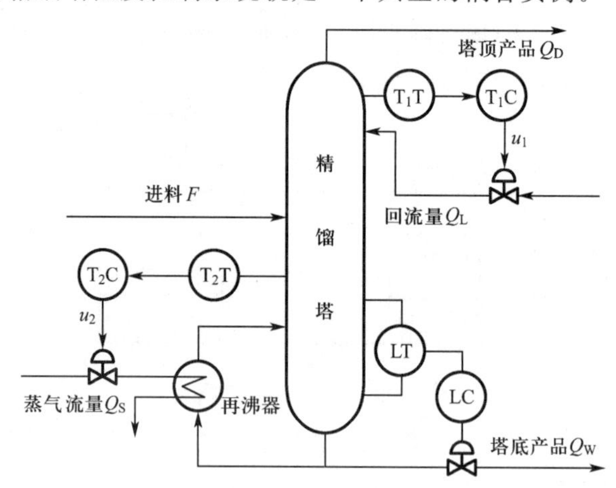

图 8-3 精馏塔温度控制系统

图中被控变量分别为塔顶温度 T_1 和塔底温度 T_2，控制变量分别为回流量和蒸气流量。塔顶温度控制器 T_1C 的输出 u_1 控制回流调节阀，调节塔顶回流量 Q_L，实现塔顶温度 T_1 的控制。塔底温度控制器 T_2C 的输出 u_2 控制再沸器蒸气调节阀，调节蒸气流量 Q_S，实现塔底温度 T_2 的控制。显然，u_1 的变化不仅影响 T_1，同时还会影响 T_2；同样，u_2 的变化在影响 T_2 的同时，还会影响 T_1，这两个控制回路之间存在着耦合关系。

如果两个被控过程之间严重耦合，常规控制系统的控制效果会很差，甚至根本无法正常工作。为此，必须采用解耦措施，消除被控过程变量、参数间的耦合，使每一个控制变量的变化只对与其匹配的被控变量产生影响，而对其他控制回路的被控变量没有影响或影响很小。这样就把存在耦合的多变量控制系统分解为若干个相互独立的单变量控制系统。

8.3.2 解耦控制方法

为了消除或减小控制回路之间的这些影响，常用的解除或减少系统间相互耦合的解耦控制方法主要有以下几种：

(1)正确匹配被控变量与控制变量

有些系统可通过被控变量与控制变量间的正确匹配来减少或解除耦合，这是最简单的有效手段。如图 8-4 所示的冷热物料混合系统中，混合物料流量 F 及温度 T 都要求控制在设定值。经实验及分析计算得到，以温度 T 为被控变量，热物料流量 q_h 为控制变量所组成的温度控制系统，及以混合物料流量 F 为被控变量，冷物料流量 q_c 为控制变量所组成的流量控制系统的匹配关系为

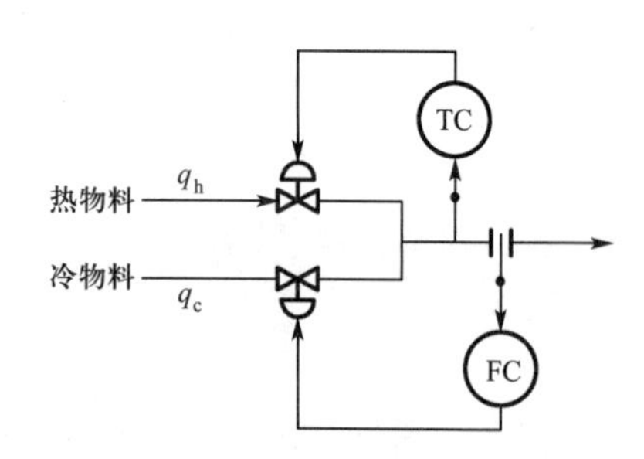

图 8-4 混合物料温度和流量控制系统

	q_h	q_c
T	0.2	0.8
F	0.8	0.2

根据上述理论分析，由相对增益阵列可知，如图 8-4 所示控制系统的被控变量与控制变量的匹配是不合理的，应重新匹配，组成以温度 T 为被控变量，冷物料流量 q_c 为控制变量的温度控制系统；以及以混合物料流量 F 为被控变量，热物料流量 q_h 为控制变量的流量控制系统。

(2)整定控制器参数，减小系统关联

具体实现方法为：通过整定控制器的参数，把两个回路中其中一个次要系统的比例度积分时间放大，使它受到干扰作用后，反应适当缓慢一些，调节过程长一些，这样就能达到减少关联的目的。

当然，在采用这种方法时，次要被控变量的控制品质往往较差，这一点在工艺允许的情况下是值得牺牲的，但在另外一些情况下却可能是个严重缺点。

(3)减少控制回路

把上述方法推到极限，次要控制回路的控制器比例度取无穷大，此时这个控制回路不再存在，它对主要控制回路的关联作用也就消失。例如，在精馏塔的控制系统设计中，工艺对塔顶和塔底的组分均有一定要求时，若塔顶和塔底的组分均设有控制系统，这两个控制系统是相关的，在扰动较大时无法投运。为此，目前一般采用减少控制回路的方法来解决。如塔顶重要，则塔顶设置控制回路，塔底不设置质量控制回路而往往设置加热蒸汽流量控制回路。

(4)串接解耦控制

在控制器输出端与执行器输入端之间，可以串接解耦装置 $D(s)$，双输入双输出串接解耦方块图如图 8-5 所示。

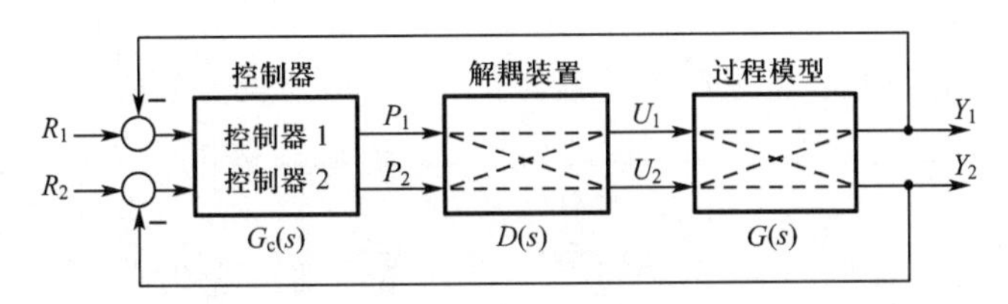

图 8-5　双输入双输出串接解耦方块图

由图可得

$$Y(s)=G(s)D(s)P(s)$$

由上式可知，只要找到合适的 $D(s)$ 使 $D(s)G(s)$ 相乘成为对角矩阵，就解除了系统之间的耦合，两个控制系统不再关联。

8.4　预测控制

预测控制是 20 世纪 70 年代发展起来的一种新型计算机优化控制算法。预测控制的基本出发点与传统的 PID 控制不同。PID 控制是根据过程当前的输出测量值和设定值的偏差来确定当前的控制输入；而预测控制不但利用当前的和过去的偏差值，而且还利用预测模型来预估过程未来的偏差值，以滚动优化确定当前的最优控制策略。从基本思想看，预测控制优于 PID 控制。

8.4.1 预测控制的基本原理

预测控制算法的种类很多，各类预测控制算法都有一些共同特点，归结起来有四个基本特征，如图 8-6 所示。

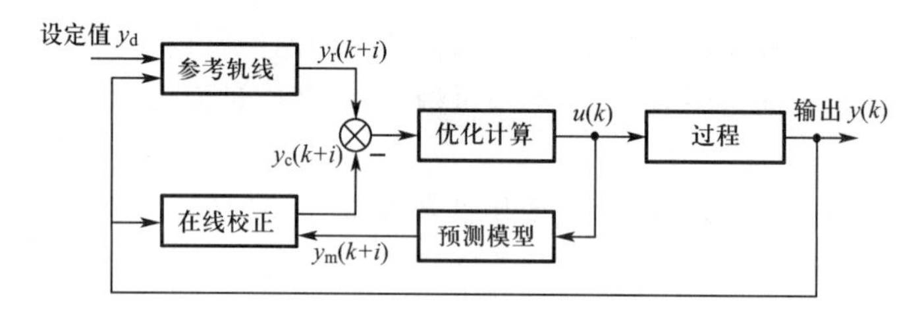

图 8-6 预测控制的基本结构

(1)预测模型

预测控制需要一个描述系统动态行为的模型，称为预测模型。它应具有预测功能，即能够根据系统的现时刻的控制输入以及过程的历史信息，预测过程输出的未来值。在预测控制中有各种不同算法，可采用不同类型的预测模型。通常采用在实际工业过程中较易获得的脉冲响应模型和阶跃响应模型等非参数模型或传递函数。

(2)反馈校正

在预测控制中，采用预测模型进行过程输出值的预估只是一种理想的方式。对于实际过程，由于存在非线性、时变、模型失配和扰动等不确定因素，使基于模型的预测很难与实际相符。因此，在预测控制中，通过输出的测量值与模型的预估值进行比较，得出模型的预测误差，再利用模型预测误差来校正模型的预测值，从而得到较为准确的将来输出的预测值。这种由模型加反馈校正的过程，使预测控制具有很强的抗扰动和克服系统不确定性的能力。

(3)滚动优化

预测控制是一种优化控制算法，通过某一性能指标的最优化来确定未来的控制作用。这一性能指标还涉及过程未来的行为，它是根据预测模型由未来的控制策略决定的。

预测控制中的优化与通常的离线最优控制算法不同，不是采用一个不变的全局最优目标，而是采用滚动式的有限时域优化策略。也就是说，优化过程不是一次离线完成的，而是反复在线进行的，即在每一采样时刻，优化性能指标只涉及从该时刻起到未来有限的时间，而到下一个采样时刻，这一优化时段会同时向前推移。因此，预测控制不是用一个对全局相同的优化性能指标，而是在每一个时刻有一个相对于该时刻的局部优化性能指标。

(4)参考轨线

在预测控制中，考虑到过程的动态特性，为了使过程避免出现输入和输出的急剧变化，往往要求过程输出沿着一条所期望的、平缓的曲线达到设定值 y_d。这条曲线通常称为参考轨线。它是设定值经过在线“柔化”后的产物。

预测控制的这些基本特征使其具有许多优良性质。如，对数学模型要求不高，能直接处理具有纯滞后的过程，具有良好的跟踪性能和较强的抗扰动能力，对模型误差具有较强的健壮性等。这些优点使预测控制更加符合工业过程的实际要求，这是PID控制或现代控制理论无法相比的。

8.4.2　预测控制工业应用

目前国外已经形成许多以预测控制为核心思想的先进控制商品化软件包，主要有：美国DMC公司的DMC，Setpoint公司的IDCOM-M，SMCA，Honeywell profimatics公司的RM-PCT，Aspen公司的DMCPLUS，法国Adersa公司的PFC，加拿大Treiber Controls公司的OPC等，成功应用于石油化工中的催化裂化、常减压、连续重整、延迟焦化、加氢裂化等重要装置。

先进控制软件包可以为企业带来可观的经济效益，我国目前已引进IDCOM-M，SMCA等先进控制软件，并已投入使用，取得明显经济效益。中国通过国家重点科技攻关等，在先进控制与优化控制方面积累了许多经验，成功应用实例亦不少，部分成果已逐渐形成商品化软件。

8.5　自适应控制

在实际生产过程中，有些对象的特性是随时间变化的，这些变化可能使工艺参数发生较大幅度的变化。对于这类生产过程，采用常规PID控制不能很好地适应过程特性参数的变化，导致控制品质下降，产品产量和质量不稳定。自适应控制系统能够通过测取系统的有关信息，了解对象特性的变化情况，再经过某种算法自动地改变控制器的可调参数，使系统始终运行在最佳状况下，从而保证控制质量不随工艺参数的变化而下降。

自适应控制系统具有以下基本功能：

(1)辨识被控对象的结构、特性参数的变化，建立被控过程的数学模型，或确定当前的实际性能指标。

(2)根据条件变化，选择合适的控制策略或控制规律。并能自动修正控制器参数，保证系统的控制品质，使生产过程始终在最佳状态下进行。

根据设计原理和结构的不同，自适应控制系统主要可分为两大类，即自校正控制系统和模型参考自适应控制系统。

8.5.1　自校正控制系统

自校正控制系统的原理如图8-7所示。

自校正控制器由两个回路组成。内回路包括过程和普通线性反馈控制器，外回路用来调整控制器参数，由递推参数估计器和控制器参数调整机构组成。被控过程的输入(控制)信号u和输出信号y送入对象参数估计器，在线辨识出被控过程的数学模型，控制器参数调整机构根据辨识得到的数学模型设计控制规律、计算和修改控制器参数，使对象特性发生变化时，控制系统性能仍保持或接近最优状态。现在流行的自整定(Self Tuning)控制器就是

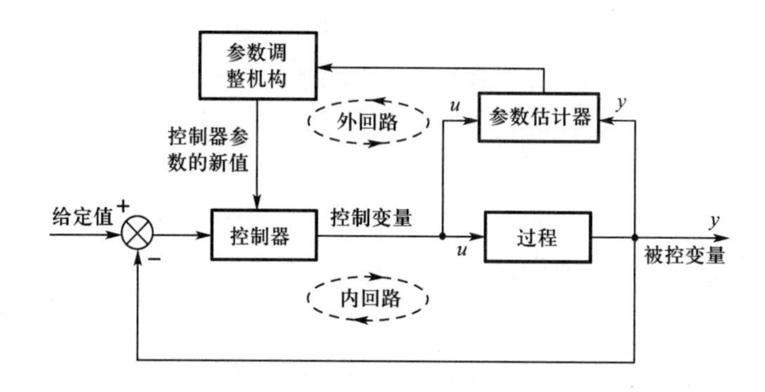

图 8-7 自校正控制系统

采用这种原理实现 PID 参数的在线自整定。

根据具体生产过程的特点，采用不同的辨识方法、控制规律（策略）以及参数计算方法可设计出各种类型的自整定控制器和自校正控制系统。

8.5.2 模型参考自适应控制系统

模型参考自适应控制系统的基本结构如图 8-8 所示。

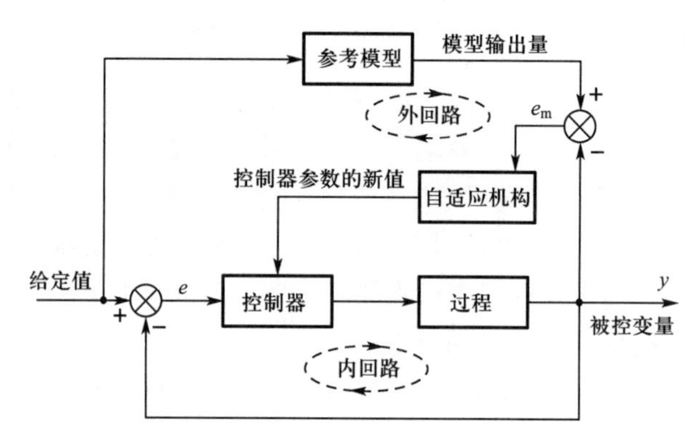

图 8-8 模型参考自适应控制结构

参考模型表示控制系统的性能要求，与控制系统并联运行，接受相同的设定信号。

设定信号一方面送到控制器，产生控制作用，对过程进行控制；另一方面送往参考模型，其输出体现了预期品质的要求。二者输出信号的差值送往自适应机构，进而改变控制器参数，使控制系统性能接近或等于参考模型规定的性能。

这种系统不需要专门的在线辨识装置，调整控制系统控制规律和参数的依据是被控过程输出与参考模型输出的广义偏差。通过调整控制规律和参数，使系统的实际输出尽可能与参考模型一致。

模型参考自适应控制系统除了如图 8-8 所示的并联结构之外，还有串联结构、串-并联结构等其他形式。按照自适应原理不同，模型参考自适应控制系统还可分为参数自适应、信号综合自适应或混合自适应等多种类型。

8.6　推断控制

实际生产过程中常常遇到被控变量不能直接测量的问题，如精馏塔塔顶和塔底的产品成分、聚合反应的平均相对分子质量、化学反应过程的转化率等，这类问题不能采用反馈控制达到被控变量的平稳操作。如果引起过程控制问题的扰动是可测的，可用前馈控制来补偿扰动对被控变量的影响，使不可测输出保持在设定值上。假若扰动也不能直接测量，就无法采用前馈控制方法对扰动进行补偿。这些正是推断控制要解决的问题。

推断控制是美国学者 C. B. Brosilow 等 1978 年提出的。它利用过程中可直接测量的变量，如温度、压力、流量等信息作为辅助变量，来推断不可直接测量的扰动对过程输出（如产品质量、成分等）的影响，然后基于这些推断估计量来确定控制输入，以消除不可直接测量的扰动对过程主要输出即被控变量的影响，改善控制品质。

推断控制系统的基本组成如图 8-9 所示，它通常由信号分离、估计器、推断控制器三部分组成。

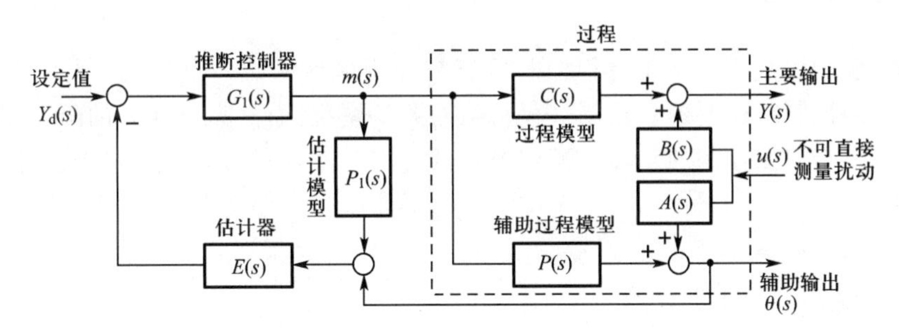

图 8-9　推断控制系统方块图

（1）信号分离

引入估计模型 $P_1(s)$ 将不可直接测量扰动 $u(s)$ 对辅助输出 $\theta(s)$ 的影响分离出来，若估计模型 $P_1(s)$ 与辅助过程模型 $P(s)$ 相同，则控制变量 $m(s)$ 经估计模型 $P_1(s)$ 对估计器 $E(s)$ 产生作用与控制变量 $m(s)$ 经辅助过程模型 $P(s)$ 产生的作用相抵消，因而送入估计器 $E(s)$ 的信号仅为扰动变量对辅助过程的影响，从而实现了信号分离。

由于过程的主要输出 $Y(s)$ 是不易测量的被控变量，因此引入易测量的过程辅助输出 $\theta(s)$。

（2）估计器 $E(s)$

估计器 $E(s)$ 用于估计不可直接测量扰动 $u(s)$ 对过程主要输出 $Y(s)$ 的影响。估计器选取合适算法，如最小二乘估计，使估计器的输出为不可直接测量扰动 $u(s)$ 对被控变量（即主要输出）影响的估计值。

（3）推断控制器 $G_1(s)$

推断控制器的设计应能使系统对设定值的变化具有良好的跟踪性能，对外界扰动具有良好的抗扰动能力。一般推断控制器 $G_1(s)$ 设计为过程模型的逆，即在不可直接测量扰动 $u(s)$ 作用下，主要输出 $Y(s)=0$，而在设定值发生变化时，$Y(s)=Y_d(s)$。

对于实际系统，这样设计的控制器有时难以实现（受元器件的物理特性约束），为此需加

入滤波器 $F(s)$。显然,加入滤波器 $F(s)$之后,要实现设定值变化的动态跟踪以及不可直接测量扰动的完全动态补偿是不可能的。但只要滤波器的稳态放大倍数为1,则系统的稳态性能就能够得到保证,实现稳态无差控制。

推断控制系统的成功与否,在于是否有可靠的不可测变量(输出)估计器,而这又取决于对过程的了解程度。如果过程模型很精确,就能得到理想的估计器,控制效果较理想。当过程模型只是近似模型时,推断控制的控制品质将随过程模型的精度不同而不同。由于推断控制是基于模型的控制,要获得精确过程模型的难度较大,所以这类推断控制应用不多。

如图8-9所示推断控制,其实质是估计出不可测扰动以实现前馈性质的控制。从这个意义上讲它是开环控制。因此要进行完全不可测扰动的补偿以及实现无差控制,必须准确地已知过程数学模型以及所有扰动特性,然而这在过程控制中往往是相当困难的。为了克服模型误差以及其他扰动所导致的过程输出稳态误差,在可能的条件下,推断控制常与反馈控制系统结合起来,构成推断反馈控制系统。

8.7 模糊控制

近年来,模糊控制成为工业过程控制研究与应用最活跃的一个分支。与一般工业控制方法相比,模糊控制不需要建立控制过程精确的数学模型,而是完全凭人的经验知识“直观”地进行控制,属于智能控制的范畴。模糊控制具有实时性好,超调量小,抗干扰能力强,稳态误差小等优点。

8.7.1 模糊控制的特点

与各种精确控制方法相比,模糊控制有如下特点:

(1)模糊控制完全是在模仿操作人员控制经验的基础上设计的控制系统,使一些难以建模的复杂生产过程的自动控制成为可能。只要这些过程能在人工控制下正常运行,而人工控制的操作经验又可以归纳为模糊控制规则,就可设计出模糊控制器。

(2)模糊控制具有较强的健壮性,被控过程特性对控制性能影响较小。这是由于模糊控制规则体现了人的思维过程,对过程特性变化有很强的适应能力。

(3)基于模糊控制规则的推理、运算过程简单,控制实时性好。

(4)模糊控制机理符合人们对过程控制的直观描述和思维逻辑,为人工智能和专家系统在过程控制中的应用奠定了基础。模糊控制所采用的模糊控制规则是人类知识的应用,是一类简单的专家系统。

8.7.2 模糊控制的结构

图8-10为模糊控制系统框图,点划线部分为模糊控制器。从系统结构上来说,模糊控制系统与一般的数字控制系统类似,过程的输出(被控变量) y 反馈到输入端与设定值进行比较后得到偏差 e 和偏差变化率 $\dot{e}$,然后将之输入到模糊控制器,由模糊控制器推断出控制量 u 来控制过程。

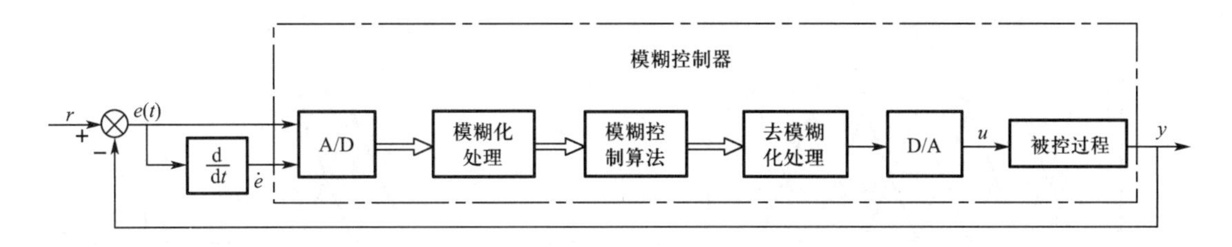

图 8-10　模糊控制系统框图

由于对模糊控制来说，输入和输出都是精确的数值，模糊控制规则采用模糊语言变量，用模糊逻辑进行推理，因此必须将输入数据变换成模糊语言变量，这个过程称为精确量的模糊化(Fuzzification)；然后进行推理，形成控制策略(变量)；最后将控制策略转换成一个精确的控制变量值，即去模糊化(Defuzzification，亦称清晰化)，并输出控制变量来控制实际被控过程。

模糊控制器的基本结构图如图 8-11 所示。

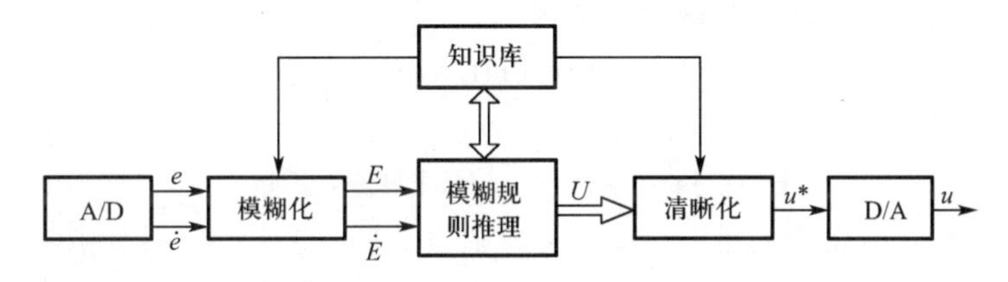

图 8-11　模糊控制基本结构图

下面分别对模糊化、模糊规则推理、清晰化以及知识库功能进行简单说明。

(1)模糊化

模糊化是将偏差 e 及其变化率 $\dot{e}$ 的精确量转换为模糊语言变量，即根据输入变量模糊子集的隶属函数找出相应的隶属度，将 e 和 $\dot{e}$ 变换成模糊语言变量 E、$\dot{E}$。在实际控制过程中，把一个实际物理量划分为“正大”“正中”“正小”“零”“负小”“负中”“负大”7 级，分别以英文字母 PB、PM、PS、ZE、NS、NM、NB 表示。每一个语言变量值都对应一个模糊子集。首先要确定这些模糊子集的隶属度函数 $\mu(\cdot)$，才能进行模糊化。

一个语言变量的各个模糊子集之间并没有明确的分界线，在模糊子集隶属度函数的曲线上表现为这些曲线相互重叠。相邻隶属度函数有合适的重叠是模糊控制器对于对象参数变化具有鲁棒性的依据。

隶属度函数曲线形状对控制性能的影响不大，一般选择三角形或梯形。形状简单，计算工作量小，而且当输入值变化时，三角形隶属度函数比正态分布函数具有更大的灵敏性。在某一区间内，要求控制器精度高、响应灵敏，则相应区间的分割细一些，三角形隶属度函数曲线斜率取大一些，如图 8-12(a)所示。反之，对应区域的分割粗一些、隶属度函数曲线变化平缓一些，甚至呈水平线形状，如图 8-12(b)所示。

一个模糊控制器的非线性性能与隶属度函数总体的位置及分布有密切关系，每个隶属度函数的宽度与位置又确定了每个规则的影响范围，它们必须重叠。在设定一个语言变量的隶属度函数时，要考虑隶属度函数的个数、形状、位置分布和相互重叠程度等。要特别注意，语言变量的级数设置一定要合适。如果级数过多，则运算量大，控制不及时；如果级数过

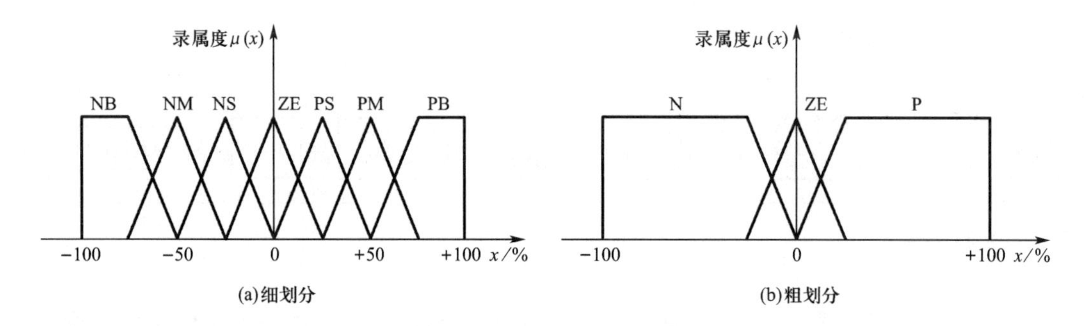

图 8-12 数值变量分割及语言描述

少，则控制精度低。

(2)模糊规则推理

模糊控制器的核心是依据语言规则进行模糊推理。在控制器设计时，首先要确定模糊语言变量的控制规则。语言控制规则来自操作者和专家的经验知识，并通过实验和实际使用效果不断进行修正和完善。规则的形式为

$$\text{IF}\cdots\text{THEN}\cdots$$

一般描述为

$$\text{IF } X \text{ is } A \text{ and } Y \text{ is } B\text{, THEN } Z \text{ is } C$$

这是表示系统控制规律的推理式，称为规则(Rule)。其中 IF 部分的"X is A and Y is B"称为前件部，THEN 部分的"Z is C"称为后件部，X、Y 是输入变量，Z 是推理结论。在模糊推理中，X、Y、Z 都是模糊变量，而现实系统中的输入、输出量都是确定量，所以在实际模糊控制实现中，输入变量 X、Y 要进行模糊化，Z 要进行清晰化。A、B、C 是模糊集，在实际系统中用隶属度函数 $\mu(\cdot)$表示，一个模糊控制器是由若干条规则组成的，输入、输出变量可以有多个。

模糊控制用规则来描述，规则多少、规则重叠程度、隶属度函数形状等都可以根据输入、输出变量个数及控制精度的要求灵活确定。

推理规则对于控制系统的品质起着关键作用，为了保证系统品质，必须对规则进行优化，确定合适的规则数量和正确的规则形式；同时给每条规则赋予适当的权值或置信因子(Credit Factor)，置信因子可根据经验或模拟实验确定，并根据使用效果不断修正。

(3)清晰化

清晰化就是将模糊语言变量转换为精确的数值，即根据输出模糊子集的隶属度计算出确定的输出数值。清晰化有各种方法，其中最简单的一种是最大隶属度方法。在控制技术中最常用的清晰化方法则是面积重心法 COG(Center of Gravity)，其计算式为

$$\mu = \frac{\sum \mu(x_i) x_i}{\sum \mu(x_i)}$$

式中，$\mu(x_i)$为各规则结论 x_i的隶属度。如果是连续变量，则要用积分形式来表示。

选择清晰化方法时，应考虑隶属度函数的形状、所选择的推理方法等因素。

(4)知识库

知识库包含了有关控制系统及其应用领域的知识、要达到的控制目标等，由数据库和模

糊控制规则库组成。

数据库主要包括各语言变量的隶属度函数、尺度变换因子以及模糊空间的分级数等；规则库包括用模糊语言变量表示的一系列控制规则，它们反映了控制专家的经验和知识。

将上面四个方面综合起来，就能实现如图 8-11 所示模糊控制器的功能。

8.8　神经网络控制

人工神经网络以独特的结构和处理信息的方法，在许多领域得到应用并取得了显著的成效。基于神经网络的控制是一种基本上不依赖于模型的控制方法，适用于难以建模或具有高度非线性的被控过程。

8.8.1　神经元模型

(1)生物神经元模型

人的大脑是由大量的神经细胞组合而成的，它们之间互相连接，每个脑神经细胞(也称神经元)具有如图 8-13 所示的结构。脑神经元由细胞体、树突和轴突构成。细胞体是神经元的中心，它又由细胞核、细胞膜等组成。树突是神经元的主要接收器，用来接收信息。轴突的作用是传导信息，从轴突起点传到轴突末梢，轴突末梢与另一个神经元的树突或细胞体构成一种突触的机构，通过突触实现神经元之间的信息传递。

(2)人工神经元模型

人工神经元网络是利用物理器件来模拟生物神经网络的某些结构和功能。人工神经元模型如图 8-14 所示。

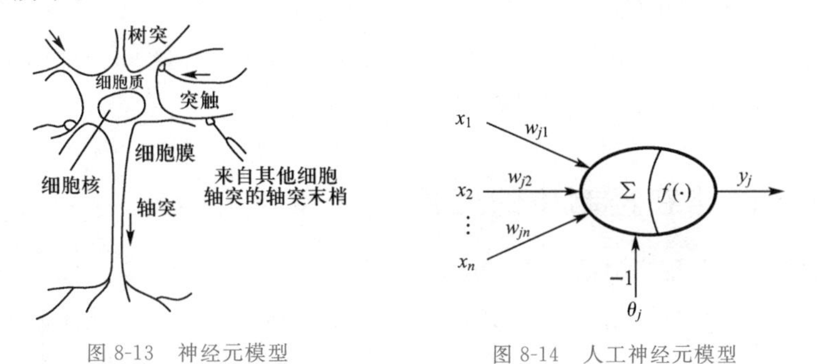

图 8-13　神经元模型　　图 8-14　人工神经元模型

如图 8-14 所示神经元模型的输入输出关系为

$$I_j = \sum_{i=1}^{n} w_{ji} x_i - \theta_j$$

$$y_j = f(I_j)$$

式中　θ_j——阈值；

w_{ji}——连接权值；

$f(\cdot)$——激发函数或变换函数。

常见的变换函数通常为取 1 和 0 的双值函数，或取 S 型函数、高斯函数等。

8.8.2 人工神经网络

将多个人工神经元模型按一定方式连接而成的网络结构，称为人工神经网络。人工神经网络是以技术手段来模拟人脑神经元网络特征的系统，如学习、识别和控制功能等，是生物神经网络的模拟和近似。人工神经网络有多种结构模型，如图 8-15(a)所示为前向神经网络结构，如图 8-15(b)所示为反馈型神经网络结构。

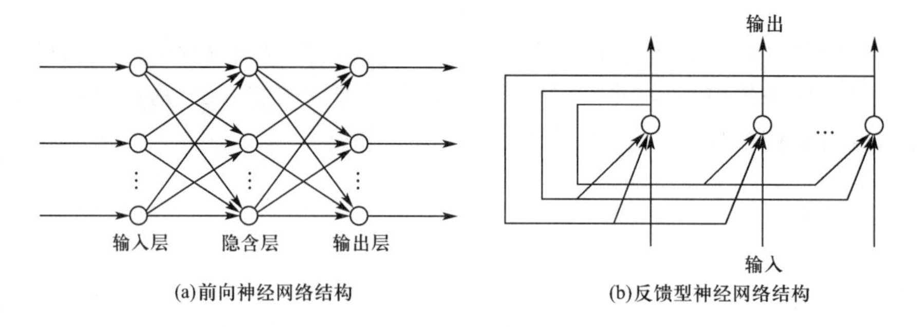

图 8-15　典型人工神经网络结构

神经网络中每个节点(一个人工神经元模型)都有一个输出状态变量 x_j；节点 i 到节点 j 之间有一个连接权系数 w_{ji}；每个节点都有一个阈值 θ_j 和一个非线性激发函数 $f(\cdot)$。

神经网络具有并行性、冗余性、容错性、本质非线性及自组织、自学习、自适应能力，已经成功地应用到许多领域。

最常用的一种人工神经网络称为 BP(Back Propagation)网络，如图 8-15(a)所示，是一种单向传播的多层前向网络。BP 网络由输入层、隐含层(可以有多个隐含层)和输出层构成，可以实现从输入到输出的任意非线性映射。BP 算法属于全局逼近方法，有较好的泛化能力，当参数适当时，能收敛到较小的均方误差，是当前应用最广泛的一种网络；缺点是训练时间长，易陷入局部极小，隐含层数和隐含节点数难以确定。

8.8.3 神经网络在控制中的应用

神经网络控制是指在控制系统中采用神经网络，对难以精确描述的复杂非线性对象进行建模、特征识别，或作为优化计算、推理的有效工具。神经网络与其他控制方法结合，构成神经网络控制器或神经网络控制系统等，其在控制领域的应用可简单归纳为以下几个方面：

(1)在基于精确模型的各种控制结构中作为对象的模型。

(2)在反馈控制系统中直接承担控制器的作用。

(3)在传统控制系统中实现优化计算。

(4)在与其他智能控制方法，如模糊控制、专家控制等相融合，为其提供非参数化对象模型、优化参数、推理模型和故障诊断等。

基于传统控制理论的神经网络控制有很多种，如神经逆动态控制、神经自适应控制、神经自校正控制、神经内模控制、神经预测控制、神经最优决策控制和神经自适应线性控制等。基于神经网络的智能控制有神经网络直接反馈控制，神经网络专家系统控制，神经网络模糊逻辑控制和神经网络滑模控制等。

8.9　故障诊断与容错控制

随着现代自动化水平的日益提高，系统的规模日益扩大，系统的复杂性也迅速增加，同时系统的投资也越来越大。因此，人们迫切希望提高控制系统的可靠性和可维修性，故障诊断与容错控制技术为提高系统的可靠性提供了一条新的途径。

8.9.1　故障检测与诊断

故障检测与诊断技术是指对系统的异常状态的检测、异常状态原因的识别以及包括异常状态预测在内的各种技术的总称。它是一项建立在机械工程、测试技术、信号处理、计算机应用技术、人工智能等众多理论基础上的新兴综合性科学技术。

故障的类型一般分为三类：①被控过程（对象）的故障；②仪表器件的故障；③软件故障。故障产生的原因一般是：系统设计错误（包括测量和控制软件不完善导致的故障）、设备性能退化（包括对象和仪表的性能退化）、操作人员的误操作等。

故障检测与诊断的任务主要分为四个方面：

（1）故障建模

按照先验信息和输入输出关系，建立系统故障的数学模型，作为故障检测与诊断的依据。

（2）故障检测

从可测或不可测的估计变量中，判断运行的系统在某一时刻是否发生故障，一旦系统发生意外变化，应发出警报。

（3）故障的分离与估计

如果系统发生故障，给出故障源位置，区别故障原因是执行器、传感器和被控对象等或是特大扰动。故障估计是在弄清故障性质的同时，计算故障的程度、大小及故障发生的时间等参数。

（4）故障的分类、评价与决策判断

诊断故障的严重程度，以及故障对系统的影响和发展趋势，针对不同的工况提出相应的措施和方法，包括软件补偿和硬件替换，来抑制和消除故障的影响，使系统恢复到正常工况。

故障检测与诊断的主要方法如下：

①基于控制系统动态模型的方法

控制系统的变送器、执行器和被控系统可以由动态模型来描述。基于动态模型就有可能对其故障进行检测和诊断。诊断的思路是利用观测器或滤波器对控制系统的状态或参数进行重构，并构成残差序列，然后采用一些措施来增强残差序列中所含的故障信息，抑制模型误差等非故障信息，通过对残差序列的统计分析就可以检测出故障发生并进行故障诊断。

②不依赖于控制系统动态模型的方法

由于控制系统的复杂性，使得很多控制系统的建模非常困难或很不准确。因此，上述的基于动态模型的方法就不太适用。不依赖于控制系统动态模型的方法也就应运而生。这种方法是与人工智能紧密相连的，类型很多。

8.9.2 容错控制

容错控制系统是在元部件（或分系统）出现故障时仍可完成基本功能的系统，其意义就是要尽量保证动态系统在发生故障时仍然可以稳定运行，并具有可以接受的性能指标。容错控制是提高系统安全性和可靠性的一种新的途径。由于任何系统都不可避免地会发生故障，因此，容错控制可以看成是保证系统安全运行的最后一道防线。

控制系统的故障诊断和容错控制有着密切的关系。故障诊断是容错控制的基础和准备，容错控制则为故障诊断研究注入了新的活力。容错控制的研究目前尚处于初创阶段，从理论到应用也将需要一个发展过程。

容错控制器的设计方法有硬件冗余方法和解析冗余方法两大类。硬件冗余方法是，通过对重要部件及易发生故障部件提供备份，以提高系统的容错性能。解析冗余方法主要是通过设计控制器来提高整个控制系统的冗余度，从而改善系统的容错性能。

（1）基于硬件结构上的考虑，对于某些子系统，可以采用双重或更高重备份的办法来提高系统的可靠性，这也是一种有效的容错控制方法，在控制系统中得到了广泛应用。只要能建立起冗余的信号通道，这种方法可用于对任何硬件环节失效的容错控制。

（2）基于解析冗余上的考虑，与“硬件冗余”相对的是“软件冗余”，软件冗余又可分为解析冗余、功能冗余和参数冗余三种，它是利用系统中不同部件在功能上的冗余性，通过估计，以实现故障容错。从最近的发展看，又出现了两种新的软件冗余，即时间冗余和信息冗余。

通过估计技术或其他软件算法来实现系统容错控制，具有性能好、功能强、成本低和易实现等特点，因而近年来得到研究者们的广泛关注。基于“解析冗余”的容错控制器设计方法通常有控制器重构方法、完整性设计、基于自适应控制的容错控制器设计方法、基于专家系统和神经元网络的容错控制器设计方法等。

习　题

8-1　何谓软测量技术？其主要内容有哪些？核心是什么？

8-2　简述软测量技术各部分内容任务？

8-3　简述 Smith 预估计补偿器及应用场合？

8-4　耦合现象对控制系统有何影响？简述解除耦合的方法？

8-5　预测控制与 PID 控制有什么不同？

8-6　简述预测控制的 4 个特征？

8-7　何谓自适应控制？

8-8　简述自适应控制系统的基本功能？

8-9　按设计原理和结构的不同，自适应控制分为哪几类？有何特点？

8-10　何时采用推断控制？它由哪几部分组成？

8-11　简述模糊控制的特点。

8-12　简述模糊控制的基本结构组成。

8-13　最常用人工神经网络是哪几种？有何特点？

8-14　神经网络在控制中有哪些应用？

8-15　何谓故障检测与诊断技术？

8-16　故障检测与诊断的主要任务有哪些？

8-17　何谓容错控制？容错控制器的设计方法有哪些？

拓展阅读

中国科学院院士关肇直先生

第4篇 计算机控制系统

计算机控制系统的发展与计算机技术和工业生产技术的发展密切相关。传统的常规仪表控制系统无论是在性能上还是在控制规律上已不能满足现代化企业日益增长的需要。与常规仪表相比，计算机具有运算速度快、处理能力强、编程灵活性高、便于集中监视等特点，因而在过程工业中具有明显的优越性。

计算机控制系统的发展大体上经历了以下几个阶段：

(1)试验阶段(1965年以前)

1946年世界上第一台电子计算机问世；历经十余年的研究，1958年美国Louisina公司的电厂安装了第一个计算机安全监视系统；1959年美国Texaco公司的炼油厂安装了第一个计算机闭环控制系统。早期的计算机采用电子管，不仅运算速度慢，价格贵，而且体积大，可靠性差。

(2)实用阶段(1965年～1969年)

随着半导体技术与集成电路技术的发展，出现了专用于工业过程控制的高性能价格比的小型计算机。但当时的硬件可靠性还不够高，因此由单台计算机来控制几十个甚至上百个回路，会造成危险集中。为了提高控制系统的可靠性，常常要另外设置一套备用的模拟仪表控制系统或备用计算机。这样就造成了系统的投资过高，因而限制了其应用和发展。

(3)成熟阶段(1970年以后)

随着大规模集成电路技术的发展，1972年生产出运算速度快、可靠性高、价格便宜和体积很小的微型计算机，从而开创了计算机控制技术的新时代，即从传统的集中控制系统革新为分散型控制系统(Distributed Control System，简称DCS)。

20世纪80年代，随着超大规模集成电路技术的飞速发展，使得计算机向着超小型化、软件固化和控制智能化方向发展。20世纪90年代世界进入到一个信息时代，在离散型制造业的计算机集成制造系统(Computer Integrated Manufacturing System，简称CIMS)的启发下，连续过程工业界提出了一种把管理和控制融为一体的综合自动化系统，即计算机集成生产系统(Computer Integrated Production System，简称CIPS)。

与此同时，在控制系统体系结构上，继分散控制系统之后出现了新一代控制系统——现场总线控制系统(Fieldbus Control System，简称FCS)，它所代表的是一种数字化到现场、网络化到现场、控制功能到现场和设备管理到现场的发展方向，被誉为跨世纪的计算机过程控制系统。

第9章

计算机控制系统基础

9.1 概 述

计算机控制系统是以计算机为核心装置的自动化过程控制系统。如图 9-1 所示的全自动化生产车间，不仅操作人员少，而且原来许多常规的控制仪表和调节器也已被工业计算机所取代。计算机正在全天候地监控着整个生产过程，对温度、压力、流量、物位、成分、转数、位置等各种信息进行采样与处理，显示并打印各种参数和统计数字，并输出控制指令以操纵生产过程按规定方式和技术要求运行，从而完成控制与管理任务。

计算机控制系统基础

图 9-1 全自动化的生产车间

计算机控制系统是由常规仪表控制系统演变而来的，其闭环控制系统的组成结构如图 9-2 所示。控制器采用控制计算机即微型计算机与模/数(A/D)转换通道、数/模(D/A)转换通道来代替。由于计算机采用数字信号传递，而一次仪表多采用模拟信号传递，因此需要由 A/D 转换器将模拟量转换为数字量作为其输入信号，以及 D/A 转换器将数字量转换为模拟量作为其输出信号。

计算机控制系统的监控过程可归结为三个步骤：

①实时数据采集，对来自测量变送器的被控量的瞬时值进行采集和输入；

②实时数据处理，对采集到的被控量进行分析、比较和处理，按一定的控制规律运算，进行控制决策；

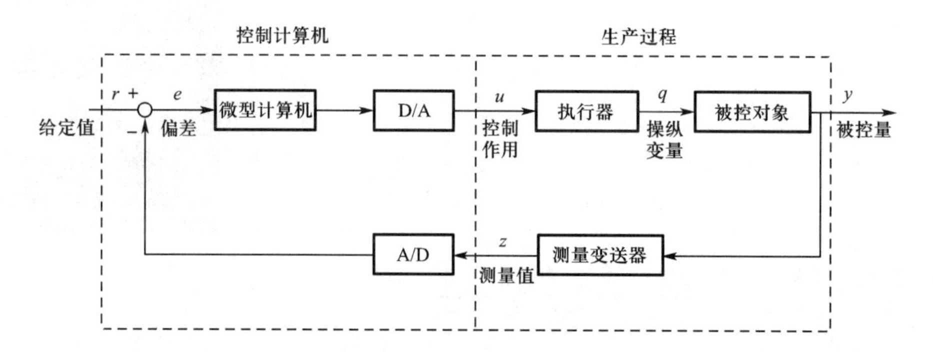

图 9-2 计算机闭环控制系统原理框图

③实时输出控制，根据控制决策，适时地对执行器发出控制信号，完成监控任务。

应用于工业过程控制的计算机系统包括硬件和软件两大部分。

9.2 系统的硬件组成

计算机控制系统的硬件一般是由主机、常规外部设备、过程输入输出设备、操作台和通信设备等组成，如图 9-3 所示。

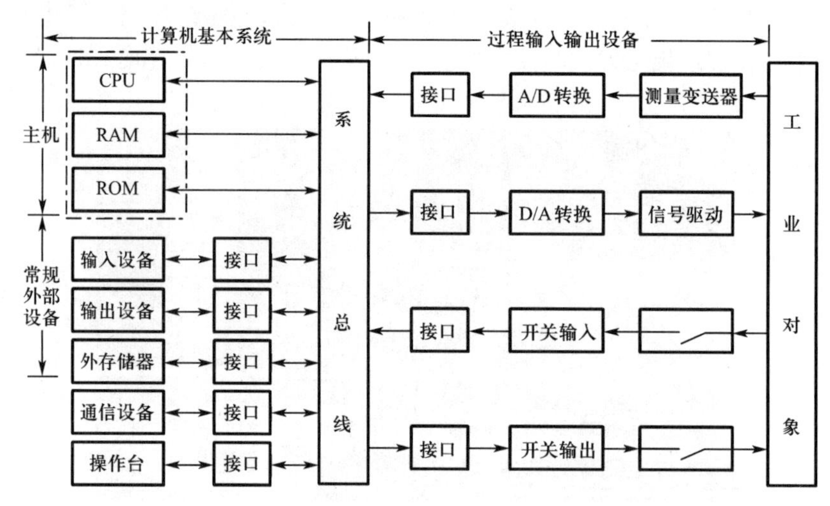

图 9-3 计算机控制系统硬件组成框图

1. 主机

由中央处理器(CPU)、读写存储器(RAM)、只读存储器(ROM)和系统总线构成的主机是控制系统的指挥部。主机根据过程输入通道发送来的反映生产过程工况的各种信息以及预定的控制算法，做出相应的控制决策，并通过过程输出通道向生产过程发送控制命令。

2. 常规外部设备

实现计算机和外界交换信息的设备称为常规外部设备，简称外设。它由输入设备、输出设备和外存储器等组成。

输入设备有键盘、光电输入机等，用来输入程序、数据和操作命令。输出设备有打印机、绘图机、显示器等，用来把各种信息和数据提供给操作者。外存储器有磁盘装置、磁带装置，兼有输入、输出两种功能，用于存储系统的程序和数据。

3. 过程输入输出设备

在计算机与生产过程之间起着信息传递和变换作用的连接装置，称为过程输入输出设备，又称过程输入通道和过程输出通道，统称为过程通道。

过程通道包括过程输入通道和过程输出通道。

过程输入通道又分为模拟量输入通道和数字量输入通道。模拟量输入通道把模拟量输入信号转变为数字信号；数字量输入通道则直接输入开关量信号或数字量信号。

过程输出通道又分为模拟量输出通道和数字量输出通道。模拟量输出通道把数字信号转换成模拟信号后输出；数字量输出通道则输出开关量信号或数字量信号。

(1)模拟量输入通道

模拟量输入通道的任务是把被控对象的过程参数如温度、压力、流量、液位、质量等模拟量信号转换成计算机可以接收的数字量信号。来自工业现场传感器或变送器的模拟量信号应首先进行信号调理，然后经多路模拟开关，分时切换，进行前置放大、采样保持和 A/D 转换，通过接口电路以数字量信号进入主机系统，从而完成对过程参数的巡回检测任务。该通道的核心是模/数转换器，即 A/D 转换器，通常把模拟量输入通道称为 A/D 通道或 AI 通道。

(2)模拟量输出通道

模拟量输出通道的任务是把计算机处理后的数字量信号转换成模拟量电压或电流信号，去驱动相应的执行器，从而达到控制的目的。模拟量输出通道一般是由接口电路、数/模转换器和电压/电流变换器等构成，其核心是数/模转换器，即 D/A 转换器，通常把模拟量输出通道称为 D/A 通道或 AO 通道。

(3)数字量输入通道

在计算机过程输入通道中，除了要处理模拟量信号以外，还要处理另一类信号——开关信号、脉冲信号等，如开关触点的通、断识别，仪器仪表的 BCD 码输入，脉冲频率信号的计数等。它们都是以电平的高、低或二进制的逻辑“1”“0”出现的，这些信号统称为数字量信号。

数字量输入通道，简称 DI 通道，它的任务是把生产过程中的数字信号转换成计算机易于接收的形式。

(4)数字量输出通道

在计算机过程输出通道中，也要处理一些数字量信号，如指示灯的亮、灭，继电器或接触器的吸合、释放，电机的启、停，晶闸管的通、断以及阀门的开、关等。

数字量输出通道，简称 DO 通道，它的任务是把计算机输出的微弱数字信号转换成能对生产过程进行控制的数字驱动信号。

4. 操作台

在计算机控制系统中，除了与生产过程进行信息传递的过程输入输出设备以外，还有与操作人员进行信息交换的常规输入输出设备。这种人机联系的典型装置是一个操作显示台或操作显示面板。

操作台一般由按键、开关、显示器件以及各种 I/O 设备(如 CRT、打印机、绘图机等)组成。

(1)键盘输入电路

键盘是一种最常用的输入设备，是一组按键的集合，从功能上可分为数字键和功能键两种，其作用是输入数据、命令，查询和控制系统的工作状态，实现简单的人机对话。

(2)LED 数码显示电路

显示装置是计算机控制系统中的一个重要组成部分，主要用来显示生产过程的工艺状况与运行结果，以便于现场工作人员的正确操作。LED(Light Emitting Diode)显示器因其成本低廉、配置灵活、与单片微型计算机接口方便等特点而得到广泛应用。8 段 LED 数码管显示器如图 9-4 所示。

(3)LCD 液晶显示器

液晶显示器 LCD(Liquid Crystal Display)是一种利用液晶的扭曲/向列效应制成的新型显示器，其液晶材料借助于外界光线的照射而实现被动显示。

LCD 可以做成显示数码的段位式、显示文字符号的字符式以及显示字符、图形的点阵式三种结构。图 9-5 为点阵式 LCD 显示器。

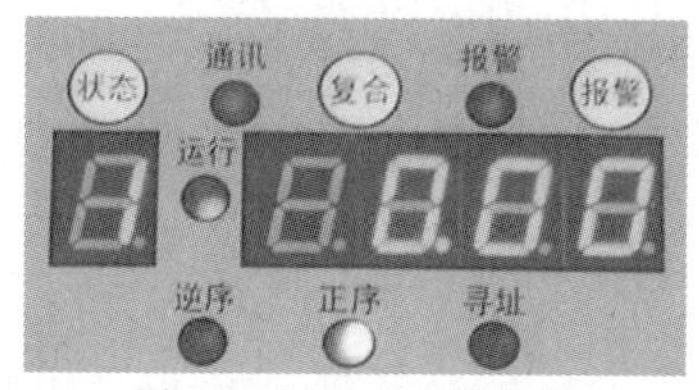

图 9-4　LED 显示器外观

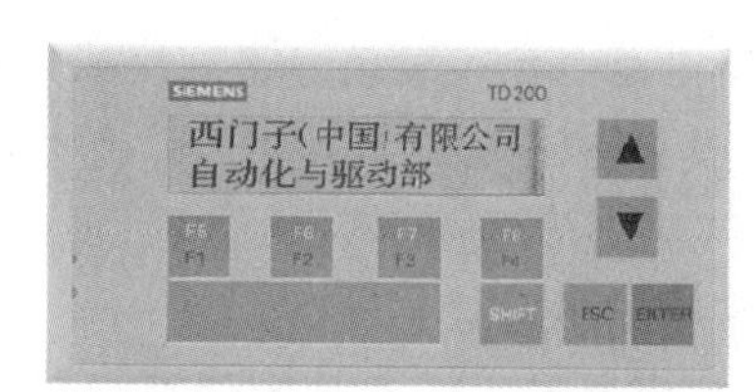

图 9-5　点阵式 LCD 显示器

(4)图形显示器

除了小型控制装置采用 LED 和 LCD 外，大中规模的计算机控制系统中，如图 9-6 所示的图形显示器已是必不可少的一种人机界面方式，它能一目了然地展示出图形、数据和事件等各种信息，以便操作者直观形象地监视和操作工业生产过程。

图 9-6　图形显示器

5. 通信设备

现代化工业生产过程的规模比较大，其控制与管理也很复杂，往往需要几台或几十台计算机才能分级完成。这样，在不同地理位置、不同功能的计算机之间就需要通过通信设备连接成网络，以进行信息交换。

随着现代化工业生产规模的不断扩大，对生产过程的控制和管理也日趋复杂。现代的计算机控制系统通常是一种由多台计算机分散配置在各处而构成的工业测量与控制网络。

(1)数据通信概念

数据通信的实质是以计算机为中心，通过某些通信线路与设备，对二进制编码的字母、数字、符号以及数字化的声音、图像信息进行传输、交换和处理。

数据通信的基本传输方式有并行通信和串行通信两种。

并行通信是指所传送数据的各位同时发送或接收。数据有多少位，就需要多少根传输线。这种传输方式的特点是传输速度快，但传输线数量多，成本高，适合于近距离传输。

串行通信是指所传送数据的各位按顺序一位一位地发送或接收。它的特点是只需一对传输线，甚至可以利用电话线作为传输线，这样就大大降低了传输成本，特别适用于远距离通信，一般的计算机控制系统均采用这种通信方式。

波特率是串行通信中的一个重要指标。它定义为每秒传送二进制数码的位数，单位是波特每秒(bit/s 或 bps、b/s)或兆波特每秒(Mb/s)。

(2)串行通信总线

将一台 PC 机与若干台智能仪表构成小型的分散测控系统，是目前计算机控制系统中最常用的一种网络模式。这种网络模式是把以单片机为核心的智能式仪表作为从机(又称下位机)，完成对工业现场的数据采集和各种控制任务，而 PC 机作为主机(又称上位机)将传送上来的数据进行复杂加工处理以及图文并茂地显示出来，同时将控制命令送给各个下位机，以实现集中管理和最优控制。

这里，关键问题是要解决 PC 机与各个单片机之间的数据通信问题。通常采用标准的串行通信总线——RS-232C 和 RS-485。

RS-232C 总线是由美国电子工业协会 EIA 于 1969 年修订的一种通信接口标准，专门用于数据终端设备 DTE 和数据通信设备 DCE 之间的串行通信。普通计算机的串行口 COM1 或 COM2 均符合 RS-232C 总线标准，因此在 PC 机与单片机装置的串行通信网络之间，必须在单片机装置中匹配 TTL/RS-232C 转换串行通信接口。为了保证数据传输的正确性，RS-232C 接口总线的传送距离一般不超过 15 m，传送信号速率不大于 20 KB/s。

EIA 在 RS-232C 的基础上又相继推出了改进型的 RS-422/423/485 等总线标准。其中 RS-485 串行通信接口以差分平衡方式传输信号，具有很强的抗共模干扰能力而大受欢迎。因此，现在的单片机智能仪表都配置了 RS-485 通信接口，以便于与上位机很方便地组成工业控制网络。RS-485 总线的传输距离最远可达 1 200 m(速率为 100 KB/s)，传输速率最高可达 10 MB/s(距离为 12 m)。

9.3 系统的软件组成

计算机控制系统的软件通常分为系统软件和应用软件两大类。系统软件是由计算机厂家提供的专门用来使用和管理计算机本身的程序，包括各种语言的汇编、解释及编译程序，机器的监控管理程序、操作系统、调试程序、故障诊断程序等。应用软件是用户针对生产过程要求而编制的各种应用程序，如数据采样、A/D 转换、数据预处理、数字滤波、标度变换、过程控制、D/A 转换、键盘处理、显示打印以及各种公共子程序等。

9.3.1 过程检测

由硬件构成的过程输入通道，把现场传感器或变送器的电信号转换成数字量后送入计算机，计算机在对这些数字量进行显示和控制之前，还必须根据需要进行相应的数据处理，如预处理、数字滤波、标度变换和越限报警等。

1. 测量数据预处理

对测量数据的预处理是计算机控制系统数据处理的基础。在测量输入通道中，均存在现场传感器、放大器等器件的零点偏移和温度漂移所造成的系统误差，计算机可通过相应的软件程序进行零点调整加以校正。

控制系统中不仅要考虑信号的幅度，还要考虑信号的极性。为此，在对 A/D 转换后的数据和 D/A 转换前的数据进行处理前，必须根据数据的极性进行预处理，才能保证得到正确结果。

2. 数字滤波方法

由于工业生产的现场环境非常恶劣，各种干扰源很多，计算机系统通过输入通道采集到的数据信号，虽经硬件电路的滤波处理，仍会混有随机干扰噪声。因此，为了提高系统性能，达到准确的测量与控制，一般情况下还需要进行数字滤波。

数字滤波，就是计算机系统对输入信号采样多次，然后用某种计算方法进行数字处理，以削弱或滤除干扰噪声造成的随机误差，从而获得一个真实信号（有效采样值）的过程。常用的数字滤波方法有平均值滤波、中值滤波、限幅滤波、惯性滤波等。

3. 标度变换算法

生产中的各种参数都有着不同的量纲和数值，但在计算机控制系统的采集与 A/D 转换过程中已变为量纲一的数据，当系统在进行显示、记录、打印和报警等操作时，必须把这些测得的数据还原为相应量纲的物理量。标度变换的任务是把计算机系统检测的对象参数的二进制数值还原变换为原物理量的工程实际值。

标度变换有各种不同的算法，常用变换方法如下：

(1)线性式标度变换

线性式标度变换是最常用的标度变换方式，其前提条件是传感器的输出信号与被测参数之间呈线性关系。

数字量 N_x 对应工程量的线性标度变换公式为

$$A_x=(A_m-A_0)\frac{N_x-N_0}{N_m-N_0}+A_0 \tag{9-1}$$

式中 A_0——一次测量仪表的下限（测量范围最小值）；

A_m——一次测量仪表的上限（测量范围最大值）；

A_x——实际测量值（工程量）；

N_0——仪表下限所对应的数字量；

N_m——仪表上限所对应的数字量；

N_x——实际测量值所对应的数字量。

【例 9-1】 某加热炉温度测量仪表的量程为 200～800 ℃，在某一时刻计算机系统采样并经数字滤波后的数字量为 CDH，求此时的温度是多少？（设该仪表的量程是线性的）

解 已知，$A_0=200$ ℃，$A_m=800$ ℃，$N_0=0_{(10)}$，$N_x=\text{CDH}=205_{(10)}$，$N_m=\text{FFH}=255_{(10)}$。根据式(9-1)，得此时的温度为

$$\begin{aligned}A_x&=(A_m-A_0)\frac{N_x}{N_m}+A_0\\&=(800-200)\times\frac{205}{255}+200=682\ ℃\end{aligned}$$

（2）非线性式变换

如果传感器的输出信号与被测参数之间呈非线性关系，则标度变换也应建立非线性式变换。例如，在差压法测流量中，流量与差压间的关系为

$$Q=K\sqrt{\Delta p} \tag{9-2}$$

式中　Q——流体流量；

K——刻度系数，与流体的性质及节流装置的尺寸有关；

Δp——节流装置前后的差压。

可见，流体的流量与被测流体流过节流装置前后产生的压力差的平方根成正比，于是得到测量流量时的标度变换公式为

$$Q_x=(Q_m-Q_0)\sqrt{\frac{N_x-N_0}{N_m-N_0}}+Q_0 \tag{9-3}$$

式中　Q_0——差压流量仪表的下限值；

Q_m——差压流量仪表的上限值；

Q_x——被测液体的流量测量值；

N_0——差压流量仪表下限所对应的数字量；

N_m——差压流量仪表上限所对应的数字量；

N_x——差压流量仪表测得差压值所对应的数字量。

（3）多项式变换

还有些传感器的输出信号与被测参数之间为非线性关系，它们的函数关系无法用一个解析式来表示，或者解析式过于复杂而难以直接计算。这时可以采用一个 n 次多项式来代替这种非线性函数关系，即用插值多项式来进行标度变换。

（4）查表法

所谓查表法就是把事先计算或测得的数据按照一定顺序编制成表格，查表法的任务就是根据被测参数的值或者中间结果，查出最终所需要的结果。这是一种非数值计算方法。

4. 越限报警处理

为了实现安全生产，在计算机控制系统中，对于重要的参数和部位，都设置紧急状态报警系统，以便及时提醒操作人员注意或采取应急措施，使生产继续进行或在确保人身设备安全的前提下终止生产。其方法就是把计算机采集的数据在进行预处理、数字滤波、标度变换之后，与该参数的设定上限、下限值进行比较，如果高于上限值或低于下限值则进行报警，否则就作为采样的正常值，进行显示和控制。

报警方式分为普通声光报警、模拟声光报警和语音报警等。

9.3.2　过程控制

在传统的模拟仪表控制系统中，控制器的控制作用是由仪表的硬件电路完成的，而在计算机控制系统中，是由软件算法完成的。

同模拟控制系统一样，PID 也是数字控制系统中最基本最普遍的一种控制规律。用计算机实现 PID 控制，不只是简单地把 PID 控制规律数字化，而是进一步与计算机的强大运

算能力、存储能力和逻辑判断能力结合起来，使 PID 控制更加灵活多样，将 PID 算法修改的更合理，参数的整定和修改更方便，更能满足控制系统提出的各种要求。

1. 数字 PID 控制算法

PID 控制器的数学表达式为

$$u(t)=K_{\mathrm{P}}\left[e(t)+\frac{1}{T_{\mathrm{I}}}\int_{0}^{t}e(t)\mathrm{d}t+T_{\mathrm{D}}\frac{\mathrm{d}e(t)}{\mathrm{d}t}\right] \tag{9-4}$$

由于计算机控制是一种采样控制，它只能根据采样时刻的偏差值计算控制量，因此式(9-4)中的积分和微分项不能直接使用，需要进行离散化处理。以一系列的采样时刻点 kT 代替连续时间 t，以累加和代替积分，以增量代替微分，可得离散的数字 PID 表达式为

$$u(k)=K_{\mathrm{P}}\left\{e(k)+\frac{T}{T_{\mathrm{I}}}\sum_{j=0}^{k}e(j)+\frac{T_{\mathrm{D}}}{T}[e(k)-e(k-1)]\right\} \tag{9-5}$$

或

$$u(k)=K_{\mathrm{P}}e(k)+K_{\mathrm{I}}\sum_{j=0}^{k}e(j)+K_{\mathrm{D}}[e(k)-e(k-1)] \tag{9-6}$$

式中　k—— 采样序号，$k=0,1,2,\cdots$；

$u(k)$—— 第 k 次采样时刻的计算机输出值；

$e(k)$—— 第 k 次采样时刻输入的偏差值；

$e(k-1)$—— 第$(k-1)$次采样时刻输入的偏差值；

K_{I}—— 积分系数，$K_{\mathrm{I}}=K_{\mathrm{P}}T/T_{\mathrm{I}}$；

K_{D}—— 微分系数，$K_{\mathrm{D}}=K_{\mathrm{P}}T_{\mathrm{D}}/T$。

由于计算机输出的 $u(k)$ 直接去控制执行机构(如阀门)，$u(k)$ 的值和执行机构的位置(如阀门的开度)是一一对应的，所以通常称式(9-5)或式(9-6)为位置式 PID 控制算法。这种算法的缺点是，由于全量输出，每次输出均与过去的状态有关，计算时要对 $e(k)$ 进行历次累加，计算机的存储量与工作量相当大。

由式(9-6)推导出提供增量的 PID 控制算式为

$$\begin{aligned}\Delta u(k)&=K_{\mathrm{P}}[e(k)-e(k-1)]+K_{\mathrm{I}}e(k)+K_{\mathrm{D}}[e(k)-2e(k-1)+e(k-2)]\\&=K_{\mathrm{P}}\Delta e(k)+K_{\mathrm{I}}e(k)+K_{\mathrm{D}}[\Delta e(k)-\Delta e(k-1)]\end{aligned} \tag{9-7}$$

式中

$$\Delta e(k)=e(k)-e(k-1)$$

式(9-7)称为增量式 PID 控制算法。可以看出，由于计算机控制系统采用恒定的采样周期 T，一旦确定了系数 K_{P}、K_{I}、K_{D}，只要使用前 3 次测量值的偏差，即可求出控制增量。

2. 数字 PID 算法改进

(1) 积分分离 PID 算法

在过程的启动、结束或大幅度增减设定值时，短时间内形成的很大偏差会造成 PID 运算的积分量骤增，引起系统较大的超调甚至振荡，这种积分饱和作用产生的危害可以通过积分分离 PID 算法来消除，使系统既保持积分作用又减少超调量。

其具体实现如下：根据实际情况，人为地设定一个阈值 $\varepsilon>0$；当输入偏差 $|e(k)|>\varepsilon$ 时，即偏差较大时，采用 PD 控制，即在控制算法中去掉积分项；当 $|e(k)|\leqslant\varepsilon$ 时，即偏差较小时，采用 PID 控制。

(2) 实际微分 PID 算法

微分环节的引入,改善了系统的动态性能,但也容易引起高频干扰。在控制算法中加入低通滤波,即构成实际微分 PID 控制算法。

式(9-8) 为一种常见的实际微分 PID 算式

$$G(s)=\frac{U(s)}{E(s)}=K_P\frac{1}{1+T_f s}\left(1+\frac{1}{T_I s}+T_D s\right) \tag{9-8}$$

式中　T_f—— 惯性时间。

写成差分方程的形式为

$$\begin{cases}\Delta u(k)=C_1\Delta u(k-1)+C_2e(k)+C_3e(k-1)+C_4e(k-2)\\ u(k)=u(k-1)+\Delta u(k)\end{cases} \tag{9-9}$$

式中

$$C_1=\frac{T_f}{T+T_f},C_2=\frac{K_PT}{T+T_f}\left(1+\frac{T}{T_I}+\frac{T_D}{T}\right),C_3=-\frac{K_PT}{T+T_f}\left(1+2\frac{T_D}{T}\right),C_4=\frac{K_PT_D}{T+T_f}$$

除了以上两种改进方法外,还有微分先行 PID 算法、变速积分 PID 算法、带死区 PID 算法和 PID 比率算法等多种方法。

3. 数字 PID 参数整定

当一个控制系统已经组成,系统的控制质量就取决于控制器参数的整定,控制器参数的整定就是求取能满足某种控制质量指标要求的最佳控制参数。

因为计算机控制系统的采样周期要比化工生产过程的时间常数小得多,所以数字控制器 PID 的参数整定,完全可以仿照模拟调节器的各种参数整定方法,比如扩充临界比例度法、扩充响应曲线法等工程整定法。所不同的是,除了比例系数 K_P、积分时间 T_I 和微分时间 T_D 外,还有一个重要的参数 —— 采样周期 T 的选择。

表 9-1 列出了常用被测参数的数据采样周期的经验数据。

表 9-1　　采样周期 T 的经验数据

被测参数	采样周期	备注
流量	2～5 s	优先选用 1～2 s
压力	3～10 s	优先选用 6～8 s
液位	6～8 s	7 s
温度	15～20 s	或纯滞后时间
成分	15～20 s	优先选用 18 s

9.3.3　组态软件

在计算机控制系统中,用来作为开发设计应用软件的工具很多,如汇编语言、Visual Basic(VB)、Visual C(VC)、Labview 以及专用于工控的组态(Configuration)软件。

一般来说,采用通用的工业控制计算机,并选择通用的接口模板,再加上组态软件,就构成了基于组态技术的计算机控制系统。这在硬件上基本不再需要进行电路设计,而在软件上也不需要掌握复杂的编程语言,就能根据组态软件这个平台设计完成一个复杂工程所要求的所有功能，从而大大缩短了硬、软件开发周期，同时提高了工控系统的可靠性。

组态的意思就是多种工具模块的任意组合，含义是使用工具软件对计算机及软件的各种资源进行配置，使计算机或软件按照预先设置的指令，自动执行指定任务，满足使用者的要求。

1. 组态软件的发展趋势

20 世纪 80 年代，世界上第一个商品化监控组态软件(由美国的 Wonderware 公司研制的 Intouch)问世，随后又出现了 Intellution 公司的 FIX，通用电气的 Cimplicity，以及德国西门子的 WinCC 等；在国内比较知名的品牌有 KingView 组态王，MCGS，力控，Synall 等。

2. 组态软件的特点

组态软件具有实时多任务、接口开放、使用灵活、运行可靠的特点。其中最突出的特点是它的实时多任务性，可以在一台计算机上同时完成数据采集、信号数据处理、数据图形显示，可以实现人机对话、实时数据的存储、历史数据的查询、实时通信等多个任务。

组态软件主要解决的问题有：与现场设备之间进行数据采集和数据交换；将采集到的数据与上位机图形界面的相关部分连接；实时数据的在线监测；数据报警界限和系统报警；实时数据的存储、历史数据的查询；各类报表的生成和打印输出；应用系统运行稳定可靠；拥有良好的与第三方程序的接口，方便数据共享。

3. 使用组态软件的步骤

下面以组态王为例，简单说明利用组态软件设计监控系统的步骤：

(1)建模

根据实际需要，填写相关表格，为控制系统建立数学模型。

(2)设计图形界面

利用组态软件的图库(如反应罐、锅炉、温度计、阀门等)，使用相应的图形对象模拟实际的控制系统和控制设备。

(3)构造数据库变量

创建实时数据库，通过内部数据变量连接被控对象的属性与 I/O 设备的实时数据进行逻辑连接。

(4)建立动画连接

建立变量和图形画面中的图形对象的连接关系，画面上的图形对象通过动画的形式模拟实际控制系统的运行。

(5)运行、调试

这五个步骤并不是完全独立的，事实上，这些步骤常常是交错进行的。

4. 组态软件界面

常用的显示画面可以有总貌画面、分组画面、点画面、流程图画面、趋势曲线画面、报警显示画面、操作指导画面等。

(1)总貌画面

总貌画面就是最大限度地显示出多个控制回路的运行状态。图 9-7 给出一个中央空调控制系统的总貌画面，用柱形图表示控制回路的偏差，用小方块指示控制回路的报警状态，每个柱形或方块的颜色表示 1 个工位点(参数)，一般 8 个工位点为一组，每幅画面可显示约

40 个组、320 个点。

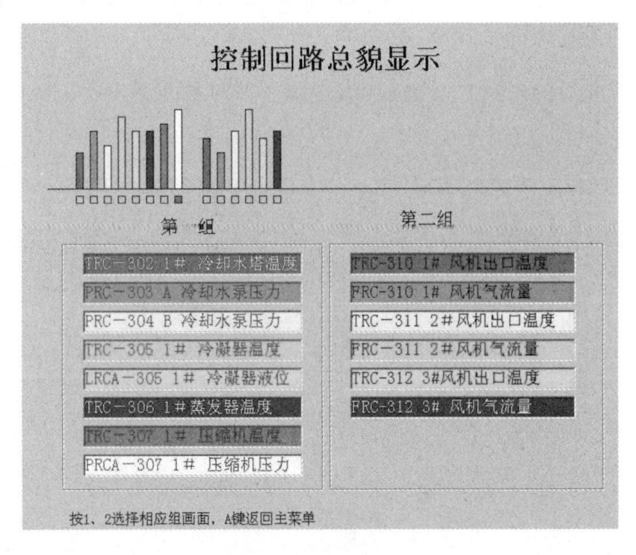

图 9-7　总貌画面

(2)分组画面

总貌画面中的每一组即 8 个工位点，对应一幅分组画面，如图 9-8 所示。以柱形图或方块形式同时显示 8 个 PID 控制回路或开关状态；用数字、光柱表示被控量 PV、给定值 SP、偏差量 DV 和控制量 OUT；用文字表示回路的工位号或名称以及运行状态，如自动 AUT、手动 MAN、串级 CAS 等。在分组画面上，操作员可对控制回路进行必要的操作，如改变 SP、OUT、AUT、MAN 等。此时，操作员可把每个显示回路当作一台虚拟的仪表调节器来操作，所以分组画面也称为控制画面。

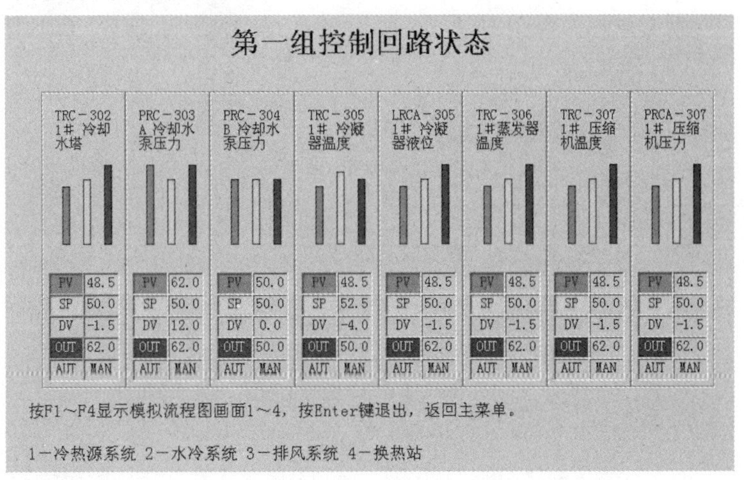

图 9-8　分组画面

(3)点画面

分组显示画面中的每一个工位点，对应一幅点画面，如图 9-9 所示。以柱形图、曲线、文字三种方式显示该 PID 控制回路的各种参数，如被控量 PV、给定值 SP、偏差量 DV 和控制量 OUT、比例带 P、积分时间 I、微分时间 D 等；并用 PV、SP 和 OUT 三条趋势曲线表示回路的运行状态。在点画面上，操作员可对该PID控制回路的各种参数进行调整，所以点画面也称单回路显示画面或调整画面。

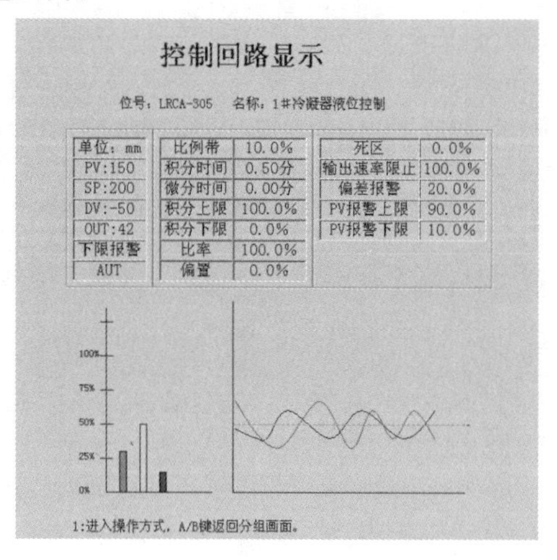

图 9-9　点画面

(4)流程图画面

流程图画面是由各种图素、文字和数据等组合而成，在一个画面上可显示出所有装置回路的图示状况和工艺流程。图 9-10 为一个中央空调水冷控制系统的工艺流程模拟图。画面上十分形象地展示出水塔、水泵、冷凝器、蒸发器、压缩机、风机盘管、阀门及管路系统，而且当某个动力设备如冷却水塔与冷却水泵启动时，画面上的水塔电机与冷却水泵即刻旋转起来，而且冷却水喷淋而下、管路水循环流动。如此，达到一个十分逼真形象的控制效果。

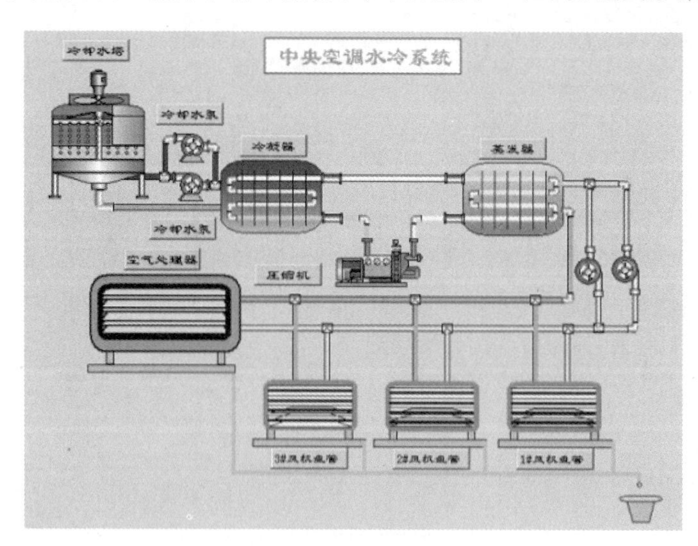

图 9-10　流程图画面

(5)趋势曲线画面

计算机控制系统采用趋势曲线画面来描述过程参数曲线，并将数据存入磁盘保存。趋势曲线包括实时趋势记录和历史趋势记录两种，如图 9-11 所示。图中给出了直角坐标下的

2 条参数曲线：横坐标表示时间，单位是年月日时分秒；纵坐标表示参数值，单位是百分数；工艺过程的温度参数用红颜色表示，液位参数用绿颜色表示。

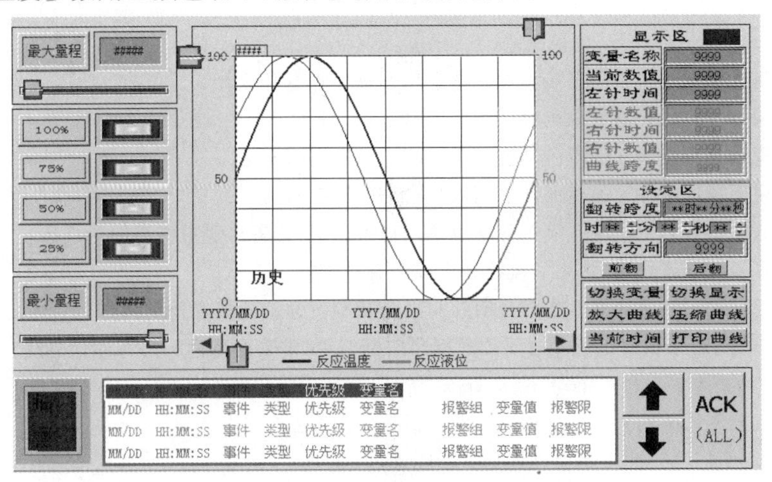

图 9-11　趋势曲线画面

(6)报警显示画面

报警显示画面上显示发生报警的时间、事件、类型、优先级、变量名等，如图 9-12 所示。该幅画面上一般可显示若干个报警点，按时间顺序显示，最新发生的报警点显示在首行。根据报警的等级可以分别用闪光、蜂鸣器和电铃来提醒操作人员。

图 9-12　报警显示画面

(7)操作指导画面

为了安全方便地操作，设计者按操作顺序预先将各项操作指令存入计算机，实际操作时，再以操作指导画面形式显示出来，用以指导操作。如果出现误操作，计算机会拒绝接收并显示出错标志，从而保证了安全操作。

习　题

9-1　计算机控制系统与常规仪表控制系统的主要异同点是什么？

9-2　简要说明计算机控制系统的硬件组成及其作用。

9-3　简要说明模拟量输入通道的功能、各组成部分及其作用

9-4　简要说明模拟量输出通道的功能、各组成部分及其作用。

9-5　何谓数字量信号？试举几例。数字量输入通道、数字量输出通道的功能是什么？

9-6　在计算机控制系统中，常用的监控显示画面有哪些？

9-7　数据通信的实质是什么？比较说明并行通信和串行通信的概念及其特点。

9-8　在PC机与各个单片机仪表之间的数据通信网络中，常采用哪两种串行通信总线？它们的传送距离和传送速率各为多少？

9-9　计算机控制系统的应用软件程序一般包括哪些内容？

9-10　分析说明标度变换的概念及其变换原理。

9-11　某温度测量系统(假设为线性关系)的测温范围为0～150 ℃，经ADC0809转换后对应的数字量为00H～FFH，试写出它的标度变换算式。

9-12　写出数字PID位置式控制算式与增量式控制算式。试比较它们的优缺点。

9-13　如何实现积分分离PID算法？

9-14　说出数字控制器PID参数整定的几种方法。

9-15　在计算机控制系统中，用来开发设计应用软件的工具语言有哪些？

第10章

常用计算机控制系统介绍

10.1 概 述

目前在生产过程中应用的计算机控制系统种类很多，比如可编程控制器，可编程调节器，单片微型计算机系统，工业控制计算机等。虽然它们的外观大相径庭，但其基本构成、基本功能、操作方法和通信联系等却具有共性，这已在第9章中做了详细讨论。

本章从生产过程的控制方案出发，首先介绍计算机控制系统的分类。然后重点讨论总线式工业控制机、分散型控制系统与现场总线控制系统。

10.1.1 数据采集系统

数据采集系统(Data Acquisition System，DAS)是计算机应用于生产过程最早、也是最基本的一种类型，如图10-1所示。生产过程中大量的被控参数经过测量变送和A/D通道或DI通道巡回采集后送入计算机，由计算机对这些数据进行分析和处理，并按操作要求进行屏幕显示、制表打印和越限报警。

该系统的作用是代替大量的常规显示、记录和报警仪表，对整个生产过程进行集中监视，对于指导生产以及建立或改善生产过程的数学模型有重要作用，是所有计算机控制系统的基础。

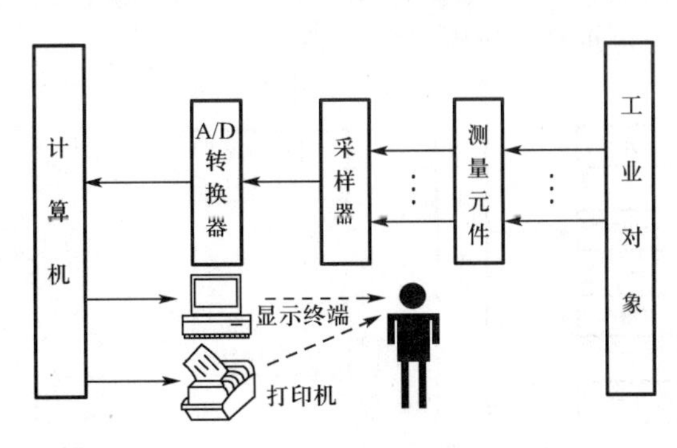

图10-1 数据采集系统

10.1.2 操作指导控制系统

操作指导控制(Operation Guide Control,OGC)系统,是基于数据采集系统的一种开环结构,如图 10-2 所示。计算机根据采集到的数据以及工艺要求进行最优化计算,计算出最优操作条件,并不直接输出、控制被控对象,而是显示或打印出来,操作人员据此去改变各个控制器的给定值或操作执行器,以达到操作指导的作用。它相当于模拟仪表控制系统的手动与半自动工作状态。

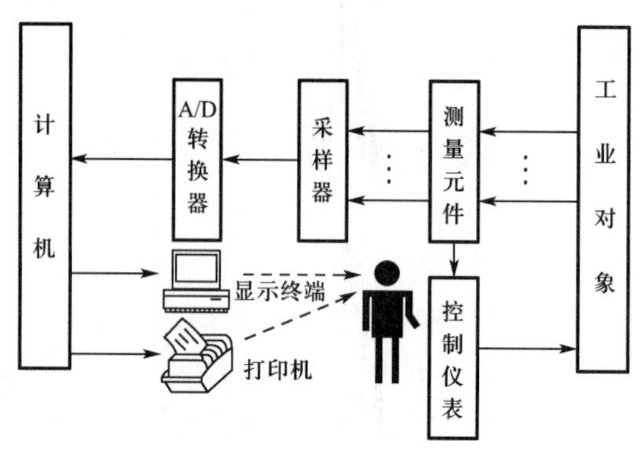

图 10-2 操作指导控制系统

OGC 系统的优点是结构简单,控制灵活、安全。缺点是要由人工操作,速度受到限制,不能同时控制多个回路。因此,常常用于计算机控制系统设置的初级阶段,或用于试验新的数学模型、调试新的控制程序等场合。

10.1.3 直接数字控制系统

直接数字控制(Direct Digital Control,DDC)系统如图 10-3 所示。DDC 系统用一台计算机不仅完成对多个参数的数据采集,而且能按一定的控制规律进行实时决策,并通过过程输出通道发出控制信号,实现对生产过程的闭环控制。为了操作方便,DDC 系统还配置一个包括给定、显示、报警等功能的操作控制台。

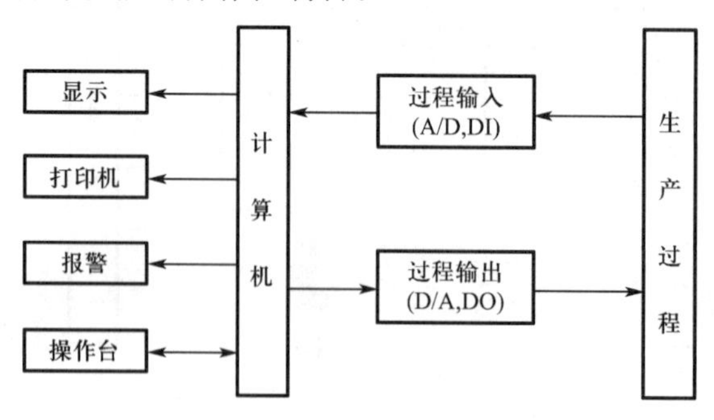

图 10-3 直接数字控制系统

10.1.4 监督计算机控制系统

监督计算机控制(Supervisory Computer Control,SCC)系统,是OGC系统与常规仪表控制系统或DDC系统综合而成的两级系统,如图10-4所示。SCC系统有两种不同的结构形式,一种是SCC+模拟控制器系统,也可称为计算机设定值控制系统,即SPC系统;另一种是SCC+DDC控制系统。其中,作为上位机的SCC计算机按照描述生产过程的数学模型,根据原始工艺数据与实时采集的现场变量计算出最佳动态给定值,送给作为下位机的控制器或DDC计算机,由下位机控制生产过程。这样,系统就可以根据生产工况的变化,不断地修正给定值,使生产过程始终处于最优工况。显然,这属于计算机在线最优控制的一种形式。

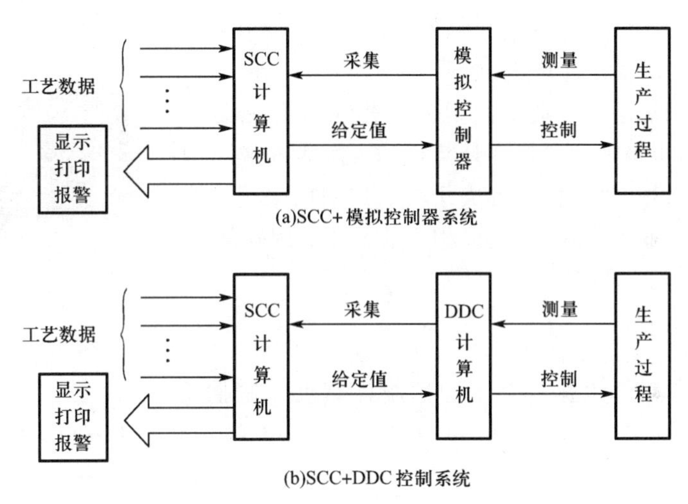

图10-4　监督计算机控制系统

当上位机出现故障时,可由下位机独立完成控制。下位机直接参与生产过程控制,要求其实时性好、可靠性高和抗干扰能力强;而上位机承担高级控制与管理任务,应配置数据处理能力强、存储容量大的高档计算机。

10.2 工业控制计算机

依赖于某种标准总线,按工业标准化设计,由主板以及各种I/O模板等组成,用于工业控制目的的微型计算机称为总线式工业控制计算机,或工业控制计算机,工业用计算机(Industrial Personal Computer),简称工业控制机、工控机或IPC。

10.2.1 结构组成

IPC基于总线技术与模块化结构,其硬件组成框图如图10-5所示。除了构成计算机基本系统的主机板、人-机接口、系统支持、磁盘系统、通信接口板外,还有AI、AO、DI、DO等数百种工业 I/O 接口板可供选择。其选用的各个模板彼此通过内部总线(如 PC、STD、VME、MULTIbus 等)相连,而由 CPU 通过总线直接控制数据的传送和处理。其外部总线(如 RS-232C、RS-485、IEEE-488 等)是 IPC 与其他计算机或智能设备进行信息传送的公共通道。

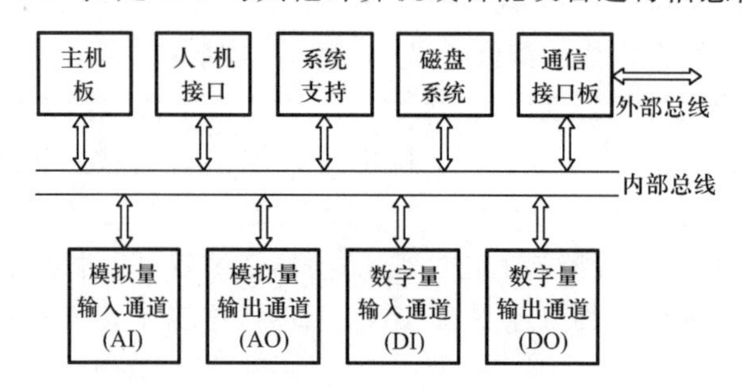

图 10-5 IPC 的硬件组成框图

IPC 的外形类似普通计算机,如图 10-6 所示。不同的是它的外壳采用全钢标准的工业加固型机架机箱,机箱密封并加正压送风散热,机箱内的原普通计算机的大主板变成通用的底板总线插座系统,将主板分解成几块 PC 插件,采用工业级抗干扰电源和工业级芯片,并配以相应的工业应用软件。

图 10-6 IPC-810/811 机箱

10.2.2 功能特点

IPC 是一种专用于工业场合下的控制计算机。工业环境常常处于高温、高湿、腐蚀、振动、冲击、灰尘,以及电磁干扰严重、供电条件不良等恶劣环境中;工业生产因行业、原料、产品的不同,使生产过程、工艺要求也各不相同。这些都构成了自动控制中面临解决的问题。由于 IPC 采用了总线技术和模板化结构,再加上采取了多重抗干扰措施,因此 IPC 系统具有其他微机系统无法比拟的功能特点。

1. 可靠性和可维修性好

可靠性和可维修性是生产过程中两个非常重要的先决因素,决定着系统在控制上的可用程度。可靠性的简单含义是指设备在规定时间内运行不发生故障,可维修性是指 IPC 发生故障时,维修快速、简单方便。

2. 通用性和扩展性好

通用性和扩展性关系着系统在控制领域中的使用范围。通用性的简单含义是指适合于各种行业、各种工艺流程或设备的自动化控制;扩展性是指当工艺变化或生产扩大时,IPC 能灵活地扩充或增加功能。

3. 软件丰富、编程趋向组态

IPC 已配备完整的操作系统、适合生产过程控制的工具软件以及各种控制软件包。工业控制软件正向结构化、组态化方向发展。

4. 控制实时性强

IPC 配有实时操作系统和中断系统,因而具有时间驱动和事件驱动能力,能对生产过程的工况变化进行实时地监视和控制。

5. 精度和速度适当

一般生产过程对于精度和运算速度要求并不苛刻。IPC 通常字长为 8～32 位，速度在每秒几万次至几百万次。

IPC 具有小型化、模板化、组合化、标准化的设计特点，能满足不同层次、不同控制对象的需要，又能在恶劣的工业环境中可靠地运行。因而，广泛应用于各种控制场合，尤其是十几到几十个回路的中等规模的控制系统中，还可作为大型网络控制系统中最基层的一种控制单元。

10.3 分散控制系统

分散控制系统(Distributed Control System)是以微处理器为基础，借助于计算机网络对生产过程进行分散控制和集中管理的先进计算机控制系统。国外将该类系统取名为分散控制系统，简称 DCS，国内也有人将其称为集散型控制系统，或者是分布式控制系统。

10.3.1 结构组成

典型的 DCS 体系结构分为三层，如图 10-7 所示。第一层为分散过程控制级；第二层为集中操作监控级；第三层为综合信息管理级。层间由高速数据通路 HW 和局域网络 LAN 两级通信线路相连，级内各装置之间由本级的通信网络进行通信联系。

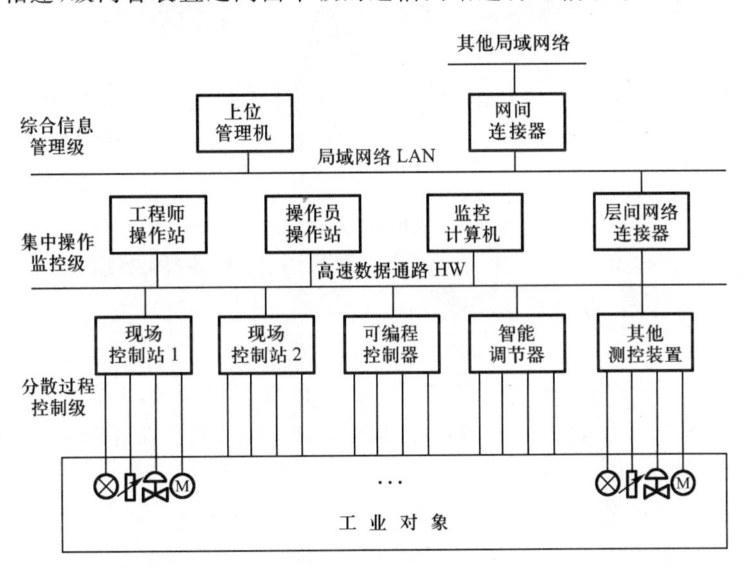

图 10-7　分散控制系统结构组成

1. 分散过程控制层

分散过程控制级是 DCS 的基础层，它向下直接面向工业对象，其输入信号来自生产过程现场的传感器(如热电偶、热电阻等)、变送器(温度、压力、液位、流量变送器等)及电气开关(输入触点)等，其输出去驱动执行器(调节阀、电磁阀、电机等)，完成生产过程的数据采集、闭环调节控制、顺序控制等功能;其向上与集中操作监控级进行数据通信,接收操作站下传加载的参数和操作命令,以及将现场工作情况信息整理后向操作站报告。

构成这一级的主要装置有:现场控制站,智能调节器,可编程控制器及其他测控装置。

(1)现场控制站

现场控制站具有多种功能,集连续控制、顺序控制、批量控制及数据采集功能为一身。

现场控制站一般是标准的机柜式机构,柜内由电源、总线、I/O 模件、处理器模件、通信模件等部分组成。机柜内部设若干层模件安装单元,上层安装处理器模件和通信模件,中间安装 I/O 模件,最下层安装电源组件。机柜内还设有各种总线,如电源总线,接地总线,数据总线,地址总线,控制总线等。

一个现场控制站中的系统结构如图 10-8 所示,包含一个或多个基本控制单元,基本控制单元由一个完成控制或数据处理任务的处理器模件以及与其相连的若干个输入/输出模件构成。基本控制单元之间,通过控制网络 Cnet 连接在一起。Cnet 网络上的上传信息通过通信模件,送到监控网络 Snet。同理,Snet 的下传信息,也通过通信模件和 Cnet 传到各个基本控制单元。在每一个基本控制单元中,处理器模件与 I/O 模件之间的信息交换由内部总线完成。内部总线可能是并行总线,也可能是串行总线。近年来,多采用串行总线。

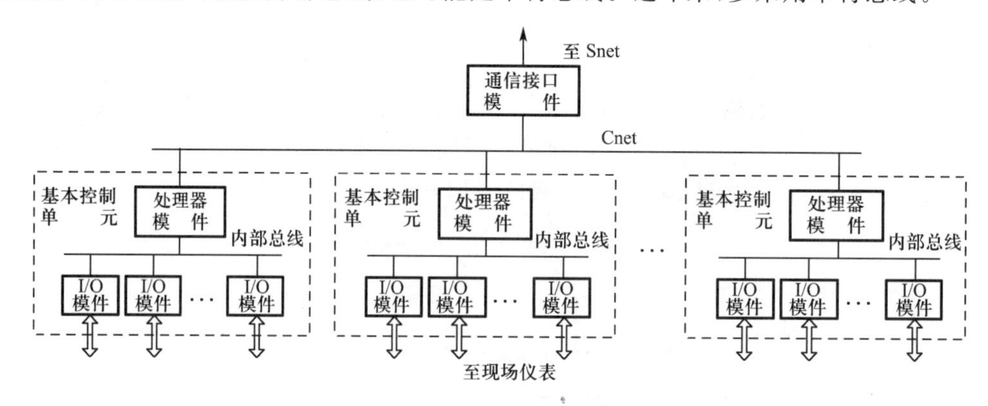

图 10-8 现场控制站的系统结构

现场控制站的主要功能有 6 种,即数据采集功能、DDC 控制功能、顺序控制功能、信号报警功能、打印报表功能、数据通信功能。

(2)智能调节器

智能调节器是一种数字化的过程控制仪表,也称可编程调节器。其外形类似于一般的盘装仪表,而其内部是由微处理器 CPU、存储器 RAM、ROM、模拟量和数字量 I/O 通道、电源等部分组成的一个微型计算机系统。

智能调节器可以接收和输出 4～20 mA 模拟量信号和开关量信号,同时还具有 RS-232 或 RS-485 等串行通信接口。一般有单回路、2 回路或 4 回路的调节器,控制方式除一般的单回路 PID 之外,还可组成串级控制、前馈控制等复杂回路。智能调节器不仅可以在一些重要场合下单独构成复杂控制系统,完成 1～4 个过程控制回路,而且可以作为大型分散控制系统中最基层的一种控制单元,与上位机连成主从式通信网络,接受上位机下传的控制参数,并上报各种过程参数。

(3)可编程控制器

可编程控制器,即PLC。PLC与智能调节器最大的不同点是:它主要配制的是开关量输入、输出通道,用于执行顺序控制功能。PLC主要用于按时间顺序控制或逻辑控制的场合,以取代复杂的继电接触控制系统。

在新型的PLC中,也提供了模拟量控制模块,其输入输出的模拟量信号标准与智能调节器相同,同时也提供了PID等控制算法。PLC一般均带有RS-485标准的异步通信接口。

同智能调节器一样,PLC的高可靠性和不断增强的功能,使它既可以在小型控制系统中担当控制主角,又可以作为大型分散控制系统中最基层的一种控制单元。

2. 集中操作监控层

集中操作监控级是面向现场操作员和系统工程师的,以操作、监视为主要任务:把过程参数的信息集中化,对各个现场控制站的数据进行收集,并通过简单的操作,进行工程量的显示、各种工艺流程图的显示、趋势曲线的显示以及改变过程参数(如设定值、控制参数、报警状态等信息);另一个任务是兼有部分管理功能:进行控制系统的组态与生成。

构成这一级的主要装置有:面向操作人员的操作员操作站、面向监督管理人员的工程师操作站、监控计算机及层间网络连接器。

(1)操作员操作站

操作员操作站,又称操作员接口站,是处理一切与运行操作有关的人机界面功能的网络节点,其主要功能就是使操作员可以通过操作员操作站及时了解现场运行状态、各种运行参数的当前值、是否有异常情况发生等,并可通过输出设备对工艺过程进行控制和调节,以保证生产过程的安全、可靠、高效、高质,即完成正常运行时的工艺监视和运行操作。

操作员操作站由IPC或工作站、工业键盘、大屏幕CRT和操作控制台组成,其显示画面由总貌画面、分组画面、点画面、流程图画面、趋势曲线画面、报警显示画面及操作指导画面等多种画面构成。

(2)工程师操作站

工程师操作站,又称工程师工作站,是面向系统管理人员而设计的管理型网络节点,其主要功能是为DCS进行离线配置和组态工作,并当系统在线运行时实时监视、及时调整系统的配置及一些系统参数的设定,使DCS随时处于最佳工作状态之下。

由于工程师操作站长期连续地在线运行,因此工程师操作站的计算机多采用IPC,而其他外设一般采用普通的标准键盘、CRT显示器。

工程师操作站的最主要功能是对DCS进行离线的系统配置和组态工作。系统配置又称硬件组态,主要包括:确定系统中控制站和操作站的数量,为控制站定义站号、网络节点号等网络参数,对每个控制站的输入输出组件的数量、类型等进行配置,还要指定各个点的信号性质、信号调理类型等。软件组态主要包括:控制回路组态,数据库组态,显示画面组态,操作安全保护组态,组态文件的下载和在线组态等。

3. 综合信息管理层

这一级主要由高档微机或小型机担当的管理计算机构成,如图10-7所示的顶层部分。DCS的综合信息管理级实际上是一个管理信息系统(Management Information System, MIS),由计算机硬件、软件、数据库、各种规程和人共同组成的工厂自动化综合服务体系和办公自动化系统。

企业 MIS 可粗略地分为市场经营管理、生产管理、财务管理和人事管理四个子系统。DCS 的综合信息管理级主要完成生产管理和市场经营管理功能。比如进行市场预测，经济信息分析；对原材料库存情况、生产进度、工艺流程及工艺参数进行生产统计和报表；进行长期性的趋势分析，做出生产和经营决策，确保经济效益最优化。

4. 各层间通信网络系统

DCS 各级之间的信息传输主要依靠通信网络系统来支持。通信网络分为低速、中速、高速。低速网络面向分散过程控制级；中速网络面向集中操作监控级；高速网络面向综合信息管理级。

网络的拓扑结构是指通信网络中各个节点或站相互连接的方法。一般分为星形、环形和总线形结构三种。DCS 厂家常采用环形网和总线形网，其中的各个节点是平等的，任意两个节点之间的通信可以直接通过网络进行，而不需要其他节点的介入。

下面就集散控制系统中常用的几种网络结构作一简要介绍。

(1)星型网络结构

星型网络结构如图 10-9 所示，形状呈星型。网络中各站有主、从之分。主、从站之间链路专用，传输效率高，便于程序集中研制和资源共享，通信也简单。但是主站负责全部信息的协调和传输，负荷很大，系统对主站的依赖性极大，一旦主站发生故障，整个通信就会中断。另外这种系统投资较大。

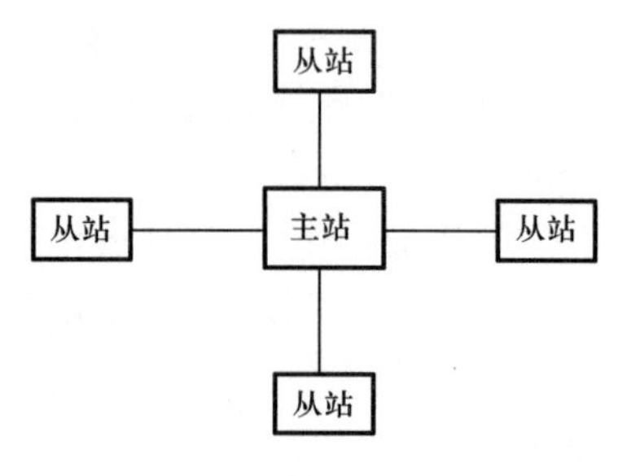

图 10-9　星型网络结构

(2)环型网络结构

环型网络结构如图 10-10 所示。网的首尾连成环型，是集散系统中应用较广泛的一种网络形式。这种网络信息的传送是从始发站依次经过诸站，最后又回到始发站，数据传输的方向可以是单向的，也可以是双向的。当然在双向环形数据通路中，需要考虑路径控制问题。若干个处理设备的信息也可以同时在环形通路传输。

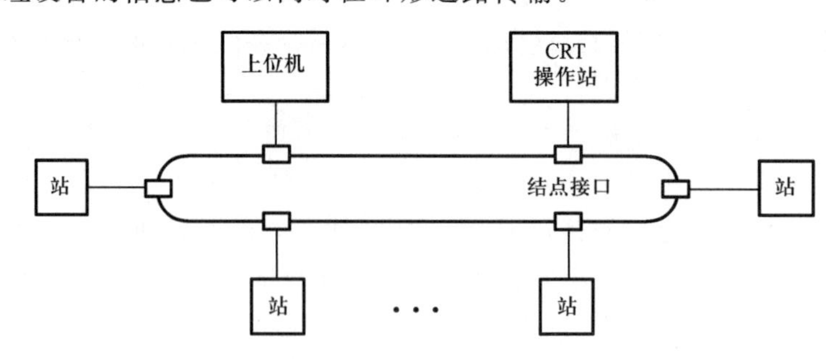

图 10-10　环型网络结构

环型结构的突出优点是结构简单、控制逻辑简单、挂接或摘除处理设备也比较容易。另外，系统的初始开发成本以及修改费用也比较低。环型结构的主要问题是可靠性，当节点处理机或数据通道出现故障时，会给整个系统造成威胁。这可通过增设“旁路通道”或采用双向环形数据通路等措施加以克服。当然也增加了系统的复杂性。

(3)总线型网络结构

总线型网络结构如图 10-11 所示。所有站，包括上位机都挂在总线上，各站有的分主从，有的不分。为控制通信，有的设有通信控制器，有的把通信控制功能分设在各站的通信接口中，前者称为集中控制方式，后者为分散控制方式。总线型通信网络的性能主要取决于总线的"带宽"、挂线设备的数目以及总线访问规程等。

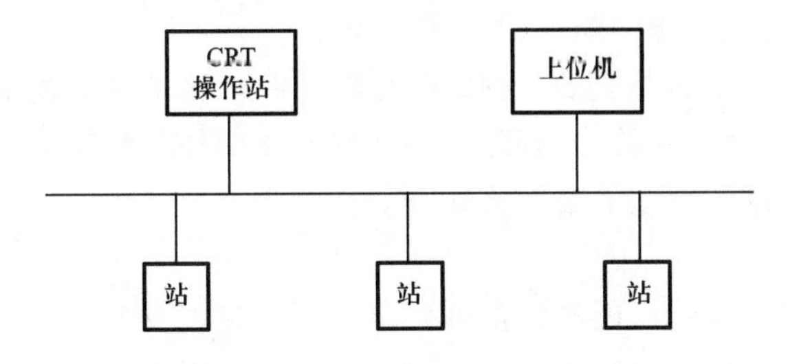

图 10-11　总线型网络结构

总线型网络结构简单，系统可大可小，扩展方便，易设置备用部件。安装费用也较低。如某个处理设备发生故障，不会威胁整个系统，而可降级使用，继续工作。总线型网络结构也是目前广泛采用的一种网络形式。

(4)组合网络结构

在比较大的集散控制系统中，为提高其可用性，常把几种网络结构合理地运用于一个系统中，发挥其各自的优点，如图 10-12(a)所示是环形网络和总线型网络相结合的系统，图 10-12(b)是总线型网络和星型网络相结合的系统。

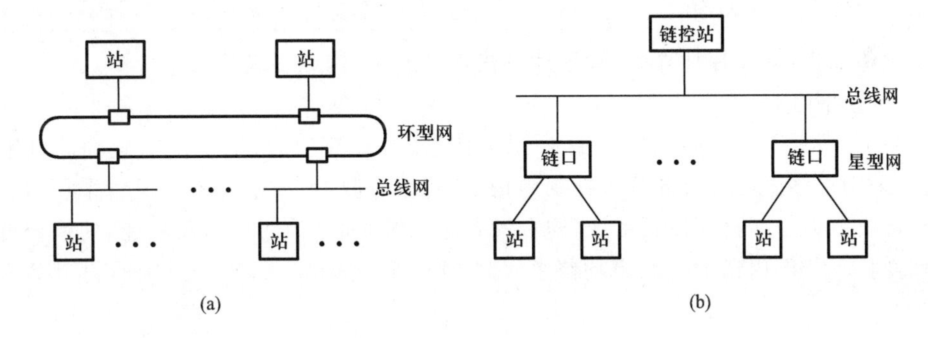

图 10-12　组合网络结构

10.3.2　功能特点

DCS 是随着现代计算机技术（Computer）、通信技术（Communication）、控制技术（Control）和图形显示技术（CRT）的不断进步及相互渗透而产生的，是"4C"技术的结晶。它既不同于分散的仪表控制系统，也不同于集中式的计算机控制系统，而是在吸收了两者的优点基础上发展起来的具有崭新结构体系和独特技术风格的新型自动化系统。其功能特点如下：

1. 功能齐全

集散控制系统可以完成从简单的单回路控制到复杂的多变量模型优化控制；可以执行从常规的 PID 运算到 Smith 预估、三阶矩阵乘法等各种运算；可以进行连续的反馈控制，也可以进行间断的批量(顺序)控制、逻辑控制；可以实现监控、显示、打印、报警、历史数据储存等日常的全部操作要求。

2. 人/机联系好，实现了集中监控和管理

操作人员通过 CRT 和操作键盘，可以监视全部生产装置以至整个工厂的生产情况，按预定的控制策略组成各种不同的控制回路，并调整回路的任一常数，而且还可以对机电设备进行各种控制，从而实现了真正的集中操作和监控管理。

3. 系统扩展灵活

集散系统采用模块式结构，用户可根据要求方便地扩大或缩小系统的规模，或改变系统的控制级别。集散系统采用组态方法构成各种控制回路，很容易对方案进行修改。

(1)硬件积木化

DCS 采用积木化硬件组装式结构，如果要扩大或缩小系统的规模，只需按要求在系统配置中增加或拆除部分单元，而系统不会受到任何影响。

(2)软件模块化

DCS 为用户提供了丰富的功能软件，用户只需按要求选用即可，大大减少了用户的开发工作量。

(3)通信网络化

通信网络是分散型控制系统的神经中枢，它将物理上分散的多台计算机有机地连接起来，实现了相互协调、资源共享的集中管理。通过高速数据通信线，将现场控制站、操作员操作站、工程师操作站、监控计算机、管理计算机连接起来，构成多级控制系统。

4. 安全可靠性高

DCS 的可靠性高，体现在系统结构、冗余技术、自诊断功能、抗干扰措施和高性能的部件。由于采用了多微处理机的分散控制结构，危险性分散，系统中的关键设备采用双重或多重冗余，还设有无中断自动控制系统(即自动备用系统)和完善的自诊断功能，使系统的平均无故障时间 MTBF 达到 10^5 天，平均修复时间 MTTR 为 10^{-2} 天，整个系统的利用率 A 达到 99.999 9%。

10.3.3 应用举例

目前在我国的石油、化工、冶金、电力、纺织、建材、造纸、制药等行业上已装备了上千套 DCS，其中国外著名品牌占据多数。近年来我国也正式推出了自行设计和制造的分散控制系统，并正在大力推广使用。表 10-1 列举了当前在我国应用较多的 DCS 产品。

表 10-1　国内外部分 DCS 产品

产品名称	生产厂家
TDC-2000，TDC-3000，TDC-3000/PM	Honeywell(美国霍尼威尔公司)
CENTUM，CENTUM-XL，μXL，CS	YOKOGAWA(日本横河机电公司)
SPECTRUM，I/A Series	Foxboro(美国福克斯波罗公司)
Network-90，INFI-90	Bailey Controls(美国贝利控制公司)
System RS3	Rosemount(美国罗斯蒙特公司)
MOD 300	Tayler(美国泰勒公司)
TELEPERM M, SIMATIC PCS7	Siemens(德国西门子公司)
HS-2000	中国北京和利时自动化工程有限公司
SUPCON JX	浙大中控自动化有限公司

下面给出美国贝利控制公司 INFI-90 DCS 应用于电厂锅炉控制的具体实例。

如图 10-13 所示为某 300 MW 单元机组锅炉控制部分采用 INFI-90 系统的硬件配置图。INFI-90 是以 10 MHz 的环形网作为系统网络，每个环网可以挂接 250 个节点，而每个节点又可以是一个子环网，因此整个系统的最大容量为 250×250＝62 500 个节点。网络上的节点类型包括操作员接口站(OIS)、工程师工作站(EWS)、过程控制单元(PCU)等。在网络上的各个节点均可组成冗余配置，在某个节点出现故障时可自动切除该节点而不影响系统通信。在 PCU 中一般分解成用子网连接的主控单元 MFP 和各种 I/O 子模件，进一步提高了分散程度和系统可靠性。

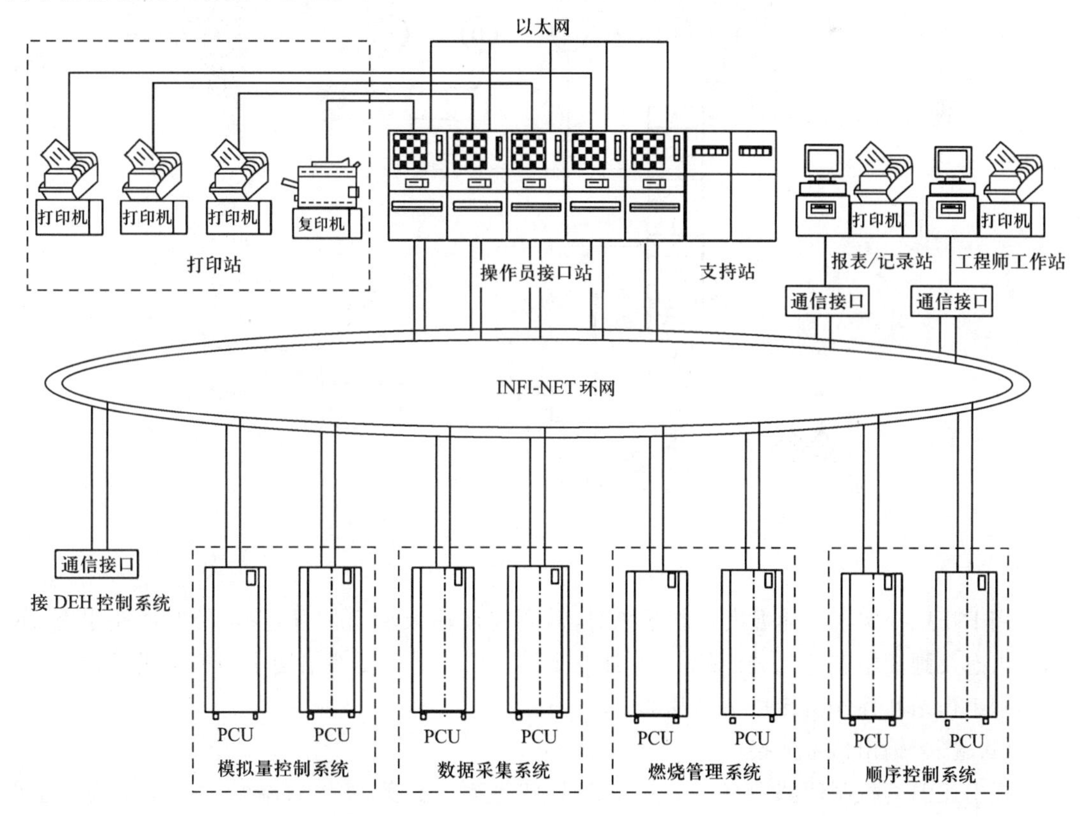

图 10-13　300 MW 机组锅炉控制 INFI-90 系统硬件配置图

主蒸汽温度是单元机组主要的安全经济参数，在正常运行工况下主蒸汽温度的偏差要求控制在±2 ℃范围内，动态情况下的偏差(超调量)不能超过额定值的5～10 ℃，对控制性能要求比较高。大型单元机组的主蒸汽温度控制一般采用二级喷水减温的调温方式(一级减温相当于粗调，二级减温相当于细调)，同时又分为甲乙两侧进行分别控制，这样共有4个结构类似的控制回路。为了进一步克服滞后和惯性对控制的不良影响，两侧每级的喷水调节均采用了串级控制方式，如图10-14所示为采用喷水调节的串级温度控制系统。

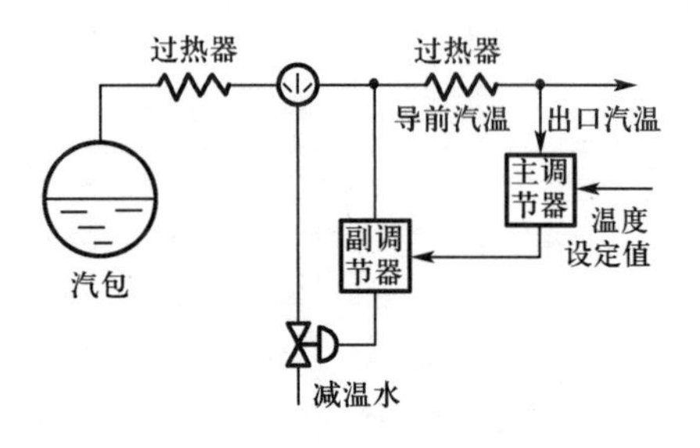

图 10-14　主蒸汽温度串级控制系统

为了提高控制系统抵御外部干扰的能力，主蒸汽温度控制系统中还采用了前馈方式。如图10-15所示为机组实际的二级减温控制系统的结构图，图中给出了控制回路的基本结构及调节器跟踪、手动/自动切换逻辑。其中矩形框中的M/A、T为手动/自动切换功能块，①、②为偏差越限信号，③、④为输出越限信号，①、②、③、④相"或"的信号⑤送入菱形框里切换功能块T中，用于⑤为"1"时强制将系统切换为手动控制方式，菱形框里的A为设定功能块，左上部的A用于控制回路主调节器给定值的设定，左下部A用于手动状态下控制量输出的设定，⑥表示手动方式时作为上面两个PID算法模块的跟踪指令，$f(x)$为执行器或阀门，ZT为阀位反馈。

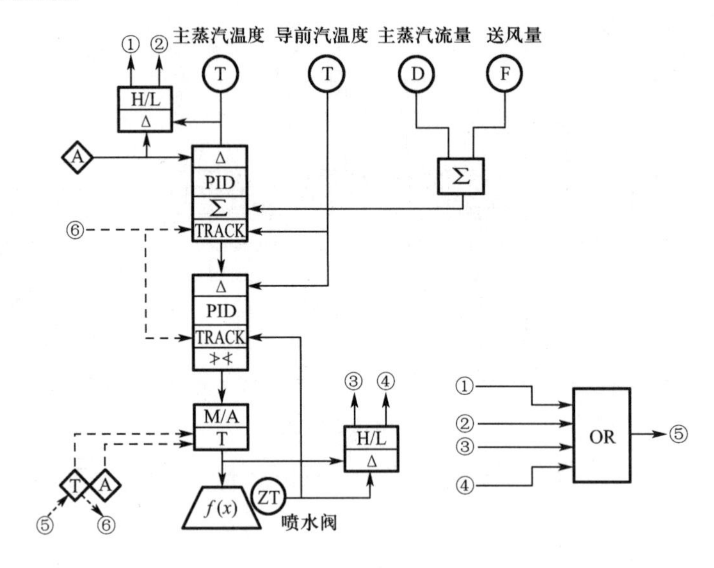

图 10-15　主蒸汽温度控制系统结构图

用INFI-90实现上述温度控制系统时，需要完成输入输出信号连接、控制回路组态、数据库组态及画面组态等几方面的工作，涉及如图10-13所示硬件结构中的模拟量控制系统、工程师工作站和操作员接口站等几部分。

(1)输入/输出信号连接

在上述温度控制回路中有5个输入信号，即主蒸汽温度、喷水后温度、主蒸汽流量、送风量(是烟气量中主要的一个)和阀位信号以及阀位指令 1 个输出信号。在 INFI-90 系统中,对所有的 I/O 信号都要分配 I/O 模件与端子单元,而且两者互相对应,见表 10-2。

表 10-2　常见的 I/O 模件及其端子单元

I/O 模件	端子单元	通道数	说明
IMASI03	NTAI06	16	通用信号输入模件
IMFBS01	NTAI05	15	4～20 mA/1～5 V 输入模件
IMASO01	NTDI01	14	4～20 mA/1～5 V 输出模件
IMDSI02	NTDI01	16	开关量输入模件
IMDSO14	NTDI01	16	开关量输出模件

(2)控制模件组态

系统中采用的 INFI-90 控制模件为 IMMFP02,它可与若干个 I/O 模件相连。控制模件中固化有 200 余种算法模块,用户可通过组态方式生成自己的控制回路。

控制模件的组态是在工程师工作站 EWS 上通过运行组态软件来进行的。组态的过程是以 CAD 图的形式将相应模块连接起来,生成若干页组态图。将这些组态图编译后下装到控制模件后,控制模件就可以执行组态时指定的功能。

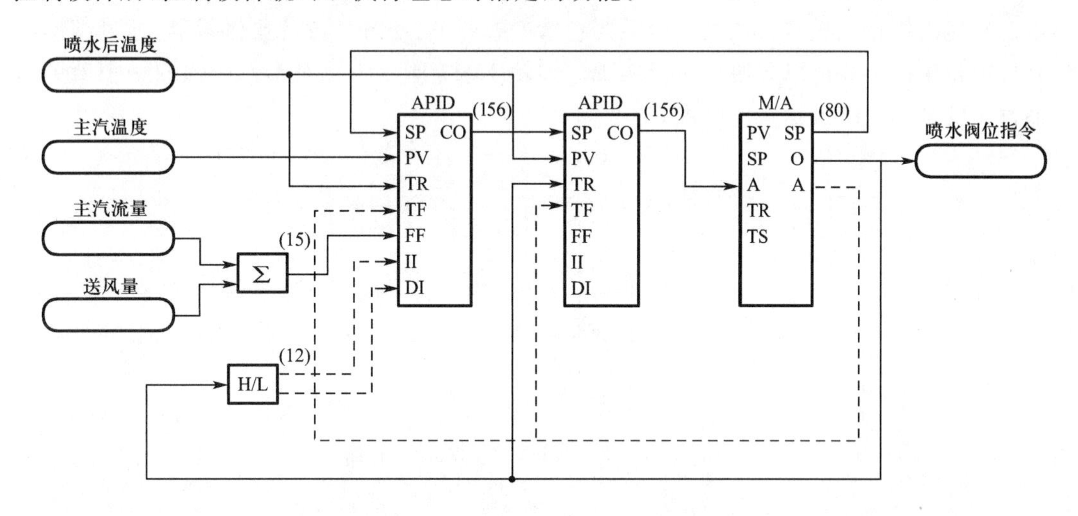

图 10-16　主蒸汽温度控制系统控制回路简化组态图

图 10-16 为主蒸汽温度控制系统的控制回路简化 CAD 组态图。其中 APID(即功能码 FC156)为改进的 PID 控制算法,M/A(即功能码 FC80)为控制接口站,实现基本、串级和比率设定点控制以及手动/自动转换。图中 SP:设定值;PV:过程变量;TR:跟踪值;TF:跟踪标志块;FF:前馈信号地址;II:增加限制信号块;DI:减小限制信号块,II 和 DI 的使用可以起到抗积分饱和的作用;CO:控制输出;输入 A:控制信号块;输出 A:输出标志(0 为手动,1 为自动);O:软手操的控制输出。

上述主蒸汽温度控制采用了典型的串级控制方式,有利于克服气温对象的大惯性、大滞后特性。同时,还引入了主蒸汽流量和送风量信号作为主调节器的前馈信号。当负荷或风量发生变化时,预先调整减温水量,以尽快消除外扰影响。前馈系数根据风量及负荷对气温对象的扰动试验进行整定。

(3)数据库组态

凡是需要在操作员接口站 OIS 上显示操作的参数都必须在数据库中进行定义,表 10-3 为气温控制的标签数据库示例。

表 10-3 气温控制的标签数据库

TAGINDEX (标签索引)	TAGDESC (标签描述)	TAGTYPE (标签类型)	NUMDECP (小数位数)	LOOP (环路号)	PCU (PCU 号)	MODULE (模件号)	BLOCK (块号)	ALMGROUP 报警组
100	1MAINTEMP	ANALOG	2	1	10	5	1010	1
102	1DESUPTEM	ANALOG	2	1	10	5	1012	1
103	1STMFLOW	ANALOG	2	1	10	5	1110	1
104	1AIRFLOW	ANALOG	2	1	10	5	1112	2
105	1VALVEPOS	ANALOG	2	1	10	5	1114	2
106	1VALVEINS	ANALOG	2	1	10	5	1310	2

(4)画面组态

INFI-90 中,操作员接口站 OIS 上的所有显示操作画面均可通过工程师工作站上的图形组态软件来制作。显示操作画面中主要包括静态图形、动态参数及操作器等,通过图形组态软件中相应的工具可以方便地予以实现。如图 10-17 所示为针对本例所做的一个简单的主蒸汽温度控制系统显示操作画面。

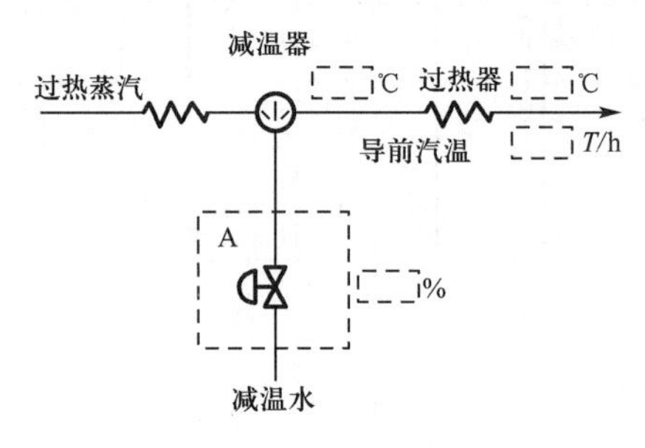

图 10-17 主蒸汽温度控制系统显示操作画面

10.4 现场总线控制系统

随着控制技术、计算机技术和通信技术的飞速发展,数字化作为一种趋势正在从工业生产过程的决策层、管理层、监控层和控制层一直渗透到现场设备。现场总线的出现,使数字通信技术迅速占领工业过程控制系统中模拟量信号的最后一块领地。一种全数字化、全分散式、可互操作和全开放式的新型控制系统——现场总线控制系统(Fieldbus Control System)已经成为当今的热点,它代表了今后工业控制体系结构发展的一种方向。

10.4.1 结构组成

FCS 的体系结构如图 10-18 所示。现场总线有两种应用方式,分别用代码 H_1 和 H_2 表示。H_1方式主要用于代替直流 0～10 mA 或 4～20 mA 以实现数字传输,它的传输速度较低,每秒几千波特,但传输距离较远,可达 1900 m,称为低速方式;H_2方式主要用于高性能的通信系统,它的传输速度高,达到每秒 1 兆波特,传输距离一般不超过 750 m,称为高速方式。

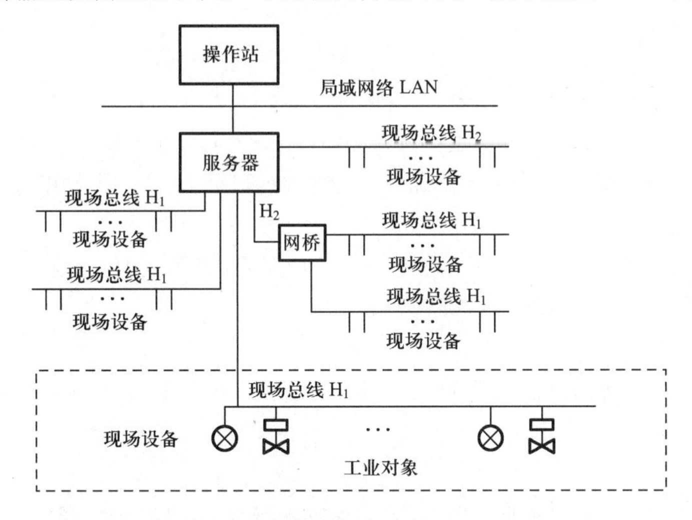

图 10-18　现场总线控制系统结构组成

FCS 主要组成结构体现在以下六个方面。

1. 现场通信网络

现场总线作为一种数字式通信网络一直延伸到生产现场中的现场设备,使以往(包括 DCS)采用点对点的信号传输变为多点一线的双向串行数字式传输。

2. 现场设备互联

现场设备是指连接在现场总线上的各种仪表设备,按功能可分为变送器、执行器、服务器和网桥、辅助设备等,这些设备可以通过一对传输线(现场总线)直接在现场互联,相互交换信息,这在 DCS 中是不能实现的。

3. 互操作性

现场设备种类繁多,没有任何一家制造厂可以提供一个工厂所需的全部现场设备。用户希望选用各厂商性能价格比最优的产品集成在一起,实现"即接即用",FCS 能对不同品牌的现场设备统一组态,构成所需要的控制回路。

4. 分散功能块

FCS 废弃了传统的 DCS 输入/输出单元和控制站,把 DCS 控制站的功能块分散地分配给现场仪表,从而构成虚拟控制站。由于功能分散在多台现场仪表中,并可统一组态,用户可以灵活选用各种功能块构成所需控制系统,实现彻底的分散控制。

5. 现场总线供电

现场总线除了传输信息之外,还可以完成为现场设备供电的功能。总线供电不仅简化了系统的安装布线,而且还可以通过配套的安全栅实现本质安全系统,为现场总线控制系统在易燃易爆环境中应用奠定了基础。

6. 开放式互联网络

现场总线为开放式互联网络,既可与同层网络互联,也可与不同层网络互联。现场总线协议不像 DCS 那样采用封闭专用的通信协议，而是采用公开化、标准化、规范化的通信协议，只要符合现场总线协议，就可以把不同制造商的现场设备互联成系统。

10.4.2 功能特点

现场总线技术使传统的模拟仪表、微机控制以及 DCS 等自动化控制系统产生根本性的变革，包括改变了传统的信号标准、通信标准和系统标准；改变了传统的自动化系统体系结构、设计方法和安装调试方法。FCS 的优点十分显著，归纳起来有以下几点。

1. 一对 n 结构

FCS 采用一对传输线，n 台仪表，双向传输多个信号，如图 10-18 所示。这种一对 n 结构接线简单，工程周期短，安装费用低，维护容易。

2. 可靠性高

FCS 是数字信号传输，因而抗干扰能力强，精度高，由于无须采用抗干扰和提高精度的措施，从而减少了成本。

3. 可控状态

FCS 的操作员在控制室既能了解现场设备或现场仪表的工作状况，也能对其进行参数调整，还可预测或寻找故障，FCS 始终处于操作员的远程监视与可控状态，提高了系统的可靠性、可控性和可维护性。

4. 互换性

FCS 用户可以自由选择不同制造商所提供的性能价格比最优的现场设备或现场仪表进行互联互换。

5. 互操作性

FCS 用户可把不同制造商的各种品牌的仪表集成在一起，进行统一组态，构成所需的控制回路，不必为集成不同品牌的产品而在硬件或软件上花费力气或增加额外投资。

6. 综合功能

FCS 现场仪表既有检测、变换和补偿功能，又有控制和运算功能。实现一表多用，不仅方便了用户，也节省了成本。

7. 分散控制

FCS 的控制站功能分散在现场仪表中，通过现场仪表就可构成控制回路，实现了彻底的分散控制，提高了系统的可靠性、自治性和灵活性。

8. 统一组态

由于 FCS 中的现场设备或现场仪表都引入了功能块的概念，所有制造商都使用相同的功能块，并统一组态方法。这样就使组态变得非常简单，不必因为现场设备种类不同，而进行不同组态方法的培训或学习。

9. 开放式系统

10.4.3 应用举例

现场总线是 FCS 的核心。目前，世界上出现了多种现场总线的企业或国家标准。这些现场总线技术各具特点，已经逐渐形成自己的产品系列，并占有相当大的市场份额。由于技术和商业利益的原因，尚没有统一。目前流行的几种现场总线有德国 Bosch 公司的控制局域网络 CAN(Control Area Network)、美国 Echelon 公司的局部操作网络 LONWorks(Local Operating Network)、德国标准的过程现场总线 PROFIBUS(Process Field Bus)、法国标准的世界工厂仪表协议 WorldFIP(World Factory Instrument Protocol)、美国 Rosemount 公司的可寻址远程传感器数据通路 HART(Highway Addressable Remote Transducer)、国际标准化组织的现场总线基金会 FF(Fieldbus Foundation)等。

下面以锅炉汽包水位的三冲量控制系统为例，简要介绍现场总线控制系统的应用。

图 10-19 为汽包水位三冲量控制系统的典型控制方案，它把与水位控制相关的汽包水位、给水流量、蒸汽流量等三个冲量引入控制系统，而且采用两个控制器，构成了前馈-串级控制系统。

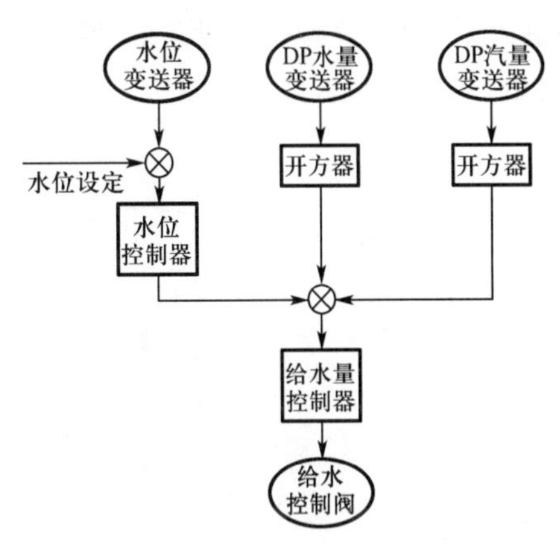

图 10-19　锅炉汽包水位的三冲量控制方案

现场总线控制系统的硬件需要一个液位变送器、两个流量变送器和一个给水控制阀。其中的阻尼、开方、加减和 PID 运算等功能完全靠嵌入在现场变送与执行器中的功能块软件完成。为满足现场设备组态、运行、操作的需求，一般需选择一台或多台与现场总线网段连接的计算机。

图 10-20(a)为现场总线控制系统的基本硬件构成图，图中配置两台冗余的相同工业 PC 机和具有 4 个通道的现场总线 PCI 接口卡；还可以采用另一种设置通信控制器的配置方法，如图 10-20(b)所示，其一侧与现场总线网段连接，另一侧采用 PC 机联网方式，完成现场总线网段与 PC 机之间的信息交换。

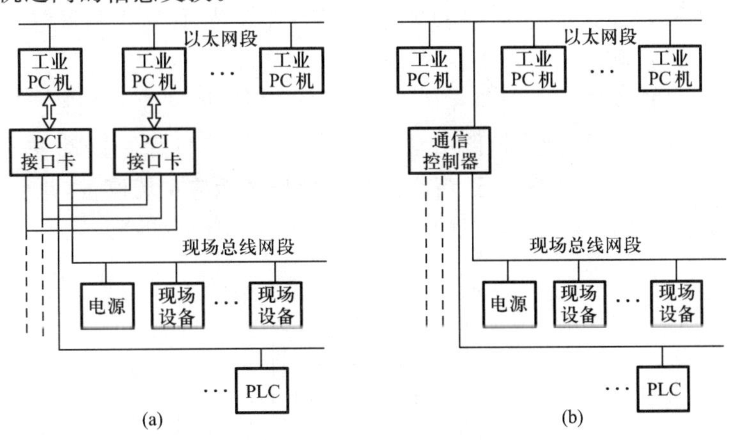

图 10-20　现场总线控制系统硬件配置图

现场总线控制系统的软件设计需要完成以下任务：

(1)选择组态软件和控制操作的人-机接口软件。

(2)在应用软件界面上选中所连接的现场总线设备。

(3)对所选设备分配位号，从设备的功能库中选择功能块。三冲量水位控制系统的设备位号与功能块分配如下:①汽包液位变送器 LT-101 内,选用 AI 模拟输入功能块、主控制器 PID 功能块;②给水流量变送器 FT-103 内,选用 AI 模拟输入功能块、求和算法功能块;③蒸汽流量变送器 FT-102 内,选用 AI 模拟输入功能块;④阀门定位器 FV-101 内,选用副控制器 PID 功能块、AO 输出功能块。

(4)通过组态软件,完成功能块之间的连接,如图 10-21 所示。图中虚线表示物理设备,实线表示功能块,实线内标有位号和功能块名称。这里,BK-CAL IN,BK-CAL OUT 分别表示控制器输入和阀位反馈信号的输出;CAS-IN 表示串级输入。实行组态时,只需在窗口式图形界面上选择相应设备的功能块,在功能块的输入输出间简单连线,便可建立信号传递通道,完成控制系统的连接组态。

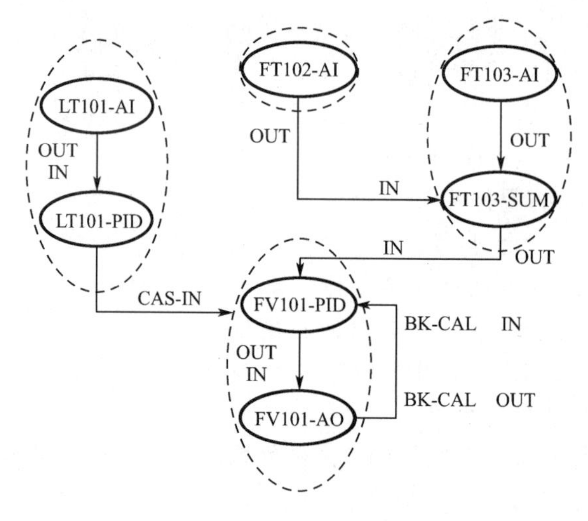

图 10-21 功能块的分布与连接

(5)组态的另一项任务是确定功能块中的特征参数。如图 10-22 所示为给水流量测量变送器的 AI 功能块,可通过组态决定 AI 功能块的特征参数,如输入测量范围、输出量程、工程单位、滤波时间、是否需开方处理等。

(6)网络组态,包括现场总线网段和作为人-机接口操作界面的 PC 机与它相连网段的组态。内容有网络节点号分配,确定链路活动调度器 LAS 主管与后备 LAS 主管等。

(7)组态完成后,需下载组态信息,将组态信息代码送相应现场设备,并启动系统运行。

(8)对于由现场总线传入到计算机的信号,还要进行一系列处理。

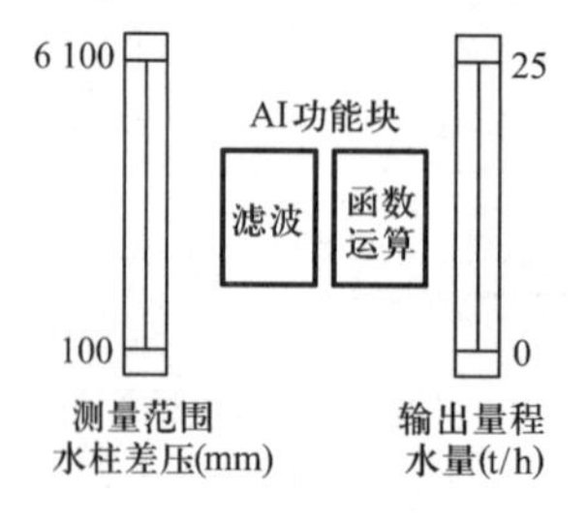

图 10-22 AI 功能块的特征

习　题

10-1　按控制方案来分，计算机控系统划分成哪几大类？

10-2　画图简要说明 IPC 的硬件组成。

10-3　简要说明 IPC 的功能特点。

10-4　画图简要说明 DCS 的三层体系结构及其功能作用。

10-5　简要说明构成 DCS 分散过程控制级的主要装置及其作用。

10-6　DCS 有哪些主要特点？

10-7　目前较为流行的 DCS 有哪些？

10-8　FCS 有哪些主要优点？

10-9　目前较为流行的现场总线有哪些？

拓展阅读

中国科学院和工程院院士宋健先生

参考文献

[1] 邓进军,姜洪涛.化工仪表及自动化.哈尔滨:哈尔滨工业大学出版社,2018.

[2] 张光新,杨丽明,王会芹.化工自动化及仪表.2版.北京:化学工业出版社,2016.

[3] 厉玉鸣.化工仪表及自动化.4版.北京:化学工业出版社,2008

[4] 化工自动化编写组.化工自动化.北京:燃料化学工业出版社,1973

[5] 沈绍信,等.自动控制原理.大连:大连理工大学出版社,1997

[6] 周小林,等.过程控制系统及仪表.大连:大连理工大学出版社,1999

[7] 张宏建.自动检测技术与装置.北京:化学工业出版社,2003

[8] 周泽魁,等.控制仪表与计算机控制装置.北京:化学工业出版社,2002

[9] 周美兰,周封,王岳宇.PLC电气控制与组态设计.北京:科学出版社,2003

[10] 吴勤勤,等.控制仪表及装置.2版.北京:化学工业出版社,2002

[11] 吴国熙.调节阀使用与维修.北京:化学工业出版社,1999

[12] 俞金寿.过程自动化及仪表.北京:化学工业出版社,2003

[13] 杨丽明,等.化工自动化及仪表.北京:化学工业出版社,2004

[14] 王骥程.化工过程控制工程.北京:化学工业出版社,1991

[15] 翁维勤,等.过程控制系统及工程.北京:化学工业出版社,1996

[16] 邵惠鹤.工业过程高级控制.上海:上海交通大学出版社,1997

[17] 王树青,等.先进控制技术及应用.北京:化学工业出版社,2001

[18] 俞金寿.工业过程先进控制.北京:中国石化出版社,2002

[19] 邵裕森,等.过程控制系统及仪表.北京:机械工业出版社,1994

[20] 金以慧.过程控制.北京:清华大学出版社,1993

[21] 林敏,等.计算机控制技术及工程应用.北京:国防工业出版社,2005

[22] 王常力,等.集散型控制系统选型及应用.北京:清华大学出版社,1996

[23] 吴功宜.计算机网络基础.天津:南开大学出版社,1996

附录

附录1　典型单元操作控制方案示例

F1.1　化学反应器的控制

化学反应器在石油、化工生产中占有很重要的地位，对于提高生产效率、降低生产成本起着关键作用。由于化学反应常伴有强烈的热效应，化学反应器经常处在高温、高压、易燃、易爆条件下运行，因此整个石油、化工生产的安全也与化学反应器密切相关。

对于一个化学反应器，需要从以下四个方面加以控制。

(1)物料平衡控制

从稳态角度出发，流入量应等于流出量。

(2)能量平衡控制

应使进入反应器的热量与流出的热量及反应生成热之间相平衡。

(3)质量控制

为使反应达到规定的转化率，或使产品达到规定的成分，还必须对反应进行质量控制。

(4)约束条件控制

为防止工艺参数进入危险区域或不正常工况，应当配置一些报警、连锁和选择性控制系统，进行安全界限的保护性控制。

附图1为丙烯聚合反应的工艺流程示意图。

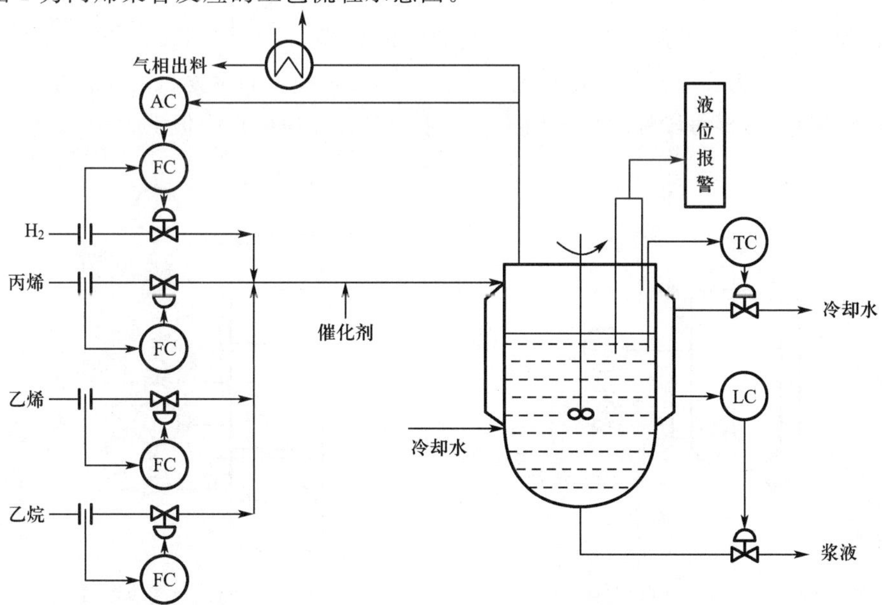

附图1　丙烯聚合反应工艺流程示意图

从图中可以看出以上四个方面的控制。

(1)物料平衡控制

稳定输入物料量:聚合反应的主要原料丙烯及 H_2、乙烯、乙烷分别设置流量定值控制。另外,聚合反应物浆液采出有液位控制。

(2)能量平衡控制

反应釜的釜温控制冷却水量,使进、出釜及反应生成热达到平衡。

(3)质量控制

在图中画出以气相出料中 H_2 含量为质量指标,组成 H_2 含量与加入 H_2 流量的串级控制系统,通过调整 H_2 的加入量,保持反映聚合反应进行好坏的气相中 H_2 含量为某给定值。

(4)约束条件控制

设有浆液液位报警系统,在釜内浆液液位过高、过低时发出报警信号。

F1.1.1 反应器的基本控制方案

反应器的基本控制方案是从热稳定性出发,主要是为了建立一个稳定的工作点,使反应器的热量平衡。同时,使反应过程工作在一个适宜的温度上,以此温度间接反映质量指标的要求,并满足约束条件。

1. 绝热反应器的控制

绝热反应器由于与外界没有热量的交换,因此,只能通过控制物料的进口温度和浓度来对反应器的温度进行控制。

改变进料温度的具体控制方案有多种,本节给出一种示例,如附图 2 所示。

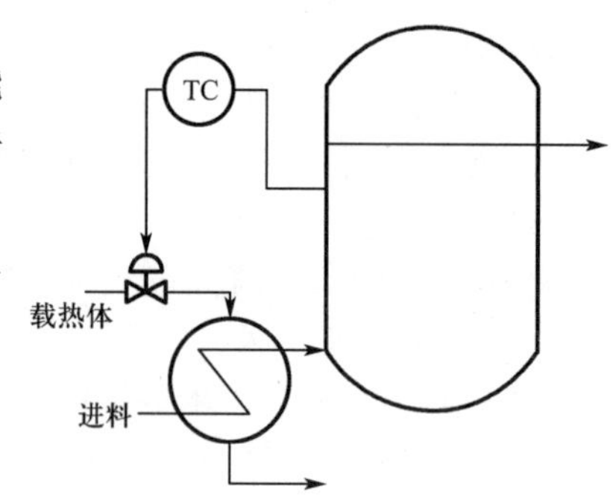

附图 2 反应器入口温度控制

2. 非绝热反应器的控制

由于非绝热反应器是在反应器上外加传热设备,因此,可以像传热设备那样来控制反应温度。控制方案中常应用分程控制和分段控制。附图 3 是较为典型的分程控制方案。附图 4 为反应器的分段控制方案。采用分段控制的主要目的是使反应沿最佳温度分布曲线进行,这样每段温度可根据工艺要求控制在相应的设定值上。

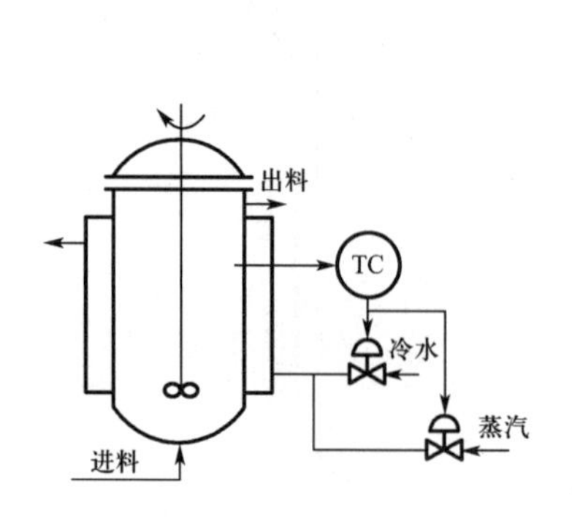

附图 3 反应器的分程控制

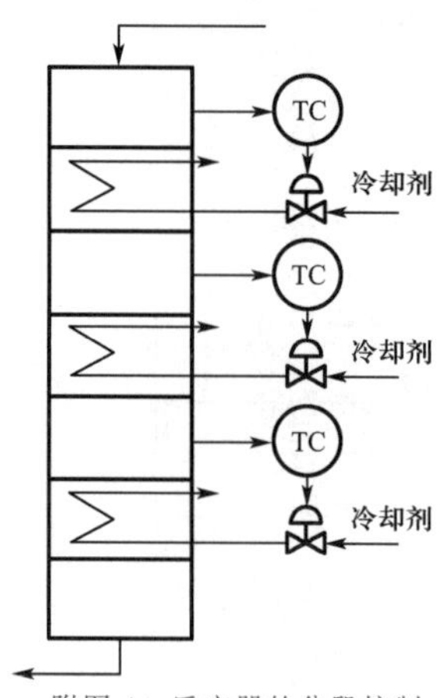

附图 4 反应器的分段控制

如果反应滞后较大，难以满足质量要求，可引入串级控制。附图5为串级控制的一个例子。当生产负荷变化较大时，可以采用以进料流量为前馈信号的控制系统。附图6为反应器温度的前馈-反馈复合控制系统。

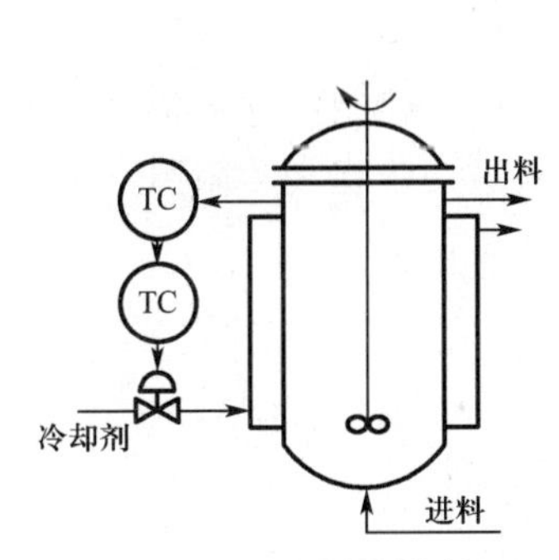

附图5　反应器串级控制

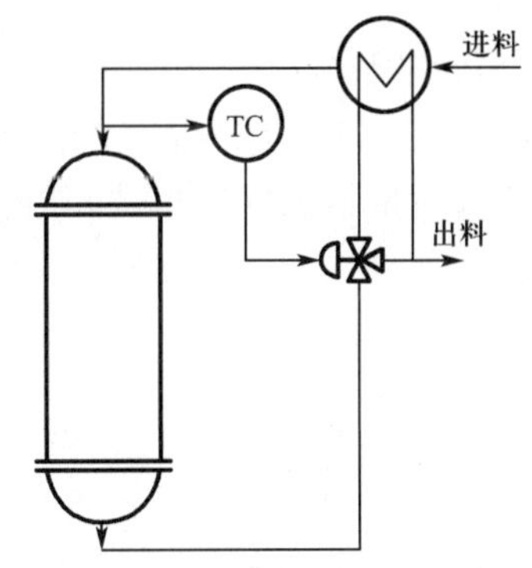

附图6　反应器前馈-反馈复合控制

F1.1.2　反应器的新型控制方案

对于一些聚合釜，其容量大，反应的放热量大，传热效果又差，为了克服这类反应器的滞后特性，提高其温度控制精度，可采用温度-压力串级控制系统，如附图7所示。以釜内压力为副参数，由于温度总是伴随着压力的变化而改变，因而以压力为副参数的串级控制系统能够及时感受扰动的影响，提前产生控制作用，因而提高了控制精度。

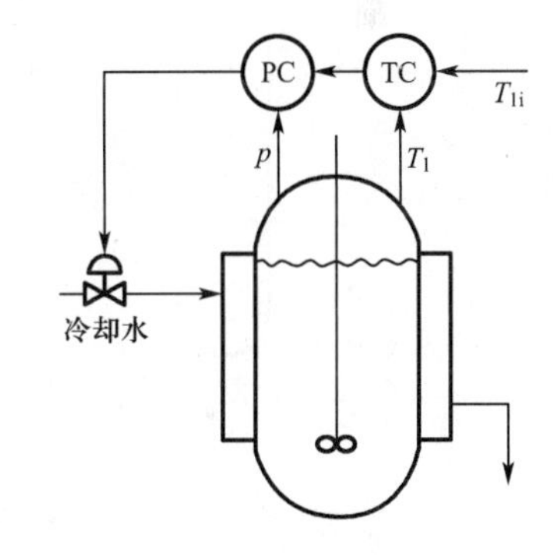

附图7　聚合反应釜温度-压力串级控制系统

F1.2　精馏塔的控制

精馏操作是炼油、化工生产过程中一个十分重要的环节，精馏塔的控制直接影响到工厂的产品质量、产量和能量的消耗，因此长期以来一直受到人们的高度重视。

精馏塔的控制要求应从质量指标（产品纯度）、产品产量和能量消耗三个方面进行综合考虑。精馏塔最直接的质量指标是产品纯度。由于检测上的困难，难以直接按产品纯度进行控制。最常用的间接质量指标是温度。采用温度作为被控质量指标常用方案如下。

（1）灵敏板的温度控制

灵敏板位置可以通过逐板计算或静态模型仿真，依据不同操作工况下各塔板温度分布曲线比较得出。

（2）温差控制

在精密精馏时，产品纯度要求很高，而且塔顶、塔底产品的沸点相差不大时，可采用温差控制。采用温差控制是为了消除压力波动对产品质量的影响，在选择温差信号时，如果塔顶采出量为主要产品，宜将一个检测点放在塔顶（或稍下一些），即温度变化较小的位置；另一个检测点放在灵敏板附近，即浓度和温度变化较大的位置，然后取上述两检测点的温度差 ΔT 作为被控变量。此时压力波动的影响几乎相互抵消。

(3)双温差控制

双温差控制方案如附图 8 所示,分别在精馏段和提馏段上选取温差信号,然后将两个温差信号相减,以这个温差的差作为控制指标。只要合理选择灵敏板和参照的位置,可使塔得到最大的分离度。

(4)多点质量估计器

将双温差控制作进一步推演,就出现了多点质量估计器控制。它将精馏塔的多点温度分布的情况作为质量指标进行控制,其控制效果可得到进一步提高。附图 9 为多点质量估计器的示意图。

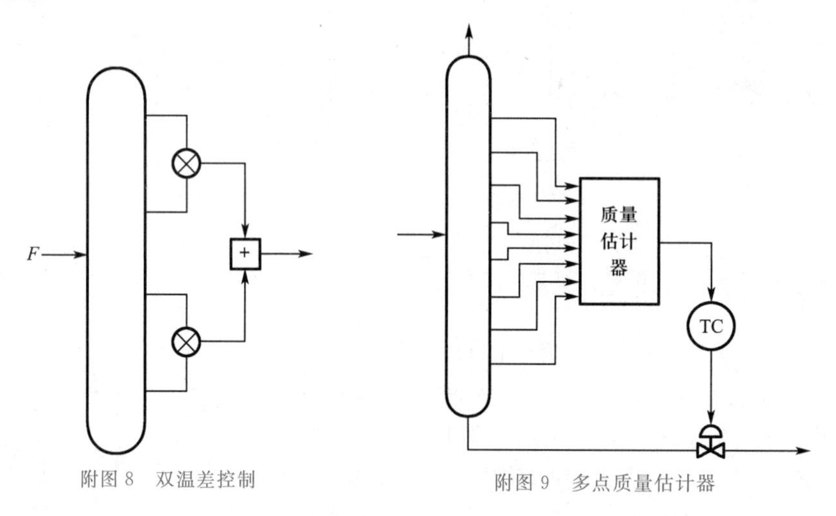

附图 8 双温差控制　　附图 9 多点质量估计器

F1.2.1 精馏塔的基本控制方案

精馏塔的控制目标是使塔顶和塔底的产品满足规定的质量要求。精馏塔控制方案很多,这里仅讨论最基本的控制方案。

对于质量反馈控制的基本控制方案可做如下归纳:常用的操纵变量有四个,分别为 L、D、$Q(V)$、B。而被控变量除了质量指标一个外,尚有回流罐液位 L_D、塔釜液位 L_B。此时,用四个操纵变量与三个被控变量进行配对,将富裕出一个操纵变量,这个操纵变量往往采用本身流量恒定,即它的流量作为第四个被控变量。于是按此配对,可列出常用基本方案 24 种。

根据这种配对方法,附表 1 列出较为常用的四种方案。

附表 1　质量反馈控制方案

操纵变量 / 被控指标 / 方案	质量指标	回流罐液位 L_D	塔釜液位 L_B	恒定一个
1	D	L	B	Q
2	L	D	B	Q
3	Q	D	B	L
4	B	D	Q	L

表中所列方案1、2一般适用于精馏段控制，3、4适用于提馏段控制。而其中方案1、4属于物料平衡控制，方案2、3则属于能量平衡控制。

附图10、附图11分别给出了上述第1种与第4种控制方案示意图。可以看出，这几种最常用的基本方案有一个共同的特点：恒定一个量的控制系统，其作为被控变量的恒定量不是L就是$Q(V)$。这种考虑其意图是很清楚的，对于一个正常平稳操作的精馏塔来说，恒定L或$Q(V)$，从精馏工艺来说，是极有利于平稳操作的。

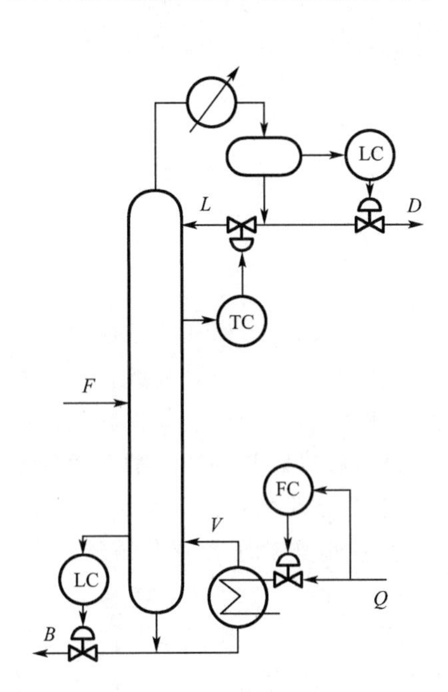

附图10　质量反馈控制方案之一

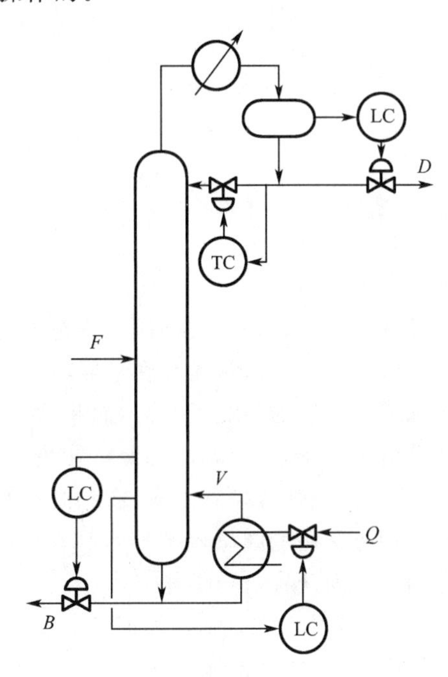

附图11　质量反馈控制方案之二

F1.2.2　精馏塔的前馈、串级、比值、均匀控制

附图12给出了一种前馈-反馈复合控制方案。为进料量扰动进入精馏系统中，在尚未影响被控变量——塔底产品质量之前，通过改变加热剂的流量克服扰动的影响，可以收到降低能耗的效果。

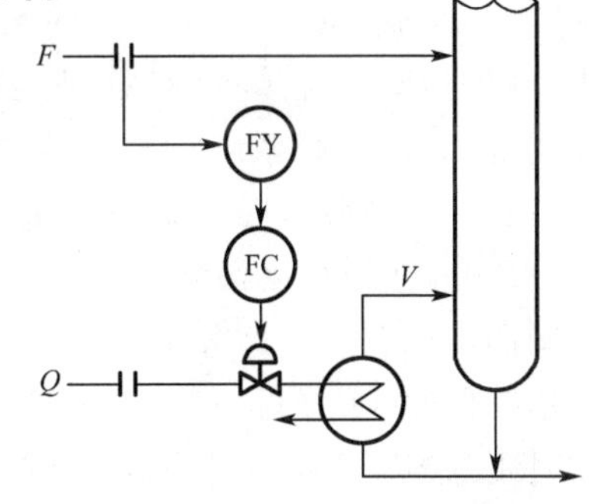

附图12　精馏塔的前馈-反馈复合控制

附图13给出了精馏段(附图13(a))和提馏段(附图13(b))的串级控制。串级控制系统的主要目的是保证主被控变量(质量指标)的控制质量及平稳操作。

在精馏操作中，有时设置D与F的比值控制，或是$Q(V)$与F的比值控制。其目的是从精馏塔的物料与能量平衡关系出发，使有关流量达到一定比值，有利于在期望条件下进行操作。精馏塔操作经常是多个塔串联在一起，因此考虑前后工序的协调，经常在上一塔的出料部分和下一塔的进料部分设置均匀控制系统。

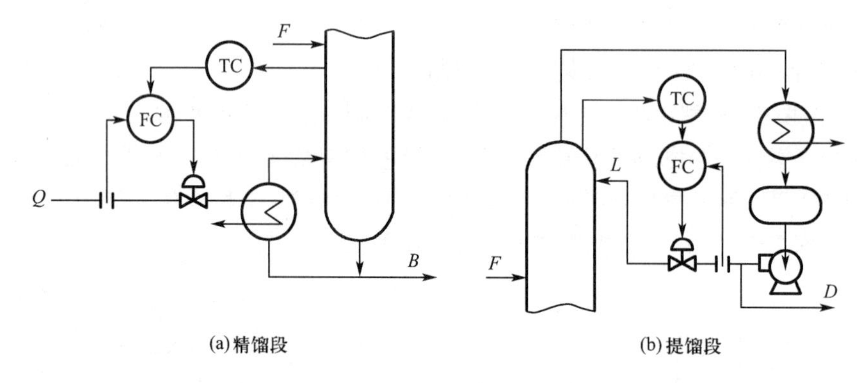

附图 13 精馏塔的串级控制

F1.2.3 精馏塔的节能控制

1. 浮动塔压控制

精馏塔的操作大多是在塔内压力维持恒定的基础上进行的。然而从节约能量或经济观点考虑,恒定塔压未必合理,尤其在冷凝器为风冷或水冷两种情况下更是如此。由于相对挥发度一般都随着塔压的降低而提高,而相对挥发度越高,就越容易分离。如果将恒定塔压控制改为浮动塔压控制,使冷凝器总保持在最大负荷下操作,就可以收到显著的节能效果。附图 14 为精馏塔浮动塔压控制方案。该方案的主要特点是在原压力控制系统的基础上,增加一个具有纯积分作用的阀位调节器 VPC,它的功能是缓慢地调整压力调节器的设定值,从而在下述两个方面改善塔的操作。

(1)不管冷凝器的冷却情况如何变化(如遇暴风雨降温),VPC 都可以保护塔压免受其突然变化的影响,而是缓慢地变化,一直浮动到冷剂可能提供的最低压力点,这样就避免了塔压的突然降低所导致的塔内液流,保证精馏塔的正常操作。

(2)为保证冷凝器总在最大负荷下操作,控制阀应开启到最大开度,一般应有一定的控制余量,阀位极限值可设定在 90%开度或更大一些的数值。附图 14 中的 PC 为一般的 PI 控制器,VPC 则是纯积分或大比例带的 PI 控制器。PC 控制系统应整定成操作周期短,过程反应快,而 VPC 则应是操作周期长,过程反应慢,两者相差很大。因此,在分析中假定可以忽略 PC 系统和 VPC 系统之间的动态联系。即分析 PC 动作时,可认为 VPC 系统是不动作的;而分析 VPC 系统时,又可认为 PC 系统是瞬时跟踪的。下面简单分析一下该系统的动作过程。

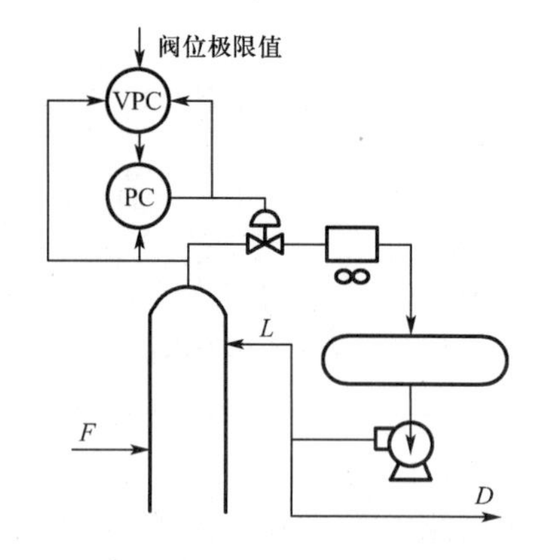

附图 14 浮动塔压控制

附图 14 是当冷却量突增时(如遇暴风雨),塔压和阀位的变化情况。由于冷却量增加,引起压力下降,PC 控制器先动作把调节阀关小,其开度小于 90%。控制作用使压力迅速回升到原来给定值。然后阀位控制器缓慢降低压力控制器的设定值,直到阀位开度等于 90%,塔压降到与外界环境相应的新的稳态值,从而实现了浮动塔压操作。VPC 控制器的外部积分反馈是防止当 PC

手动设定时,引起 VPC 积分饱和设置的。

2. 提馏段的节能控制

除采用浮动塔压节能控制系统外,在用热油作为再沸器热剂的精馏塔中,可采用附图 15 的温度控制系统。在该系统中,通过控制再沸器热油量来保持塔温。热油循环系统由加热炉的燃料量维持其温度。该系统由于设置了一个阀位控制器 VPC 和热油控制器 T_2C,所以使得塔内能耗降低。

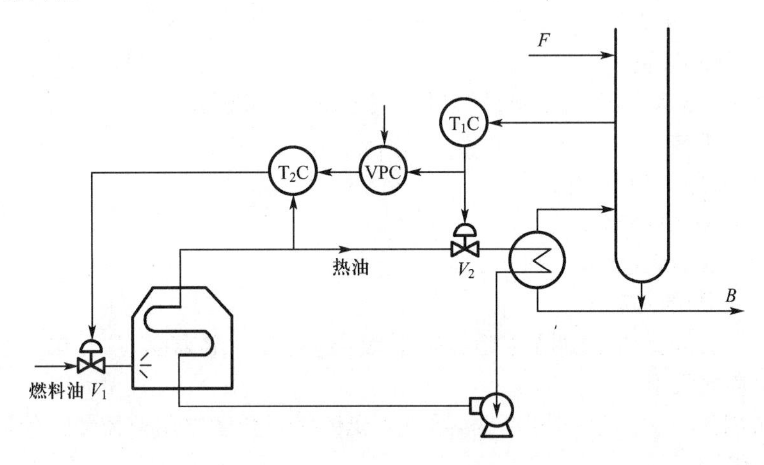

附图 15　提馏段的节能温度控制

F1.3　泵和压缩机的控制

F1.3.1　泵的控制方案

泵可分为离心泵和容积泵两大类。在石油、化工等生产过程中,离心泵的使用最为广泛。

1. 离心泵的控制方案

(1)直接节流法

改变直接节流阀的开度,以达到控制目的。附图 16 示出了该控制方案。这种直接节流法的节流阀应安装在泵的出口管线上,而不能装在泵的吸入管线上。否则,由于控制阀两端节流损失压头 h_v 的存在会出现“气缚”及“气蚀”现象。直接节流法控制方案的优点是简便易行,缺点是在流量小的情况下,总的机械效率较低。当流量低于正常排量的 30%时,不宜采用这种方案。

(2)改变泵的转速 n

改变泵的转速 n,以达到控制流量的目的,控制方案如附图 17 所示。改变泵的转速常用的方法有两类。一类是调节原动机的转速。例如,以汽轮机作原动机时,可调节蒸汽流量或导向叶片角度,若以电动机作原动机时,可采用变频调速等装置进行调速。另一类是在原动机与泵之间的联轴变送器上改变转速比。

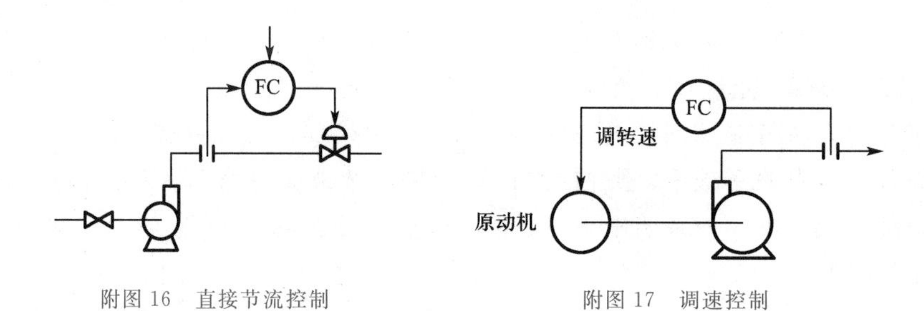

附图 16　直接节流控制　　　附图 17　调速控制

(3)改变旁路回流量

改变旁路回流量从而达到控制目的,其方案如附图 18 所示。

2. 容积泵的控制

容积泵常用的控制方式有:

(1)改变往复机的转速

此法同离心泵的调速法。

(2)改变容积泵的冲程

在多数情况下,这种方法调节冲程机构较复杂,且有一定难度,只有在一些计量泵等特殊往复泵上才考虑采用。

(3)在泵的出口与入口处连接旁路,通过改变旁路阀开度以调节流量。使用时要注意两阀不能同时关闭。

(4)利用旁路调节稳定压力,利用节流阀来调节流量,在整定参数时,将它们的振荡周期错开。

附图 19 示出了容积泵的出口压力和流量控制。

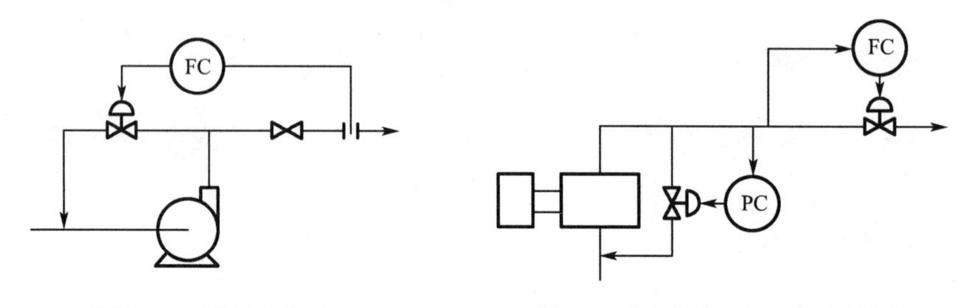

附图 18　旁路流量控制　　　附图 19　容积泵出口压力和流量控制

F1.3.2　压缩机的控制方案

作为气体输送设备的压缩机有往复式与离心式之分。它们的控制方案与泵基本相似。即节流、旁路和调速。

通常一台大型离心式压缩机需要设立以下自控系统:

(1)气量控制系统

即负荷控制系统,一般对原动机——汽轮机实现调速。要求汽轮机的转速有一定的可调范围,以满足压缩机气量控制的需要。

(2)压缩机的油路控制系统

如密封油、润滑油和控制油等控制系统。

(3)防喘振控制系统

喘振现象是离心式压缩机结构特性所引起的,对压缩机正常运行危害极大,为此,必须专门设置防喘振控制系统,以确保压缩机的安全运行。

常用的防喘振控制系统有固定极限流量法和可变极限流量法。

F1.3.3 压缩机的串、并联运行

在许多生产过程中存在着离心式压缩机的串联或并联运行。

附图 20 示出了串联运行的防喘振控制系统。在这个系统中,每台压缩机均设置有一个防喘振控制器,它们的输出信号送给低通选择器。低选器从 F_1C 和 F_2C 这两个输出信号中选取低信号作为输出送给旁路阀。只要有一个压缩机可能发生喘振,就会打开旁路阀,从而防止喘振的出现。

附图 21 示出了并联运行的防喘振控制系统。两台压缩机入口管线上均设置流量变送器,当流量信号送低选器 LS,经 LS 比较后送防喘振控制器 FC。当可能出现喘振时打开旁路阀,从而防止喘振的发生。

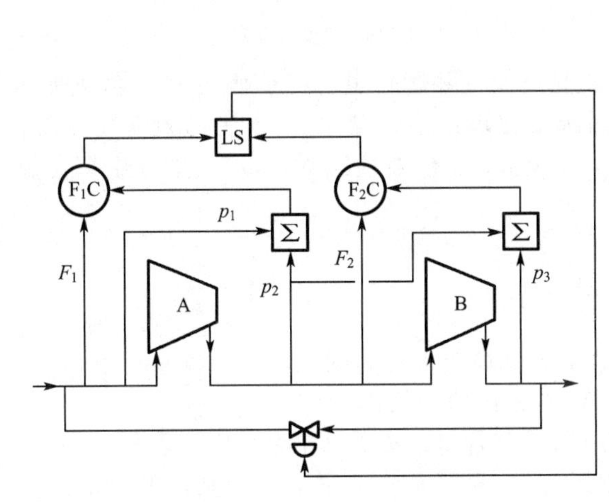

附图 20 压缩机串联运行时防喘振控制方案

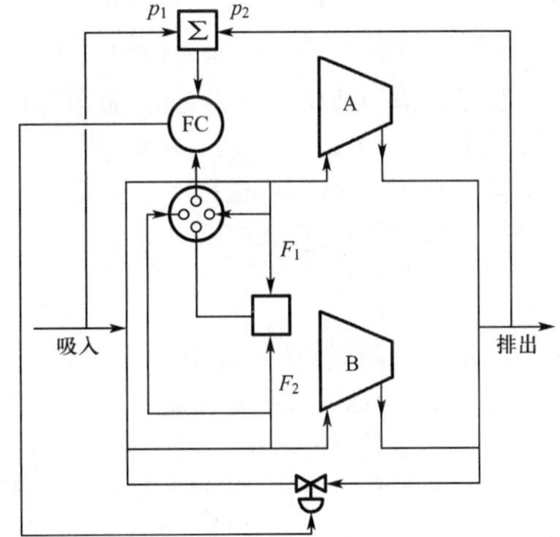

附图 21 压缩机并联运行时防喘振控制方案

本方案实现并联运行防喘振,必须是两台压缩机的特性相同或十分接近。

离心式压缩机的串并联运行方案,是出于工艺上单机性能无法满足要求时提出来的一种方案。串联为了增压,并联为了扩大输气量。从效率角度来看,都是不被推荐使用的方法,它也给防喘振控制系统带来了复杂性。在实际生产过程中,除了工艺上单机性能实难满足要求外,应当尽量少采用串、并联运行。

F1.4 燃烧过程的控制

锅炉燃烧过程自动控制的基本任务是既要提供热量适应蒸汽负荷的需要,又要保证燃烧的经济性和锅炉运行的安全性。燃烧过程的控制系统应包括三个调节任务,即维持蒸汽压力、保持最佳空燃比和保证炉膛负压不变。

蒸汽压力的主要扰动是蒸汽负荷的变化与燃料量的波动。当蒸汽负荷及燃料量波动较

小时，可以采用蒸汽压力来控制燃料量的单回路控制系统；而当燃料量波动较大时，可组成蒸汽压力对燃料流量的串级控制系统。

燃料流量是随蒸汽负荷而变化的，因此作为主流量，与空气流量组成比值控制系统，使燃料与空气保持一定比例，获得良好燃烧。附图22是燃烧过程的基本控制方案。有时为了使燃料完全燃烧，在提负荷时要求先提空气量，后提燃料量；在降负荷时，要先降燃料量，后降空气量，即所谓具有逻辑提降量的比值控制系统(附图23)。即在基本控制方案的基础上，通过加两个选择器组成的具有逻辑提降量功能的燃烧过程控制系统。

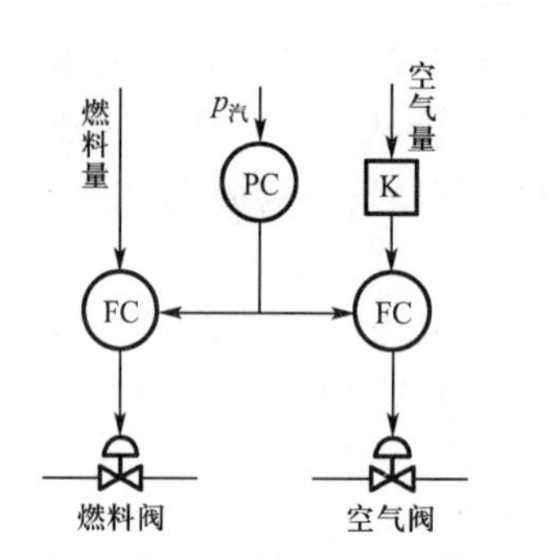

附图22　燃烧过程的基本控制方案

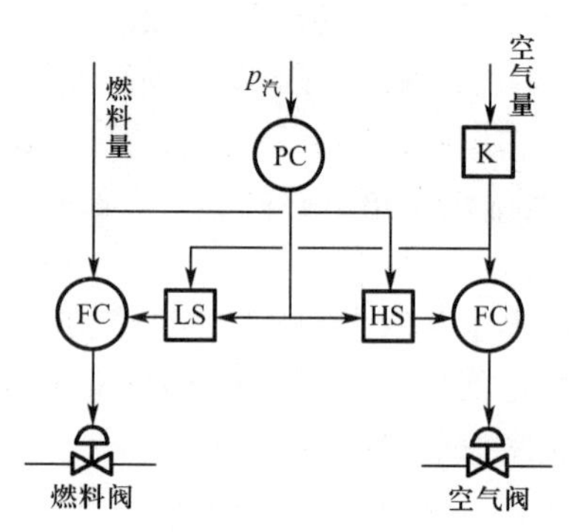

附图23　燃烧过程的改进控制方案

为了使锅炉适应负荷的变化，必须同时改变空气量和燃料量。将能满足完全燃烧所需的空气量，称为理论空气量。一般实际空气量都要比理论空气量大一些，用过剩空气系数 α 来衡量。对不同的燃料，过剩空气量都有一个最优值。α 很难直接测量，但与烟气中氧含量有直接关系，可用近似式表示：

$$\alpha = \frac{21}{21 - A_0}$$

式中　A_0——烟气中的氧含量。

附图24示出了过剩空气量与烟气中氧含量及锅炉效率之间的关系。从图中可看出，与锅炉最高效率对应的 α 在1.08～1.15之间，A_0 的最优值为氧含量的1.6%～3%。

只要在附图24的控制方案上对进风量用烟气氧含量加以校正，就可构成附图25所示的烟气中氧含量的闭环控制方案。在此控制系统中，只要把氧含量成分控制器的给定值按正常负荷下烟气氧含量的最优值设定，就能使过剩空气系数 α 稳定在最优值，保证锅炉燃烧最经济，热效率最高。

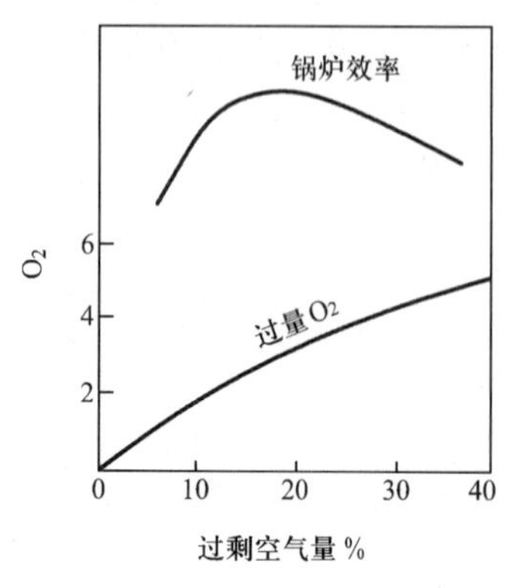

附图24　过剩空气量与 O_2 及锅炉效率间的关系

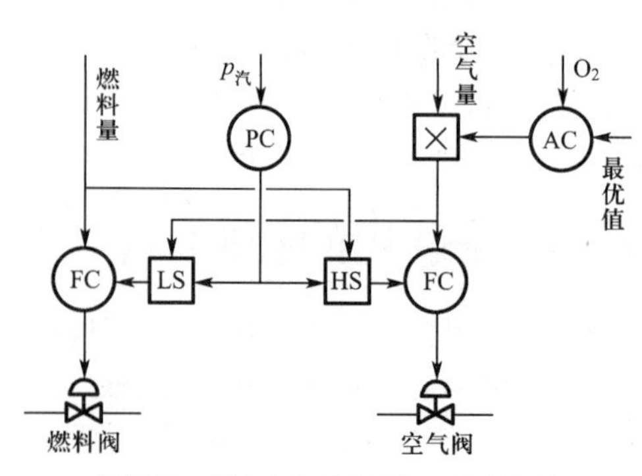

附图25　烟气中氧含量的闭环控制方案

附录 2　分度表

F2.1　热电偶分度表(附表 1、附表 2)

附表 1　　　　铂铑10-铂热电偶分度表

分度号:S　　　　（参比端温度为 0℃）

℃ IPTS-68	热电动势/μV									
	0	−1	−2	−3	−4	−5	−6	−7	−8	−9
−50	−236									
−40	−194	−199	−203	−207	−211	−215	−220	−224	−228	−232
−30	−150	−155	−159	−164	−168	−173	−177	−181	−186	−190
−20	−103	−108	−112	−117	−122	−127	−132	−136	−141	−145
−10	−53	−58	−63	−68	−73	−78	−83	−88	−93	−98
0	0	−5	−11	−16	−21	−27	−32	−37	−42	−48

℃ IPTS-68	热电动势/μV									
	0	1	2	3	4	5	6	7	8	9
0	0	5	11	16	22	27	33	38	44	50
10	55	61	67	72	78	84	90	95	101	107
20	113	119	125	131	137	142	148	154	161	167
30	173	179	185	191	197	203	210	216	222	228
40	235	241	247	254	260	266	273	279	286	292
50	299	305	312	318	325	331	338	345	351	358
60	365	371	378	385	391	398	405	412	419	425
70	432	439	446	453	460	467	474	481	488	495
80	502	509	516	523	530	537	544	551	558	566
90	573	580	587	594	602	609	616	623	631	638
100	645	653	660	667	675	682	690	697	704	712
110	719	727	734	742	749	757	764	772	780	787
120	795	802	810	818	825	833	841	848	856	864
130	872	879	887	895	903	910	918	926	934	942
140	950	957	965	973	981	989	997	1005	1013	1021
150	1029	1037	1045	1053	1061	1069	1077	1085	1093	1101
160	1109	1117	1125	1133	1141	1149	1158	1166	1174	1182
170	1190	1198	1207	1215	1223	1231	1240	1248	1256	1264
180	1273	1281	1289	1297	1306	1314	1322	1331	1339	1347
190	1356	1364	1373	1381	1389	1398	1406	1415	1423	1432
200	1440	1448	1457	1465	1474	1482	1491	1499	1508	1516
210	1525	1534	1542	1551	1559	1568	1576	1585	1594	1602
220	1611	1620	1628	1637	1645	1654	1663	1671	1680	1689
230	1698	1706	1715	1724	1732	1741	1750	1759	1767	1776
240	1785	1794	1802	1811	1820	1829	1838	1846	1855	1864
250	1973	1882	1891	1899	1908	1917	1926	1935	1944	1953
260	1962	1971	1979	1988	1997	2006	2015	2024	2033	2042
270	2051	2060	2069	2078	2087	2096	2105	2114	2123	2132
280	2141	2150	2159	2168	2177	2186	2195	2204	2213	2222
290	2232	2241	2250	2259	2268	2277	2286	2295	2304	2314

（续表）

℃ IPTS-68	热电动势/μV									
	0	1	2	3	4	5	6	7	8	9
300	2323	2332	2341	2350	2359	2368	2378	2387	2396	2405
310	2414	2424	2433	2442	2451	2460	2470	2479	2488	2497
320	2506	2516	2525	2534	2543	2553	2562	2571	2581	2590
330	2599	2608	2618	2627	2636	2646	2655	2664	2674	2683
340	2692	2702	2711	2720	2730	2739	2748	2758	2767	2776
350	2786	2795	2805	2814	2823	2833	2842	2852	2861	2870
360	2880	2889	2899	2908	2917	2927	2936	2946	2955	2965
370	2974	2984	2993	3003	3012	3022	3031	3041	3050	3059
380	3069	3078	3088	3097	3107	3177	3126	2136	2145	3155
390	3164	3174	3183	3193	3202	3212	3221	3231	3241	3250
400	3260	3269	3279	3288	3298	3308	3317	3327	3336	3346
410	3356	3365	3375	3384	3394	4304	4313	3423	3433	3442
420	3452	3462	3471	3481	3491	3500	3510	3520	2529	3539
430	3549	3558	3568	3578	3587	3597	3607	3616	3626	3636
440	3645	3655	3675	3675	3684	3694	3704	3714	3723	3744
450	3743	3752	3762	3772	3782	3791	3801	3811	3821	3831
460	3840	3850	3860	3870	3879	3889	3899	3009	3919	3928
470	3938	3948	3958	3968	3977	3987	3997	4007	4017	4027
480	4036	3046	4056	4066	4076	4086	4095	4105	4115	4125
490	4135	4145	4155	4164	4174	4184	4194	4204	4214	4224
500	4234	4243	4353	4263	4273	4283	4293	4303	4313P	4323
510	4333	4343	4352	4362	4372	4382	4392	4402	4412	4422
520	4432	4442	4452	4462	4472	4482	4492	4502	4512	4522
530	4532	4542	4552	4562	4572	4582	4592	4602	4612	4622
540	4632	4642	4652	4662	4672	4682	4692	4702	4712	4722
550	4732	4742	4752	4762	4772	4782	4892	4802	4812	4822
560	4832	4842	4852	4862	4873	4883	4893	4903	4913	4923
570	4933	4943	4953	4963	4973	4984	4994	5004	4014	5024
580	5034	5044	5054	5065	5075	5085	5095	5105	5115	5125
590	5136	5146	5156	5166	5176	5186	5197	5207	5217	5227
600	5237	5247	5258	5268	5278	5288	5298	5309	5319	5329
610	5339	5350	5360	5370	5380	5391	5401	5411	5421	5431
620	5442	5452	5462	5473	5483	5493	5503	5514	5524	5534
630	5544	5555	5565	5575	5586	5596	5606	5617	5627	5637
640	5648	5658	5668	5679	5689	5700	5710	5720	5731	5741
650	5751	5762	5772	5782	5793	5803	5814	5824	5834	5845
660	5855	5866	5876	5887	5897	5907	5918	5928	5939	5949
670	5960	5970	5980	5991	6001	6012	6022	6033	6043	6054
680	6064	6075	5085	6096	6106	6117	6127	6138	6148	6159
690	6169	6180	6190	6201	6211	6222	6232	6243	6253	6264
700	6274	6285	6295	6306	6316	6327	6338	6348	6359	6369
710	6380	6390	6401	6412	6422	6433	6443	6454	6465	6475
720	6486	6496	6507	6518	6528	6539	6549	6560	6571	6581
730	6592	6603	6613	6624	6635	5545	6656	6667	6677	6688
740	6699	6709	6720	6731	6741	6752	6763	6773	6784	6795
750	6805	6816	6827	6838	6848	6859	6870	6880	6891	6902
760	6913	6923	6934	6945	6956	6966	6977	6988	6999	7009
770	7020	7031	7042	7053	7063	7074	7085	7096	7107	7117
780	7128	7139	7150	7161	7171	7182	7193	7204	7215	7225
790	7236	7247	7258	7269	7280	7291	7301	7312	7323	7334
800	7345	7356	7367	7377	7388	7399	7410	7421	7432	7443
810	7454	7465	7476	7486	7497	7508	7519	7530	7541	7552
820	7563	7574	7585	7596	7607	7618	7629	7640	7640	7651
830	7672	7683	7694	7705	7716	7727	7738	7749	7760	7771
840	7782	7793	7804	7815	7826	7837	7848	7859	7870	7881
850	7892	7904	7915	7926	7937	7948	7959	7970	7981	7992
860	8003	8014	8025	8036	8047	8058	8069	8081	8092	8103
870	8114	8125	8136	8147	8158	8169	8180	8192	8203	8214
880	8225	8236	8247	8258	8270	8281	8292	8303	8314	8325
890	8336	8348	8359	8370	8381	8392	8404	8415	8426	8437

（续表）

℃ IPTS-68	热电动势/μV									
	0	1	2	3	4	5	6	7	8	9
900	8448	8460	8471	8482	8493	8504	8516	8527	8538	8549
910	8560	8572	8583	8594	8605	8617	8628	8639	8650	8662
920	8673	8684	8695	8707	8718	8729	8741	8752	8763	8774
930	7886	8797	8808	8820	8831	8842	8854	8865	8876	8888
940	8899	8910	8922	8933	8944	8956	8967	8978	8990	9001
950	9012	9024	9035	9047	9058	9069	9081	9092	9103	9115
960	9126	9138	9149	9160	9172	9183	9195	9206	9217	9229
970	9240	9252	9263	9275	9286	9298	9309	9320	9332	9343
980	9355	9366	9378	9389	9401	9412	9424	9435	9447	9458
990	9470	9481	9493	9504	9516	9527	9539	9550	9562	9573
1000	9585	9596	9608	9619	9631	9642	9654	9665	9677	9689
1010	9700	9712	9723	9735	9746	9758	9770	9781	9793	9804
1020	9816	9828	9839	9851	9862	9874	9886	9897	9909	9920
1030	9932	9944	9955	9967	9979	9990	1002	10013	10025	10037
1040	10048	10060	10072	10083	10095	10107	10118	10130	10142	10154
1050	10165	10177	10189	10200	10212	10224	10235	10247	10259	10271
1060	10282	10294	10306	10318	10329	10341	10353	10364	10376	10388
1070	10400	10411	10423	10435	10447	10459	10470	10482	10494	10506
1080	10517	10529	10541	10553	10565	10576	10588	10600	10612	10624
1090	10635	10647	10659	10671	10683	10694	10706	10718	10730	10742
1100	10754	10765	10777	10789	10801	10813	10825	10833	10848	10860
1110	20872	10884	10896	10908	10919	10931	10943	10955	10967	10979
1120	10991	11003	11014	11026	11038	11050	11062	11074	11086	11098
1130	11110	11121	11133	11145	11157	11169	11181	11193	11205	11217
1140	11229	11241	11252	11264	11276	11288	11300	11312	11324	11336
1150	11348	11360	11372	11384	11396	11408	11420	11432	11443	11455
1160	11467	11479	11491	11503	11515	11527	11539	11551	11563	11575
1170	11587	11599	11611	11623	11635	11647	11659	11671	11683	11695
1180	11707	11719	11731	1743	11755	11767	11779	111791	11803	11815
1190	11827	11839	11851	11863	11875	11887	11899	11911	11923	11935
1200	11947	11959	11971	11983	11995	12007	12019	12031	12043	12055
1210	12067	12079	12091	12103	12116	12128	12140	12152	12164	12176
1220	12188	12200	12212	12224	12236	12248	12260	12272	12284	12296
1230	12308	12320	12332	12345	12357	12369	12381	12393	12405	12317
1240	12429	12441	12453	12465	12477	12489	12501	12514	12526	12538
1250	12550	12562	12574	12586	12598	12610	12622	12634	12647	12659
1260	12671	12683	12695	12707	12719	12731	12743	12755	12767	12780
1270	12792	12804	12816	12828	12840	12852	12864	12876	12888	12901
1280	12913	12925	12937	12949	12961	12973	12985	12997	13010	13022
1290	13034	13046	13058	13070	13082	13094	13107	13119	13131	13143
1300	13155	14167	13179	13191	13203	13216	13228	13240	13252	13264
1310	13276	13288	13300	13313	13325	13337	13349	13361	13373	13385
1320	13397	13410	13422	13434	13446	13458	13470	13482	13495	13507
1330	13519	13531	13543	13555	13567	13579	13592	13604	13616	13628
1340	13640	13652	13664	13677	13689	13701	13713	13725	13737	13749
1350	13761	13774	13786	13798	13810	13822	13834	13846	13859	13871
1360	13883	13895	13907	13919	13931	13943	13956	13968	13980	13992
1370	14004	14016	14028	14040	14053	14065	14077	14089	14101	14113
1380	14125	14138	14150	14162	14174	14186	14198	14210	14222	14235
1390	14247	14259	14271	14283	14295	14307	14319	14232	14344	14356
1400	14368	14380	14392	14404	14416	14429	14441	14453	14465	14477
1410	14489	14501	14513	14526	14538	14550	14562	14574	14586	14598
1420	14610	14622	14635	14647	14659	14671	14683	14695	14707	14719
1430	14731	14744	14756	14768	14780	14792	14804	14816	13828	14840
1440	14852	14865	14877	14889	14901	14913	14925	14937	14949	14961
1450	14973	14985	14998	15010	15022	15034	15046	15058	15070	15082
1460	15094	15106	15118	15130	15148	15155	15167	15179	15191	15203
1470	15215	15227	15239	15251	15263	15275	15287	15299	15311	15324
1480	15336	15348	15360	15372	15384	15396	15408	15420	15432	15444
1490	15456	15468	15480	15492	15504	15516	15528	15540	15552	15564

（续表）

℃ IPTS-68	热电动势/μV									
	0	1	2	3	4	5	6	7	8	9
1500	15576	15589	15601	15613	15625	15637	15649	15661	15673	15685
1510	15697	15709	15721	15733	15745	15757	15769	15781	15893	15805
1520	15817	15829	15841	15853	15865	15877	15889	15901	16913	15925
1530	15937	15949	15961	15973	15985	15997	16009	16021	16033	16045
1540	16057	16069	16080	16092	16104	16116	16128	16140	16152	16164
1550	16176	16188	16200	16212	16224	16236	16248	16260	16272	16284
1560	16296	16308	16319	16331	16343	16355	16367	16379	16391	16403
1570	16415	16427	16439	16451	16462	16474	16486	16498	16510	16522
1580	16534	16546	16558	16569	16581	16593	16605	16617	16629	16641
1590	16653	16664	16676	16688	16700	16712	16724	16736	16747	16759
1600	16771	16783	16795	16807	16819	16830	16842	16854	16866	16878
1610	16890	16901	16813	16925	16837	16949	16960	16972	16984	16996
1620	18008	17019	17031	17043	17055	17067	17078	17090	17102	17114
1630	17125	17137	17149	17161	17173	17184	17196	17208	17220	17231
1640	17243	17255	17267	17278	17290	17302	17313	17325	17337	17349
1650	17360	17373	17384	17396	17407	17419	17431	17442	17454	17466
1660	17477	17489	17501	17512	17524	17536	17548	17559	17571	17583
1670	17594	17606	17617	17629	17641	17652	17664	17676	17687	17699
1680	17711	17722	17734	17745	17757	17769	17780	17792	17803	17815
1690	17826	17838	17850	17861	17873	17884	17896	17907	17919	17930
1700	17942	17953	17965	17976	17988	17999	18010	18022	18033	18045
1710	18056	18068	18079	18090	18102	18113	18124	18136	18147	18158
1720	18170	18181	18192	18204	18215	18226	18237	18249	18260	18271
1730	18282	18293	18305	18316	18327	18338	18349	18360	18372	18383
1740	18394	18405	18416	18427	18438	18449	18460	18471	18482	18493
1750	18504	18515	18526	18536	18547	18558	18569	18580	18591	18602
1760	18612	18623	18634	18645	18655	18666	18677	18687	18698	18709

附表 2 镍铬-镍硅(镍铬-镍铝)热电偶分度表

分度号:K （参比端温度为 0℃）

℃ IPTS-68	热电动势/μV									
	0	−1	−2	−3	−4	−5	−6	−7	−8	−9
−270	−6459									
−260	−6441	6444	−6446	−6448	−6450	−6452	−6453	−6453	−6456	−6457
−250	−6404	−6408	−6413	−6417	−6421	−6425	−6429	−6432	−6435	−6438
−240	−6344	−6351	−6358	−6364	−6371	−6377	−6382	−6388	−3394	−6399
−230	−6262	−6271	−6280	−6289	−6297	−6306	−6314	−6322	−6329	−6337
−220	−6158	−6170	−6181	−192	−6202	−6213	−6223	−6233	−6243	−6253
−210	−6035	−6048	−6061	−6074	−6087	−6099	−6111	−6123	−6135	−6147
−200	−5891	−5907	−5922	−5936	−5951	−5965	−5980	−5994	−6007	−6021
−190	−5730	−5747	−5763	−5780	−5796	−5813	−5829	−5845	−5860	−5876
−180	−5550	−5569	−5587	−5606	−5624	−5642	−5660	−5678	−5695	−5712
−170	−5354	−5374	−5394	−5414	−5434	−5454	−5474	−5493	−5512	−5531
−160	−5141	−5163	−5185	−5207	−5228	−5249	−5271	−5292	−5313	−5333
−150	−4912	−4936	−4959	−4983	−5006	−5029	−5051	−5074	−5997	−5119
−140	−4669	−4694	−4719	−4743	−4768	−4792	−4817	−4841	−4865	−4889
−130	−4410	−4437	−4463	−4489	−4515	−4541	−4567	−4593	−4618	−4644
−120	−4138	−4166	−4193	−4221	−4248	−4276	−4303	−4330	−4357	−4384
−110	−3852	−3881	−3910	−3939	−3968	−3997	−4025	−4053	−4082	−4110
−100	−3553	−3584	−3614	−3644	−3674	−3704	−3734	−3764	−3793	−3823
−90	−3242	−3274	−3305	−3337	−3368	−3399	−3430	−3461	−3492	−3523
−80	−2920	−2953	−2985	−3018	−3050	−3082	−3115	−3147	−3179	−3211
−70	−2586	−2620	−2654	−2687	−2721	−2754	−2788	−2821	−2854	−2887
−60	−2243	−2277	−2312	−2347	−2381	−2416	−2450	−2484	−2518	−2552
−50	−1889	−1925	−1961	−1996	−2032	−2067	−2102	−2137	−2173	−2208
−40	−1527	−1563	−1600	−1636	−1673	−1709	−1745	−1781	−1817	−1853
−30	−1156	−1193	−1231	−1268	−1305	−1342	−1379	−1416	−1453	−1490
−20	−777	−816	−854	−892	−930	−968	−1005	−1043	−1081	−1118
−10	−392	−431	−469	−508	−547	−585	−624	−662	−701	−739
0	0	−39	−79	−118	−157	−197	−236	−275	−314	−353

（续表）

℃ IPTS-68	热电动势/μV									
	0	1	2	3	4	5	6	7	8	9
0	0	39	79	119	158	198	238	277	317	357
10	397	437	477	517	557	597	637	677	718	758
20	789	838	879	919	960	1000	1041	1081	1122	1162
30	1203	1244	1285	1325	1366	1407	1448	1489	1529	1570
40	1611	1652	1693	1734	1776	1817	1858	1899	1940	1981
50	2022	2064	2105	2146	2188	2229	2270	2312	2353	2394
60	2436	2477	2519	2560	2601	2643	2684	2726	2726	2809
70	2850	2892	2933	2975	3016	3058	3100	3141	3183	3224
80	3266	3307	3349	3390	3432	3473	3515	3556	2598	3639
90	3681	3722	3764	3805	3847	3888	3930	3971	4012	4054
100	4095	4137	4178	4219	4261	4302	4343	4384	4426	4467
110	4508	4549	4590	4632	4673	4714	4755	4796	4837	4878
120	4919	4960	5001	5042	5083	5124	5164	5205	5246	5287
130	5327	5368	5409	5450	5490	5531	5571	5612	5652	5693
140	5733	5774	5814	5855	5895	5936	5976	6016	6057	6097
150	6137	6177	6218	6258	6298	6338	6378	6419	6459	6499
160	6539	6579	6619	6659	6699	6739	6779	6819	6859	6899
170	6939	6979	7019	7059	7099	7139	7179	7219	7259	7299
180	7338	7378	7418	7458	7498	7438	7578	7618	7658	7697
190	7737	7777	7817	7857	7897	7937	7877	8017	8057	8097
200	8137	8177	8216	8256	8296	8336	8376	8416	8456	8497
210	8537	8577	8617	8657	8697	8737	8777	8817	8857	8898
220	8938	8978	9018	9058	9099	9139	9179	9220	9260	9300
230	9341	9381	9421	9462	9502	9543	9583	9624	9664	9705
240	9745	9786	9826	9867	9907	9948	9980	10029	10070	10111
250	10151	10192	10233	10274	10315	10355	10396	10437	10478	10519
260	10560	10600	10641	10682	10723	10764	10805	10846	10887	10928
270	10969	11010	11051	11093	11134	11175	11216	11257	11298	11339
280	11381	11422	11463	11504	11546	11587	11628	11669	11711	11752
290	11793	11835	11876	11918	11959	12000	12042	12083	12125	12166
300	12207	12249	12290	12332	12373	12451	12456	12498	12539	12581
310	12623	12664	12706	12747	12789	12831	12872	12914	12955	12997
320	13039	13080	13122	13164	13205	13247	13289	13331	13372	12414
330	13456	13497	13539	13581	13623	13665	13706	13748	13790	13832
340	13874	13915	13957	13999	14041	14083	14125	14167	14208	14250
350	11292	14334	14376	14418	14460	14502	14544	14586	14628	14670
360	14712	14754	14796	14838	14880	14922	14964	15006	15048	15090
370	15132	15174	15216	15258	15300	15342	15384	15426	15468	15510
380	15552	15594	15636	15679	15721	15763	15805	15847	15889	15931
390	15974	16016	16058	16100	16142	16184	16227	16269	16311	16353
400	16395	16438	16480	16522	16564	16607	16649	16691	16733	16776
410	16818	16860	16902	16945	16987	17029	17072	17114	17156	17199
420	17241	17283	17326	17368	17410	17453	17495	17537	17580	17622
430	17664	17707	17749	17792	17834	17876	17919	17961	18004	18046
440	18088	18131	18173	18216	18258	18301	18343	18385	18429	18470
450	18513	18555	18598	18640	18683	18725	18768	18810	18853	18895
460	18938	18980	19023	19065	19108	19150	19193	19235	19278	19320
470	19363	19405	19448	19490	19533	19576	19618	19661	19703	19746
480	19788	19831	19873	19910	19959	20001	20044	20086	20129	20172
490	20214	20257	20299	20342	20385	20427	20470	20512	20555	20598
500	20640	20683	20725	20768	20811	20853	20896	20938	20981	21024
510	21066	21109	21152	21194	21237	21280	21322	21365	21407	21450
520	21493	21535	21578	21621	21663	21706	21749	21791	21834	21876
530	21919	21962	22004	22047	22090	22132	22175	22218	22260	22303
540	22346	22388	22431	22473	22516	22559	22601	22644	22687	22729
550	22772	22815	22875	22900	22942	22985	23028	23070	23113	23156
560	23198	23241	23284	23326	23369	23411	23454	23497	23539	23582
570	23624	23667	23710	23752	23795	23837	23880	23923	23965	24008
580	24050	24093	24136	24178	24221	24263	24306	24348	24391	24434
590	24476	24519	24561	24604	24646	24689	24731	24774	24817	24859
600	24902	24944	24987	25029	25072	25114	25157	25199	25242	25284
610	25327	25369	25412	25454	25497	25539	15582	25624	25666	25709
620	25751	25794	25836	25879	25921	25964	—26006	26048	26091	26133

（续表）

℃ IPTS-68	热电动势/μV									
	0	1	2	3	4	5	6	7	8	9
630	26176	26218	26260	26303	26345	26337	26430	26472	26515	26557
640	26599	26642	26684	26726	26769	26811	26853	26896	26938	26980
650	27022	27065	27107	27149	27192	27234	27276	27318	27361	27403
660	27445	27487	27529	27572	27614	27658	27698	27740	27783	27825
670	27867	27909	27951	27993	28035	28078	28120	28162	28204	28246
680	28288	28330	28372	28414	28456	28498	28510	28585	28625	28667
690	28709	28751	28793	28853	28877	28919	28961	29002	29044	29086
700	29128	29170	29212	29254	29296	29338	29380	29422	29464	29505
710	29547	29589	29631	29673	29715	29756	29798	29840	29882	29924
720	29965	30007	20049	30091	30132	30174	30216	30257	30299	30341
730	30383	30424	30466	20508	20549	30591	30632	30674	30716	30757
740	30799	30840	30882	30924	30965	31007	31048	31090	31131	31173
750	31214	31256	31297	31339	31380	31422	31463	31504	31546	31537
760	31629	31712	31753	31794	31836	31836	31847	31918	31960	32001
770	32042	32084	32125	32166	32207	32249	32290	32331	32372	32414
780	32455	32496	32537	32578	32619	32661	32702	32743	32784	32825
790	32866	32907	32948	32990	33031	33072	33113	33154	33195	33236
800	33277	33318	33359	33400	33441	33482	33523	33564	33604	33645
810	33686	33727	33768	33809	33850	33891	33931	33972	34013	34054
820	34095	34136	34176	34217	34258	34299	34339	34380	34421	34461
830	34502	34543	34583	34624	34665	34705	34746	34787	34827	34868
840	34909	34949	34990	35030	35071	35111	35152	35192	35233	35373
850	35314	35354	35395	35435	35476	35516	35557	35597	35537	35678
860	35718	35758	35799	35839	35880	35920	35960	36000	36041	36081
870	36121	36162	36202	36242	36282	36323	36363	36403	36443	36483
880	36524	36564	36604	36644	36684	36724	36764	36804	36844	36885
890	36925	36965	37005	37045	37085	37125	37165	37205	37245	37285
900	37325	37365	37405	37445	37484	37524	37564	37604	37644	37684
910	37724	37764	37803	37843	37883	37923	37963	38002	38042	38082
920	38122	38162	38201	38241	38281	38320	38360	38400	38439	38479
930	38519	38558	38598	38638	38677	38717	38756	38796	38836	38875
940	38915	38954	38994	39033	39073	39112	39152	39191	39231	39270
950	39310	39349	39388	39428	39467	39507	39546	39589	39625	39664
960	39703	39743	39782	39821	39861	39900	39939	39979	40018	40057
970	40096	40136	40175	40214	40253	40292	40332	40371	40410	40449
980	40488	40527	40566	40605	40645	40684	40723	40762	40801	40840
990	40379	40918	40957	40996	41035	41074	41113	41152	41191	41230
1000	41269	41308	41347	41385	41424	41463	41502	41541	41580	41619
1010	41657	41696	41735	41774	41813	41851	41890	41929	41968	42006
1020	42045	42084	42123	42161	24400	42239	42316	42277	42355	42393
1030	42432	42470	42509	42548	42588	42625	42663	42702	42740	42779
1040	42817	42856	42894	42933	42971	43010	43048	43087	43125	43164
1050	43202	43240	43279	43317	43356	43394	43432	43471	43509	43547
1060	43585	43624	43662	43700	43739	43777	43815	43853	43891	43930
1070	43968	44006	44044	44082	44121	44159	44197	44235	44273	44311
1080	44349	44387	44425	44463	44501	44539	44577	44615	44653	44691
1090	44729	44767	44805	44843	44881	44919	44957	44995	45033	45070
1100	45108	45146	45184	45222	45260	45297	45335	45373	45411	45448
1110	45486	45524	45561	45599	45637	45675	45712	45750	45787	45825
1120	45863	45900	45938	45975	46013	46051	46088	46126	46163	46201
1130	46238	46275	46313	46350	46388	46425	46463	46500	46537	46575
1140	46612	46649	46687	46724	46761	46799	46836	46873	46910	46948
1150	46985	47022	47059	47096	47013	47171	47208	47245	47282	47319
1160	47356	47393	47430	47468	47505	47542	47579	47616	47653	47689
1170	47726	47763	47800	47837	47874	47911	47948	47985	48021	48058
1180	48095	48132	48169	48205	48242	48279	48316	48352	48389	48426
1190	48462	48499	48536	48572	48609	48645	48682	48718	48755	48792
1200	48828	48865	48901	48937	48974	49010	49047	49083	49120	49156
1210	49192	49229	49265	49301	49338	49374	49410	49446	49483	49519
1220	49555	49591	49627	49663	48700	49736	49772	49808	49844	48880
1230	49916	49952	49988	50024	50060	50096	50132	50168	50204	50240
1240	50276	50311	50347	50383	50419	50455	50491	50526	50562	50598

（续表）

℃ IPTS-68	热电动势/μV									
	0	1	2	3	4	5	6	7	8	9
1250	50633	50669	50705	50741	50776	50812	50847	50883	50919	50954
1260	50990	51025	51061	51096	51132	51167	51203	51238	51274	51309
1270	51344	51380	51415	51450	51486	51521	51556	51592	51627	51662
1280	51697	51733	51768	51803	51838	51873	51908	51943	51979	52014
1290	52049	52084	52119	52154	52189	52224	52259	52294	52329	52364
1300	52398	52433	52468	52503	52538	52573	52608	52642	52677	52712
1310	52747	52781	52816	52851	52886	52920	52955	52989	53024	53059
1320	53093	53128	53162	53197	53232	53266	53301	53335	53370	53404
1330	53439	53473	53507	53542	53576	53611	53645	53679	53714	53748
1340	53782	53817	53851	53885	53920	53954	53988	54022	54057	54091
1350	54125	54159	54193	54228	54262	54296	54330	54364	54398	54432
1360	54466	54501	54535	54569	54603	54637	54671	54705	54739	54773
1370	54807	54841	54875							

F2.2 热电阻分度表(附表3、附表4)

附表3 铂电阻分度表

分度号：Pt100 $R_0=100\ \Omega$

(℃)	电阻值/Ω									
	0	−1	−2	−3	−4	−5	−6	−7	−8	−9
−200	18.49									
−190	22.80	22.37	21.94	21.51	21.08	20.65	20.22	19.79	19.36	18.93
−180	27.08	26.65	26.23	25.80	25.37	24.94	24.52	24.09	23.66	23.23
−170	31.32	30.90	30.47	30.05	29.63	29.20	28.78	28.35	27.93	27.50
−160	35.53	35.11	34.69	34.27	33.85	33.43	33.01	32.59	32.16	31.74
−150	39.71	39.30	38.88	38.46	38.04	37.63	37.21	36.79	36.37	35.95
−140	43.87	43.45	43.04	42.63	42.21	41.79	41.38	40.96	40.55	40.13
−130	48.00	47.59	47.18	46.76	46.35	45.94	45.52	46.11	44.70	44.28
−120	52.11	51.70	51.29	50.88	50.47	50.06	49.64	49.23	48.82	48.41
−110	56.19	55.78	55.38	54.97	54.56	54.15	53.74	53.33	52.92	52.52
−100	60.25	59.85	59.44	59.04	58.63	58.22	57.82	57.41	57.00	56.60
−90	64.30	63.90	63.49	63.09	62.68	62.28	61.87	61.47	61.06	60.66
−80	68.33	67.92	67.52	67.12	66.72	66.31	65.91	65.51	65.11	64.70
−70	72.33	71.93	71.53	71.13	70.73	70.33	69.93	69.53	69.13	68.73
−60	76.33	75.93	75.53	75.13	74.73	74.33	73.93	73.53	73.13	72.73
−50	80.31	79.91	79.51	79.11	78.72	78.32	77.92	77.52	77.13	76.73
−40	84.27	83.88	83.48	83.08	82.69	82.29	81.89	81.50	81.10	80.70
−30	88.22	87.83	87.43	87.04	86.64	86.25	85.85	85.46	86.06	84.67
−20	92.16	91.77	91.37	90.98	90.59	90.19	89.80	89.40	89.01	88.62
−10	96.09	95.69	95.30	94.91	94.52	94.12	93.73	93.34	92.95	92.55

(℃)	电阻值/Ω									
	0	1	2	3	4	5	6	7	8	9
0	100.00	99.61	99.22	98.83	98.44	98.04	97.65	97.26	96.87	96.48
0	100.00	100.39	100.78	101.17	101.56	101.95	102.34	102.73	103.13	103.51
10	103.90	104.29	104.68	105.07	105.46	105.85	106.24	106.63	107.02	107.40
20	107.79	108.18	108.57	108.96	109.95	109.73	110.12	110.51	110.90	111.28
30	111.67	112.06	112.45	112.83	113.22	113.61	113.99	114.38	114.77	115.15
40	115.54	115.93	116.31	116.70	117.08	117.475	117.85	118.24	118.62	119.01
50	119.40	119.78	120.16	120.55	120.93	121.32	121.70	122.09	122.47	122.86
60	123.24	123.62	124.01	124.39	124.77	125.16	125.54	125.92	126.31	126.69
70	127.07	127.45	127.84	128.22	128.60	128.98	129.37	129.75	130.13	130.51
80	130.89	131.27	131.66	132.04	132.42	132.80	133.18	133.56	133.94	134.32
90	134.70	135.08	135.46	135.84	136.22	136.60	136.98	137.36	137.74	138.12
100	138.50	138.83	139.26	139.64	140.02	140.39	140.77	141.15	141.53	141.91
110	142.29	142.66	143.04	143.42	143.80	144.17	144.55	144.93	145.31	145.68

附表 4　　铜电阻分度表

分度号:Cu100　　R_0=100 Ω　　α=0.004 280

t/℃	电阻值/Ω									
	0	−1	−2	−3	−4	−5	−6	−7	−8	−9
−50	78.49	—	—	—	—	—	—	—	—	—
−40	82.80	82.36	81.94	81.50	81.08	80.64	80.20	79.78	79.34	78.92
−30	87.10	88.68	86.24	85.82	85.38	84.95	84.54	84.10	83.66	83.22
−20	91.40	90.98	90.54	90.12	89.68	86.26	88.82	88.40	87.96	87.54
−10	95.70	95.28	94.84	94.42	93.98	93.56	93.12	92.70	92.26	91.84
−0	100.00	99.56	99.14	98.70	98.28	97.84	97.42	97.00	96.56	96.14

t/℃	电阻值/Ω									
	0	1	2	3	4	5	6	7	8	9
0	100.00	100.42	100.86	101.28	101.72	102.14	102.56	103.00	103.43	103.86
10	104.28	104.72	105.14	105.56	106.00	106.42	106.86	107.28	107.72	108.14
20	108.56	109.00	109.42	109.84	110.28	110.70	111.14	111.56	112.00	114.42
30	112.84	113.28	113.70	114.14	114.56	114.98	115.42	115.84	116.28	116.70
40	117.12	117.56	117.98	118.40	118.84	119.26	119.70	120.12	120.54	120.98
50	121.40	121.84	122.26	122.68	123.12	123.54	1123.96	124.40	124.82	125.26
60	125.68	126.10	126.54	126.96	127.40	127.82	128.24	128.68	129.1…	129.51
70	129.96	130.38	130.82	131.24	131.66	132.10	132.52	132.96	133.38	133.80
80	134.24	134.66	135.08	135.51	135.94	136.33	136.80	137.24	137.66	137.08
90	138.52	138.94	139.36	139.80	140.22	140.66	141.08	141.52	141.94	142.36
100	142.80	143.22	143.66	144.08	144.50	144.94	145.36	145.80	146.22	146.66
110	147.08	147.50	147.94	148.36	148.80	149.22	149.66	150.08	150.52	150.94
120	151.36	151.80	152.22	152.66	135.08	153.52	153.94	154.38	154.80	155.24
130	155.66	156.10	156.52	156.96	157.38	157.82	158.24	158.68	159.10	159.54
140	159.96	160.40	160.82	161.28	161.68	162.12	162.54	162.98	163.40	163.84
150	164.27	—	—	—	—	—	—	—	—	—